Feldhintergrund	
(blau-grau)	Metall
(grau-braun)	Halbmetall
(orange)	Nichtmetall
Schriftfarbe: Aggregatzustand bei Standardbedingungen	
(weiß)	Feststoff
(blau)	Flüssigkeit
(rot)	Gas
(gelb)	künstliches Element
*	radioaktives Element
p	unter Druck
s	sublimiert

Hauptgruppen

	I	II	III	IV	V	VI	VII	VIII
								Helium He -269 -272p 0,18
			Bor B 3927 2076 2,46	Kohlenstoff C 3642s 2,25	Stickstoff N -196 -210 1,25	Sauerstoff O -183 -219 1,43	Fluor F -188 -220 1,70	Neon Ne -246 -249 0,90
			Aluminium Al 2467 660 2,70	Silicium Si 3260 1410 2,33	Phosphor P 280 44 1,82	Schwefel S 445 115 2,07	Chlor Cl -34 -101 3,20	Argon Ar -186 -189 1,78
ickel 2730 1455 8,90	Kupfer Cu 2595 1085 8,92	Zink Zn 907 420 7,14	Gallium Ga 2403 30 5,90	Germanium Ge 2830 938 5,32	Arsen As 613s 817p 5,72	Selen Se 685 221 4,81	Brom Br 59 -7 3,12	Krypton Kr -153 -157 3,75
lladium 2970 1555 12,00	Silber Ag 2212 962 10,50	Cadmium Cd 767 321 8,65	Indium In 2072 157 7,30	Zinn Sn 2620 232 7,30	Antimon Sb 1635 631 6,70	Tellur Te 990 450 6,24	Iod I 184 114 4,93	Xenon Xe -108 -112 5,90
Platin 3827 1768 21,45	Gold Au 2970 1064 19,32	Quecksilber Hg 357 -39 13,50	Thallium Tl 1473 304 11,90	Blei Pb 1749 327 11,30	Bismut Bi 1560 271 9,80	Polonium Po* 962 254 9,20	Astat At* 337 302 -	Radon Rn* -62 -71 9,73
nstadtium * - - -	Roentgenium Rg* - - -	Copernicium Cn* - - -	Nihonium Nh* - - -	Flerovium Fl* - - -	Moscovium Mc* - - -	Livermorium Lv* - - -	Tenness Ts* - - -	Oganesson Og* - - -

Laborgeräte

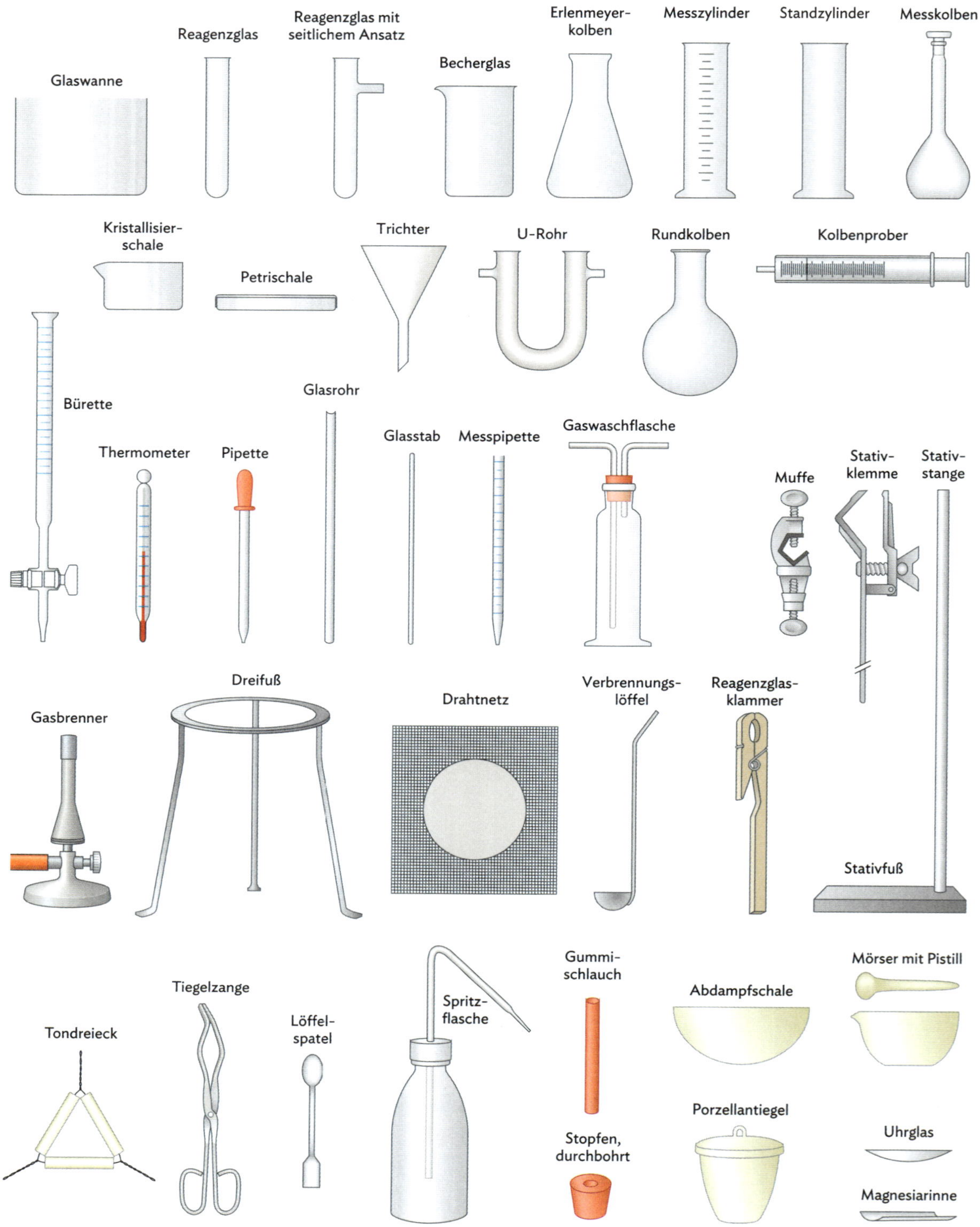

Chemie 9 II/III

Realschule Bayern

C.C.Buchner

Chemie
Realschule Bayern
Herausgegeben von Anne-Kathrin Klaus

Chemie 9II/III

Bearbeitet von Katrin Amrehn, Christina Böhm, Theresa Fischer, Sabine Flügel, Anne-Kathrin Klaus, Markus Koschnicke, Daniel Möslein, Lisa Rüthlein und Harald Steinhofer
unter Beratung von Sabine Flügel

Zu diesem Lehrwerk sind erhältlich:
· Digitales Lehrermaterial **click & teach** Einzellizenz, WEB 055211
· Digitales Lehrermaterial **click & teach** Box (Karte mit Freischaltcode), ISBN 978-3-661-05521-3
Weitere Materialien finden Sie unter www.ccbuchner.de.

Dieser Titel ist auch als digitale Ausgabe **click & study** (WEB 055111) unter www.ccbuchner.de erhältlich.

Die enthaltenen Links verweisen auf digitale Inhalte, die der Verlag bei verlagsseitigen Angeboten in eigener Verantwortung zur Verfügung stellt. Links auf Angebote Dritter wurden nach den gleichen Qualitätskriterien wie die verlagsseitigen Angebote ausgewählt und bei Erstellung des Lernmittels sorgfältig geprüft. Für spätere Änderungen der verknüpften Inhalte kann keine Verantwortung übernommen werden.

An keiner Stelle im Schulbuch dürfen Eintragungen vorgenommen werden. Haftungshinweis: Die Versuchsvorschriften in diesem Buch wurden sorgfältig, auf praktischen Erfahrungen beruhend, entwickelt. Da Fehler aber nie ganz ausgeschlossen werden können, übernehmen der Verlag und die Autorinnen und Autoren keine Haftung für Folgen, die auf beschriebene Experimente zurückzuführen sind. Mitteilungen über eventuelle Fehler und Vorschläge zur Verbesserung werden dankbar angenommen.

1. Auflage, 1. Druck 2021
Alle Drucke dieser Auflage sind, weil untereinander unverändert, nebeneinander benutzbar.

Dieses Werk folgt der reformierten Rechtschreibung und Zeichensetzung. Ausnahmen bilden Texte, bei denen künstlerische, philologische oder lizenzrechtliche Gründe einer Änderung entgegenstehen.

Redaktion: Lena Rek, Kristin Schnepf
Layout und Umschlag: Petra Michel, Amberg
Satz: mgo360 GmbH & Co. KG, Bamberg
Illustrationen: Stefan Dangl, München; Helmut Holtermann, Dannenberg; Angelika Kramer, Stuttgart
Druck und Bindung: mgo360 GmbH & Co. KG, Bamberg

www.ccbuchner.de

ISBN 978-3-661-**05511**-4

INHALT

INHALT

3 Aufbau der Materie 48

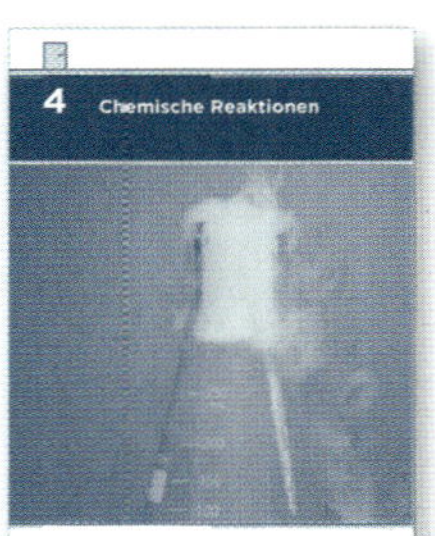

4 Chemische Reaktionen 78

5 Verbrennungen

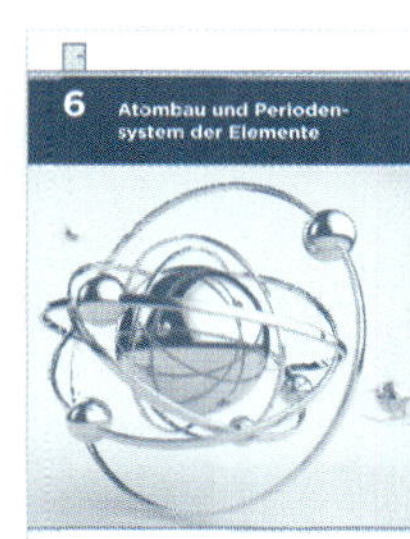

6 Atombau und Periodensystem der Elemente

7 Chemische Bindungen

So kannst du mit diesem Buch arbeiten ...

Dein neues Chemiebuch enthält acht Kapitel. Jedes Kapitel ist in mehrere Untereinheiten unterteilt und enthält eine Reihe verschiedener Seitentypen. Hier erfährst du, wie du mit diesen Seitentypen arbeiten kannst.

1. Los geht's

Um festzustellen, ob du fit für ein Kapitel bist, kannst du dich auf den Seiten **Startklar?** zunächst selbst einschätzen und anschließend deine Einschätzung anhand von Aufgaben überprüfen. Die passenden Arbeitsblätter kannst du unter dem jeweiligen QR-Code bzw. Mediencode abrufen (vgl. Tipp unten). Die Lösungen findest du im Anhang des Buches. Schneidest du in einem Bereich nicht so gut ab, bekommst du im Auswertungskasten Informationen, wo du noch einmal nachlesen solltest.

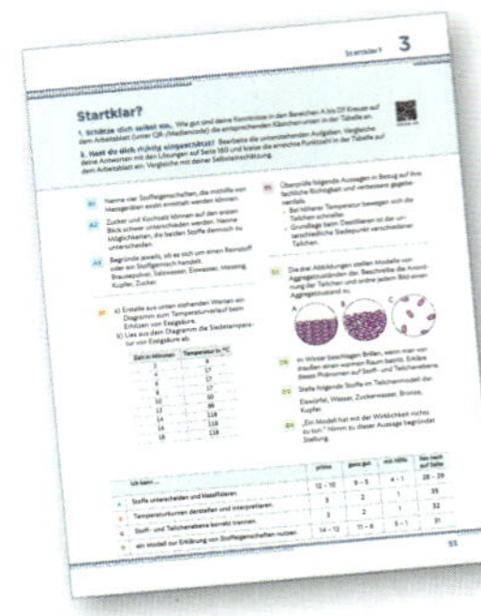

2. Die Untereinheiten

Die blauen Kästen **Versuche und Material** sind der Ausgangspunkt für deinen Erkenntnisgewinn. Wie alle Wissenschaftlerinnen und Wissenschaftler führst du Versuche durch, um neues Wissen zu erlangen. Kleinschrittige Auswertungsaufgaben helfen dir dabei.

- V Schülerversuch
- LV Lehrerversuch
- M alternative Arbeitsmaterialien

Tipp

Im Buch findest du **QR-Codes** und **Mediencodes**, die zu Videos, Animationen, gestuften Hilfen u. ä. führen.
Die QR-Codes kannst du direkt mit deinem Smartphone einscannen. Alternativ kannst du den jeweils darunter stehenden Mediencode auf www.ccbuchner.de/medien eingeben.

05511-03

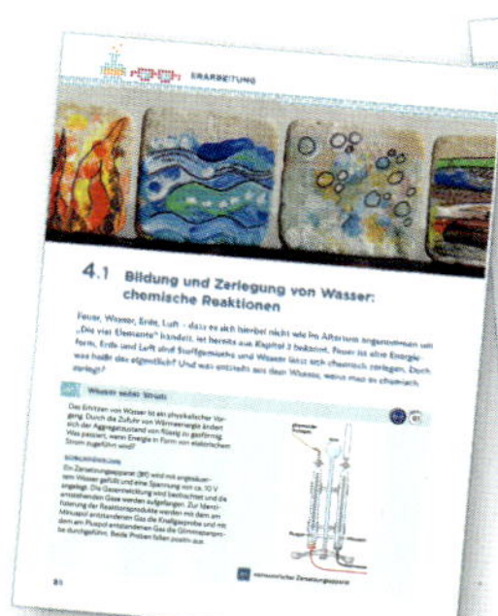

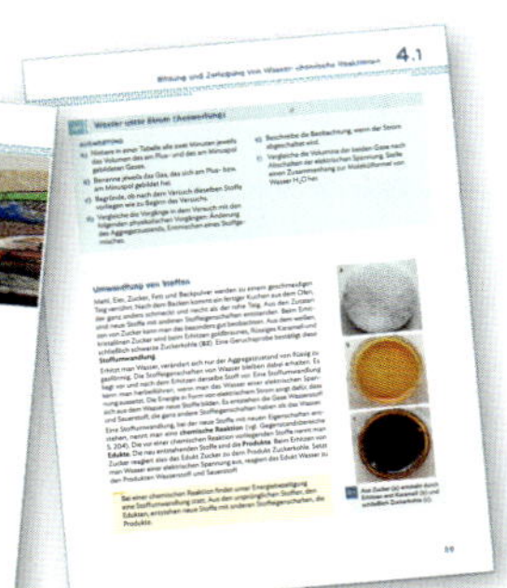

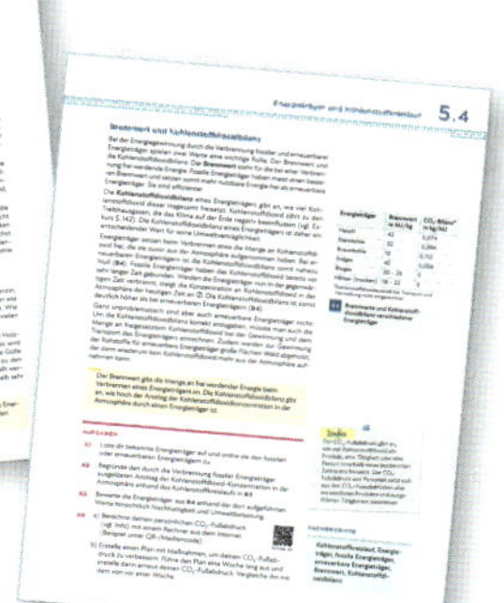

In **Erarbeitung** kannst du Neues in leicht verständlichen Texten nachlesen. Ausgehend von experimentellen Befunden werden die neuen Inhalte aufgearbeitet und erklärt.

Das Wichtigste findest du in gelb hinterlegten Merksätzen. Kleine Infokästen bieten Zusatzinformationen zum Text. Zudem gibt es am Ende jeder Untereinheit passende Aufgaben A . Daneben sind die neuen Fachbegriffe in einem Kasten zusammengestellt.

Gesellschaftlich relevante Errungenschaften der Chemie sind mit 💡 markiert.

3. Am Ende des Kapitels

Am Kapitelende warten auf den Seiten **Zum Üben und Weiterdenken** eine große Anzahl bunt gemischter Aufgaben darauf, gelöst zu werden. Eine Erläuterung der verwendeten Operatoren findest du im Anhang.

A anspruchsvolle Aufgabe

Aufgabe zur Kompetenzförderung

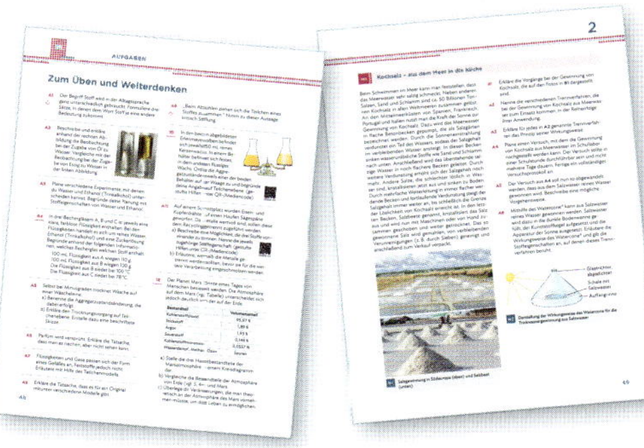

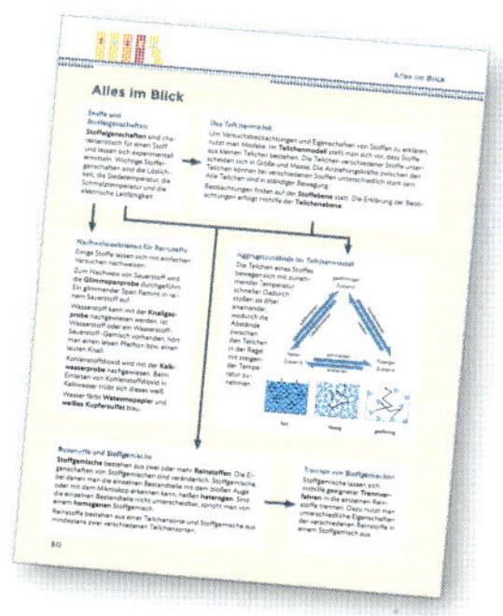

Die wichtigsten Inhalte aus jedem Kapitel werden im **Alles im Blick** kompakt zusammengefasst. Damit kannst du dich gut auf einen Test vorbereiten.

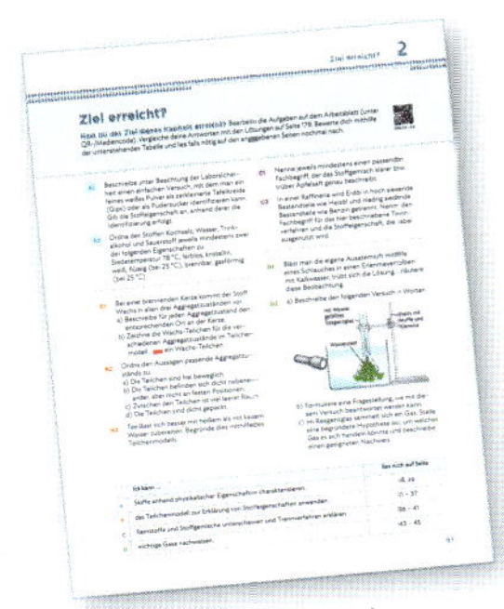

Mit der Seite **Ziel erreicht?** kannst du überprüfen, ob du die neuen Inhalte des Kapitels verstanden hast. Das entsprechende Arbeitsblatt kannst du unter dem QR-Code bzw. Mediencode herunterladen und deine Antworten mit den Lösungen im Anhang abgleichen. Wenn du in einem Bereich noch nicht so gut bist, kannst du auf den angegebenen Seiten nochmal nachlesen.

Sonderseiten

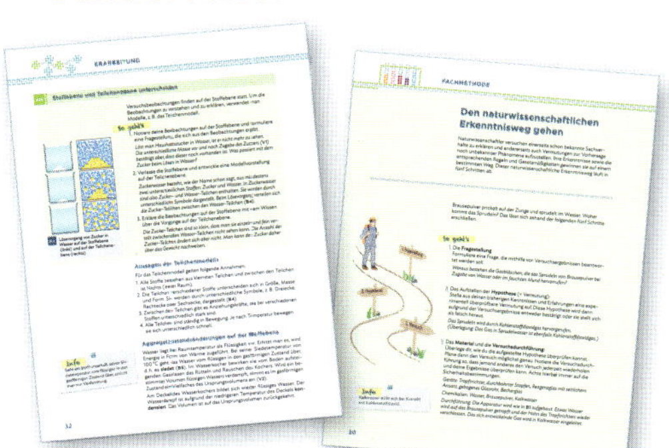

Fachmethoden der Chemie sind Werkzeuge, deren Handhabung gelernt sein will. In den grünen Kästen und Seiten **Fachmethode** FM wird Schritt für Schritt an Beispielen erklärt, wofür eine Methode gut ist und wie man sie anwendet.

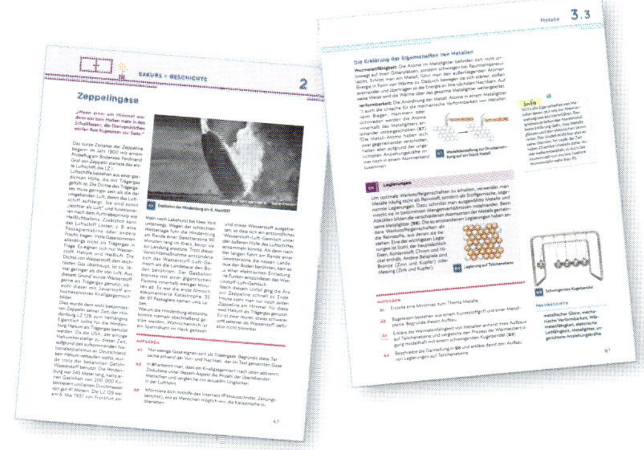

Keine Wissenschaft kommt heute noch ohne andere Wissenschaften aus. Auf den lila Kästen und Seiten **Exkurs** EK kannst du „über den Tellerrand blicken“. Spannende Themen, z. B. aus Biologie, Physik, Medizin, Umwelt oder Erdkunde, werden wie in einer Zeitschrift vorgestellt.

1 Laborführerschein

Die Sicherheitseinrichtungen im Chemielabor kennen

Im Chemiesaal ist Sicherheit das oberste Gebot! Bevor es mit dem Experimentieren losgeht, mache dich erstmal mit den allgemeinen Sicherheitsmaßnahmen in deinem Klassenraum vertraut.

So geht's

Fluchtweg:
Fluchtwege werden mit grünen Schildern gekennzeichnet (**B1**). Achte im Unterricht immer darauf, dass Fluchtwege nicht mit Jacken, Schultaschen oder Ähnlichem verstellt werden. Gehe die verschiedenen Fluchtwege vom Chemiesaal bis zum Sammelpunkt ab.

Brandschutz:
Wenn unsachgemäß mit Gasen und feuergefährlichen Chemikalien experimentiert wird, kann es leicht zu einem Brand kommen. Suche alle Feuerlöscher (**B2**) im Klassenraum. Finde weitere Löschgeräte und benenne diese.

Augenschutz:
Unsere Augen sind sehr empfindlich und müssen deshalb immer gut geschützt werden, z. B. vor herumfliegenden Splittern bei Glasbruch und vor spritzenden Flüssigkeiten. Dabei hilft eine gut sitzende Schutzbrille. Suche die Aufbewahrungsstelle der Schutzbrillen (**B3**) im Chemiesaal. Wenn doch mal etwas ins Auge geht, müssen die Augen gründlich mit dem weichen Wasserstrahl einer Augendusche (**B4**) ausgespült werden. Betrachte die Augendusche und informiere dich über ihre Funktionsweise.

Erste Hilfe:
Finde die Erste-Hilfe-Station (**B5**) und das Erste-Hilfe-Plakat. Schreibe die relevanten Telefonnummern ab. Gibt es auch ein Telefon? An diesem müssen alle wichtigen Telefonnummern nochmals notiert sein.

GHS-Plakat:
Neben den allgemeinen Sicherheitsmaßnahmen im Chemiesaal gibt es auch für jede Chemikalie bestimmte Sicherheitsmaßnahmen. Diese sind in Symbolen (**B6**) aufgedruckt (vgl. S. 218). Suche ein Plakat mit den Symbolen.

Not-Aus:
Die Gasinstallation und alle Stromleitungen sind im Chemiesaal extra gesichert. Wenn mal etwas schief geht, kann man mit dem rot-gelben Not-Aus-Knopf (**B7**) alles in Sekundenschnelle abschalten. Zähle alle Not-Aus-Schalter im Chemiesaal.

B1 Schild Fluchtweg

B2 Schild Feuerlöscher

B3 Symbol Schutzbrille

B4 Schild Augendusche

B5 Schild Erste Hilfe

B6 GHS-Symbole

B7 Not-Aus-Knopf

AUFGABEN

A1 Erstelle eine Tabelle mit allen notwendigen Sicherheitseinrichtungen und der Begründung ihrer Notwendigkeit.

A2 Erstelle einen beschrifteten Lageplan deines Chemiesaals mit allen Sicherheitseinrichtungen.

Sicher experimentieren im Chemieunterricht

Meldungen über Unfälle im Chemieunterricht gibt es zum Glück nur selten. Das ist bemerkenswert, denn in keinem anderen Schulfach werden so gefährliche Substanzen benutzt wie im Chemieunterricht.
Der Grund für diese geringe Anzahl an Unfällen sind die **Sicherheitsvorkehrungen**, die für den Chemieunterricht gelten, um Unfälle zu vermeiden.
Werden diese grundsätzlichen Regeln eingehalten, kann nicht nur erfolgreich und sicher, sondern auch mit Spaß experimentiert werden!

B1 Schulklasse beim sicheren Experimentieren

So geht's

Die 10 „goldenen Regeln" für die Sicherheit im Chemieunterricht

1. Chemielehrerinnen und -lehrer erkennen viele Gefahren, die von Gegenständen oder Stoffen im Chemieraum ausgehen. Darum: **Betritt Chemieräume nur, wenn eine Lehrkraft anwesend ist!**

2. Einer Verunreinigung im Chemieraum kannst du nicht ansehen, ob sie gesundheitsschädlich oder gar giftig ist. Damit sie nicht mit Nahrung in Kontakt kommen kann, lass Getränke und Pausenbrot in der Tasche: **Iss und trink nicht im Chemieraum!** Schminken (auch das Auftragen von Lippenpflegestiften) ist im Chemieunterricht ebenfalls verboten, da chemische Stoffe auch über die Schleimhäute aufgenommen werden können. Um einen Kontakt mit den Verunreinigungen auch nach der Chemiestunde zu verhindern: **Wasch dir nach dem Experimentieren die Hände!**

3. Besonders gefährdet beim Umgang mit Chemikalien sind die Augen. Du musst sie gut vor Spritzern, Stichflammen und spitzen Gegenständen schützen: **Trage beim Experimentieren immer eine Schutzbrille!** Augenverletzungen können bereits beim Holen der Chemikalien und auch beim Aufräumen entstehen, darum setze die Schutzbrille als erstes auf und als letztes ab!

4. Um Augenverletzungen oder Verbrennungen möglichst zu vermeiden: **Richte Reagenzglasöffnungen niemals auf Personen!** Sollte trotzdem einmal etwas ins Auge gehen, spüle das Auge sofort gründlich mit der Augendusche. So kannst du größere Augenschäden vermeiden.

5. Manche Stoffe können menschliches Gewebe verätzen oder durch Schleimhäute in den Körper gelangen, daher:
Berühre niemals Chemikalien mit den Händen, außer du hast die Erlaubnis von deiner Lehrkraft!

6. Viele Materialien, etwa Papier, Haare und Textilien, können leicht brennen. Um ein Feuerfangen zu vermeiden:
Lass nichts Unnötiges auf dem Tisch liegen, wenn du mit Feuer (offenen Flammen) umgehst!
Binde lange Haare zu einem Zopf zusammen!
Zieh lange Kleidung an, die aus Baumwolle besteht und nicht zu weit ist!

7. In der Chemie hängt das Verhalten von Stoffen davon ab, in welchen Verhältnissen sie zusammengegeben und wie sie gehandhabt werden:
Halte dich genau an die Versuchsvorschriften und Anweisungen deiner Lehrkraft!
Wenn einmal etwas unklar ist, frage nach. Wenn du ein Experiment selbst geplant hast, lass dir von deiner Lehrkraft die Erlaubnis geben, das Experiment auch so durchzuführen.

8. Chemikalien dürfen nicht verunreinigt werden:
Entnimm Chemikalien immer nur in kleinen Mengen mit einem sauberen Spatel oder einer Pipette!
Hast du einmal zu viel entnommen: gib den Rest nicht zurück in die Vorratsflasche!

9. Fehler passieren allen – trotz größter Sicherheitsvorkehrungen:
Informiere die Chemielehrkraft, wenn du etwas verschüttet hast oder wenn du dich verletzt hast!
Sie entscheidet, wie die Verunreinigung beseitigt oder die Verletzung weiter behandelt wird.

10. Personen und die Umwelt dürfen auch nach dem Experimentieren nicht gefährdet werden:
Reinige die Arbeitsflächen und Geräte und entsorge die Chemikalien vorschriftsmäßig (vgl. Entsorgungshinweise auf S. 15)!

AUFGABEN

A1 Beschreibe mindestens zehn Punkte, die die „Amateure beim Experimentieren" in **B2** falsch machen.

A2 Erläutere, wie sie es richtig machen können, und begründe die Maßnahmen.

B2 Amateure beim Experimentieren

Sicher mit Gefahrstoffen arbeiten

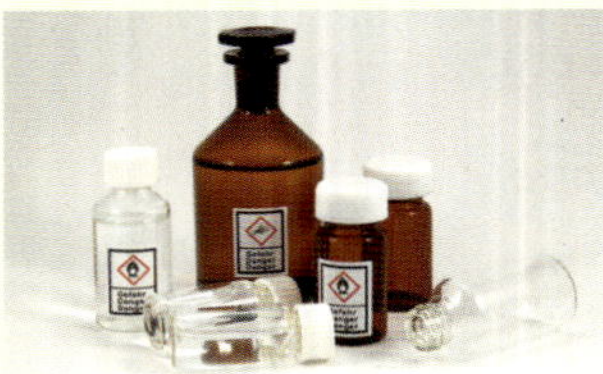

B1 Chemikalienflaschen im Labor

Es gibt viele Länder auf der Welt, die mit Gefahrstoffen arbeiten und mit diesen untereinander Handel treiben. Um weltweit sichere Handhabung und sichere Entsorgung zu gewährleisten, wurde das global gültige GHS-System (engl.: Globally Harmonized System) ins Leben gerufen. Inzwischen sind die GHS-Angaben auf allen Chemikalienverpackungen Pflicht – natürlich auch in der Schule.

Bei vielen Berufen (vgl. Übersicht Chemische Berufe S. 236) ist die Kenntnis zum korrekten Umgang mit Gefahrstoffen Teil der Ausbildung.

Das Gefahrstoffetikett

Auf jeder Chemikalienflasche ist ein Etikett mit dem Namen der Chemikalie und den GHS-Angaben angebracht. Lies wichtige Sicherheitsinformationen aus dem Etikett einer Chemikalie ab (**B2**).

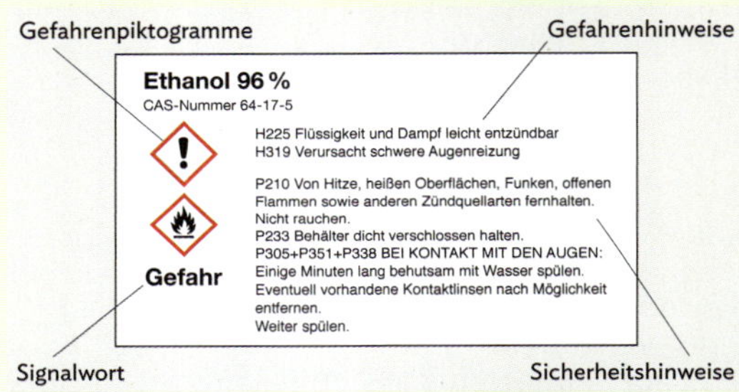

B2 Gefahrstoffetikett von Ethanol

Code	Bedeutung
H2xx	physikalische Gefahren
H3xx	Gesundheitsgefahren
H4xx	Umweltgefahren
P1xx	Allgemeines
P2xx	Prävention
P3xx	Reaktion
P4xx	Aufbewahrung
P5xx	Entsorgung

B3 Bedeutung der ersten Ziffer bei den H- bzw. P-Sätzen

Info

Bei kleinen Flaschen ist aus Platzgründen häufig nur der Code der H- und P-Sätze notiert. In einem Labor muss es daher immer eine Übersicht über alle H- und P-Sätze geben. Im Buch sind die H- und P-Sätze auf S. 220 aufgelistet.

So geht's

Gefahrenpiktogramme: Die Piktogramme geben einen schnellen Überblick über die Gefährlichkeit und den richtigen Umgang mit der Chemikalie. Die Bedeutung der Piktogramme ist auf Plakaten zu finden (vgl. S. 218 und Plakat im Chemiesaal).

Signalwörter: Die Signalwörter geben an, wie hoch die Gefahr ist, die von dem Stoff ausgeht. **Achtung** warnt vor weniger schwerwiegenden Gefahrenkategorien, z. B. gesundheitsschädlich. **Gefahr** warnt vor schwerwiegenden Gefahrenkategorien, z. B. giftig.

H-Sätze und P-Sätze: Die **H-Sätze** beschreiben **Gefahrenhinweise** (engl. *hazard statements*). Sie sind mit einem Code aus dem Buchstaben H und einer dreistelligen Nummer versehen. Die erste Zahl gibt die Kategorie und die Art der Gefahr an (**B3**). Die weiteren Zahlen sind fortlaufend. Der dahinterstehende Satz gibt detaillierte Informationen zu den Gefahren (vgl. Info).

Die **P-Sätze** beschreiben **Sicherheitshinweise** (engl. *precautionary statements*). Sie bestehen aus einem Code mit dem Buchstaben P und einer dreistelligen Nummer. Die erste Zahl beschreibt, wie man mit dem Stoff und seinen potenziellen Gefahren umgeht und wie man ihn sicherheits- und umweltgerecht entsorgt (**B3**).

Entsorgung im Klassenzimmer

Nach einem Experiment hat man häufig verschiedene Stoffe vorliegen. Selbst wenn nur einer dieser Stoffe zu den Gefahrstoffen gehört, muss die Mischung in speziell gekennzeichneten Behältern gesammelt werden. Bei den Versuchen in diesem Buch werden die entsprechende Entsorgungshinweise in Form von Kürzeln gegeben.

So geht's

A: Ausguss
Ungefährliche und wasserlösliche Stoffe dürfen über den Ausguss dem Abwasser zugeführt werden. Feststoffe wie Zucker sollten zuvor in Wasser gelöst werden.
Beispiele: Zucker, Natriummonochloridlösung, Rotkohlsaft, Backpulver

R: Restmüll
Unproblematische und ungefährliche Feststoffe werden im Restmüll entsorgt.
Beispiele: Filterpapier, Indikatorpapier, Sand, Aluminiumfolie

G1: Gefäß für saure und basische Lösungen
In diesem Gefäß werden saure und basische Lösungen gesammelt. Bevor der Behälter voll ist, muss der Inhalt von der Lehrkraft neutralisiert werden.
Beispiele: Schwefelsäure, Natronlauge

G2: Gefäß für giftige anorganische Stoffe
Gifte und umweltschädliche Chemikalien, z. B. Schwermetallsalze und deren Lösungen, werden in Gefäß 2 gesammelt.
Beispiele: Kupfermonosulfat, Kupfermonosulfid, Zinkmonooxid

G3: Gefäß für halogenfreie organische Stoffe
In diesem Gefäß werden wasserlösliche und wasserunlösliche organische Stoffe gesammelt, die keine Halogene enthalten.
Beispiele: Brennspiritus, Octan, Benzin

G4: Gefäß für halogenhaltige organische Stoffe
Organische Verbindungen, die Halogene enthalten, werden in Gefäß 4 bis zur endgültigen Entsorgung durch ein Unternehmen aufbewahrt.
Beispiele: Bromheptan, Chlorpentan

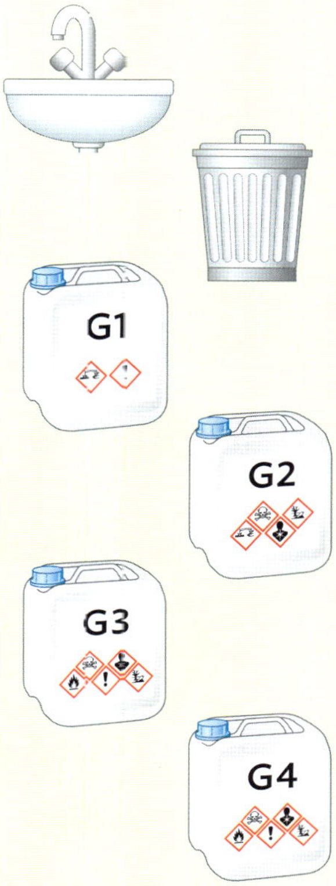

B4 Entsorgungssymbole

AUFGABEN

A1 Beschreibe anhand des Etiketts von Ethanol (**B2**) den sicheren Umgang mit der Chemikalie im Labor. Sieh dazu die Bedeutung der Gefahrenpiktogramme auf S. 218 nach.

A2 Eine Regel im Chemielabor lautet: „Hand ans Etikett beim Ausgießen." Recherchiere im Internet, welche Vorteile diese Arbeitsanweisung aufzeigt.

A3 Die Gefahrenpiktogramme nach GHS gibt es nicht nur im Labor. Überlege, wo sie dir auch im Haushalt (**B5**) begegnen und notiere jeweils den Stoff und die Bedeutung des Gefahrenpiktogramms.

A4 In einem Schülerexperiment werden im Unterricht folgende Chemikalien verwendet: Zitronensaft, Natronlauge, Benzin, Essigreiniger und Salzsäure. Gib jeweils an, wie die Stoffe entsorgt werden müssen.

B5 Putzmittel mit GHS-Symbolen

Laborgeräte richtig verwenden

Im Laufe der Zeit haben Chemiker und Chemikerinnen viele Geräte entwickelt, die beim Experimentieren hilfreich sind. Damit sie sinnvoll eingesetzt werden, muss man ihre Namen und Funktionen kennen. Eine Übersicht zu wichtigen Laborgeräten befindet sich ganz vorne im Buch.

B1 Eine Spatelspitze

Einen Spatel verwenden

So geht's In Kochrezepten liest man oft die Formulierung „eine Prise Salz". Für solche Mengen verwendet man in der Chemie die Bezeichnung „eine Spatelspitze". Die Spitze des Spatels ist dann zu etwa einem Zentimeter bedeckt (**B1**).

Mörser und Abdampfschale unterscheiden

So geht's Zwei Geräte, die ähnlich aussehen, aber nicht verwechselt werden sollten, sind die Abdampfschale und der Mörser (siehe Übersicht: Laborgeräte). Die Abdampfschale wird zum Abdampfen von Flüssigkeiten verwendet. Sie darf mit dem Gasbrenner vorsichtig erhitzt werden. Die Abdampfschale hat immer eine glatte Oberfläche. Der Mörser ist viel dicker und dient dem Zerkleinern von festen Stoffen wie z. B. Salz, Schwefel oder Pflanzenteilen. Er verfügt im Gegensatz zur Abdampfschale über eine gerade Standfläche.

Flüssigkeiten mit einem Glasstab umrühren

So geht's Flüssigkeiten müssen oft umgerührt werden, z. B. wenn sie mit dem Gasbrenner erhitzt oder mit Eis gekühlt werden. Zum Umrühren muss ein Glasstab verwendet werden. Ein Thermometer ist dafür ungeeignet. Es hat nur eine dünne Glaswand und die Bruchgefahr ist zu groß. Ein Thermometer ist ausschließlich zum Bestimmen der Temperatur gedacht!

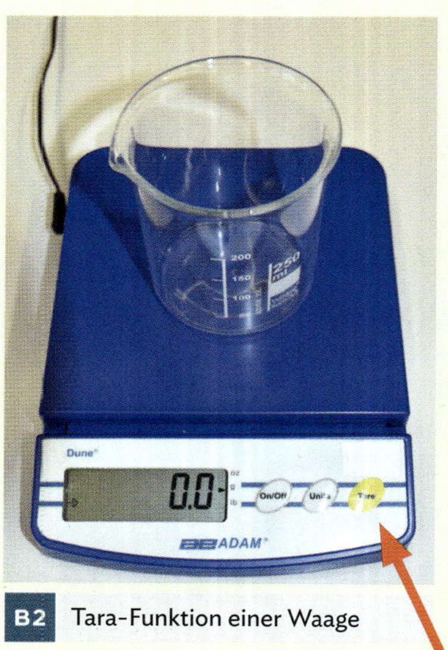

B2 Tara-Funktion einer Waage

Die Masse mit einer Laborwaage bestimmen

Die Tara-Funktion einer Laborwaage kann genutzt werden, um die Masse einer Stoffportion zu bestimmen, ohne deren Verpackung bzw. das Aufbewahrungsgefäß mit zu wiegen.

So geht's Schalte die Waage ein. Es wird eine Masse von Null Gramm angezeigt. Stelle nun zunächst ein leeres Gefäß zum Abwiegen auf den Wägeteller (z. B. ein Becherglas, eine Wägeschale bzw. Wägeschiffchen oder ein Filterpapier). Drücke dann den Knopf Tara (T) auf der Waage. Auf der Anzeige liest du nun wieder Null Gramm ab (**B2**), da das Gerät jetzt die Masse des Behältnisses mit einrechnet. Gib dann den Stoff, dessen Masse du ermitteln möchtest, in das Gefäß auf der Waage bzw. wiege die gewünschte Menge an Stoff ab. Durch die Tara-Funktion kannst du dich auf die zu wiegende Stoffportion konzentrieren und ihre Masse direkt ablesen. Eine Chemikalie darf nie direkt auf die Waage gegeben werden.

Das Volumen einer Flüssigkeit messen

Bechergläser haben zwar eine Skala, kleinere Volumina wie z. B. 100 mL kann man mit ihnen aber nur sehr ungenau ablesen. Wenn das Volumen einer Flüssigkeit genauer bestimmet werden soll, kann ein Messzylinder verwendet werden.

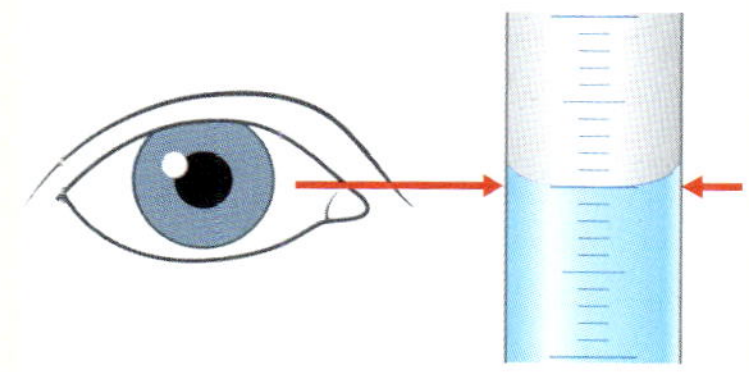

B3 Ablesen der Füllmenge

So geht's Betrachte den Flüssigkeitsstand im Messzylinder auf Augenhöhe. Die Oberfläche der Flüssigkeit im Messzylinder ist außen leicht nach oben gewölbt. Visiere den unteren Rand dieser Wölbung (Meniskus) in Augenhöhe an und lies die Füllmenge an diesem Punkt ab (**B3**).

Eine Flüssigkeit pipettieren

Eine Pipette eignet sich, um ein sehr kleines Volumen exakt abzumessen und von einem in ein anderes Gefäß zu überführen.

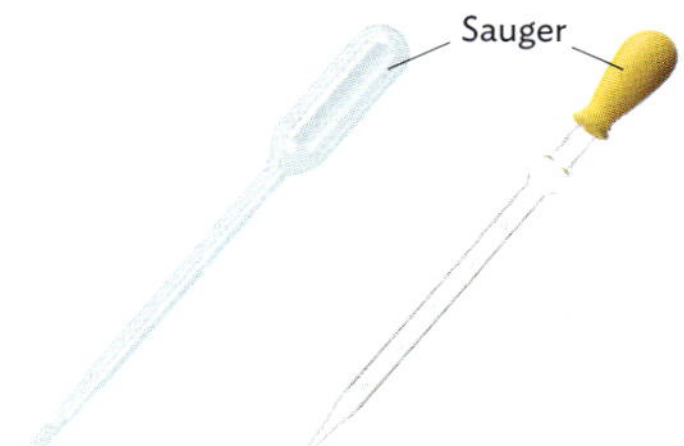

B4 Einwegpipette (links) und Pipette mit aufgestecktem Gummisauger (rechts)

So geht's Pipetten gibt es in verschiedenen Größen und Ausführungen. Ein Sauger ist bei Einwegpipetten am Ende integriert (**B4**, links) oder es kann ein Gummisauger auf die offene Pipette aufgesteckt werden (**B4**, rechts). Zum Aufziehen der Flüssigkeit wird zunächst die Luft aus dem Sauger gedrückt und dann die Pipettenspitze in die Flüssigkeit getaucht. Wird der Sauger nicht mehr zusammengedrückt, wird die Flüssigkeit in die Pipette gesaugt. Zum Ablassen der Flüssigkeit halte die Pipette mit der Spitze leicht schräg an den Rand des Gefäßes und drücke den Sauger langsam zusammen. Es läuft genau die Menge aus, die du mit der Pipette zuvor abgemessen hast. Eine gefüllte Pipette muss immer aufrecht gehalten und darf nicht umgedreht oder abgelegt werden.

Die elektrische Leitfähigkeit prüfen

Ob ein Stoff elektrisch leitfähig ist, kann mit einem Leitfähigkeitsprüfer getestet werden. Eine einfache Variante besteht aus einem 9-Volt-Block als Stromquelle, an dem eine Leuchtdiode und ein Widerstand befestigt sind (**B5**). (Bauanleitung unter QR-/Mediencode) 05511-01

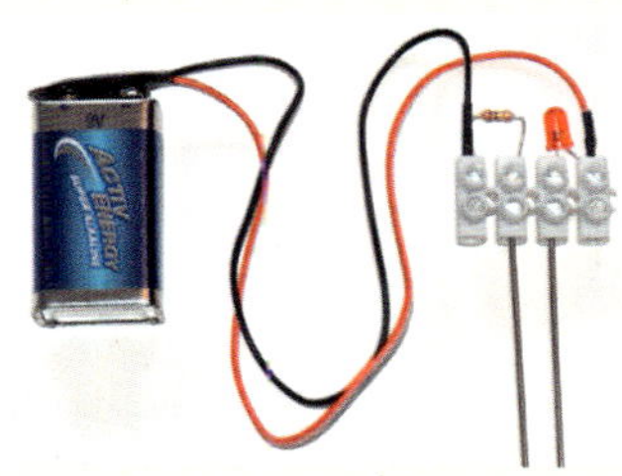

B5 Leitfähigkeitsprüfer

So geht's Halte die beiden Metallstäbe an den zu untersuchenden Feststoff oder in die zu untersuchende Flüssigkeit. Ist der Stoff elektrisch leitfähig, so leuchtet die Leuchtdiode.

AUFGABEN

A1 In **B6** haben sich 12 verschiedene Längsschnitte durch Laborgeräte versteckt. Zeichne diese einzeln in der richtigen Orientierung und Reihenfolge untereinander auf ein DIN A4-Blatt. Benenne die Geräte und recherchiere für jedes Gerät eine Verwendung.

A2 Versuch: Fülle eine beliebige Menge Wasser in ein Becherglas und lies das Volumen so gut es geht ab. Bestimme das genaue Volumen mit einem Messzylinder und fülle das Wasser wieder zurück in das Becherglas. Gib das Becherglas an die nächste Gruppe weiter, die wieder das Volumen bestimmt. Vergleicht eure Ergebnisse und diskutiert Ursachen für unterschiedliche Messergebnisse.

A3 Versuch: Gib 1,5 g Kochsalz in 20 mL Wasser. Prüfe die Leitfähigkeit der Lösung und dampfe sie wieder ein (s. S. 19 **B6**). Wiege das erhaltene Salz. Vergleiche die Masse des Salzes zu Beginn mit der am Ende.

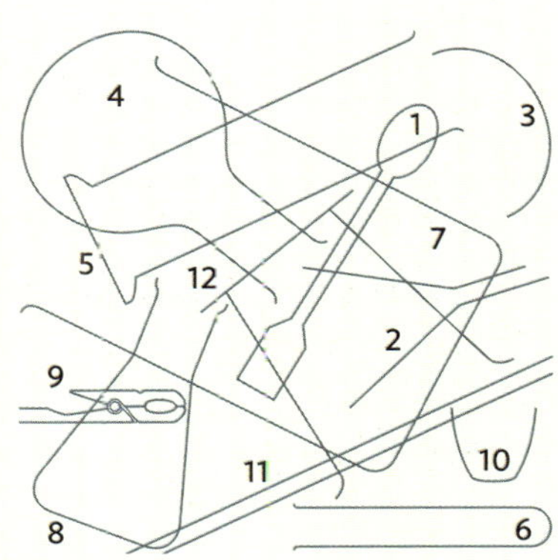

B6 Längsschnitte durch Laborgeräte

Erhitzen mit dem Gasbrenner

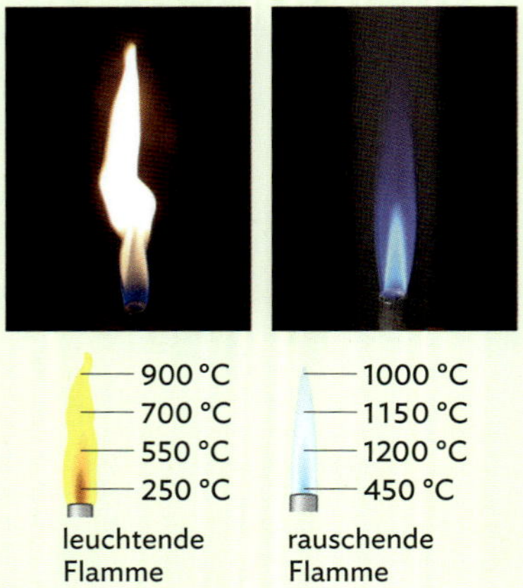

B1 Leuchtende Brennerflamme (links) und rauschende Brennerflamme (rechts) sowie Flammentemperaturen

Der Gasbrenner ist ein wichtiges Arbeitsmittel im Labor. Es gibt verschiedene Varianten: feststehend und am Gasanschluss, feststehend und mit eigener Gaskonserve und den Mikrobrenner, der in der Hand gehalten wird.

Egal welcher Brennertyp benutzt wird, er hat immer eine Gas- und eine Luftregulierung (**B2**). Damit kann je nach Bedarf eine **leuchtende** oder eine **rauschende** (nicht leuchtende) Flamme eingestellt werden (**B1**). Die leuchtende Flamme entsteht bei geschlossener Luftzufuhr, die rauschende Flamme bei geöffneter Luftzufuhr. Die Flammentypen unterscheiden sich in den Temperaturen, die sie erreichen. Die leuchtende Flamme rußt sehr stark und die rauschende Flamme ist unter Umständen zu heiß. Daher wird meist durch eine mittlere Regulierung der Luftzufuhr eine nicht leuchtende und nicht rauschende Flamme eingestellt.

Beim **direkten Erhitzen** wird das Gefäß mit den zu erwärmenden Stoffen direkt mit der Brennerflamme in Berührung gebracht. Das ist die einfachste und schnellste Art, Stoffe zu erhitzen. Nur Gefäße mit Rundungen (Reagenzgläser, Rundkolben, Porzellanschalen) dürfen direkt erhitzt werden. Andere Gefäße können durch die ungleichmäßige Wärmeverteilung zerspringen. Brennbare und leicht entzündliche Flüssigkeiten dürfen nie direkt erhitzt werden. Um solche Stoffe nur langsam und/oder nur mäßig zu erhitzen, wird z. B. eine Heizplatte anstelle eines Gasbrenners verwendet. Allgemein ist zu beachten, dass nicht nur die Gefäße, sondern auch der Gasbrenner und seine Regler heiß werden. Der Gasbrenner muss immer erst ganz ausgekühlt sein, bevor er neu mit Gas oder Spiritus befüllt werden kann.

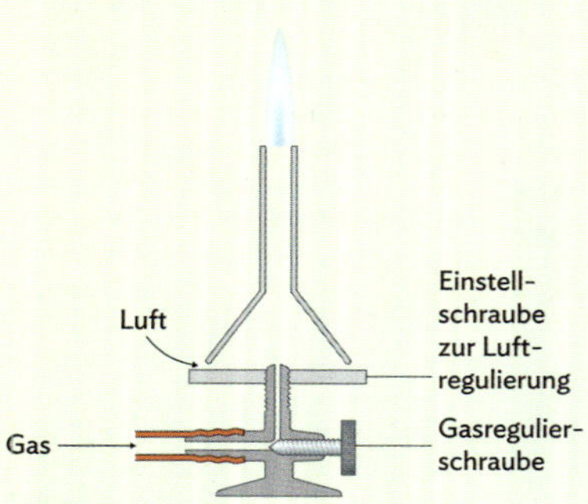

B2 Bestandteile eines Gasbrenners

Entzünden des Gasbrenners

So geht's Setze die Schutzbrille auf, entferne alle brennbaren Gegenstände vom Tisch und binde lange Haare am Hinterkopf zusammen. Prüfe vor dem Entzünden des Gasbrenners zunächst, ob die Luft- und die Gaszufuhr am Gasbrenner geschlossen sind (**B2**). Öffne dann den Gashahn am Experimentiertisch. Halte ein brennendes Feuerzeug oder Streichholz bereit, bevor du schließlich die Gaszufuhr am Brenner öffnest. Entzünde sofort das ausströmende Gas mit der Feuerzeug- bzw. Streichholzflamme und reguliere die Flammengröße mit der Gasregulierschraube am Gasbrenner. Öffne bei Bedarf die Luftzufuhr, um die gewünschte Flammenart einzustellen. Blicke niemals von oben in den entzündeten Gasbrenner.

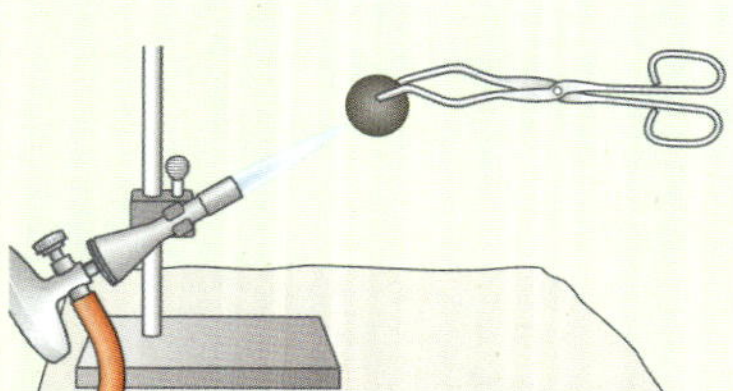

B3 Erhitzen von Feststoffen

Erhitzen von Feststoffen direkt in der Flamme

So geht's Lege eine feuerfeste Unterlage auf den Labortisch. Spanne darüber den Gasbrenner schräg in ein Stativ, damit keine abfallenden Partikel in das Brennerrohr fallen (**B3**). Nun halte den Stoff mit einer Tiegelzange direkt in die Flamme.

Erhitzen von kleinen Flüssigkeitsmengen im Reagenzglas

So geht's Fülle das Reagenzglas zu höchstens einem Drittel und gib ein paar Siedesteinchen hinzu (vgl. Info). Klemme die Reagenzglasklammer ganz oben an das Reagenzglas (**B4**). Halte das Reagenzglas leicht schräg in die nicht leuchtende, nicht rauschende Flamme. Die Öffnung darf nicht auf umstehenden Personen zeigen. Beginne mit dem Erhitzen am oberen Bereich der Flüssigkeit und wandere dann langsam nach unten. Schüttle das Reagenzglas dabei leicht, um die Wärme besser zu verteilen. Zur Regulierung der Temperatur halte das Reagenzglas in unterschiedlicher Höhe über die Flamme.

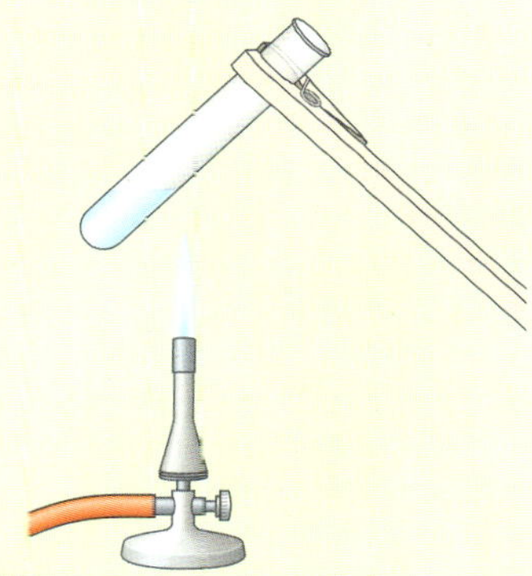

B4 Erhitzen im Reagenzglas

Erhitzen von großen Flüssigkeitsmengen im Becherglas

So geht's

Baue den Gasbrenner, das Becherglas, einen Dreifuß und ein Drahtnetz wie in **B5** auf. Zur Vermeidung von Siedeverzügen gib einige Siedesteine in die Flüssigkeit. Ein Video dazu gibt es unter dem QR-/Mediencode.

05511-02

Info

Ein Siedeverzug ist ein plötzlich einsetzendes Sieden der Flüssigkeit, bei dem die heiße Flüssigkeit aus dem Gefäß spritzen kann. Siedeverzüge können durch Zugabe von Siedesteinchen verhindert werden.

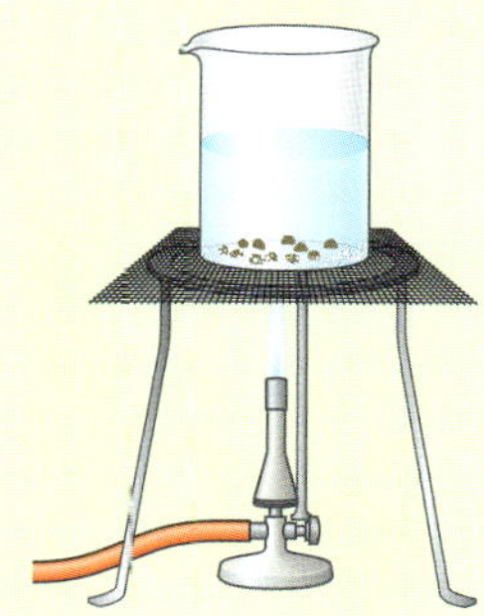

B5 Erhitzen im Becherglas

Eindampfen von Flüssigkeiten

So geht's Nimm einen Dreifuß, ein Drahtnetz und eine Abdampfschale. Baue die Apparatur wie in **B6** auf. Achte auf einen ausreichenden Abstand des Gasbrenners zur Abdampfschale. Reguliere die Flamme so, dass die einzudampfende Flüssigkeit nur leicht köchelt. Kurz bevor die Flüssigkeit ausreichend eingedampft ist, entferne den Gasbrenner. Wenn nur noch wenig Flüssigkeit übrig ist, reicht die noch vorhandene Hitze in der Abdampfschale aus, damit der Rest der Flüssigkeit verdunstet. Ein gegebenenfalls zuvor gelöster Feststoff bleibt dann zurück.

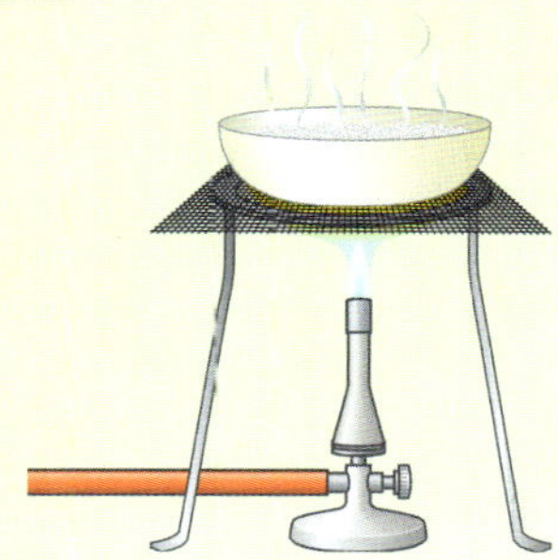

B6 Eindampfen

AUFGABEN

A1 Du sollst a) einen Eisennagel und b) eine Salzlösung erhitzen. Gib jeweils die Flamme an, die du am Gasbrenner einstellen musst, und begründe deine Wahl.

A2 Schlage eine Methode vor, mit der du im Chemieunterricht 200 mL Wasser auf 60 °C erhitzen kannst. Nenne alle notwendigen Arbeitsschritte.

A3 Beurteile die folgenden Aussagen und schlage gegebenenfalls Alternativen zum sicheren Experimentieren vor.
a) „Die Siedesteine sind weg ... Egal, dann rühre ich die Flüssigkeit beim Erhitzen im Becherglas vorsichtig mit einem Glasstab."
b) „Lass uns den Spiritus schnell erhitzen. Dreh mal die Gas- und die Luftzufuhr am Gasbrenner ganz auf und erhitze das Reagenzglas kräftig von unten."
c) „Ich habe meinen Haargummi vergessen. Dann klemme ich die Haare eben hinter die Ohren."

Den naturwissenschaftlichen Erkenntnisweg gehen

Naturwissenschaftler und Naturwissenschaftlerinnen versuchen einerseits schon bekannte Sachverhalte zu erklären und andererseits auch Vermutungen zur Vorhersage noch unbekannter Phänomene aufzustellen. Ihre Erkenntnisse sowie die entsprechenden Regeln und Gesetzmäßigkeiten gewinnen sie auf einem bestimmten Weg. Dieser naturwissenschaftliche Erkenntnisweg läuft in fünf Schritten ab.

Brausepulver prickelt auf der Zunge und sprudelt im Wasser. Woher kommt das Sprudeln? Das lässt sich anhand der folgenden fünf Schritte erschließen.

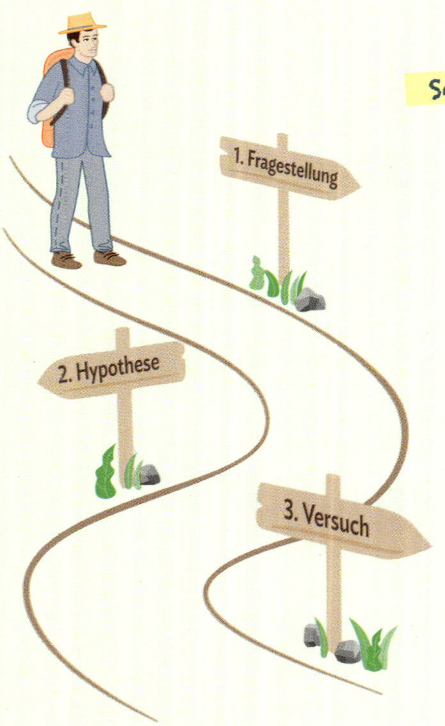

Info

Kalkwasser trübt sich bei Kontakt mit Kohlenstoffdioxid.

So geht's

1. Die **Fragestellung**
   Formuliere eine Frage, die mithilfe von Versuchsergebnissen beantwortet werden soll.

   Woraus bestehen die Gasbläschen, die das Sprudeln von Brausepulver bei Zugabe von Wasser oder im feuchten Mund hervorrufen?

2. Das Aufstellen der **Hypothese** (= Vermutung):
   Stelle aus deinen bisherigen Kenntnissen und Erfahrungen eine experimentell überprüfbare Vermutung auf. Diese Hypothese wird dann aufgrund der Versuchsergebnisse entweder bestätigt oder sie stellt sich als falsch heraus.

   Das Sprudeln wird durch Kohlenstoffdioxidgas hervorgerufen.
   (Überlegung: Das Gas in Sprudelwasser ist ebenfalls Kohlenstoffdioxidgas.)

3. Das **Material** und die **Versuchsdurchführung:**
   Überlege dir, wie du die aufgestellte Hypothese überprüfen kannst. Plane dann den Versuch möglichst genau. Notiere die Versuchsdurchführung so, dass jemand anderes den Versuch jederzeit wiederholen und deine Ergebnisse überprüfen kann. Achte hierbei immer auf die Sicherheitsbestimmungen. Trage bei allen Versuchen eine Schutzbrille.

   Geräte: Tropftrichter, durchbohrter Stopfen, Reagenzglas mit seitlichem Ansatz, gebogenes Glasrohr, Becherglas

   Chemikalien: Wasser, Brausepulver, Kalkwasser

   Durchführung: Die Apparatur wird wie in **B1** *aufgebaut. Etwas Wasser wird auf das Brausepulver getropft und der Hahn des Tropftrichters wieder verschlossen. Das sich entwickelnde Gas wird in Kalkwasser eingeleitet.*

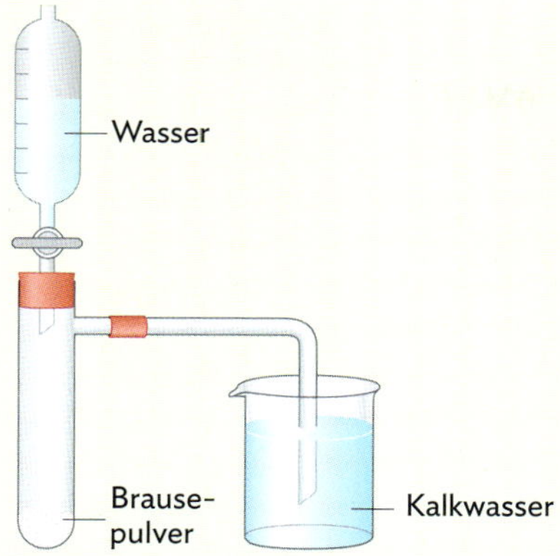

B1 Apparatur zum Nachweis von Kohlenstoffdioxid. Das Stativmaterial wird nicht abgebildet.

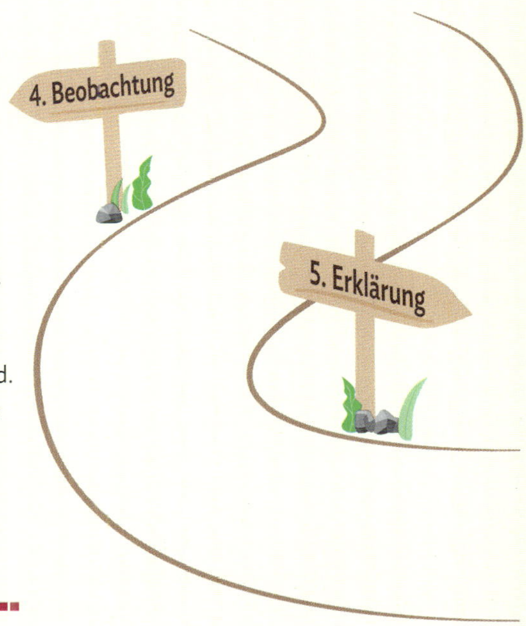

4. Die **Beobachtungen:**
Du kannst entweder direkt mit den Sinnen (alles, was du siehst, riechst, hörst) oder indirekt mit Messgeräten (z. B. Strommesser) beobachten. Beschränke dich auf diese Beobachtungen und formuliere noch keine Erklärungen.
Nach der Zugabe von Wasser sprudelt und schäumt es im Reagenzglas mit dem Brausepulver. Das zu Beginn des Versuchs klare, farblose Kalkwasser trübt sich und wird milchig-weiß.

5. Die **Auswertung / Erklärung:**
Werte nun deine Beobachtungen geeignet aus, beispielsweise in einer Tabelle oder einem Diagramm. Interpretiere die Beobachtungen: Überlege dir also, welche Bedeutung sie haben. Entscheide, ob deine Hypothese durch die gewonnenen Daten bestätigt oder widerlegt wird.
Das Kalkwasser hat sich getrübt. Mithilfe der Kalkwasserprobe ist das Gas Kohlenstoffdioxid identifiziert worden. Das Sprudeln von Brausepulver in Wasser wird durch die Bildung des Gases Kohlenstoffdioxid verursacht. Die Hypothese ist somit bestätigt.

AUFGABE

A1 Die Hauptbestandteile von Brausepulver sind Zucker, Citronensäure und Natriumhydrogencarbonat (Natron). Außerdem sind dem Brausepulver noch Farb- und Aromastoffe beigemengt.
Sind alle drei Hauptbestandteile notwendig, um ein Sprudeln hervorzurufen? Genügt zur Bildung des Gases Kohlenstoffdioxid vielleicht einer dieser Stoffe allein oder eine Kombination aus zwei der Stoffe?
Entwickle eine Versuchsreihe, mit der du herausfinden kannst, welche der Hauptbestandteile des Brausepulvers für die Bildung des Kohlenstoffdioxids nötig sind. Gehe dabei nach den fünf Schritten des naturwissenschaftlichen Erkenntniswegs vor.

Ein Versuchsprotokoll erstellen

In der Chemie gelangt man durch Experimente zu neuen Erkenntnissen. Ein Protokoll zu einem Versuch ist notwendig, um den Versuch auswerten, wiederholen, die Ergebnisse überprüfen oder den Versuch abwandeln zu können. Im **Versuchsprotokoll** werden alle wichtigen Versuchsschritte festgehalten:

- Datum, Überschrift, Aufgabe bzw. Fragestellung
- Vermutung bzw. Hypothese
- Material und Versuchsdurchführung
- Beobachtungen
- Auswertung und Erklärung

B1 Brausepulvertütchen, Brausepulver und fertige Trinkbrause

Bei der Herstellung von Trinkbrause aus Brausepulver (**B1**) beobachtet man ein Sprudeln. Mit einem Versuch soll herausgefunden werden, welche der Bestandteile des Brausepulvers das Sprudeln in Wasser hervorrufen. Die Hauptbestandteile von Brausepulver sind Zucker, Citronensäure und Natriumhydrogencarbonat (Natron).

So geht's

1. Notiere das Datum und die Überschrift des Versuchs und / oder die **Aufgabe bzw. Fragestellung**, die der Versuch beantworten soll.

2. Stelle Vermutungen zur Antwort auf die Fragestellung auf bzw. formuliere eine **Hypothese** (vgl. Info).

3. Notiere alle **Laborgeräte** und **Chemikalien** (und gegebenenfalls deren GHS-Nummer(n) und Entsorgungshinweise), die du für den Versuch verwendest. Zeichne eine Skizze des Versuchsaufbaus und beschrifte sie vollständig. Wird der Versuch in mehreren Schritten durchgeführt, solltest du entsprechend auch mehrere Zeichnungen anfertigen. Protokolliere die **Durchführung des Versuchs** in der richtigen Reihenfolge. Notiere dabei alle für die Durchführung wichtigen Daten wie Mengenangaben oder Zeitintervalle.

4. Notiere die **Beobachtungen**, die du bei der Durchführung des Versuchs machen kannst, inhaltlich richtig, in der korrekten Reihenfolge, vollständig und präzise ohne Ausschmückung. Die Beobachtungen kannst du in einem Text oder in Tabellen festhalten. Beobachtungen können nicht nur mit den Augen, sondern auch mit den anderen Sinnesorganen gemacht werden. Z. B. kann ein lauter Knall mit den Ohren wahrgenommen werden. Dies wird dann ebenfalls als Beobachtung festgehalten.

5. **Werte** die Beobachtungen mit Blick auf die Aufgabe bzw. Fragestellung **aus** und beantworte die Aufgabe bzw. Frage. Erkläre die Beobachtungen. Interpretiere mögliche Diagramme aus Messwerten und achte auf Abweichungen oder Unstimmigkeiten. Später können die Vorgänge in Formeln und Gleichungen ausgedrückt werden.

Info

Eine Hypothese (Vermutung) ist eine Aussage, die mit geeigneten Versuchen überprüfbar sein sollte und durch das Versuchsergebnis bestätigt oder widerlegt wird.

Untersuchung von Brausepulver

Alltagsbeobachtung

Brausepulver sprudelt, wenn man es in Wasser gibt. 27.02.2018

1. Fragestellung

Welche Bestandteile (Stoffe) des Brausepulvers bewirken das Sprudeln von Brausepulver in Wasser?

Überlegung

Natriumhydrogencarbonat ist auch in Backpulver enthalten, das einen Kuchenteig aufgehen lässt.

2. Hypothese

Das Natriumhydrogencarbonat bewirkt das Sprudeln.

3. Durchführung

Material: sechs Reagenzgläser, Reagenzglasständer, Spatel, Zucker, Citronensäure (GHS 7), Natriumhydrogencarbonat (kurz: Natron)

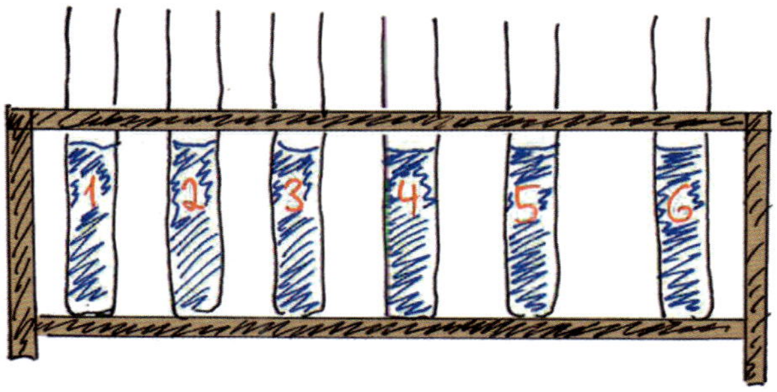

Man füllt sechs Reagenzgläser etwa halbvoll mit Wasser und beschriftet sie mit den Ziffern 1 bis 6. Dann gibt man in die Reagenzgläser 1 bis 3 je eine Spatelspitze Zucker, Citronensäure bzw. Natron. In die Reagenzgläser 4 bis 6 füllt man je eine Spatelspitze von zwei Stoffen: in Glas 4 Zucker und Citronensäure, in Glas 5 Zucker und Natron, in Glas 6 Citronensäure und Natron.

Entsorgung: In den Ausguss geben.

4. Beobachtungen

1 Wasser + Zucker	2 Wasser + Citronensäure	3 Wasser + Natron	4 Wasser + Zucker + Citronensäure	5 Wasser + Zucker + Natron	6 Wasser + Citronensäure + Natron
keine Gasentwicklung	keine Gasentwicklung	keine Gasentwicklung	keine Gasentwicklung	keine Gasentwicklung	Gasentwicklung

5. Erklärung

Die aufgestellte Hypothese wurde widerlegt. Nur wenn man die beiden Bestandteile Citronensäure und Natron zusammen in Wasser gibt, kommt es zur Gasentwicklung.

B2 Protokoll zur Untersuchung von Brausepulver

AUFGABE

A1 Fertige zu dem Versuch in Aufgabe **A2** auf S. 17 ein vollständiges Versuchsprotokoll an.

2 Stoffe und ihre Eigenschaften

Startklar?

1. Schätze dich selbst ein. Wie gut sind deine Kenntnisse in den Bereichen A bis C? Kreuze auf dem Arbeitsblatt (unter QR-/Mediencode) die entsprechenden Kästchen unten in der Tabelle an.

05511-03

2. Hast du dich richtig eingeschätzt? Bearbeite die untenstehenden Aufgaben. Vergleiche deine Antworten mit den Lösungen auf Seite 204 und kreise die erreichte Punktzahl in der Tabelle auf dem Arbeitsblatt ein. Vergleiche mit deiner Selbsteinschätzung.

A1 Gib die Geräte an, die zum Erhitzen von Metallen in Drahtform benötigt werden. Benenne die benötigten Geräte.

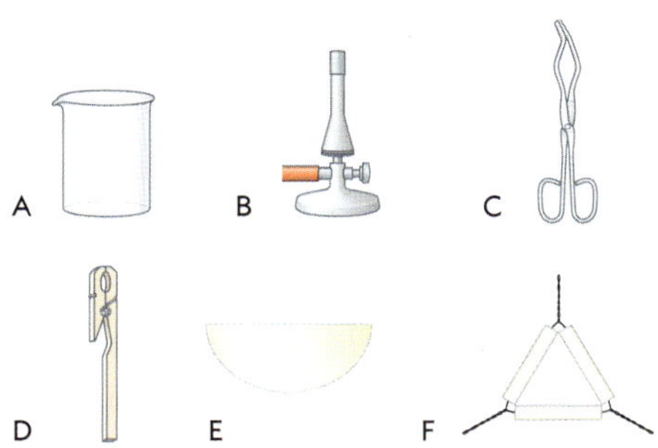

A2 Nenne die Geräte und Messinstrumente, die verwendet werden können, um Leitungswasser auf 60 °C zu erhitzen.

B1 Die Gliederung eines Protokolls ist durcheinander geraten. Bringe die Teilüberschriften des Protokolls in die richtige Reihenfolge: Auswertung, Aufgabe / Fragestellung, Beobachtungen, Hypothese, Versuchsdurchführung, Laborgeräte und Chemikalien.

B2 Die folgenden drei Ausschnitte stammen aus einem Protokoll. Ordne ihnen jeweils eine passende Teilüberschrift aus Aufgabe **B1** zu:

a) Untersuche, ob nach dem Erhitzen von Zucker derselbe Stoff vorliegt wie vor dem Erhitzen.

b)

	Aussehen des Stoffes	Geruch des Stoffes
vor dem Erhitzen	weiß, kristallin	geruchlos
während des Erhitzens	hellbraun, flüssig	süßlich
nach dem Erhitzen	hellbraun, fest	nach Karamell

c) In ein Reagenzglas füllt man ca. 1 cm hoch Zucker und erhitzt mit dem Gasbrenner, bis der Inhalt des Reagenzglases hellbraun ist. Dann lässt man Inhalt und Reagenzglas abkühlen.

C1 Ordne die folgenden Begriffe sinnvoll in die Übersicht ein: Papiertüten, Essigreiniger, Mehl, Aluminiumfolie, Haushaltschemikalien, Salz, Zucker, Geschirrspülmittel, Lebensmittel, Waschpulver, Gewürzessig, Kunststoffbeutel, Verpackungsmaterial.

	Ich kann ...	prima	ganz gut	mit Hilfe	lies nach auf Seite
A	geeignete Geräte für einen Versuch auswählen und benennen.	5	4 – 3	2 – 1	16, 17
B	Versuche protokollieren.	6 – 5	4 – 3	2 – 1	22, 23
C	Stoffe nach bestimmten Kriterien ordnen.	5	4 – 3	2 – 1	

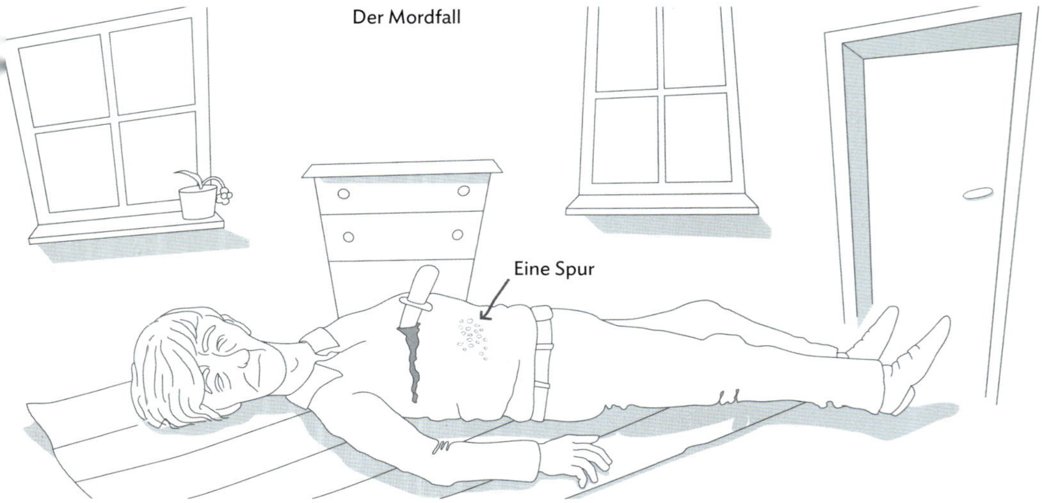

2.1 Stoffe und Stoffeigenschaften

Ein Mord ist geschehen! Die Polizei entdeckt am Tatort eine erste Spur, auf der Kleidung des Opfers befindet sich ein weißes Pulver. Eine Probe des Pulvers (PULVER X) soll im Labor identifiziert werden. Vier Bekannte des Opfers kommen als Tatverdächtige in Frage. Alle arbeiten täglich mit einem weißen Stoff: der Konditor mit Puderzucker, der Brauseverkäufer mit Natron, der Bauarbeiter mit Gips und die Bäckerin mit Mehl. Wie lässt sich der Täter oder die Täterin überführen?

V1 Untersuchen von Stoffen mit verschiedenen Methoden

Lässt sich das Beweismittel, das PULVER X, einer der tatverdächtigen Personen zuordnen?

05511-04

DURCHFÜHRUNG

1.1 Lade die Tabelle unter dem QR-/Mediencode herunter. Fülle sie mit den Informationen, die du in **V1.2 – V1.6** über die Stoffe herausfinden kannst.

1.2 Gib eine kleine Portion Puderzucker, Natron, Gips, Mehl bzw. PULVER X auf je ein Uhrglas. Vergleiche das Aussehen der Stoffe genau. Verwende dazu auch eine Lupe oder ein Mikroskop.

1.3 Nimm von den fünf Stoffen aus **V1.1** jeweils eine Geruchsprobe, indem du dir den Geruch vorsichtig mit der Hand zufächelst (**B1**).

1.4 Gib jeweils eine Spatelspitze der Stoffe in je ein Reagenzglas. Untersuche die Stoffe nacheinander: Klemme dazu jeweils eines der Reagenzgläser in eine Reagenzglasklammer und erhitze den Stoff vorsichtig in der nichtleuchtenden Flamme des Gasbrenners (vgl. **FM** S. 18). Beende das Erhitzen, sobald du eine Veränderung im Reagenzglas beobachtest. Führe vorsichtig eine Geruchsprobe durch.

B1 Riechen im Chemielabor

1.5 Prüfe die vier ursprünglichen (nicht die erhitzten Stoffe) Stoffe und PULVER X auf ihre elektrische Leitfähigkeit (vgl. **FM** S. 17).

1.6 Gib jeweils eine Spatelspitze der ursprünglichen Stoffe in je ein Reagenzglas. Fülle dann in alle Reagenzgläser 3 cm hoch destilliertes Wasser, verschließe sie mit einem Stopfen und schüttle sie. Vergleiche die Löslichkeit der Stoffe in Wasser. Prüfe auf elektrische Leitfähigkeit (vgl. **FM** S. 17).

AUSWERTUNG

a) „Stoffe lassen sich eindeutig mit den Sinnesorganen erkennen und identifizieren." Nimm Stellung zu dieser Aussage!

b) Begründe, ob der Kriminalfall zu lösen ist und welche der Verdächtigen für ein Geständnis ins Polizeipräsidium bestellt werden sollen.

V2 Nachweisreaktionen

Manche Stoffe lassen sich mit bestimmten Nachweismethoden eindeutig identifizieren.

DURCHFÜHRUNG

2.1 Fülle etwas Wasser in ein kleines Becherglas. Nimm einen Streifen Watesmopapier (0,5 bis 1 cm) und halte ihn in das Wasser.

2.2 Sauerstoff lässt sich mit der Glimmspanprobe nachweisen. Fülle ein Reagenzglas mit Sauerstoff und führe die Glimmspanprobe durch.

2.3 Prüfe deine Ausatemluft mit einem Strohhalm auf das Vorhandensein von Kohlenstoffdioxid. Achte darauf, den Strohhalm beim Einatmen abzusetzen, sodass du das Kalkwasser nicht versehentlich ansaugst.

2.4 Führe an einem mit Wasserstoff befüllten Reagenzglas die Knallgasprobe durch.

AUSWERTUNG

a) Beschreibe deine Beobachtungen.

b) Nenne Vorteile solcher Nachweismethoden zur Identifizierung von Stoffen.

FM Sauerstoff nachweisen – die Glimmspanprobe

So geht's Entzünde einen langen Holzspan und puste ihn wieder aus, sodass er noch glimmt. Führe ihn in ein Reagenzglas, in dem sich das zu untersuchende Gas befindet. Ist Sauerstoff im Reagenzglas vorhanden, flammt der Span wieder auf (**B2**).

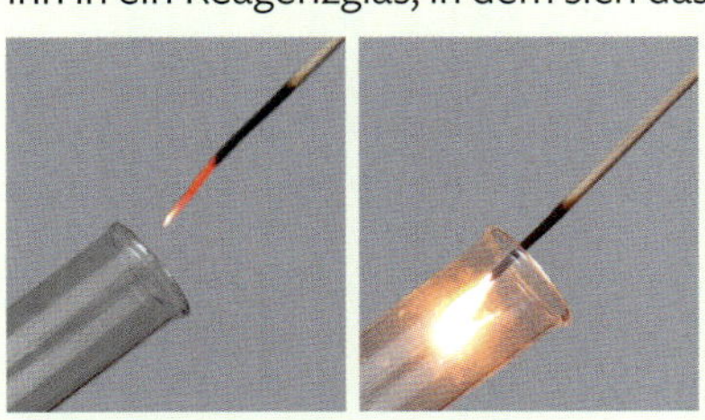

B2 Positiv verlaufende Glimmspanprobe

FM Kohlenstoffdioxid nachweisen – die Kalkwasserprobe

So geht's Nimm eine frisch hergestellte, gesättigte Lösung von Calciummonohydroxid (Kalkwasser) und leite das Gas vorsichtig ein. Wenn sich das Kalkwasser durch einen Feststoff weiß trübt, ist der Nachweis positiv: Das eingeleitete Gas ist Kohlenstoffdioxid.

B3 Kalkwasser vor und nach dem Einleiten von Kohlenstoffdioxid

FM Wasserstoff nachweisen – die Knallgasprobe

So geht's Halte das Reagenzglas, in dem sich das zu untersuchende Gas befindet, mit der Öffnung nach unten und verschließe dabei die Reagenzglasöffnung mit dem Daumen (**B4**, 1). Ziehe kurz vor der Flamme den Daumen weg (**B4**, 2) und neige gleichzeitig die Reagenzglasöffnung zur Flamme. Ist Wasserstoff im Reagenzglas vorhanden, hörst du ein Pfeifen oder Knallen: Die Knallgasprobe verläuft positiv.

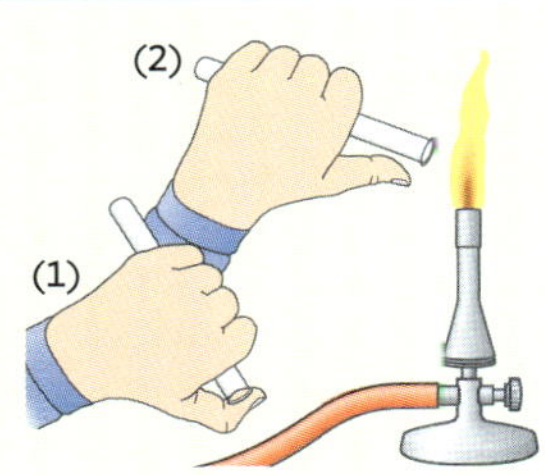

B4 Durchführen der Knallgasprobe

B5 Stoffe im Textilladen (oben) und im Chemikalienregal (unten)

Stoffe im Alltag und in der Chemie

Chemie ist eine Naturwissenschaft, folglich beschäftigen sich Chemiker und Chemikerinnen mit der Natur. Alle Dinge in der Natur bestehen aus Materialien, in der Chemie nennt man diese Materialien **Stoffe**. Sie untersuchen diese Stoffe und beschäftigen sich dabei mit deren Aufbau, der Umwandlung und den Eigenschaften von Stoffen.

Das Wort „Stoff“ hat in der deutschen Sprache die unterschiedlichsten Bedeutungen und wird sehr vielfältig verwendet. Man verwendet es z. B. für Unterrichtsinhalte, als Abkürzung für Kraftstoff, als umgangssprachliche Bezeichnung für Drogen und in der Alltagssprache für Gewebe (**B5** oben). In unserer Umgebung und in der Natur gibt es unzählige verschiedene Stoffe. Auch im Chemielabor gibt es viele unterschiedliche Stoffe (**B5** unten). Man nennt sie auch Chemikalien. Es ist wichtig, dass man die Stoffe in einer Chemikaliensammlung erkennen und eindeutig voneinander unterscheiden kann.

Stofferkennung mit den Sinnesorganen

Bunte Stoffe lassen sich oft ganz leicht anhand ihrer **Farbe** unterscheiden. Die Farbe eines Stoffes kann sich aber auch ändern: Betrachtet man zum Beispiel nur ein paar Körnchen eines Pulvers, erscheint deren Farbe ganz anders, als wenn man eine Handvoll desselben Pulvers betrachtet.

Viele Stoffe im Alltag oder in einer Chemikaliensammlung sind weiß. Auf den ersten Blick kann man diese leicht verwechseln (**V1**). Bei genauerer Betrachtung, z. B. mit einer Lupe, erkennt man vielleicht eine glänzende oder eine matte **Oberfläche**. Auch die **Kristallform** kann verschieden sein, wie bei Kochsalz und Puderzucker (**V1**, **B6**).

B6 Mikroskopische Aufnahmen von Puderzuckerkristallen (links) und Kochsalzkristallen (rechts)

In der Küche könnte man Mehl, Salz und Zucker anhand des **Geschmacks** unterscheiden. Im Chemieunterricht sind Geschmacksproben verboten, da viele Chemikalien gesundheitsschädigend sind. Geruchsproben sind erlaubt, wenn man sich den **Geruch** vorsichtig mit der Hand zufächelt.

Auch wenn sich viele Stoffe mit den Sinnesorganen unterscheiden lassen, kann das Aussehen täuschen: Puderzucker und Haushaltszucker sehen unterschiedlich aus, es handelt sich aber um denselben Stoff. Puderzucker ist nichts anderes als fein gemahlener Haushaltszucker.

Stofferkennung mit chemischen Untersuchungen

Es gibt viele Stoffe, die man auch bei genauer Betrachtung nicht mit den Sinnesorganen unterscheiden kann. Mit geeigneten Hilfsmitteln lassen sich weitere Eigenschaften bestimmen, die zur Identifizierung eines Stoffes herangezogen werden können.

Die Löslichkeit: Gibt man Puderzucker in Wasser, entsteht eine klare Flüssigkeit, eine Lösung (**V1**). Puderzucker löst sich also gut in Wasser. Auch Natron löst sich in Wasser, allerdings nur zu einem sehr geringen Teil. Mehl ist in Wasser nahezu unlöslich. Ein Gemisch aus Mehl und Wasser bleibt trüb. Die Löslichkeit von Stoffen kann in verschiedenen Lösemitteln ganz unterschiedlich sein. Stoffe können z. B. schlecht in Wasser, dafür aber gut in Öl löslich sein.

Die Schmelz- und die Siedetemperatur: Manche Stoffe liegen bei Raumtemperatur fest vor, andere flüssig oder gasförmig. Die Temperatur, bei der ein fester Stoff flüssig oder ein flüssiger Stoff fest wird, nennt man Schmelztemperatur (**B7**). Die Temperatur, bei der ein flüssiger Stoff gasförmig oder ein gasförmiger Stoff flüssig wird, nennt man Siedetemperatur. Diese Temperaturen sind jeweils charakteristisch für einen Stoff (vgl. Info).

Die Dichte: Wirft man einen Stein in Wasser, geht dieser unter. Ein Stück Styropor schwimmt an der Wasseroberfläche. Gegenstände, die gleich groß sind, können unterschiedlich schwer sein, sie haben unterschiedliche Dichten. Ein Stein ist schwerer als ein gleich großes Stück Styropor. Styropor hat somit eine geringe Dichte, während der Stein eine hohe Dichte hat.

Die elektrische Leitfähigkeit: Metalle und einige weitere Stoffe, z. B. Graphit, leiten den elektrischen Strom. Viele Kunststoffe oder Glas sind dagegen nicht elektrisch leitfähig und werden daher als Isolatoren bezeichnet. Kochsalz und Natron sind als Feststoffe Isolatoren, in Wasser gelöst sind sie dagegen elektrisch leitfähig. Haushaltszucker leitet den elektrischen Strom weder als Feststoff noch als wässrige Lösung (**V1**).

> Wichtige Stoffeigenschaften sind die Löslichkeit, die Schmelztemperatur, die Siedetemperatur, die Dichte und die elektrische Leitfähigkeit.

Einige Stoffe lassen sich zudem mithilfe einfacher **Nachweismethoden** eindeutig identifizieren. Für die drei Gase Sauerstoff, Wasserstoff und Kohlenstoffdioxid gibt es spezifische Gasnachweise, Wasser lässt sich mit der Blaufärbung von Watesmo-Papier nachweisen (**V2**).

AUFGABEN

A1 Erstelle eine Mindmap zum Thema „Stoffeigenschaft und Möglichkeiten der Untersuchung von Stoffen".

A2 Erstelle je einen Steckbrief zu den Stoffen Mehl, Haushaltszucker, Kochsalz und Natron.

A3 Plane jeweils einen Versuch, um folgende Stoffe eindeutig voneinander zu unterscheiden. Gib die zu ermittelnde Stoffeigenschaft und das Versuchsergebnis an: a) Wasser und Benzin, b) Wachs und Butter, c) Glasnagel und Eisennagel.

Info

Stoffe können abhängig von ihrer Temperatur verschiedene Aggregatzustände (fest, flüssig, gasförmig) einnehmen. Der Aggregatzustand ist somit zur Identifizierung eines Stoffes nicht gut geeignet.
Die Schmelz- und Siedetemperatur sind dagegen unveränderlich. Mit geeigneten Hilfsmitteln lassen sich hierfür genaue Werte ermitteln, die charakteristisch für einen Stoff sind.

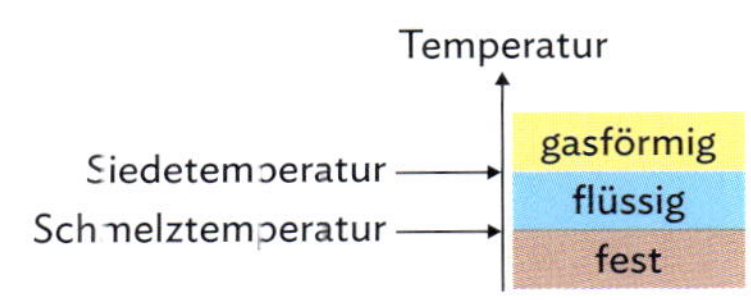

B7 Schmelz- und Siedetemperatur

Info

Es gibt noch sehr viele weitere Stoffeigenschaften, die man zur Identifizierung eines Stoffes heranziehen kann, z. B. die Brennbarkeit (Verhalten bei Erhitzen), der Magnetismus (manche Metalle werden von einem Magneten angezogen) und die Härte (der Widerstand eines Stoffes gegen das Ritzen der Oberfläche).

FACHBEGRIFFE

Stoffe, Farbe, Oberfläche, Kristallform, Geschmack, Geruch, Stoffeigenschaft, Löslichkeit, Schmelztemperatur, Siedetemperatur, Dichte, elektrische Leitfähigkeit, Nachweismethode

2.2 Das Teilchenmodell

Tee ist aus dem Alltag vieler Menschen nicht mehr wegzudenken. Ob Schwarztee, Fencheltee oder Früchtetee – die meisten Teesorten gießt man mit kochendem Wasser auf und viele genießen ihn mit etwas Zucker darin.
Warum brodelt und dampft das Wasser beim Kochen? Und was passiert eigentlich mit dem Zucker, der nach dem Umrühren im Teewasser gar nicht mehr zu sehen ist?

V1 Lösen von Zucker in Wasser

Gibt man etwas Zucker in Wasser, ist er nach einiger Zeit nicht mehr zu sehen. Kann man nachweisen, dass der Zucker noch vorhanden ist?

DURCHFÜHRUNG

Fülle 100 mL Wasser in einen 100-mL-Messzylinder und bestimme die Gesamtmasse mit einer Waage (vgl. **FM** S. 16). Wiege nun auf einem Filterpapier genau 5 g Haushaltszucker ab und gib diesen zu dem Wasser im Messzylinder. Setze einen Stopfen auf den Zylinder und schüttle, bis kein Zucker mehr zu sehen ist. Entferne den Stopfen und bestimme erneut die Gesamtmasse.

B1 Zucker-Teilchen (gelb) und Wasser-Teilchen (blau)

AUSWERTUNG

a) Notiere deine Beobachtungen und die Messergebnisse vor und nach Zugabe des Zuckers.

b) Vergleiche deine Ergebnisse mit denen deiner Mitschülerinnen und Mitschüler und diskutiert über die Ursachen möglicher Abweichungen.

c) Formuliere einen scheinbaren Widerspruch zwischen deinen Beobachtungen und den Messergebnissen.

d) Um die Beobachtungen erklären zu können, stellt man sich vor, dass Stoffe aus vielen kleinen Teilchen aufgebaut sind. **B1** zeigt modellhaft auf dieser Teilchenebene ein Stück Zucker, das gerade in Wasser gegeben wurde. Erstelle eine Skizze auf Teilchenebene, die die Stoffe nach dem Lösevorgang zeigt.

e) Kläre den scheinbaren Widerspruch aus **c)** mithilfe der Skizzen auf Teilchenebene auf.

V2 Modellversuch zum Wasserkocher

Erhitzt man Wasser in einem Wasserkocher, kann man nach kurzer Zeit ein Rauschen hören und der Wasserkocher beginnt leicht zu wackeln. Warum ist das so?

DURCHFÜHRUNG

Fülle ein Reagenzglas etwa 1 cm hoch mit Wasser. Blase einen Luftballon auf, lasse die Luft heraus und verschließe das Reagenzglas mit dem Ballon (**B2**). Erhitze das Reagenzglas vorsichtig mit dem Gasbrenner (vgl. **FM** S. 19) und lasse es anschließend wieder abkühlen.

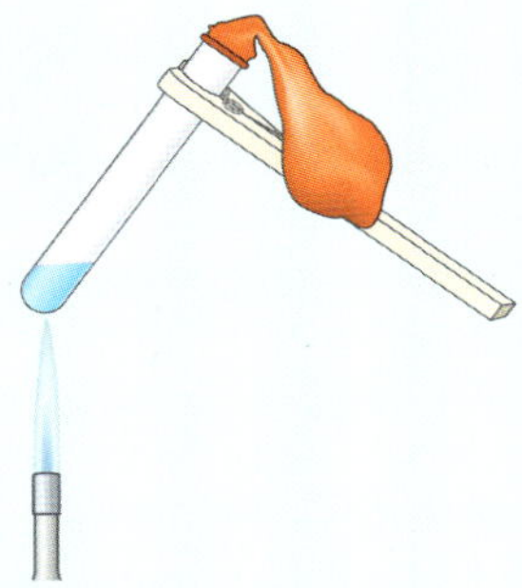

B2 Versuchsaufbau zu **V2**

AUSWERTUNG

a) Beschreibe deine Beobachtungen im Reagenzglas und am Luftballon.

b) Erkläre deine Beobachtung am Luftballon. Vergleiche dazu die Aggregatzustände flüssig und gasförmig.

c) Erkläre anhand der Beobachtungen das Wackeln eines Wasserkochers beim Kochvorgang.

LV3 Sublimation von Iod

G2

Iod liegt bei Raumtemperatur als grauer, glänzender Feststoff vor. Beim Erhitzen entwickeln sich lilafarbene Dämpfe.

DURCHFÜHRUNG

Einige Körnchen Iod werden in ein Reagenzglas gegeben. Durch ein Teelicht werden diese vorsichtig erwärmt. Ein dünneres, mit Eis gefülltes Reagenzglas wird in das Reagenzglas mit den Iodkörnchen gehalten.

Hinweis: Der Versuch kann auch in einem Becherglas und einem daraufgelegten Uhrglas durchgeführt werden. Der Eiswürfel wird dann auf das Uhrglas gelegt.

Ein Video dazu gibt es unter dem QR-/Mediencode.

05511-05

AUSWERTUNG

a) Zeichne eine Bilderfolge, die deine Beobachtungen wiedergibt.

b) Skizziere nun, wie du dir die Vorgänge auf der Teilchenebene (siehe auch **V1 d)**) vorstellst.

c) Beschrifte deine Abbildungen aus **a)** und **b)** mit den passenden Aggregatzuständen.

Chemische Modelle

Viele Beobachtungen, die man beim Experimentieren oder in der Natur macht, kann man sich nicht gleich erklären. Was passiert beispielsweise mit einem Stück Zucker, das man in Wasser löst? Verschwindet es einfach?

In der Chemie wird zur Erklärung von Phänomenen häufig das sogenannte Stoff-Teilchen-Konzept verwendet (**B3**): Auf der **Stoffebene** werden die sichtbaren Eigenschaften eines Stoffes beschrieben. Um diese zu erklären, begibt man sich auf die **Teilchenebene** und damit in die Welt der Modelle (vgl. Gegenstandsbereiche der Chemie S. 238). Chemische Modelle sind Vorstellungen vom Aufbau der Stoffe, die Chemiker und Chemikerinnen aufgrund von Experimenten entwickelt haben. Sie bilden die Wirklichkeit nie vollständig ab, helfen aber, Dinge und Prozesse zu veranschaulichen und zu erklären. Um Beobachtungen wie das scheinbare Verschwinden von Zucker beim Lösen in Wasser zu erklären, eignet sich das sogenannte **Teilchenmodell**. In diesem stellt man sich vor, dass alle Stoffe aus unzähligen kleinen, für das menschliche Auge unsichtbaren Teilchen aufgebaut sind.

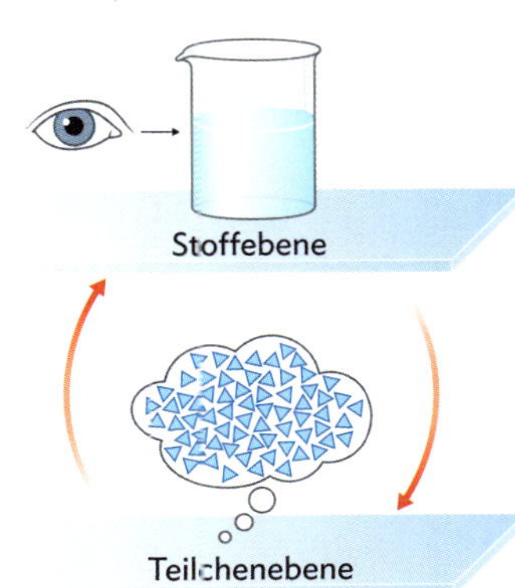

B3 Stoff-Teilchen-Konzept

FM Stoffebene und Teilchenebene unterscheiden

Versuchsbeobachtungen finden auf der Stoffebene statt. Um die Beobachtungen zu verstehen und zu erklären, verwendet man Modelle, z. B. das Teilchenmodell.

B4 Lösevorgang von Zucker in Wasser auf der Stoffebene (links) und auf der Teilchenebene (rechts)

So geht's

1. Notiere deine Beobachtungen auf der Stoffebene und formuliere eine Fragestellung, die sich aus den Beobachtungen ergibt.

   *Löst man Haushaltszucker in Wasser, ist er nicht mehr zu sehen. Die unterschiedliche Masse vor und nach Zugabe des Zuckers (**V1**) bestätigt aber, dass dieser noch vorhanden ist. Was passiert mit dem Zucker beim Lösen in Wasser?*

2. Verlasse die Stoffebene und entwickle eine Modellvorstellung auf der Teilchenebene.

   *Zuckerwasser besteht, wie der Name schon sagt, aus mindestens zwei unterschiedlichen Stoffen: Zucker und Wasser. In Zuckerwasser sind also Zucker- und Wasser-Teilchen enthalten. Sie werden durch unterschiedliche Symbole dargestellt. Beim Lösevorgang verteilen sich die Zucker-Teilchen zwischen den Wasser-Teilchen (**B4**).*

3. Erkläre die Beobachtungen auf der Stoffebene mit dem Wissen über die Vorgänge auf der Teilchenebene.

   Die Zucker-Teilchen sind so klein, dass man sie einzeln und fein verteilt zwischen den Wasser-Teilchen nicht sehen kann. Die Anzahl der Zucker-Teilchen ändert sich aber nicht. Man kann den Zucker daher über das Gewicht nachweisen.

Aussagen des Teilchenmodells

Für das Teilchenmodell gelten folgende Annahmen:

1. Alle Stoffe bestehen aus kleinsten Teilchen und zwischen den Teilchen ist Nichts (leerer Raum).
2. Die Teilchen verschiedener Stoffe unterscheiden sich in Größe, Masse und Form. Sie werden durch unterschiedliche Symbole, z. B. Dreiecke, Rechtecke oder Sechsecke, dargestellt (**B4**).
3. Zwischen den Teilchen gibt es Anziehungskräfte, die bei verschiedenen Stoffen unterschiedlich stark sind.
4. Alle Teilchen sind ständig in Bewegung. Je nach Temperatur bewegen sie sich unterschiedlich schnell.

Aggregatzustandsänderungen auf der Stoffebene

Wasser liegt bei Raumtemperatur als Flüssigkeit vor. Erhitzt man es, wird Energie in Form von Wärme zugeführt. Bei seiner Siedetemperatur von 100 °C geht das Wasser vom flüssigen in den gasförmigen Zustand über, d. h. es **verdampft** (**B5**). Im Wasserkocher bewirken die vom Boden aufsteigenden Gasblasen das Rütteln und Rauschen des Kochers. Wird ein bestimmtes Volumen flüssigen Wassers verdampft, nimmt es im gasförmigen Zustand ein Vielfaches des Ursprungsvolumens ein (**V2**).

Am Deckel des Wasserkochers bildet sich wieder flüssiges Wasser. Der Wasserdampf ist aufgrund der niedrigeren Temperatur des Deckels **kondensiert**. Das Volumen ist auf das Ursprungsvolumen zurückgekehrt.

Info

Geht ein Stoff unterhalb seiner Siedetemperatur vom flüssigen in den gasförmigen Zustand über, spricht man von Verdunstung.

Beim Herstellen von Eiswürfeln im Gefrierfach wird dem flüssigen Wasser Energie entzogen. Das Wasser **erstarrt** zu einem Feststoff. Lässt man die Eiswürfel im warmen Raum stehen, **schmelzen** sie und werden wieder zu flüssigem Wasser. Die Schmelztemperatur von Wasser liegt bei 0 °C

Unter bestimmten Temperatur- und Druckverhältnissen kann der flüssige Aggregatzustand übersprungen werden. Den Übergang von fest nach gasförmig bezeichnet man als **sublimieren**, den von gasförmig nach fest als **resublimieren**.

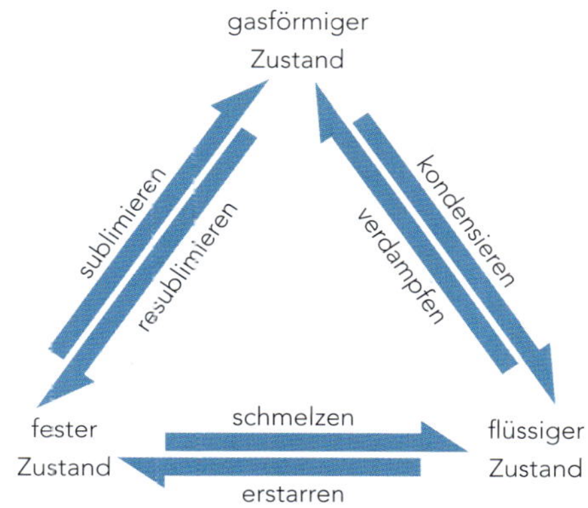

B5 Aggregatzustände auf der Stoffebene und Aggregatzustandsänderungen

Aggregatzustände auf der Teilchenebene

Eine bestimmte Menge einer Flüssigkeit nimmt ein viel kleineres Volumen ein, als dieselbe Menge im gasförmigen Zustand einnimmt (**V2**). Mithilfe des Teilchenmodells lässt sich das erklären (**B6**): Im festen Zustand liegen die Teilchen eng, meist geordnet aneinander. Erhöht sich die Temperatur, nehmen die Teilchen die Energie in Form von Wärme auf und bewegen sich dadurch schneller. Da sie nun öfter aneinander stoßen, erhöht sich der Abstand zwischen den einzelnen Teilchen und die Anziehungskräfte zwischen den Teilchen werden überwunden. Die Teilchen verteilen sich dadurch immer weiter, sodass sie schließlich im gasförmigen Zustand ein viel größeres Volumen einnehmen als im flüssigen oder im festen Zustand.

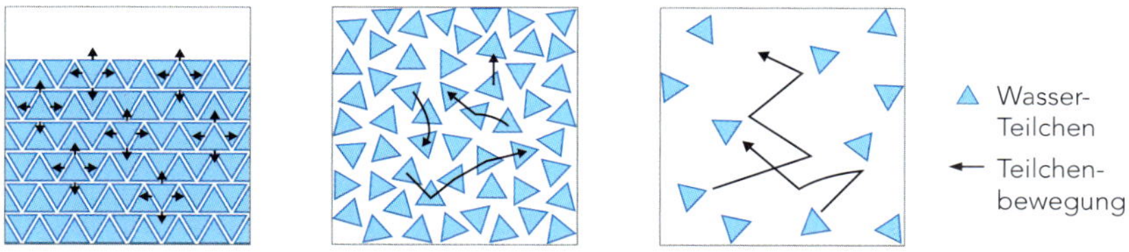

B6 Aggregatzustände auf der Teilchenebene

Bei Erhöhung der Temperatur nimmt die Geschwindigkeit der Teilchen zu, die Anziehungskräfte zwischen den Teilchen werden überwunden und die Abstände werden größer.

AUFGABEN

A1 Beschreibe den Vorgang beim Wasserkochen auf der Stoffebene und skizziere ihn auf der Teilchenebene.

A2 Wird ein Löffel über kochendes Wasser gehalten, bilden sich am Löffel kleine Wassertröpfchen. Erkläre diese Beobachtung auf der Teilchenebene und gehe dabei wie in der Fachmethode S. 32 vor.

A3 Begründe die Notwendigkeit von zwei Betrachtungsebenen in der Chemie: der Stoffebene und der Teilchenebene.

A4 Modelle wurden im Laufe der Zeit immer weiterentwickelt. So gibt es heute verschiedene Modelle zum Aufbau von Stoffen, mit denen unterschiedliche Beobachtungen erklärt werden können. Einige der Modelle wirst du im Laufe des Schuljahres kennenlernen. Erstelle ein Portfolio zu den Modellen und beginne mit dem Teilchenmodell. (Anleitung zum Erstellen eines Portfolios unter QR-/Mediencode.)

05511-06

FACHBEGRIFFE

Stoffebene, Teilchenebene, Teilchenmodell, Aggregatzustand, verdampfen, kondensieren, erstarren, schmelzen, sublimieren, resublimieren

2.3 Reinstoffe und Stoffgemische

Die meisten Stoffe, die uns im Alltag begegnen, sind Gemische aus mehreren Stoffen. Bei Müsli oder Vollkornbrot kann man das auf den ersten Blick erkennen. Bei anderen Gemischen wie Milch und Honig muss man genauer hinsehen. Woran kann man eindeutig erkennen, ob es sich um ein Gemisch aus mehreren Stoffen handelt oder nicht?

V1 Cola – Reinstoff oder Stoffgemisch?

Jeder weiß, dass Cola viel Zucker enthält. Es muss sich also um ein Stoffgemisch handeln - auch wenn man die einzelnen Bestandteile nicht gleich sehen kann.

DURCHFÜHRUNG

1.1 Gib etwa 50 mL Cola in eine Abdampfschale und stelle die Abdampfschale auf einen Dreifuß mit Drahtnetz. Erhitze vorsichtig mit einem Gasbrenner, bis die Flüssigkeit gerade vollständig verdampft ist (vgl. **FM** Eindampfen, S. 19).

1.2 Gib 50 mL Cola in ein 100-mL-Becherglas und füge 3 Spatellöffel voll Aktivkohle hinzu. Koche das Gemisch und rühre alle zwei Minuten gründlich um (vgl. **FM** Erhitzen im Becherglas, S. 19). Trenne die festen Bestandteile nach 10 Minuten mit einem Filter (**B1**) ab und fange die Flüssigkeit auf. Wiederhole den Vorgang bei Bedarf mit frischer Aktivkohle, bis die Flüssigkeit farblos geworden ist.

AUSWERTUNG

a) Beschreibe Geruch und Aussehen des Rückstands bei **V1.1**. Stelle eine Vermutung auf, ob es sich bei dem Rückstand um einen oder um mehrere Stoffe handelt. Nenne den Stoff / die Stoffe.

b) Notiere deine Beobachtungen bei **V1.2**. Vergleiche sie mit deiner Vermutung aus **a)** und beziehe Stellung zu deiner Vermutung.

c) Cola ist ein Stoffgemisch. Begründe diese Aussage.

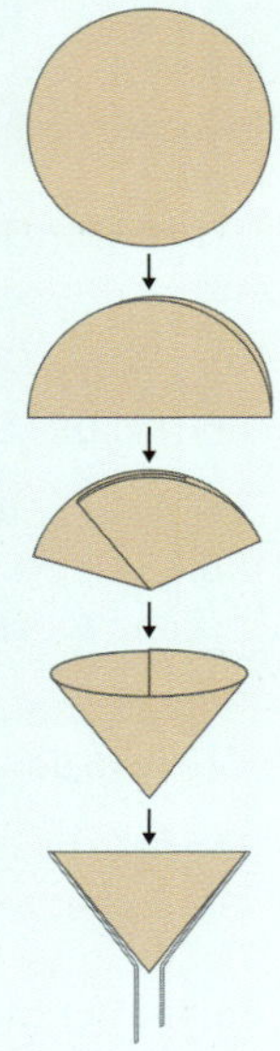

B1 Falten eines Filterpapiers

V2 Temperaturkurve von Wasser und Salzwasser

Reinstoffe sind durch charakteristische Stoffeigenschaften gekennzeichnet. Gilt das auch für Stoffgemische?

DURCHFÜHRUNG

Fülle ein 100-mL-Becherglas zur Hälfte mit destilliertem Wasser und gib ein paar Siedesteinchen hinzu. Befestige ein Thermometer so, dass es in die Flüssigkeit eintaucht, aber nicht den Boden berührt. Erhitze das Wasser mit dem Gasbrenner und notiere alle 30 Sekunden die Wassertemperatur, bis sich die Temperatur 2 Minuten lang nicht ändert.

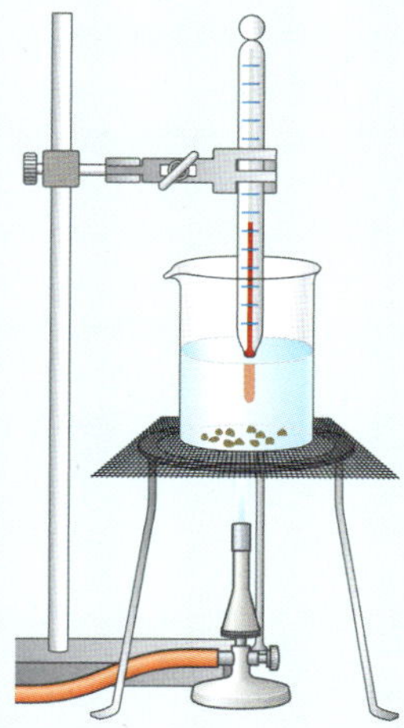

B2 Versuchsaufbau zu **V2**

AUSWERTUNG

a) Stelle die Messwerte in einem Diagramm dar (vgl. **FM** unten) und beschreibe den Verlauf der Temperaturkurve.

b) Ermittle anhand der Temperaturkurve die Siedetemperatur von Wasser.

Hinweis: Ist die Siedetemperatur erreicht, findet trotz weiterer Wärmezufuhr keine Temperaturerhöhung mehr statt, bis der Stoff vollständig verdampft ist.

c) Vergleiche die Temperaturkurve von Wasser mit der Temperaturkurve einer wässrigen Kochsalzlösung (**B4**).

d) Aus der Temperaturkurve der Kochsalzlösung lässt sich keine exakte Siedetemperatur ablesen. Finde eine Erklärung dafür.

FM Ein Diagramm erstellen

So geht's

Mit einem Liniendiagramm lassen sich Messwerte veranschaulichen. Übertrage die Messwerte aus **B3** in ein Liniendiagramm.

1. Erstelle ein Koordinatensystem und trage die festgelegte Größe an der x- Achse, die zu messende Größe an der y-Achse auf.

   x-Achse: Zeit in Minuten, y-Achse: Temperatur in °C

2. Wähle einen geeigneten Maßstab für die Einteilung der Achsen.

   Zwischen 5 und 15 Minuten wurde jede Minute ein Messwert notiert. Diese Einteilung bietet sich für die x-Achse an. Die gemessenen Temperaturwerte befinden sich zwischen ca. 60 °C und 110 °C. Die y-Achse sollte diesen Bereich abdecken.

3. Trage die Messwerte als Punkte ein.

   Die zwei Messreihen sollten durch unterschiedliche Farben gekennzeichnet werde. Eine Legende (vgl. Bildunterschrift **B4***) gibt an, welche Farbe zu welcher Messreihe gehört.*

4. Verbinde die Punkte jeweils zu einer Kurve.

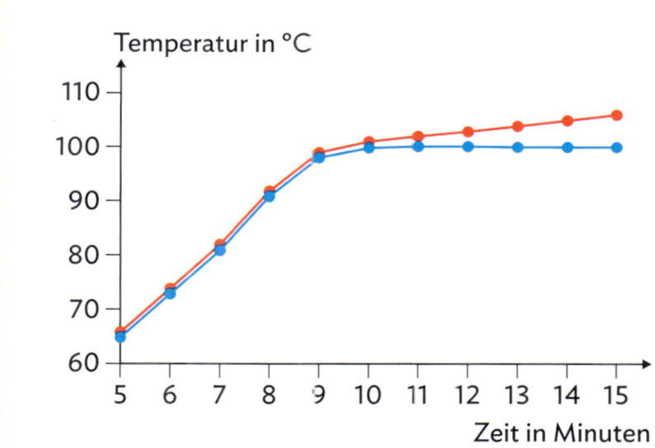

B4 Temperaturkurven von Wasser (blau) und von einer Kochsalzlösung (rot)

Zeit in Minuten	5	6	7	8	9	10	11	12	13	14	15
Temperatur Wasser in °C	65	73	81	91	98	100	100	100	100	100	100
Temperatur Kochsalzlösung in °C	66	74	82	92	99	101	102	103	104	105	106

B3 Messdaten

V3 Apfelsaft – klar oder trüb?

Worin unterscheiden sich klarer und trüber Apfelsaft?

DURCHFÜHRUNG

3.1 Fülle in je ein Reagenzglas ca. 3 cm hoch klaren bzw. trüben Apfelsaft. Halte die Reagenzgläser nacheinander in den Lichtstrahl einer Taschenlampe.

3.2 Gib jeweils einen Tropfen von klarem bzw. trübem Apfelsaft auf einen Objektträger und betrachte diese unter einem Mikroskop.

3.3 Filtriere jeweils die gleiche Menge von klarem und trübem Apfelsaft.

AUSWERTUNG

a) Beschreibe und vergleiche die Beobachtungen bei den Versuchen mit klarem bzw. trübem Apfelsaft. Notiere alle Unterschiede in einer Tabelle.

B5 Klarer und trüber Apfelsaft

B6 Brühepulver – ein Stoffgemisch

Stoffe im Alltag – meist Gemische, selten rein

Die meisten Alltagsprodukte bestehen aus mehreren Bestandteilen. Im Müsli oder Gemüsebrühepulver sieht man das sofort (**B6**). Aber auch Cola enthält mehrere Stoffe, u. a. Wasser, Zucker und Farbstoffe (**V1**). Diese einzelnen Bestandteile nennt man **Reinstoffe**. Eine Mischung mehrerer Reinstoffe ist ein **Stoffgemisch**.

Unterscheidung von Reinstoffen und Stoffgemischen

Reinstoffe haben konstante, unveränderbare Stoffeigenschaften. Beispielsweise siedet reines Wasser bei 100 °C. Löst man jedoch Kochsalz in Wasser, nimmt die Siedetemperatur mit steigendem Salzgehalt zu (**V2**). Grund dafür ist, dass beim Kochen ständig Wasser verdampft, das Salz jedoch zurück bleibt. Somit nimmt die Salzkonzentration stetig zu und die Siedetemperatur steigt immer weiter an (**B4**). Während sich Reinstoffe durch **konstante Stoffeigenschaften** auszeichnen, haben Stoffgemische also **veränderbare Stoffeigenschaften**.

Auf der Teilchenebene lassen sich Reinstoffe ganz einfach von Stoffgemischen unterscheiden: Reinstoffe bestehen aus einer Teilchensorte, während Stoffgemische aus mindestens zwei Teilchensorten bestehen, nämlich denen der einzelnen Reinstoffe im Stoffgemisch (**B7**).

B7 Reinstoff (links) und Stoffgemisch (rechts) im Teilchenmodell

Reinstoffe sind durch konstante Stoffeigenschaften gekennzeichnet und bestehen aus nur einer Teilchensorte. Stoffgemische haben veränderbare Stoffeigenschaften und bestehen aus verschiedenen Teilchensorten.

Homogene und heterogene Stoffgemische

Vergleicht man klaren mit trübem Apfelsaft, kann man bereits mit bloßem Auge feststellen, dass trüber Apfelsaft uneinheitlich aussieht (**V3**). Es handelt sich um ein **heterogenes** (uneinheitliches) Stoffgemisch mit festen Bestandteilen. Mit dem Mikroskop lassen sich diese noch besser erkennen (**B8**). Lässt man trüben Apfelsaft längere Zeit stehen, setzen sich die festen Bestandteile am Flaschenboden ab. Das „Absetzen" kann man mit einer Zentrifuge beschleunigen.

In klarem Apfelsaft sind die verschiedenen Bestandteile so fein verteilt, dass man sie selbst mit dem Mikroskop nicht mehr erkennen kann. Es handelt sich um ein **homogenes** (einheitliches) Stoffgemisch.

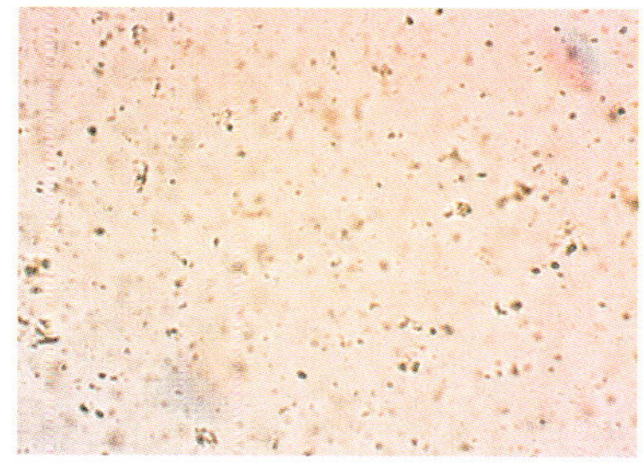

B8 Mikroskopisches Bild von naturtrübem Apfelsaft

> Bei heterogenen Stoffgemischen sind die einzelnen Bestandteile mit dem Auge oder dem Mikroskop unterscheidbar, bei homogenen Stoffgemischen sind sie auf Stoffebene nicht unterscheidbar.

Auch auf Teilchenebene lassen sich homogene von heterogenen Stoffgemischen unterscheiden. In homogenen Stoffgemischen sind die verschiedenen Teilchen der Bestandteile fein verteilt (**B9** oben), in heterogenen Stoffgemischen befinden sich die Teilchen einer Sorte teilweise eng beieinander (**B9** unten).

Beispiele für homogene Stoffgemische		
... aus festen Stoffen: Messing (eine Legierung)	... aus festen und flüssigen Stoffen: stilles Mineralwasser (eine Lösung)	... aus gasförmigen Stoffen: Luft (ein Gasgemisch)
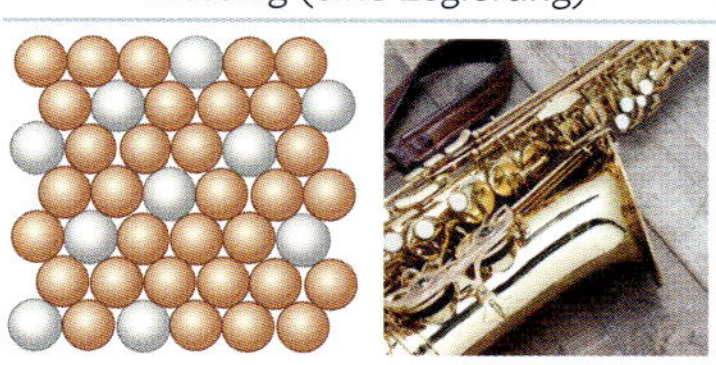		
Beispiele für heterogene Stoffgemische		
... aus festen Stoffen: Müsli (ein Gemenge)	... aus flüssigen und festen Stoffen: Orangensaft (eine Suspension)	... aus festen und gasförmigen Stoffen: Autoabgase (Rauch)

B9 Homogene und heterogene Stoffgemische auf Teilchenebene und auf Stoffebene

AUFGABEN

A1 Begründe jeweils, ob es sich um Reinstoffe oder Stoffgemische handelt: a) Brausepulver, b) Eisen, c) Essig, d) Sauerstoff, e) Mineralwasser.

A2 Ordne den nachfolgenden Stoffgemischen jeweils begründet den entsprechenden Fachbegriff homogen bzw. heterogen zu: a) Tee, b) Zuckerwasser, c) Cola, d) Nebel.

FACHBEGRIFFE

Reinstoffe, Stoffgemisch, konstante Stoffeigenschaften, veränderbare Stoffeigenschaften, heterogen, homogen

2.4 Stoffgemische trennen

Aus Kaffeepulver kann man schnell eine frische Tasse Kaffee zubereiten. Beim Schnapsbrennen wird z. B. aus Wein Weinbrand hergestellt. Natürliche Lebensmittelfarbstoffe werden häufig aus Pflanzen gewonnen. In allen Fällen wird jeweils ein bestimmtes Verfahren eingesetzt, um verschiedene Stoffe voneinander zu trennen. Welche Trennverfahren gibt es und welche Stoffeigenschaften macht man sich dabei zunutze?

V1 Farbstoffe aus Karotten

Karotten sind auffällig orange gefärbt, da sie Farbstoffe, vor allem sogenannte Carotine, enthalten. Wie lassen sich die Farbstoffe aus den Karotten gewinnen?

DURCHFÜHRUNG

Überlege, wie du mit den Karotten als Ausgangsmaterial eine Lösung von Carotinen erhalten kannst. Bedenke dabei, dass der Farbstoff in den Pflanzenzellen eingeschlossen ist. Stelle eine Liste mit den benötigten Laborgeräten auf und bespreche das Vorgehen mit deiner Lehrkraft.

Du benötigst unter anderem folgende Laborgeräte:

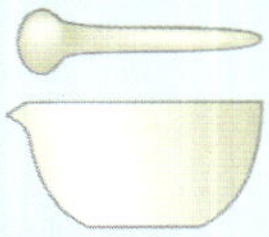

Folgende Chemikalien stehen zur Verfügung: Wasser, Distelöl.

AUSWERTUNG

a) Protokolliere alle Teilschritte in der richtigen Reihenfolge, die zur Gewinnung von Carotinen aus Karotten notwendig sind.

b) Leite aus deinen Experimenten eine Aussage zur Löslichkeit der Carotine in Wasser und Distelöl ab. Führe, falls nötig, noch ein ergänzendes Experiment durch.

c) Orangenlimonade enthält den gelben Farbstoff Betacarotin. Plane ein Experiment zur Entfärbung der Limonade und führe es durch.

V2 Schnapsbrennen im Miniaturformat

Rotwein enthält neben gelösten Stoffen, wie z. B. Weinsäure, als Hauptbestandteil Wasser und als Nebenbestandteil Trinkalkohol (Ethanol). Wie lassen sich die Stoffe trennen?

DURCHFÜHRUNG

Baue eine einfache Destillationsapparatur auf (**B1**). Eine Bauanleitung findest du unter dem QR-/Mediencode. Gib ca. 3 mL Rotwein und zwei Siedesteinchen in die linke Ampullenflasche. Erhitze vorsichtig mit einem Teelicht bis zum Sieden. Beende den Vorgang, sobald sich ca. 0,5 mL Flüssigkeit in der rechten Ampullenflasche angesammelt haben.

05511-07

AUSWERTUNG

a) Prüfe anhand des Geruchs und der Brennbarkeit, ob es sich bei der Flüssigkeit in der rechten Ampullenflasche um Wasser oder Ethanol (Trinkalkohol) handelt.

b) Rotwein besteht, vereinfacht betrachtet, aus den Reinstoffen Wasser und Ethanol. Skizziere das Stoffgemisch auf Teilchenebene.

c) Skizziere den Inhalt der kleinen rechten Ampullenflasche auf Teilchenebene. Vergleiche die Skizze mit der aus **b)** und begründe Unterschiede.

d) Begründe, welche Beobachtungen man bei weiterem Erhitzen machen könnte.

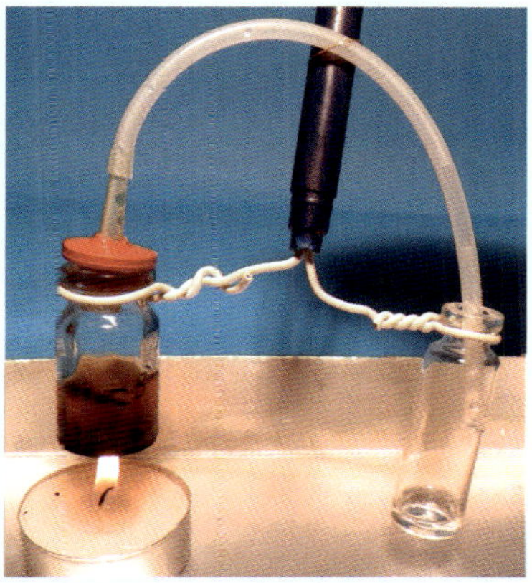

B1 Einfache Destillationsapparatur

V3 Mülltrennung

In Deutschland fallen in Gewerbe, Industrie und Haushalten jährlich viele Millionen Tonnen Müll an. Diese Abfälle können häufig wiederverwertet und in den wirtschaftlichen Kreislauf zurückgeführt werden – vorausgesetzt, die unterschiedlichen Abfallsorten werden umweltgerecht sortiert und getrennt.

DURCHFÜHRUNG

Plane einen Versuch, um ein Abfallgemisch aus Sägespänen, Eisenspänen, Ethanol (Trinkalkohol) und Wasser in die Bestandteile aufzutrennen. Gehe dabei wie in der nebenstehenden **FM** beschrieben vor. Führe den Versuch nach Rücksprache mit der Lehrperson durch.

AUSWERTUNG

a) Erstelle ein vollständiges Versuchsprotokoll (vgl. **FM** S. 22).

b) Stelle die verwendeten Trennmethoden und die jeweils ausgenutzten Stoffeigenschaften in einer Tabelle gegenüber.

FM Ein Experiment planen

So geht's

1. Überlege dir das Ziel des Experiments.
   Ein Stoffgemisch soll getrennt werden.
2. Überlege, welche Voraussetzungen und welches Vorwissen gegeben sind.
   Benenne jeweils die Stoffeigenschaft, die du bei den einzelnen Trennschritten ausnutzten kannst.
3. Plane dein experimentelles Vorgehen zur Trennung des Abfallgemisches.
   Lege den Ablauf der einzelnen Arbeitsschritte fest. Durchdenke den Versuchsaufbau und die Durchführung anhand einer Versuchsskizze. Erstelle eine Liste mit den benötigten Materialien und Stoffen.
4. Führe eine Gefahrstoffprüfung durch und beachte die Sicherheitsregeln (vgl. **FM** S. 14).
5. Regele die Entsorgung der verwendeten Stoffe (vgl. **FM** S. 15).

Die Stoffeigenschaften der Reinstoffe ausnutzen

Die verschiedenen Reinstoffe in einem Stoffgemisch unterscheiden sich in ihren Stoffeigenschaften. Diese Unterschiede macht man sich zunutze, um ein Stoffgemisch zu trennen. Welches **Trennverfahren** sich eignet, hängt also von den Stoffeigenschaften der Reinstoffe in einem Stoffgemisch ab.

Stoffgemische können aufgrund unterschiedlicher Stoffeigenschaften der Reinstoffe mithilfe geeigneter Verfahren getrennt werden.

Die Extraktion

Bei der **Extraktion** nutzt man die unterschiedliche Löslichkeit von Stoffen in einem bestimmten Lösemittel wie Wasser oder Öl aus. So lassen sich beispielsweise die Farbstoffe aus Karotten abtrennen.

Die Farbstoffe sind in den Zellen der Karotten. Um an sie zu gelangen, muss man die Zellen daher zunächst z. B. durch Zerreiben der Karotten aufbrechen (**V1**). Anschließend können die Karotten-Farbstoffe, die Carotine, aus dem Stoffgemisch, dem Karottenbrei, herausgelöst werden. Dazu verwendet man ein Lösemittel, in dem die Farbstoffe gut löslich und die restlichen Bestandteile der Karotten unlöslich sind. Als sogenanntes **Extraktionsmittel** eignet sich hier z. B. Distelöl. Für das Trennverfahren der Extraktion nutzt man also die Stoffeigenschaft Löslichkeit.

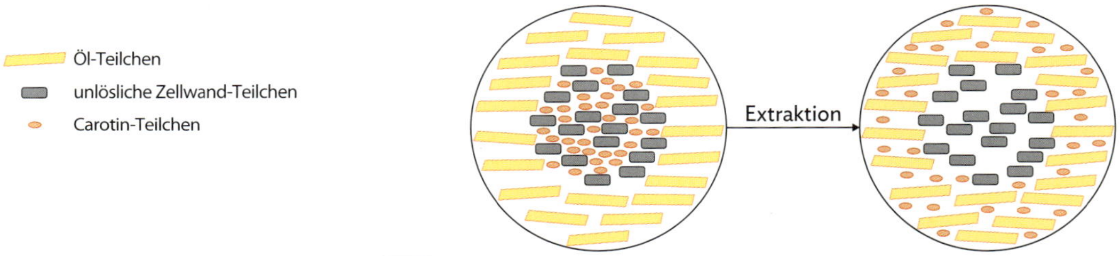

B2 Extraktion im Teilchenmodell

Die Filtration

Auch beim Kaffeekochen findet zunächst eine Extraktion statt. Beim Übergießen des Kaffeepulvers mit kochendem Wasser lösen sich die Farb-, Aroma- und Geschmacksstoffe in dem Wasser, sie werden aus dem Kaffeepulver extrahiert. Die pflanzlichen Bestandteile sind hingegen wasserunlöslich. Sie können mithilfe eines Kaffeefilters abgetrennt werden. Dieses Trennverfahren nennt man **Filtration**. Als **Filtrat** erhält man den trinkfertigen Kaffee.

Beim Filtrieren nutzt man die unterschiedlichen Aggregatzustände bzw. die Löslichkeit der Reinstoffe aus. **B3** zeigt die Filtration auf Teilchenebene. Zwischen den Teilchen der Flüssigkeit wirken nur geringe Anziehungskräfte (vgl. S. 33). Sie können somit als einzeln vorliegende Teilchen betrachtet werden, die so klein sind, dass sie durch die Poren des Filterpapiers passen. Auch die Teilchen der in der Flüssigkeit gelösten Stoffe liegen einzeln vor und passen durch die Filterporen. Die Teilchen der unlöslichen, festen Bestandteile im Kaffeepulver liegen dagegen als große Teilchenverbände vor, die größer als die Filterporen sind. Sie werden daher vom Filterpapier zurückgehalten.

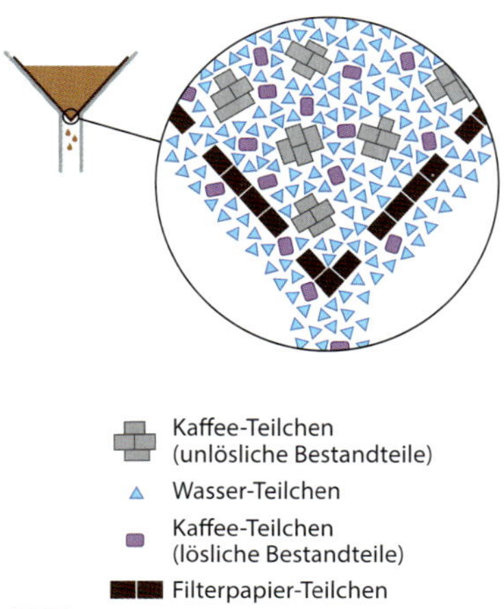

B3 Filtration im Teilchenmodell

Das Magnetscheiden

Einige Stoffe wie Eisen, Nickel und Cobalt sind magnetisierbar, sie werden also von einem Magneten angezogen. Dadurch kann man sie relativ einfach von anderen Feststoffen oder Flüssigkeiten abtrennen. In der Abfallwirtschaft wird das Verfahren des **Magnetscheidens** angewandt, um metallischen Müll, z. B. Autoschrott, zu sortieren und anschließend zu recyceln.

Die Destillation

Ein etwas aufwändigeres Trennverfahren ist die **Destillation**. Mit ihr lassen sich Stoffgemische aus mehreren Flüssigkeiten trennen. Dabei nutzt man die unterschiedlichen Siedetemperaturen der Reinstoffe aus.

Rotwein besteht beispielsweise hauptsächlich aus Wasser und Trinkalkohol (Ethanol). Wird Rotwein in einer Destillationsapparatur (**V2**, **B4**) langsam erhitzt, verbleibt der Stoff mit der höheren Siedetemperatur, das Wasser, im Kolben. Trinkalkohol siedet bei 78 °C, Wasser bei 100 °C. Die Temperatur sollte daher 80 °C nicht übersteigen. Der Stoff mit der niedrigeren Siedetemperatur, der Trinkalkohol, dagegen beginnt zu sieden und wird gasförmig. Bei professionellen Destillationsapparaturen wird das Gas in einen Kühler geleitetet, in dem es herabgekühlt und somit wieder kondensiert, also flüssig wird. Als sogenanntes **Destillat** wird der Reinstoff anschließend in der Vorlage aufgefangen.

Damit nicht beide Reinstoffe gleichzeitig verdampfen und als Stoffgemisch wieder aufgefangen werden, darf die Temperatur bei der Destillation nicht zu hoch gewählt werden.

B4 zeigt das Stoffgemisch Rotwein sowie den aufgefangenen Trinkalkohol auf Teilchenebene. Da immer ein paar Teilchen des anderen Reinstoffs beim Verdampfen mitgerissen werden, erfolgt die Trennung bei einer Destillation nie vollständig.

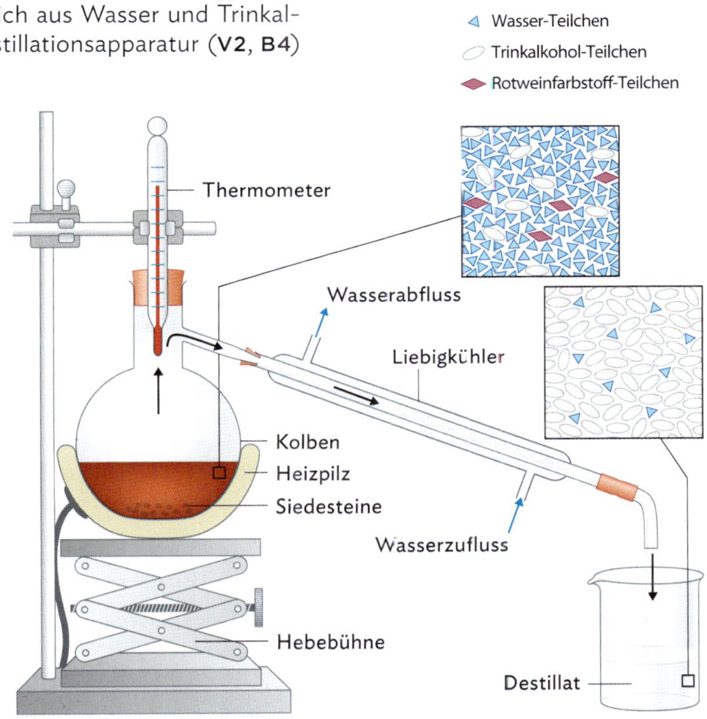

B4 Destillationsapparatur mit Rotwein und Destillat auf Teilchenebene

AUFGABEN

A1 Vergleiche die vier beschriebenen Trennverfahren und die jeweils ausgenutzten Stoffeigenschaften tabellarisch und nenne jeweils ein weiteres Beispiel aus dem Alltag für das jeweilige Trennverfahren.

A2 In Ländern mit warmen Klima wird Meersalz durch Eindampfen gewonnen. Dafür wird das Meerwasser in flache Sammelbecken geleitet. Sonne und Wind sorgen für die Verdunstung des Wassers und das Salz bleibt über. Vergleiche die beschriebene Verdunstung mit dem Vorgang des Siedens und der Destillation.

FACHBEGRIFFE

Trennverfahren, Extraktion, Extraktionsmittel, Filtration, Filtrat, Magnetscheiden, Destillation, Destillat

Mülltrennung in der Technik

„Erstmals Mikroplastik im menschlichen Stuhl nachgewiesen" lauteten Schlagzeilen im Oktober 2018. Aber wie gelangt Plastik in unseren Körper?

Seit den 50er Jahren hat die Menschheit mehr als acht Milliarden Tonnen Plastik produziert und auf der ganzen Welt verteilt. Schätzungsweise landen jedes Jahr zwischen 4,8 und 12,7 Millionen Tonnen Plastikmüll im Meer (**B1**). Dadurch sterben jährlich etwa 100.000 Meeresbewohner und mehr als eine Million Vögel, weil sie das Plastik für Nahrung halten. Im Meer werden die Kunststoffe mit den Jahren immer weiter zerkleinert bis schließlich sogenanntes Mikroplastik entsteht. Das sind Plastikteilchen, die maximal fünf Millimeter groß sind. Fische und andere Meeresbewohner nehmen diese Teilchen in ihren Körper auf und so landen die Plastikteilchen schließlich auf unserem Teller. Aber auch über Lebensmittel, die in Plastik eingepackt sind, gelangt es in unseren Körper. Bei einer österreichischen Studie wurden Stuhlproben von acht Personen aus verschiedensten Ländern untersucht. In allen Proben steckten durchschnittlich 20 Mikroplastikteilchen pro 10 Gramm Stuhl. Umso wichtiger wird es, dass wir weniger Müll produzieren. Jeder kann ein bisschen mithelfen seine Hausmüllmenge von ca. 626 kg pro Jahr zu verringern. Davon sind im Schnitt 37 kg Verpackungsmaterial aus Plastik. Möglichkeiten Kunststoffmüll einzusparen bieten sich viele: z. B. Glas- statt Plastikflaschen, eine Baumwolltasche zum Einkaufen statt der Plastiktüte und Kaufen von unverpacktem Obst und Gemüse. Eine weitere Möglichkeit sind sogenannte Unverpackt-Läden, in denen man die Ware in selbst mitgebrachte Behälter füllt.

B1 Plastikmüll am Strand

Dort, wo Müllvermeidung nicht gelingt, sollten wir unseren Müll recyceln. Dazu müssen die Abfallberge zuerst sortenrein getrennt werden. Eine Vorsortierung nimmt der Verbraucher vor. Glas, Blechdosen (Weißblech), Biomüll und Papier können dadurch weitgehend getrennt und wiederverwertet werden.

Kompliziert wird es beim Plastik. Die vielen verschiedenen Kunststoffarten kann man nicht mit bloßem Auge unterscheiden, daher fällt im gelben Sack ein großes Kunststoffgemisch an. Auch aufgeklebte Etiketten aus Papier landen im gelben Sack und je nach Region werden Metalldosen darin gesammelt.

In Sortieranlagen sollen die einzelnen Stoffe getrennt werden. Zuerst werden leichte Teile, wie lose Etiketten, Folien und Papier, in der Windsichtung herausgeblasen. Anschließend werden Metalle mithilfe eines Magneten abgetrennt. Verschiedene Kunststoffarten können teilweise mithilfe von Lasern sortiert werden. Laserstrahlen werden von den Kunststoffen unterschiedlich reflektiert und die Kunststoffe dementsprechend per Luftdruck in entsprechende Sammelbehälter geschossen.

Viele Verpackungen sind aus einem Verbund verschiedener Kunststoffe gefertigt. Ist beispielsweise eine Shampooflasche mit einer dünnen Folie aus einem anderen Kunststoff überzogen, kann dieser Verbund nicht maschinell getrennt und damit auch nicht recycelt werden. Teilweise werden sie, wie auch der Restmüll, zur Energiegewinnung genutzt und verbrannt, wobei klimaschädliche und teils giftige Abgase entstehen. Der Rest landet auf riesigen Mülldeponien.

AUFGABEN

A1 Beschreibe den Ablauf der Mülltrennung in eigenen Worten. Fertige dazu ein Schaubild an.

A2 Fertige ein Mülltagebuch für zwei Tage an.

A3 Überlege dir mithilfe deines Mülltagebuchs Maßnahmen, um deinen eigenen Plastikmüll zu reduzieren.

Zeppelingase

Heute nur noch ein Kuriosum, haben die ersten Zeppeline die Menschen Anfang des 20. Jahrhunderts in helle Aufregung versetzt. Was war der Grund für diese Aufregung?

B1 Explosion der Hindenburg am 6. Mai 1937

Das kurze Zeitalter der Zeppeline begann im Jahr 1900 mit einem Probeflug am Bodensee: Ferdinand Graf von Zeppelin startete das erste Luftschiff, die LZ 1.
Luftschiffe bestehen aus einer gasdichten Hülle, die mit Trägergas gefüllt ist. Die Dichte des Trägergases muss geringer sein als die der umgebenden Luft, damit das Luftschiff aufsteigt. Sie sind somit „leichter als Luft" und funktionieren nach dem Auftriebsprinzip wie Heißluftballons. Zusätzlich kann das Luftschiff Lasten, z. B. eine Passagierkabine oder andere Fracht, tragen. Viele Gase kommen allerdings nicht als Trägergas in Frage. Es eignen sich nur Wasserstoff, Helium und Heißluft. Die Dichte von Wasserstoff, dem leichtesten Gas überhaupt, ist ca. 14-mal geringer als die von Luft. Aus diesem Grund wurde Wasserstoff gerne als Trägergas genutzt, obwohl dieser mit Sauerstoff ein hochexplosives Knallgasgemisch bildet.
Dies wurde dem wohl bekanntesten Zeppelin seiner Zeit, der Hindenburg LZ 129, zum Verhängnis. Eigentlich sollte für die Hindenburg Helium als Trägergas benutzt werden. Da die USA, der einzige Heliumhersteller zu dieser Zeit, aufgrund des aufkommenden Nationalsozialismus an Deutschland kein Helium verkaufen wollte, wurde trotz der bekannten Gefahr Wasserstoff benutzt. Die Hindenburg war 245 Meter lang, hatte einen Gasinhalt von 200 000 Kubikmetern und einen Durchmesser von gut 41 Metern. Die LZ 129 war am 6. Mai 1937 von Frankfurt am Main nach Lakehurst bei New York unterwegs. Wegen der schlechten Wetterlage fuhr die Hindenburg am Rande einer Gewitterzone 90 Minuten lang im Kreis, bevor sie zur Landung ansetzte. Trotz dieser Vorsichtsmaßnahme entzündete sich das Wasserstoff-Luft-Gemisch, als die Landetaue den Boden berührten. Der Gasballon brannte mit einer gigantischen Flamme innerhalb weniger Minuten ab (**B1**). Es war die erste filmisch dokumentierte Katastrophe. 35 der 97 Reisenden kamen ums Leben.
Warum die Hindenburg abstürzte, konnte niemals abschließend geklärt werden. Wahrscheinlich riss ein Spanndraht im Heck und es ist etwas Wasserstoff ausgetreten, sodass sich ein entzündliches Wasserstoff-Luft-Gemisch unter der äußeren Hülle des Luftschiffes ansammeln konnte. Als dann nach der langen Fahrt am Rande einer Gewitterzone die nassen Landetaue den Boden berührten, kam es zu einer elektrischen Entladung. Die Funken entzündeten das Wasserstoff-Luft-Gemisch.
Nach diesem Unfall ging die Ära der Zeppeline schnell zu Ende. Heute sieht man nur noch selten Zeppeline am Himmel. Für diese wird Helium als Trägergas genutzt. Es ist zwar teurer, etwas schwerer und seltener als Wasserstoff, dafür aber nicht brennbar.

AUFGABEN

A1 Nur wenige Gase eignen sich als Trägergase. Begründe diese Tatsache anhand der Vor- und Nachteile der im Text genannten Gase.

A2 In **B1** erkennt man, dass ein Knallgasgemisch nach oben abbrennt. Diskutiere unter diesem Aspekt die Anzahl der überlebenden Menschen und vergleiche mit aktuellen Unglücken in der Luftfahrt.

A3 Informiere dich mithilfe des Internets (Filmausschnitte, Zeitungsberichte), wie es Menschen möglich war, die Katastrophe zu überleben.

Zum Üben und Weiterdenken

A1 Der Begriff Stoff wird in der Alltagssprache ganz unterschiedlich gebraucht. Formuliere drei Sätze, in denen dem Wort Stoff je eine andere Bedeutung zukommt.

A2 Beschreibe und erkläre die Beobachtung bei der Zugabe von Öl zu Wasser im rechten Reagenzglas. Vergleiche mit der Beobachtung bei der Zugabe von Essig zu Wasser im linken Reagenzglas.

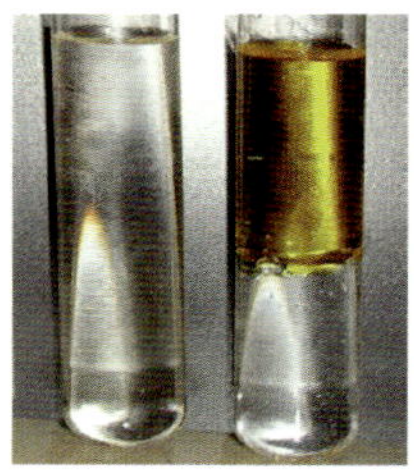

A3 Plane verschiedene Experimente, mit denen du Wasser und Ethanol (Trinkalkohol) unterscheiden kannst. Begründe deine Planung mit Stoffeigenschaften von Wasser und Ethanol.

A4 In drei Bechergläsern A, B und C ist jeweils eine klare, farblose Flüssigkeit enthalten. Bei den Flüssigkeiten handelt es sich um Wasser, Ethanol (Trinkalkohol) und eine Zuckerlösung. Begründe anhand der folgenden Informationen, welches Becherglas welchen Stoff enthält.

100 mL Flüssigkeit aus A wiegen 110 g.
100 mL Flüssigkeit aus B wiegen 100 g.
Die Flüssigkeit aus B siedet bei 100 °C.
Die Flüssigkeit aus C siedet bei 78 °C.

A5 Selbst bei Minusgraden trocknet Wäsche auf einer Wäscheleine.
a) Benenne die Aggregatzustandsänderung, die dabei erfolgt.
b) Erkläre den Trocknungsvorgang auf Teilchenebene. Erstelle dazu eine beschriftete Skizze.

A6 Parfüm wird versprüht. Erkläre die Tatsache, dass man es riechen, aber nicht sehen kann.

A7 Flüssigkeiten und Gase passen sich der Form eines Gefäßes an, Feststoffe jedoch nicht. Erläutere mithilfe des Teilchenmodells.

A8 Erkläre die Tatsache, dass es für ein Original mitunter verschiedene Modelle gibt.

A9 „Beim Abkühlen ziehen sich die Teilchen eines Stoffes zusammen.“ Nimm zu dieser Aussage kritisch Stellung.

A10 In den beiden abgebildeten Erlenmeyerkolben befindet sich jeweils 150 mL reines Kerzenwachs. In einem Behälter befindet sich festes, in dem anderen flüssiges Wachs. Ordne die Aggregatzustände jeweils einem der beiden Behälter auf der Waage zu und begründe deine Angabe auf Teilchenebene. (gestufte Hilfen unter QR-/Mediencode) 05511-08

A11 Auf einem Schrottplatz wurden Eisen- und Kupferdrähte auf einen Haufen Sägespäne geworfen. Da Metalle wertvoll sind, sollen diese dem Recycling getrennt zugeführt werden.
a) Beschreibe eine Möglichkeit, die drei Stoffe voneinander zu trennen. Nenne die jeweils zugehörige Stoffeigenschaft. (gestufte Hilfen unter QR-/Mediencode) 05511-09
b) Erläutere, weshalb die Metalle getrennt werden sollten, bevor sie für die weitere Verarbeitung eingeschmolzen werden.

A12 Der Feststoff Naphthalin wurde im Wasserbad erhitzt und anschließend wieder abgekühlt. Dabei wurde die Temperatur des Stoffes gemessen. Die Messwerte wurden in einem Diagramm dargestellt.

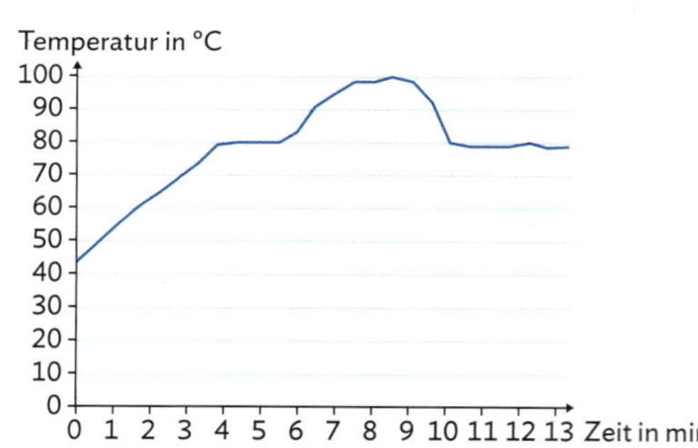

a) Beschreibe die ablaufenden Vorgänge jeweils auf Stoff- und auf Teilchenebene.
b) Nenne die gesuchte Stoffeigenschaft, die sich aus dem Diagramm ablesen lässt.

M1 Kochsalz – aus dem Meer in die Küche

Beim Schwimmen im Meer kann man feststellen, dass das Meerwasser sehr salzig schmeckt. Neben anderen Salzen, Sand und Schlamm sind ca. 50 Billionen Tonnen Kochsalz in allen Weltmeeren zusammen gelöst. An den Mittelmeerküsten von Spanien, Frankreich, Portugal und Italien nutzt man die Kraft der Sonne zur Gewinnung von Kochsalz. Dazu wird das Meerwasser in flache Betonbecken gepumpt, die als Salzgärten bezeichnet werden. Durch die Sonneneinstrahlung verdunstet ein Teil des Wassers, sodass der Salzgehalt im verbleibenden Wasser ansteigt. In diesen Becken sinken wasserunlösliche Stoffe wie Sand und Schlamm nach unten. Anschließend wird das überstehende salzige Wasser in noch flachere Becken geleitet. Durch weitere Verdunstung erhöht sich der Salzgehalt noch mehr. Andere Salze, die schlechter löslich in Wasser sind, kristallisieren jetzt aus und sinken zu Boden. Durch mehrfache Weiterleitung in flacher werdende Becken und fortlaufende Verdunstung steigt der Salzgehalt immer weiter an, bis schließlich die Grenze der Löslichkeit von Kochsalz erreicht ist. In den letzten Becken, Salzbeete genannt, kristallisiert das Salz aus und wird nun mit Maschinen oder von Hand zusammen geschoben und weiter getrocknet. Das so gewonnene Salz wird gemahlen, von verbleibenden Verunreinigungen (z. B. durch Sieben) getrennt und anschließend zum Verkauf verpackt.

B1 Salzgewinnung in Südeuropa (oben) und Salzbeet (unten)

A1 Erkläre die Vorgänge bei der Gewinnung von Kochsalz, die auf den Fotos in **B1** dargestellt sind.

A2 Benenne die verschiedenen Trennverfahren, die bei der Gewinnung von Kochsalz aus Meerwasser zum Einsatz kommen, in der Reihenfolge ihrer Anwendung.

A3 Erkläre für jedes in **A2** genannte Trennverfahren die ausgenutzte Stoffeigenschaft.

A4 Plane einen Versuch, mit dem die Gewinnung von Kochsalz aus Meerwasser im Schullabor nachgestellt werden kann. Der Versuch sollte in einer Schulstunde durchführbar sein und nicht mehrere Tage dauern. Fertige ein vollständiges Versuchsprotokoll an.

A5 Der Versuch aus **A4** soll nun so abgewandelt werden, dass aus dem Salzwasser reines Wasser gewonnen wird. Beschreibe eine mögliche Vorgehensweise.

A6 Mithilfe des Watercone (**B2**) kann aus Salzwasser reines Wasser gewonnen werden. Salzwasser wird dazu in die dunkle Bodenwanne gefüllt, der Kunststoffkegel aufgesetzt und die Apparatur der Sonne ausgesetzt. Erläutere die Wirkungsweise des Watercone und gib die Stoffeigenschaften an, auf denen dieses Trennverfahren beruht.

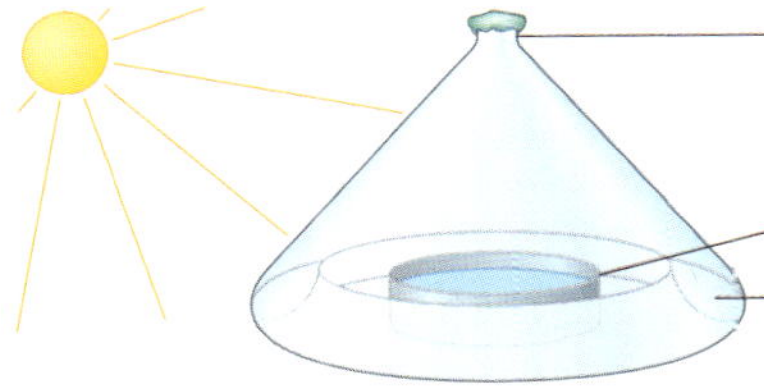

B2 Darstellung der Wirkungsweise des Watercone für die Trinkwassergewinnung aus Salzwasser

Alles im Blick

Stoffeigenschaften

Stoffeigenschaften sind charakteristisch für einen Stoff und lassen sich experimentell ermitteln. Wichtige Stoffeigenschaften sind die Löslichkeit, die Siedetemperatur, die Schmelztemperatur, die Dichte und die elektrische Leitfähigkeit.

Das Teilchenmodell

Um Versuchsbeobachtungen und Eigenschaften von Stoffen zu erklären, nutzt man Modelle. Im **Teilchenmodell** stellt man sich vor, dass Stoffe aus kleinen Teilchen bestehen. Die Teilchen verschiedener Stoffe unterscheiden sich in Größe und Masse. Die Anziehungskräfte zwischen den Teilchen können bei verschiedenen Stoffen unterschiedlich stark sein. Alle Teilchen sind in ständiger Bewegung.

Beobachtungen finden auf der **Stoffebene** statt. Die Erklärung der Beobachtungen erfolgt mithilfe der **Teilchenebene**.

Nachweisreaktionen für Reinstoffe

Einige Stoffe lassen sich mit einfachen Versuchen nachweisen:

Zum Nachweis von Sauerstoff wird die **Glimmspanprobe** durchgeführt. Ein glimmender Span flammt in reinem Sauerstoff auf.

Wasserstoff kann mit der **Knallgasprobe** nachgewiesen werden. Ist Wasserstoff oder ein Wasserstoff-Sauerstoff-Gemisch vorhanden, hört man einen leisen Pfeifton bzw. einen lauten Knall.

Kohlenstoffdioxid wird mit der **Kalkwasserprobe** nachgewiesen. Beim Einleiten von Kohlenstoffdioxid in Kalkwasser trübt sich dieses weiß.

Wasser färbt **Watesmopapier** blau.

Aggregatzustände im Teilchenmodell

Die Teilchen eines Stoffes bewegen sich mit zunehmender Temperatur schneller. Dadurch stoßen sie öfter aneinander, wodurch die Abstände zwischen den Teilchen in der Regel mit steigender Temperatur zunehmen.

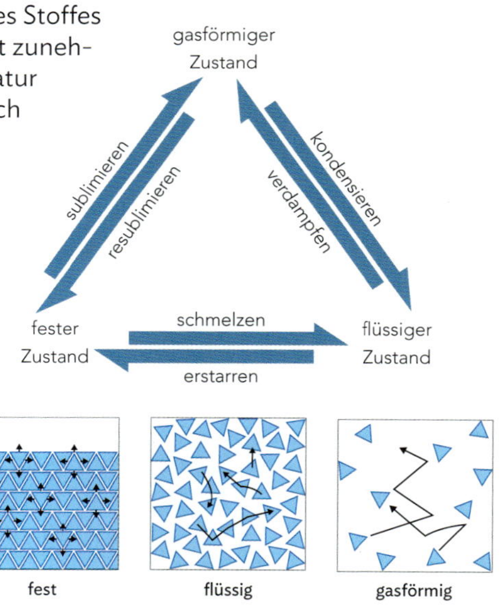

Reinstoffe und Stoffgemische

Stoffgemische bestehen aus zwei oder mehr **Reinstoffen**. Die Eigenschaften von Stoffgemischen sind veränderlich. Stoffgemische, bei denen man die einzelnen Bestandteile mit dem bloßen Auge oder mit dem Mikroskop erkennen kann, heißen **heterogen**. Sind die einzelnen Bestandteile nicht unterscheidbar, spricht man von einem **homogenen** Stoffgemisch.

Reinstoffe bestehen aus einer Teilchensorte und Stoffgemische aus mindestens zwei verschiedenen Teilchensorten.

Trennen von Stoffgemischen

Stoffgemische lassen sich mithilfe geeigneter **Trennverfahren** in die einzelnen Reinstoffe trennen. Dazu nutzt man unterschiedliche Eigenschaften der verschiedenen Reinstoffe in einem Stoffgemisch aus.

Ziel erreicht?

Hast du das Ziel dieses Kapitels erreicht? Bearbeite die Aufgaben auf dem Arbeitsblatt (unter QR-/Mediencode). Vergleiche deine Antworten mit den Lösungen auf Seite 205. Bewerte dich mithilfe der untenstehenden Tabelle und lies falls nötig auf den angegebenen Seiten nochmal nach.

05511-10

A1 Beschreibe unter Beachtung der Laborsicherheit einen einfachen Versuch, mit dem man ein feines weißes Pulver als zerkleinerte Tafelkreide (Gips) oder als Puderzucker identifizieren kann. Gib die Stoffeigenschaft an, anhand derer die Identifizierung erfolgt.

A2 Ordne den Stoffen Kochsalz, Wasser, Trinkalkohol und Sauerstoff jeweils mindestens zwei der folgenden Eigenschaften zu: Siedetemperatur 78 °C, farblos, kristallin, weiß, flüssig (bei 25 °C), brennbar, gasförmig (bei 25 °C).

B1 Bei einer brennenden Kerze kommt der Stoff Wachs in allen drei Aggregatzuständen vor.
a) Beschreibe für jeden Aggregatzustand den entsprechenden Bereich an der Kerze.
b) Zeichne die Wachs-Teilchen für die verschiedenen Aggregatzustände im Teilchenmodell. ▬ ein Wachs-Teilchen

B2 Ordne den Aussagen passende Aggregatzustände zu:
a) Die Teilchen sind frei beweglich.
b) Die Teilchen befinden sich dicht nebeneinander, aber nicht an festen Positionen.
c) Zwischen den Teilchen ist viel leerer Raum.
d) Die Teilchen sind dicht gepackt.

B3 Tee lässt sich besser mit heißem als mit kaltem Wasser zubereiten. Begründe dies mithilfe des Teilchenmodells.

C1 Nenne jeweils mindestens einen passenden Fachbegriff, der das Stoffgemisch klarer bzw. trüber Apfelsaft genau beschreibt.

C2 In einer Raffinerie wird Erdöl in hoch siedende Bestandteile wie Heizöl und niedrig siedende Bestandteile wie Benzin getrennt. Nenne den Fachbegriff für das hier beschriebene Trennverfahren und die Stoffeigenschaft, die dabei ausgenutzt wird.

D1 Bläst man die eigene Ausatemluft mithilfe eines Schlauches in einen Erlenmeyerkolben mit Kalkwasser, trübt sich die Lösung. Erläutere diese Beobachtung.

D2 a) Beschreibe den folgenden Versuch in Worten.

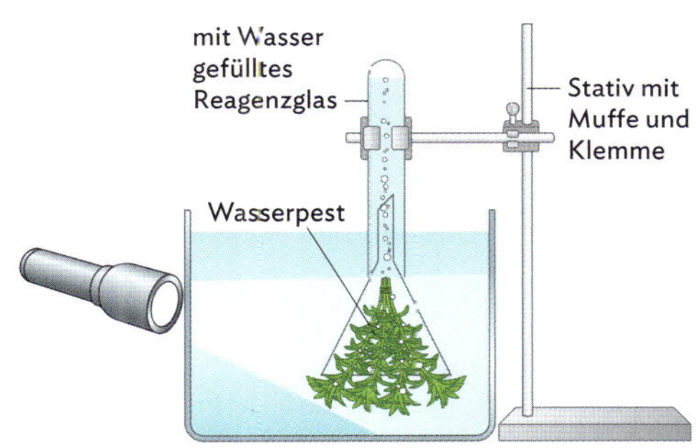

b) Formuliere eine Fragestellung, die mit diesem Versuch beantwortet werden kann.
c) Im Reagenzglas sammelt sich ein Gas. Stelle eine begründete Hypothese auf, um welches Gas es sich handeln könnte und beschreibe einen geeigneten Nachweis.

	Ich kann …	lies nach auf Seite
A	Stoffe anhand physikalischer Eigenschaften charakterisieren.	28, 29
B	das Teilchenmodell zur Erklärung von Stoffeigenschaften anwenden.	31 – 37
C	Reinstoffe und Stoffgemische unterscheiden und Trennverfahren erklären.	36 – 41
D	wichtige Gase nachweisen.	27

3 Aufbau der Materie

Startklar?

1. Schätze dich selbst ein. Wie gut sind deine Kenntnisse in den Bereichen A bis D? Kreuze auf dem Arbeitsblatt (unter QR-/Mediencode) die entsprechenden Kästchen unten in der Tabelle an.

05511-11

2. Hast du dich richtig eingeschätzt? Bearbeite die untenstehenden Aufgaben. Vergleiche deine Antworten mit den Lösungen auf Seite 206 und kreise die erreichte Punktzahl in der Tabelle auf dem Arbeitsblatt ein. Vergleiche mit deiner Selbsteinschätzung.

A1 Nenne vier Stoffeigenschaften, die mithilfe von Messgeräten exakt ermittelt werden können.

A2 Zucker und Kochsalz können auf den ersten Blick schwer unterschieden werden. Nenne Möglichkeiten, die beiden Stoffe dennoch zu unterscheiden.

A3 Begründe jeweils, ob es sich um einen Reinstoff oder ein Stoffgemisch handelt.
Brausepulver, Salzwasser, Eiswasser, Messing, Kupfer, Zucker.

B1 a) Erstelle aus unten stehenden Werten ein Diagramm zum Temperaturverlauf beim Erhitzen von Essigsäure.
b) Lies aus dem Diagramm die Siedetemperatur von Essigsäure ab.

Zeit in Minuten	Temperatur in °C
2	8
4	17
6	17
8	17
10	50
12	89
14	118
16	118
18	118

C1 Überprüfe folgende Aussagen in Bezug auf ihre fachliche Richtigkeit und verbessere gegebenenfalls.
- Bei höherer Temperatur bewegen sich die Teilchen schneller.
- Grundlage beim Destillieren ist die unterschiedliche Siedetemperatur verschiedener Teilchen.

D1 Die drei Abbildungen stellen Modelle von Aggregatzuständen dar. Beschreibe die Anordnung der Teilchen und ordne jedem Bild einen Aggregatzustand zu.

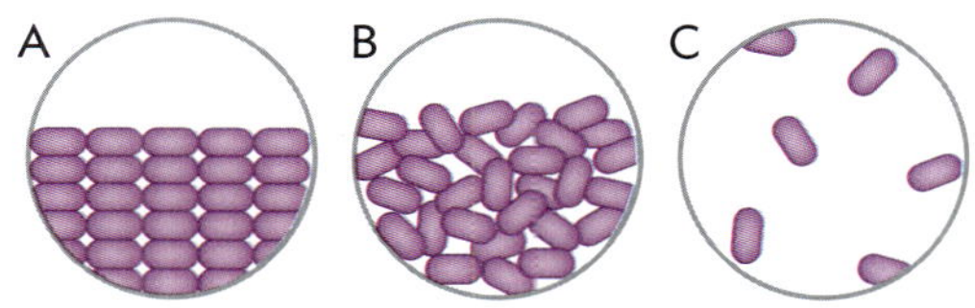

D2 Im Winter beschlagen Brillen, wenn man von draußen einen warmen Raum betritt. Erkläre dieses Phänomen auf Stoff- und Teilchenebene.

D3 Stelle folgende Stoffe im Teilchenmodell dar:

Eiswürfel, Wasser, Zuckerwasser, Bronze, Kupfer.

D4 „Ein Modell hat mit der Wirklichkeit nichts zu tun.“ Nimm zu dieser Aussage begründet Stellung.

	Ich kann ...	prima	ganz gut	mit Hilfe	lies nach auf Seite
A	Stoffe unterscheiden und klassifizieren.	12 – 10	9 – 5	4 – 1	28 – 29, 36
B	Temperaturkurven darstellen und interpretieren.	3	2	1	35
C	Stoff- und Teilchenebene korrekt trennen.	3	2	1	32 – 33, 41
D	ein Modell zur Erklärung von Stoffeigenschaften nutzen.	14 – 12	11 – 6	5 – 1	31 – 33

3.1 Das stoffbezogene Ordnungssystem

Schon immer war es den Menschen ein Bedürfnis, Dinge zu vergleichen und zu sortieren. Ordnungssysteme zeigen stets Gemeinsamkeiten und Unterschiede auf. Wie lassen sich Stoffe in eine sinnvolle Ordnung bringen?

M1 Ordnung in das Chaos bringen

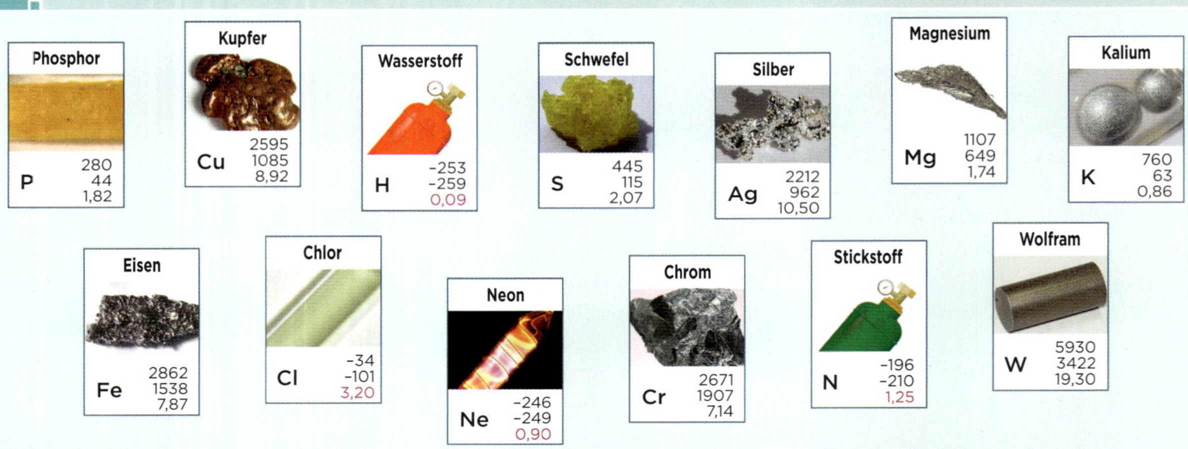

B1 Stoffe und ihre Eigenschaften

Legende	
obere Zahl	Siedetemperatur in °C
mittlere Zahl	Schmelztemperatur in °C
untere Zahl	Dichte in g/cm³ (bei Gasen in g/L)

AUSWERTUNG

a) Erstelle eine Tabelle mit den Stoffen und deren Eigenschaften.

b) Ordne die Stoffe nach verschiedenen Kriterien.

c) Nenne je einen Vor- und einen Nachteil deiner Kriterien.

d) Teile die Stoffe in die Kategorien Metall und Nichtmetall ein und begründe deine Zuordnung.

e) Nenne je zwei weitere Metalle und Nichtmetalle.

Feuer, Wasser, Erde, Luft

Im Altertum war man davon überzeugt, dass alles Leben aus den vier Elementen Feuer, Wasser, Erde und Luft besteht. Im 17. Jahrhundert definierte der Physiker ROBERT BOYLE den Begriff Element neu. Als **Element** bezeichnet man seitdem einen Reinstoff, der nicht in andere Stoffe zerlegt und auch nicht aus anderen Elementen hergestellt werden kann. Da Feuer eine Form von Energie ist und Erde und Luft Stoffgemische sind, handelt es sich hierbei also nicht um Elemente. Auch der Reinstoff Wasser kann chemisch weiter zerlegt werden (vgl. Kap. 4.1) und ist somit kein Element.

Ordnung der Elemente

Am Ende des 18. Jahrhunderts waren 28 Stoffe bekannt, die nach der Definition von BOYLE Elemente sind. Obgleich sich diese in ihren Eigenschaften charakteristisch unterscheiden, stellten die Chemiker fest, dass sich einige davon auch ähneln. So kamen sie auf die Idee, diese in Gruppen zusammenzufassen und entwickelten über viele Jahre hinweg ein Ordnungssystem der Elemente.

Die heutige Form des Ordnungssystems geht insbesondere auf die Arbeiten der beiden Chemiker JULIUS LOTHAR MEYER und DMITRI MENDELEJEW zurück (vgl. Exkurs S. 144). Es enthält alle 118 bis heute bekannten Elemente und wurde zuletzt 2016 um die neu entdeckten Elemente Nihonium, Moscovium, Tenness und Organesson erweitert.

Im **stoffbezogenen Ordnungssystem der Elemente** (vgl. Innenseite vorderer Buchdeckel) ist zu jedem Element ein Foto des Stoffes abgebildet sowie die Stoffeigenschaften Dichte, Siedetemperatur und Schmelztemperatur notiert (**B2**).

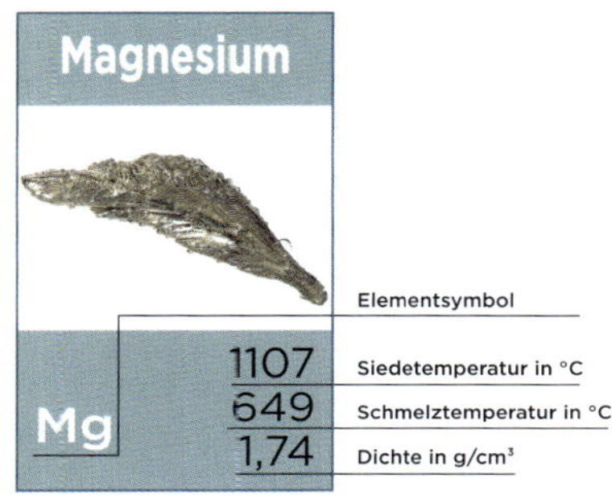

B2 Ausschnitt aus dem stoffbezogenen Ordnungssystem der Elemente

Metalle und Nichtmetalle

Anhand ihrer Eigenschaften kann man die Elemente in zwei Stoffklassen unterteilen: die **Metalle** und die **Nichtmetalle**. Die meisten Metalle, wie Kupfer oder Eisen, erkennt man an ihrem charakteristischen metallischen Glanz. Zudem haben Metalle meist eine hohe Dichte sowie eine sehr hohe Schmelz- und sehr hohe Siedetemperatur. Achtzig Prozent aller Elemente zählen zu den Metallen. Im Ordnungssystem der Elemente stehen sie links.

Nichtmetalle, wie Phosphor und Sauerstoff, stehen im Ordnungssystem rechts. Sie haben in der Regel eine geringere Dichte sowie eine niedrigere Schmelz- und niedrigere Siedetemperatur als die Metalle. Elemente, die sowohl Eigenschaften der Metalle als auch der Nichtmetalle aufweisen, werden als Halbmetalle bezeichnet. Sie stehen im Ordnungssystem zwischen den Metallen und den Nichtmetallen. Zu ihnen zählen zum Beispiel Silicium und Bor.

	Dichte in g/cm³	Schmelztemperatur in °C	Siedetemperatur in °C
Kupfer	8,92	1085	2595
Eisen	7,87	1538	2862
Phosphor (weiß)	1,82	44	280
Sauerstoff	1,43	-219	-183
Schwefel	2,07	115	445
Kohlenstoff (Graphit)	2,25	–	Sublimation bei 3642

B3 Stoffeigenschaften einiger Elemente

Die meisten Elemente lassen sich in Metalle und Nichtmetalle einteilen. Metalle stehen im Ordnungssystem der Elemente links, Nichtmetalle stehen rechts.

Hauptgruppe	Elementfamilie
I	Alkalimetalle
II	Erdalkalimetalle
III	Borgruppe
IV	Kohlenstoffgruppe
V	Stickstoffgruppe
VI	Chalkogene
VII	Halogene
VIII	Edelgase

B4 Elementfamilien der Hauptgruppen

Orientierung im Ordnungssystem

Kohlenstoff und Schwefel sind nicht glänzend, haben aber wie Metalle hohe Schmelz- und Siedetemperaturen. Dennoch zählt man sie zu den Nichtmetallen. Für die exakte Einteilung der Elemente wurden also noch mehr Kriterien herangezogen, als im stoffbezogenen Ordnungssystem notiert sind. Für eine genauere Unterteilung fasst man Elemente mit ähnlichen Eigenschaften zu **Elementfamilien** zusammen (**B4**). Die Elemente einer Elementfamilie stehen im Ordnungssystem untereinander und bilden eine sogenannte **Hauptgruppe**. Zwischen der dritten und der vierten Hauptgruppe befinden sich die **Nebengruppen**. Die Nebengruppenelemente haben alle ähnliche Eigenschaften und lassen sich nicht in einzelne Elementfamilien aufteilen. Elemente, die im Ordnungssystem nebeneinander stehen, gehören zu einer **Periode**.

FM Mit dem stoffbezogenen Ordnungssystem arbeiten

Um mit dem Ordnungssystem der Elemente arbeiten zu können, muss man die Position eines Elements eindeutig angeben können. Außerdem kann man Informationen zu den Stoffeigenschaften eines Elements aus dem Ordnungssystem ablesen.

Beschreibe die Position des Elements Kohlenstoff.

So geht's

1. Suche das Element im stoffbezogenen Ordnungssystem.

   siehe Innenseite vorderer Buchdeckel

2. Gehe vom Element nach oben und gib die römische Ziffer als Nummer der Hauptgruppe an.

   Kohlenstoff steht in der vierten Hauptgruppe und gehört damit zur Elementfamilie "Kohlenstoffgruppe" (vgl. **B4***).*

3. Gehe vom Element aus nach links und gib die Zahl als Nummer der Periode an.

   Kohlenstoff befindet sich in der zweiten Periode.

Nenne den Aggregatzustand des Elements Brom bei Raumtemperatur.

So geht's

1. Suche das Element Brom im Ordnungssystem.

   Brom steht in der siebten Hauptgruppe und der vierten Periode.

2. Lies die Schmelz- und die Siedetemperatur des Elements ab (mittlere und obere Zahl).

   Brom hat eine Schmelztemperatur von -7 °C und eine Siedetemperatur von 59 °C.

3. Vergleiche die Schmelz- und die Siedetemperatur mit der Raumtemperatur von 25 °C.

   Da Brom bei -7 °C in den flüssigen Zustand und bei 59 °C in den gasförmigen Zustand übergeht, ist es bei Raumtemperatur flüssig.

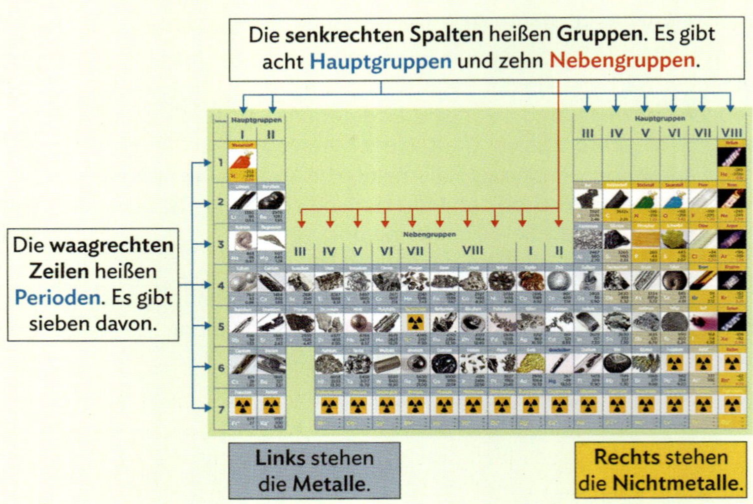

Elementsymbole

In den Anfängen der Chemie wollten die Forscher ihr mühsam erarbeitetes Wissen für sich behalten. Um ihre Forschungsergebnisse zu dokumentieren, nutzten sie daher komplizierte Symbole als eine Art Geheimschrift für die verschiedenen Stoffe (**B5**). Die meisten Forscher verwendeten unterschiedliche Symbole für dieselben Stoffe. Nur wenige Symbole setzten sich als allgemeingültig durch.

Heute will man Wissen teilen und gemeinsam vermehren. Dafür braucht man eine gemeinsame „Sprache", die für alle verständlich und eindeutig ist. Für jedes Element verwendet man daher heute ein international definiertes **Elementsymbol**, das aus ein oder zwei Buchstaben besteht. Die Elementsymbole leiten sich aus der lateinischen oder der griechischen Sprache ab. Stickstoff wird beispielsweise mit dem Elementsymbol „N" gekennzeichnet. Der lateinische Name des Elements Stickstoffs lautet *nitrogenium*, der sich wiederum aus den griechischen Wörtern *nitron* (altgriech. für Laugensalz) und *gennan* (griech. für Entstehung) zusammensetzt. (**B6**). Neben den Elementnamen sind auch die Elementsymbole im stoffbezogenen Ordnungssystem notiert.

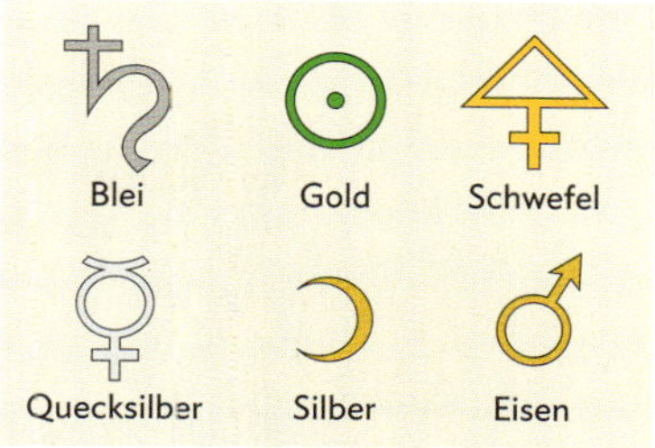

B5 Einige Symbole der frühen Chemie

Elementsymbol	deutscher Elementname	lat. / griech. Name	englischer Name
H	Wasserstoff	Hydrogenium	Hydrogen
C	Kohlenstoff	Carbonium	Carbon
O	Sauerstoff	Oxygenium	Oxygen
S	Schwefel	Sulfur	Sulfur
Fe	Eisen	Ferrum	Iron
Cu	Kupfer	Cuprum	Copper
Ag	Silber	Argentum	Silver
Au	Gold	Aurum	Gold
Pb	Blei	Plumbum	Lead

B6 Die heutigen Elementsymbole sind von lateinischen oder griechischen Namen abgeleitet.

AUFGABEN

A1 Erstelle mit den Wörtern aus dem Fachbegriffekasten eine Mindmap zum Aufbau des Ordnungssystems der Elemente.

A2 Schreibe einen Brief an die Reiseagentur, die mit **B7** Werbung macht, in dem du den fachlichen Fehler deutlich machst.

A3 Spielt gemeinsam in der Klasse Elemente-Bingo: Alle erstellen jeweils eine Bingo-Tabelle (3 Spalten, 3 Zeilen) und schreiben in jedes der 9 Felder ein Element. Die spielleitende Person beschreibt die Position der Elemente im Ordnungssystem (z. B. „Das Element ist in der vierten Hauptgruppe und der zweiten Periode.").
Hat jemand das beschriebene Element in der Bingo-Tabelle notiert (im Beispiel „Kohlenstoff"), darf es durchgestrichen werden.
Wer als erstes drei Elemente durchgestrichen hat, die in seiner Tabelle senkrecht, waagerecht oder diagonal aufeinander folgen, ruft „Bingo" und hat damit gewonnen.

B7 „Hier bin ich ganz in meinem Element."

FACHBEGRIFFE

Element, stoffbezogenes Ordnungssystem der Elemente, Metall, Nichtmetall, Elementfamilie, Hauptgruppe, Nebengruppe, Periode, Elementsymbol

3.2 Die Bausteine der Materie

Es gibt nur 118 Elemente, aber eine unglaubliche Vielfalt von Stoffen. Wie kann das sein? Worin unterscheiden sich all diese Stoffe und wie verbinden sich die Elemente miteinander, um so verschiedene Stoffe wie Gold, Sauerstoff oder Kochsalz zu bilden?

M1 DEMOKRIT, DALTON und das Atom

Schon sehr lange machten sich Menschen darüber Gedanken, woraus die Natur aufgebaut ist. Um 400 vor Christus lebte der griechische Philosoph DEMOKRIT. Seine Gedanken kreisten sich um die Frage „Was passiert, wenn ich etwas immer weiter zerteile – ist dann irgendwann nichts mehr übrig?". Er vermutete, dass alle Stoffe aus kleinsten, nicht weiter teilbaren Teilchen aufgebaut sind. Diese nannte er Atome, nach dem griechischen Wort für unteilbar: atomos. Laut DEMOKRIT gibt es unendlich viele Atome, die sich alle in ihrer Form unterscheiden. Er stellte sie sich als geometrische Körper wie Quader oder Pyramiden vor, die sich mit Haken verbinden können und die Eigenschaften der durch sie gebildeten Stoffe wiedergeben. Feuer besteht laut DEMOKRIT zum Beispiel aus scharfkantigen, ineinander verhakten Feuer-Atomen. Viele Jahrhunderte lang war man mit dieser Theorie zufrieden, bis man sich fast 2000 Jahre später experimentell mit Stoffen auseinandersetzte.

Der englische Naturforscher JOHN DALTON (1766 – 1844) kam zu der Erkenntnis, dass es nicht unendlich viele unterschiedliche Atome geben kann. Seiner Theorie nach sind Atome neutrale Kugeln, die sich in der Masse und der Größe unterscheiden. Es gibt exakt so viele unterschiedliche Atome wie es unterschiedliche Elemente gibt. Kohlenstoffdioxid besteht aus den Elementen Kohlenstoff und Sauerstoff. Daher gibt es keine Kohlenstoffdioxid-Atome, sondern Kohlenstoffdioxid ist aus Kohlenstoff- und Sauerstoff-Atomen aufgebaut.

AUSWERTUNG

a) „Nur scheinbar hat ein Ding eine Farbe, nur scheinbar ist es süß oder bitter, in Wirklichkeit gibt es nur Atome im leeren Raum." Dieses Zitat stammt von DEMOKRIT. Erkläre seine Aussage.

b) Zeichne die jeweiligen Atomvorstellungen von DEMOKRIT und DALTON.

c) Ein Theaterstück über den Aufbau von Stoffen aus Atomen ist geplant, in dem DEMOKRIT und DALTON in derselben Zeit leben und sich begegnen. Formuliere ein Streitgespräch zwischen den beiden.

d) Nenne wesentliche Unterschiede zwischen beiden Atomvorstellungen.

e) Schreibe einen Steckbrief über DALTON, recherchiere dafür Wichtiges im Internet.

V2 Wanderung von Teilchen

G2

Legt man an eine Salzlösung wie beispielsweise Zinkdiiodidlösung eine elektrische Spannung an, so kann man die Bewegung von Teilchen sichtbar machen. Gibt es also auch eine geladene Teilchenart?

DURCHFÜHRUNG

Klebe zwei Bleistiftminen im Abstand von ca. 1 bis 2 cm als Elektroden auf einen Objektträger (**B1**). Gib zwischen die Elektroden eine Zinkiodidlösung, sodass die Elektroden darin eintauchen. Klemme die Elektroden an eine 4,5-V-Batterie an. Notiere nun fünf Minuten lang alle 30 Sekunden deine Beobachtungen. Verwende dabei auch eine Lupe.

AUSWERTUNG

a) Erstelle eine Tabelle, in der deine Beobachtungen in Abhängigkeit von der Zeit dargestellt sind.

b) Grenze deine Beobachtung am Pluspol von der am Minuspol ab.

c) Zinkdiiodid besteht aus zwei verschiedenen Teilchensorten. Die eine Sorte bewegt sich bei dem Versuch in Richtung Pluspol, die andere in Richtung Minuspol. Formuliere eine Vermutung über den Aufbau des Salzes in der Lösung unter Einbezug deiner Beobachtung.

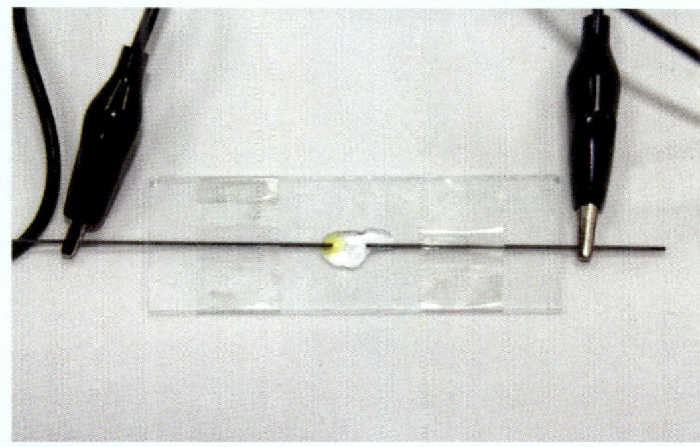

B1 Versuchsaufbau zu **V2**

DALTON und die Atome

Der griechische Philosoph DEMOKRIT entwickelte schon um 400 v. Chr. die Vorstellung, dass alle Stoffe aus kleinsten Bausteinen aufgebaut sind. Diese nannte er **Atome** (von *atomos* (griech.) = unteilbar). Zu Beginn des 19. Jahrhunderts griff der englische Naturforscher und Lehrer JOHN DALTON diese Vorstellung auf und stellte folgende Hypothesen auf:

Das Atommodell von DALTON:

1. Stoffe bestehen aus sehr kleinen, nicht mehr teilbaren, kompakten Kugeln, den Atomen (**B2a**).
2. Jedes Element besteht aus Atomen derselben Atomsorte (**B2a**). Die Atome eines Elements sind alle gleich groß und gleich schwer (**B2b**).
3. Die Atome verschiedener Elemente unterscheiden sich in Größe und Masse (**B2c**).

Auch wenn das Atommodell von DALTON weiterentwickelt wurde (vgl. Kapitel 6), hat die Grundidee des Atoms als neutraler Grundbaustein der Elemente auch heute noch Bestand.

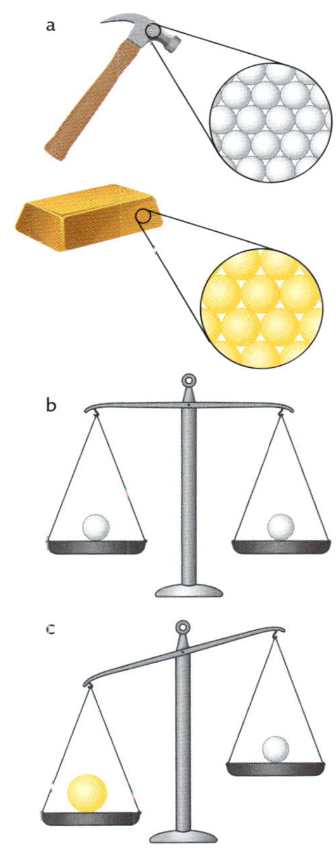

B2 Atommodell von DALTON

Symbol	Name
Na^+	Natrium-Kation
K^+	Kalium-Kation
Ca^{2+}	Calcium-Kation
Mg^{2+}	Magnesium-Kation
Fe^{2+}	Eisen-Kation
Fe^{3+}	Eisen-Kation
Al^{3+}	Aluminium-Kation
Ag^+	Silber-Kation
F^-	Fluorid-Anion
S^{2-}	Sulfid-Anion
O^{2-}	Oxid-Anion
N^{3-}	Nitrid-Anion
P^{3-}	Phosphid-Anion

B3 Einige Kationen und Anionen

Geladene Teilchen

Fasst man die Autotür an, bekommt man „eine gewischt". Die Frisur ist beim Abziehen einer Mütze dahin und auch beim Hüpfen im Trampolin stehen die Haare zu Berge. Solche Beobachtungen im Alltag weisen auf elektrische Ladungen hin, die in den Stoffen enthalten sind. Neben den neutralen Atomen muss es also noch eine andere, geladene Teilchenart geben. Diese geladenen Teilchen nennt man **Ionen**. Ionen haben entweder eine positive (+) oder eine negative (-) Ladung. Legt man beispielsweise eine elektrische Spannung an eine Zinkdiiodidlösung an, kann man die Ionen sichtbar machen (**V2**). Die positiv geladenen Ionen, die **Kationen**, bewegen sich zum Minuspol. Zum Pluspol bewegen sich die negativ geladenen Ionen, die **Anionen**.

Ionen sind elektrisch geladene Teilchen. Kationen sind positiv geladen, Anionen sind negativ geladen.

Ionen können einfach oder mehrfach positiv bzw. negativ geladen sein. Die Ladungszahl und Ladungsart der Ionen eines Elements kennzeichnet man rechts am Elementsymbol durch eine hochgestellte Zahl und ein + bzw. – (**B3**). Die Ionen des Elements Calcium zum Beispiel sind zweifach positiv geladen, man schreibt Ca^{2+}. Die 1 als Ladungszahl wird in der Symbolsprache weggelassen, man schreibt F^- statt F^{1-}.

Das Ordnungssystem der Atome und Ionen

Atome ◯, ◯ und Ionen ⊕, ⊖ sind die Grundbausteine, aus denen alle Stoffe aufgebaut sind. Sie werden daher als „Bausteine der Materie" bezeichnet und sind im **Ordnungssystem der Atome und Ionen** zusammengefasst (vgl. S. 58). Die meisten Elemente kommen sowohl als Atome als auch als Ionen vor. Metalle bilden in der Regel positiv geladene Ionen, sodass Kationen links im Ordnungssystem zu finden sind. Anionen dagegen stehen rechts, da sie von Nichtmetallen gebildet werden. Viele Elemente bilden Ionen mit der stets gleichen Ionenladung. Andere Elemente bilden unterschiedlich geladene Ionen, z. B. bildet Eisen zweifach oder dreifach geladene Kationen Fe^{2+} bzw. Fe^{3+} (**B3**).

Kombinationen der Atome und Ionen

Obwohl die Gesamtzahl der Atome und Ionen groß ist, reicht sie nicht aus, um die enorme Vielfalt aller existierenden Stoffe zu erklären. Erst durch verschiedene Kombinationen der Atome und Ionen lässt sich diese Vielfalt erreichen.

Metall-Ionen und Nichtmetall-Ionen: Durch ihre unterschiedlichen Ladungen ziehen sich Anionen ⊖ und Kationen ⊕ gegenseitig an. Dabei zieht ein Kation aus allen Raumrichtungen Anionen an und umgekehrt. Zwischen verschieden geladenen Ionen wirken also sogenannte **ungerichtete Anziehungskräfte**. So bilden sich regelmäßig aufgebaute, dreidimensionale Ionenverbände aus Metall-Kationen und Nichtmetall-Anionen, die **Ionengitter** (vgl. **B4** und Kap. 3.5).

Metall-Atome: Auch zwischen den ungeladenen Atomen gibt es Anziehungskräfte, die jedoch weniger stark sind. Ähnlich wie bei den Ionen bestehen zwischen Metall-Atomen ◯ ungerichtete Anziehungskräfte. Es bilden sich **Metallgitter** (vgl. **B4** und Kap. 3.3).

Info

Unsere Welt ist bunt. Doch nicht die Atome oder Ionen machen die Stoffe farbig, denn Atome und Ionen selbst sind farblos. Erst durch die Kombination vieler Atome bzw. Ionen wird das Licht unterschiedlich gebrochen, wodurch der Farbeindruck entsteht. Auch andere Eigenschaften wie die Dichte und die Siedetemperatur gelten nur für den Stoff, nicht für das Atom oder Ion.

Nichtmetall-Atome: Zwischen Nichtmetall-Atomen wirken **gerichtete Anziehungskräfte**. Sie wirken nur in eine bestimmte Raumrichtung. Nichtmetall-Atome bilden daher keine gitterartigen Strukturen, sondern unterschiedlich große Atomverbände, die aus mindestens zwei Atomen bestehen, die **Moleküle** (vgl. **B4** und Kap. 3.4).

Atome und Ionen verbinden sich durch ungerichtete oder gerichtete Anziehungskräfte zu Ionengittern, Metallgittern oder Molekülen.

Aus den verschiedenen Atom- bzw. Ionenverbänden ergeben sich verschiedene Stoffe wie Metalle, Salze oder molekular aufgebaute Stoffe (vgl. Kapitel 3.4).

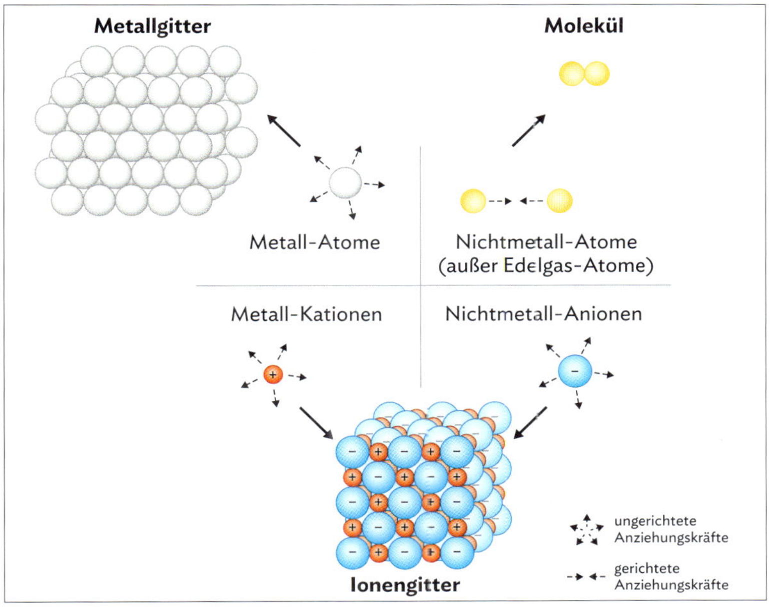

B4 Die Kombination der „Bausteine“ (Metall-Atome, Nichtmetall-Atome, Metall-Kationen, Nichtmetall-Anionen) bestimmt die Art der Materie.

Alleine glücklich

Die Elemente Helium, Neon, Argon, Krypton, Xenon und Radon stehen in der achten Hauptgruppe und bilden die Elementfamilie der **Edelgase**. Die Atome der Edelgase bilden keinerlei Anziehungskräfte aus und verbinden sich somit nicht mit anderen Atomen. Man sagt, die Edelgase liegen **atomar** vor. Damit stellen sie eine Ausnahme dar. Sie werden als Schutzgas („Argon-Schweißen“) oder in Scheinwerfern („Xenon-Licht“) verwendet.

Zusammensetzung in mg/L	
Natrium	91
Kalium	22
Calcium	85
Magnesium	25
Chlorid	37
Sulfat (SO_4^{2-})	54
Hydrogencarbonat (HCO_3^-)	510
Analyseauszug durch laufende Kontrollanalysen bestätigt.	

B5 Etikett einer Mineralwasserflasche

AUFGABEN

A1 Nach dem Teilchenmodell bestehen alle Reinstoffe aus je einer Teilchenart und die einzelnen Teilchen sind nicht weiter zerlegbar. Nenne die Unterschiede zwischen dem Teilchenmodell und dem Atommodell von DALTON.

A2 Ergänze dein Portfolio aus Kap. 2 (vgl. **A4** S. 33) um das Atommodell von DALTON.

A3 Erstelle eine Tabelle mit den Kationen und Anionen im Mineralwasser (**B5**).

A4 Vergleiche die Anziehung zwischen Kugelmagneten mit der zwischen Stabmagneten und begründe die Eignung der Magneten als Modell für ungerichtete bzw. gerichtete Anziehungskräfte.

A5 Ordne die Teilchen/ Teilchenverbände aus den folgenden Elementen den Kategorien *Metallgitter, Ionengitter, Molekül* und *atomar vorliegend* zu und begründe deine Zuordnung: a) Al und Al, b) Al und Br, c) H und Cl, d) He und He, e) C und O, f) Ar und He, g) Cu und Zn, h) Li und F.

FACHBEGRIFFE

Atom, Atommodell von DALTON, Ion, Kation, Anion, Ordnungssystem der Atome und Ionen, ungerichtete Anziehungskräfte, gerichtete Anziehungskräfte, Ionengitter, Metallgitter, Molekül, Edelgas, atomar

Das Ordnungssystem der Atome und Ionen

- Metall-Atom
- Nichtmetall-Atom
- Halbmetall-Atom
- Kation
- Anion

Periode	Hauptgruppen		Nebengruppen						
	I	II	III	IV	V	VI	VII	VIII	
1	H								
2	Li Li^{+}	Be Be^{2+}							
3	Na Na^{+}	Mg Mg^{2+}							
4	K K^{+}	Ca Ca^{2+}	Sc Sc^{3+}	Ti Ti^{4+}	V V^{5+}	Cr Cr^{3+} Cr^{6+}	Mn Mn^{2+} Mn^{4+}	Fe Fe^{2+} Fe^{3+}	Co Co^{2+} Co^{3+}
5	Rb Rb^{+}	Sr Sr^{2+}	Y Y^{3+}	Zr Zr^{4+}	Nb Nb^{5+}	Mo Mo^{6+}	Tc Tc^{7+}	Ru Ru^{3+}	Rh Rh^{3+}
6	Cs Cs^{+}	Ba Ba^{2+}	La La^{3+}	Hf Hf^{4+}	Ta Ta^{5+}	W W^{6+}	Re Re^{7+}	Os Os^{4+} Os^{8+}	Ir Ir^{3+}

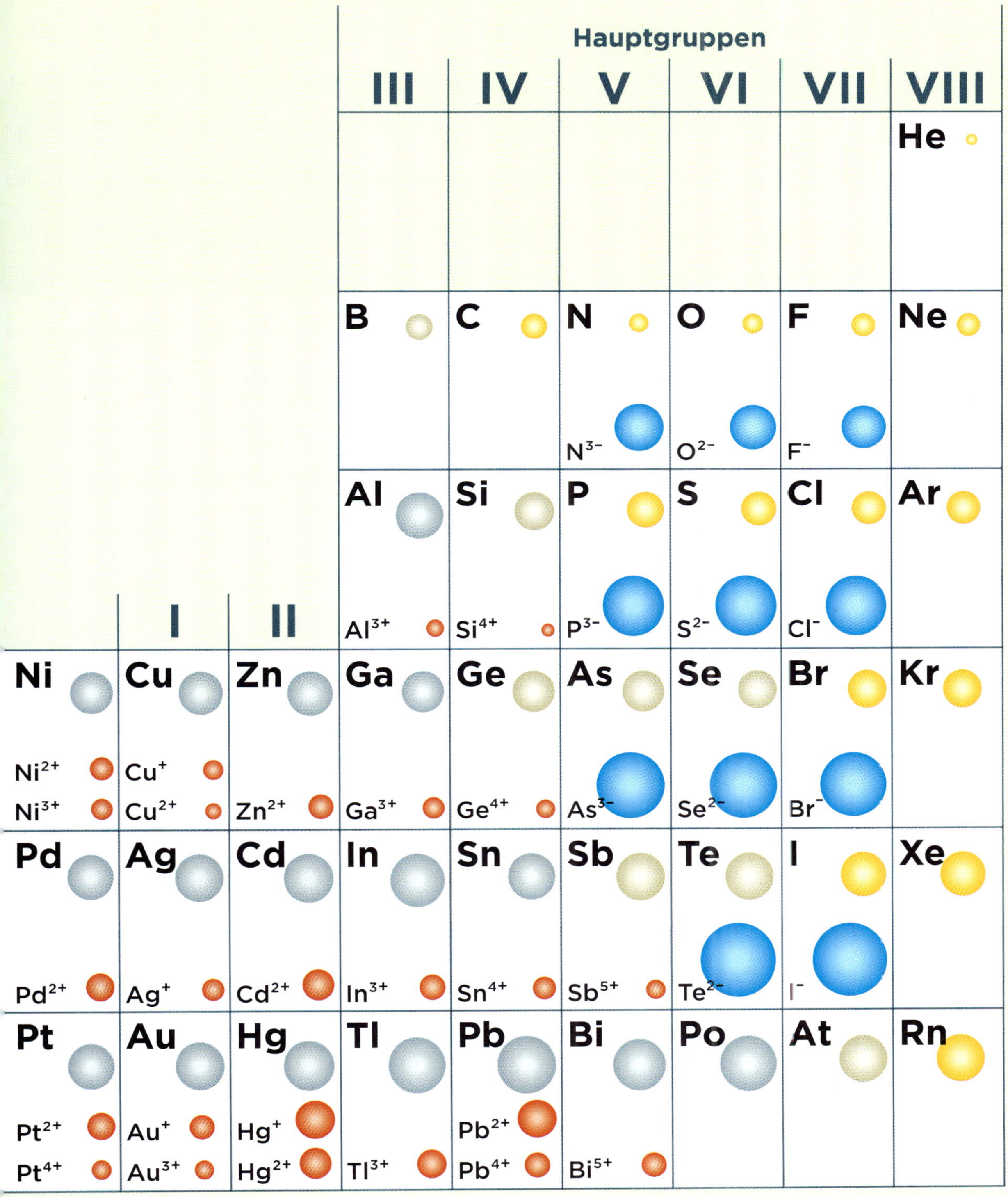
Hauptgruppen
III IV V VI VII VIII
He
B C N O F Ne
N3– O2– F–
Al Si P S Cl Ar
I II
Al3+ Si4+ P3– S2– Cl–
Ni Cu Zn Ga Ge As Se Br Kr
Ni2+ Cu+
Ni3+ Cu2+ Zn2+ Ga3+ Ge4+ As3– Se2– Br–
Pd Ag Cd In Sn Sb Te I Xe
Pd2+ Ag+ Cd2+ In3+ Sn4+ Sb5+ Te2– I–
Pt Au Hg Tl Pb Bi Po At Rn
Pt2+ Au+ Hg+ Pb2+
Pt4+ Au3+ Hg2+ Tl3+ Pb4+ Bi5+

3.3 Metalle

Die Verarbeitung von Metallen ist eines der ältesten Handwerke überhaupt. Ob Waffen, Werkzeuge oder Kochtöpfe, seit Jahrtausenden sind Gegenstände aus Metall ein fester Bestandteil unseres Alltags. Eine Welt ohne Metalle kann man sich kaum vorstellen. Warum sind Metalle so beliebte Rohstoffe?

V1 Das Aussehen und die mechanische Verformbarkeit

Alltagsgegenstände wie Werkzeuge, Bad- und Küchenzubehör sind häufig aus Metallen gefertigt. Woran erkennt man Metalle und was zeichnet sie aus?

DURCHFÜHRUNG

1.1 Schmirgele jeweils die Oberfläche eines Metallstücks aus Aluminium, Eisen und Kupfer mit feinem Schleifpapier.

1.2 Überprüfe die folgenden Materialien (**B1**) auf ihre Verformbarkeit, indem du sie knickst.

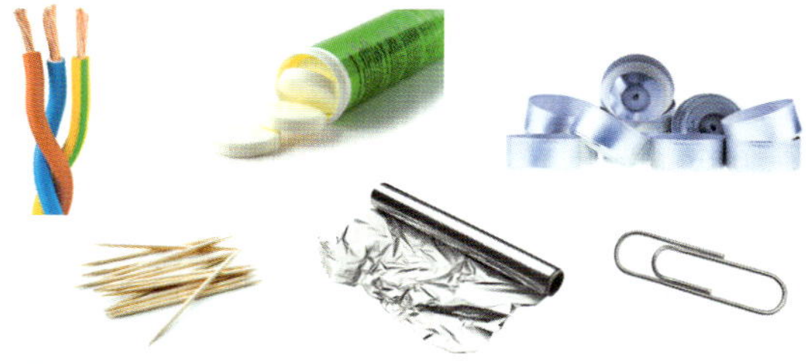

B1 Typische Alltagsgegenstände: Stromkabel, Brausetablette, Teelichtbecher, Zahnstocher, Alufolie, Büroklammer.

AUSWERTUNG

a) Vergleiche die Oberfläche der Metalle in **V1.1** vor und nach dem Schmirgeln.

b) Beschreibe die Farbe der Metalle in **V1.1** vor und nach dem Schmirgeln.

c) Gib die Materialien aus **B1** an, bei denen es sich um Metalle handelt. Beschreibe eine Eigenschaft, anhand derer du ein Metall erkennst.

d) Vergleiche die Verformbarkeit der Metalle mit der der anderen Materialien aus **B1**.

e) Nenne fünf Alltagsgegenstände aus Metall, die du im Laufe eines Tages benutzt. Erstelle eine Tabelle mit den Metallen, der jeweiligen Verwendung und einer dabei ausgenutzten Stoffeigenschaft.

f) Begründe für die Gegenstände aus **e)** jeweils die bessere Eignung des Metalls im Gegensatz z. B. zu einem Kunststoff für die jeweilige Verwendung.

V2 Die Wärmeleitfähigkeit

Warum verwenden Profiköche Bratpfannen aus Eisen statt Aluminium?

DURCHFÜHRUNG

Stelle eine Hypothese zur Einstiegsfrage auf. Führe anschließend den folgenden Versuch durch:

Tropfe auf gleich lange und gleich dicke Bleche von Aluminium, Eisen und Kupfer jeweils auf ein Ende des Metalls einen Tropfen Kerzenwachs (**B2**). Lass das Wachs erstarren.

Greife die Bleche jeweils mit einer Tiegelzange neben dem Wachs und erhitze sie nacheinander am anderen Ende mit der Brennerflamme (**B2**). Miss jeweils mit der Stoppuhr die Zeit bis zum Schmelzen des Wachstropfens.

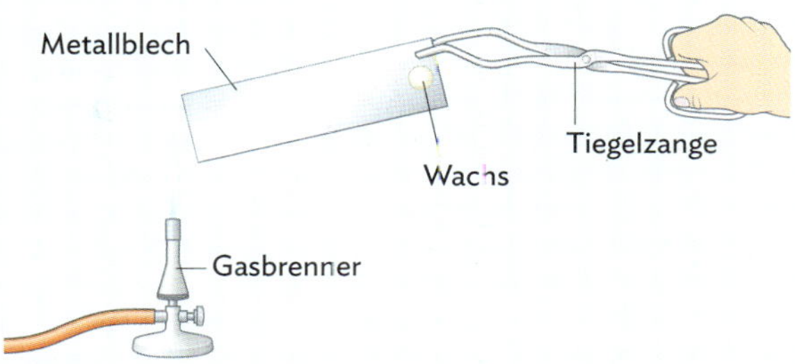

B2 Skizze zur Durchführung von **V2**

AUSWERTUNG

a) Begründe die Notwendigkeit zur Verwendung von Topflappen bei Topfgriffen aus Metall.

b) Ordne die untersuchten Metalle nach ihrer Fähigkeit, die Wärme zu leiten.

c) Überprüfe deine Hypothese mit den Versuchsergebnissen und beantworte die Einstiegsfrage.

V3 Die elektrische Leitfähigkeit

Stromkabel bestehen meist aus einer Kunststoffhülle und Metalldrähten im Inneren. Warum werden bei Stromkabeln diese beiden Materialien kombiniert?

DURCHFÜHRUNG

Stelle eine Hypothese zur Eingangsfrage auf. Berücksichtige dabei beide genannten Materialien.

Plane mithilfe der folgenden Materialien ein Experiment zur Überprüfung deiner Hypothese und führe es durch.

Materialien: Batterie, Stromkabel, Schere, Lämpchen, Krokodilklemmen.

AUSWERTUNG

a) Erstelle ein vollständiges Versuchsprotokoll.

b) Deute die Versuchsbeobachtungen und gib an, ob deine Hypothese bestätigt oder widerlegt wurde.

c) Beantworte die Eingangsfrage anhand der Versuchsbeobachtungen.

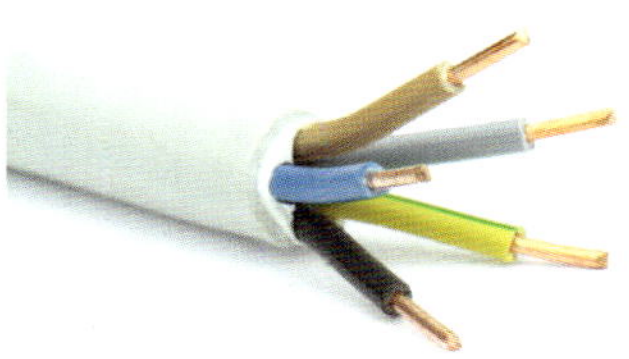

B3 Stromkabel

Eine glänzende Welt voller Metalle

Ob Aluminiumfolie oder Kupferkabel, Edelstahlpfannen oder Hartgeld, Fahrräder oder Werkzeuge – eine Welt ohne Metalle kann man sich kaum vorstellen. Mit Kupfer oder Zink werden ganze Dächer verkleidet, Metalle wie Silber, Gold oder Platin sind sehr teuer und werden oft zu Schmuck verarbeitet.

Bis auf das flüssige Quecksilber sind alle Metalle bei Raumtemperatur Feststoffe. Einige Metalle glänzen, andere sehen stumpf aus. Nach dem Schmirgeln erkennt man aber bei allen Materialien aus Metall einen **metallischen Glanz**.

B4 Glänzende Edelmetalle als Basis für Schmuck

Info
Einige wenige Metalle sind magnetisch. Neben Eisen sind das nur Cobalt und Nickel. Man kann sich diese mit dem Akronym ***EiCoNi*** merken.

Einfach in Form zu bringen

Einige Metalle sind sehr hart, z. B. Wolfram, Osmium und Platin. Blei und Zinn sind dagegen verhältnismäßig weich. Trotz der unterschiedlichen Härte können Metalle **mechanisch verformt** werden, ohne zu brechen. Deshalb können Metalle so vielseitig eingesetzt werden. In der Industrie wird diese Eigenschaft genutzt, um z. B. durch Walzen Bleche und Folien (z. B. Aluminiumfolie) oder Drähte herzustellen. Durch das Erwärmen der Metalle kann der Schmied diese einfacher verarbeiten.

Die Leitfähigkeit der Metalle

Berührt man Metalle, fühlen sie sich zunächst kalt an. Da die meisten Metalle eine gute **Wärmeleitfähigkeit** besitzen, nehmen sie die Körperwärme schnell auf und transportieren sie weiter, sodass die Haut sich abkühlt. Ein Metallblech, das man an einem Ende erhitzt, leitet die Wärme schnell bis zum anderen Ende weiter, sodass man das Blech schließlich nicht mehr mit der Hand festhalten kann (**V2**). Metalle werden aufgrund der guten Wärmeleitfähigkeit u. a. für die Herstellung von Kochtöpfen und Heizkörpern verwendet.

Metalle leiten nicht nur Wärme, sie sind auch sehr gute **Leiter** für den **elektrischen Strom**. Wenn ein Metall in einen Stromkreis geschaltet wird, ist der Stromkreis geschlossen und das Lämpchen leuchtet (**V3**). Die elektrische Leitfähigkeit von verschiedenen Metallen ist unterschiedlich gut (**B5**).

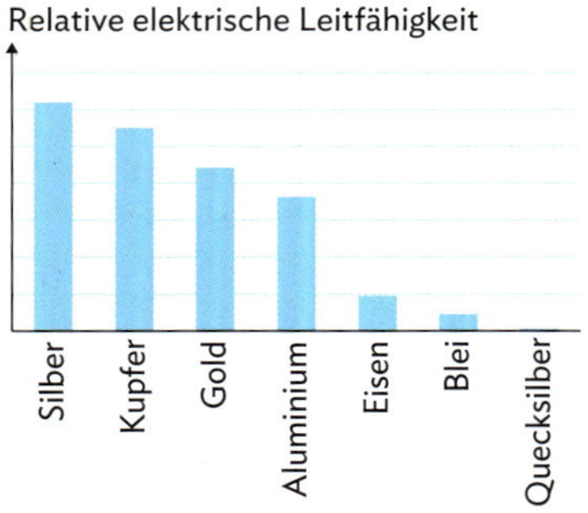

B5 Relative elektrische Leitfähigkeit einiger Metalle

Allgemein können Stoffe in metallische Leiter und Isolatoren eingeteilt werden. Das macht man sich bei der Herstellung von Stromkabeln zunutze. Häufig befinden sich im Inneren Drähte aus Kupfer, da dieses Metall den elektrischen Strom besonders gut leitet. Viele Kunststoffe leiten den elektrischen Strom nicht. Sie unterbrechen den Stromfluss und werden daher als Isolatoren bezeichnet. Zum Schutz vor dem elektrischen Strom werden Kabel deshalb mit einem Kunststoff als Isolator ummantelt (**B3**).

Die typischen Eigenschaften von Metallen sind metallischer Glanz, mechanische Verformbarkeit, gute Wärmeleitfähigkeit und elektrische Leitfähigkeit.

Der Aufbau der Metalle auf Teilchenebene

Um die Eigenschaften von Metallen erklären zu können, betrachtet man deren Aufbau auf Teilchenebene (vgl. Gegenstandsbereiche der Chemie S. 238): Die Atome der Metalle ordnen sich im festen Aggregatzustand in großen Atomverbänden an, die aufgrund ihrer regelmäßigen Struktur **Metallgitter** (**B6**) genannt werden. Innerhalb dieser regelmäßigen, dreidimensional aufgebauten Gitterstruktur herrschen zwischen den einzelnen Metall-Atomen **ungerichtete Anziehungskräfte**.

Zwischen Metall-Atomen herrschen ungerichtete Anziehungskräfte. Sie ordnen sich daher im festen Zustand in regelmäßigen Metallgittern an.

Manche Metalle unterscheiden sich in der Anordnung ihrer Atome im Metallgitter. So sind die Atome in einem Stück Kupfer anders angeordnet als die Atome in einem Aluminiumblech.

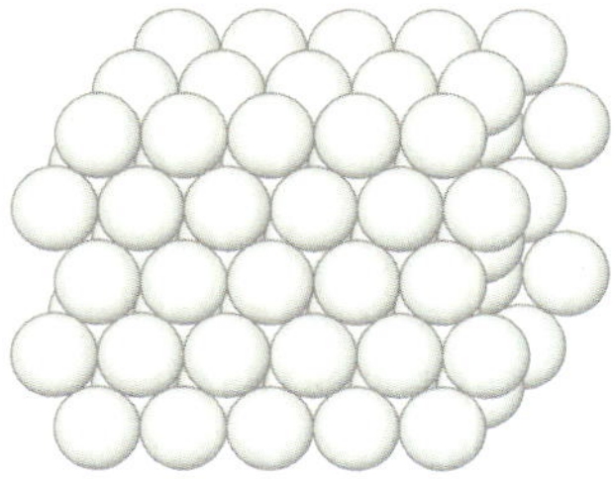

B6 Metallgitter

Die Erklärung der Eigenschaften von Metallen

Wärmeleitfähigkeit: Die Atome im Metallgitter befinden sich nicht unbewegt auf ihren Gitterplätzen, sondern schwingen bei Raumtemperatur leicht. Erhitzt man ein Metall, führt man den außenliegenden Atomen Energie in Form von Wärme zu. Dadurch bewegen sie sich stärker, stoßen aneinander und übertragen so die Energie an ihre nächsten Nachbarn. Auf diese Weise wird die Wärme über das gesamte Metallgitter weitergeleitet.

Verformbarkeit: Die Anordnung der Metall-Atome in einem Metallgitter ist auch die Ursache für die mechanische Verformbarkeit von Metallen. Beim Biegen, Hämmern oder Schmieden werden die Atome innerhalb des Metallgitters aneinander vorbeigeschoben (**B7**). Die Metall-Atome haben sich zwar gegeneinander verschoben, halten aber aufgrund der ungerichteten Anziehungskräfte immer noch in einem Atomverband zusammen.

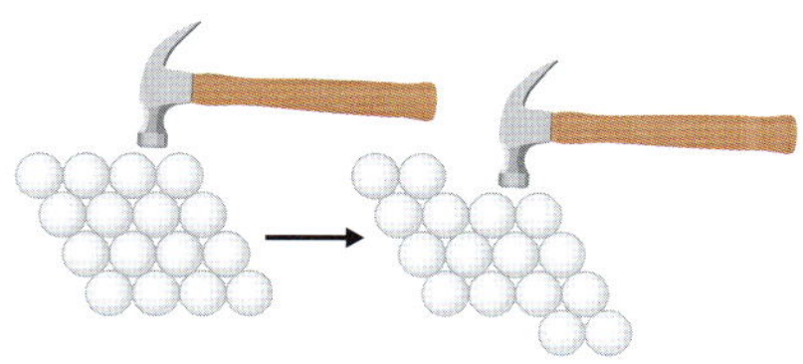

B7 Modelldarstellung zur Druckeinwirkung auf ein Stück Metall

Info

Nicht alle Eigenschaften von Metallen lassen sich mit der Atomvorstellung von DALTON erklären. Beispielsweise liefert das Atommodell keine Erklärung dafür, dass Metalle glänzen und den elektrischen Strom leiten. Das Modell stößt hier also an seine Grenzen. Im Laufe der Zeit haben Chemiker und Chemikerinnen Modelle daher immer weiterentwickelt, so auch das Atommodell von DALTON (weitere Atommodelle siehe Kap. 6).

EK Legierungen

Um optimale Werkstoffeigenschaften zu erhalten, verwendet man Metalle häufig nicht als Reinstoff, sondern als Stoffgemische, sogenannte Legierungen. Dazu schmilzt man ausgewählte Metalle und mischt sie in bestimmten Mengenverhältnissen miteinander. Beim Abkühlen bilden die verschiedenen Atomsorten der Metalle gemeinsame Metallgitter (**B8**). Die so entstandenen Legierungen haben andere Werkstoffeigenschaften als die Reinstoffe, aus denen sie bestehen. Eine der wichtigsten Legierungen ist Stahl, der hauptsächlich Eisen, Kohlenstoff, Chrom und Nickel enthält. Andere Beispiele sind Bronze (Zinn und Kupfer) oder Messing (Zink und Kupfer).

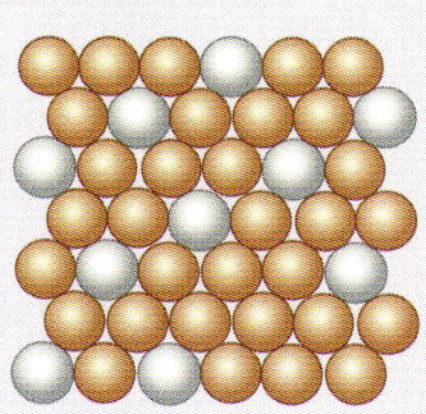

B8 Legierung auf Teilchenebene

B9 Schwingendes Kugelpendel

AUFGABEN

A1 Erstelle eine Mindmap zum Thema Metalle.

A2 Bügeleisen bestehen aus einem Kunststoffgriff und einer Metallplatte. Begründe diesen Aufbau.

A3 Erkläre die Wärmeleitfähigkeit von Metallen anhand ihres Aufbaus auf Teilchenebene und vergleiche den Prozess der Wärmeübertragung modellhaft mit einem schwingenden Kugelpendel (**B9**).

A4 Beschreibe die Darstellung in **B8** und erkläre damit den Aufbau von Legierungen auf Teilchenebene.

FACHBEGRIFFE

metallischer Glanz, mechanische Verformbarkeit, Wärmeleitfähigkeit, elektrische Leitfähigkeit, Metallgitter, ungerichtete Anziehungskräfte

3.4 Molekular aufgebaute Stoffe

Aus Bausteinen kann man vielfältige Bauwerke errichten. Nur einige dieser Bauwerke sind stabil und fallen nicht bei der ersten Berührung auseinander. Doch was hat das mit Chemie zu tun?

V1 Eigenschaften molekular aufgebauter Stoffe

Metalle erkennt man anhand charakteristischer Eigenschaften. Was unterscheidet sie von molekular aufgebauten Stoffen?

DURCHFÜHRUNG

Fülle in ein schwer schmelzbares Reagenzglas etwa 10 cm hoch Glycerin und verschließe es mit einem Stopfen. Stelle das Reagenzglas in den Gefrierschrank bis das Glycerin erstarrt ist. Befestige es danach im Versuchsaufbau (**B1**) und stecke das Thermometer vorsichtig senkrecht in das Glycerin. Beobachte die Temperatur und notiere die Temperatur, bei der sich das Glycerin verflüssigt.

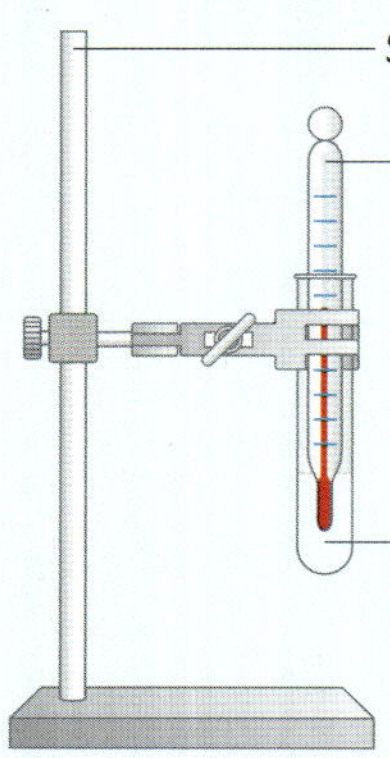

B1 Versuchsaufbau zu **V1**

AUSWERTUNG

a) Vergleiche die Schmelztemperatur von Glycerin mit den Schmelztemperaturen von Metallen wie Kupfer, Platin und Eisen (vorderer Buchdeckel).

b) Glycerin besteht aus vielen kleinen Atomverbänden, den Glycerin-Molekülen (**B2**). Innerhalb der Moleküle sind die Atome fest miteinander verbunden. Zwischen den einzelnen Molekülen wirken dagegen nur schwächere Anziehungskräfte. Vergleiche den Aufbau von Glycerin mit dem von Metallen auf Teilchenebene.

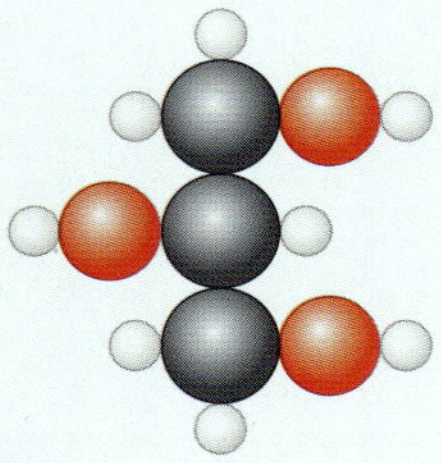

B2 ein Glycerin-Molekül

c) Erkläre mit deinen Erkenntnissen aus **b)** die Unterschiede in den Schmelztemperaturen.

d) Erstelle ein vollständiges Versuchsprotokoll zu **V1**.

M2 Atome verbinden

Nichtmetall-Atome verbinden sich durch gerichtete Anziehungskräfte und bilden so Moleküle. Mithilfe von Bausteinen, die symbolisch für einzelne Atome stehen, kann man das nachvollziehen.

Wasserstoff-Atom:

Sauerstoff-Atom:

Kohlenstoff-Atom:

DURCHFÜHRUNG

Baue jeweils folgende Bausteine zu Bauwerken zusammen. Kombiniere die Bausteine dabei so, dass jedes Bauwerk aus zwei Reihen mit Steinen besteht und die beiden Reihen jeweils gleich lang sind.

1. ein schwarzer und vier weiße Steine
2. zwei rote Steine
3. ein roter und zwei weiße Steine

AUSWERTUNG

a) Zeichne die Bauwerke als chemische Teilchenverbände. Stelle dafür die Atome nicht als Bausteine, sondern als Kugeln in der entsprechenden Farbe dar (vgl. Info).

b) Notiere nun für jede Atomsorte das entsprechende Elementsymbol und schreibe die Elementsymbole eines Teilchenverbands nebeneinander.

c) Bestimme für jede Atomsorte die Anzahl der Atome in einem Teilchenverband. Schreibe diese Zahl tiefgestellt hinter das entsprechende Elementsymbol.

d) Vergleicht eure Bauwerke, Zeichnungen und Abkürzungen innerhalb der Klasse.

e) Recherchiere die Namen der Stoffe, deren Moleküle du im Bausteinmodell nachgebaut hast.

Eigenschaften molekular aufgebauter Stoffe

Stoffe wie Zucker, Wasser und Sauerstoff gehören zu den sogenannten **molekular aufgebauten Stoffen**. Es gibt eine sehr große Vielfalt molekular aufgebauter Stoffe, sodass auch deren Eigenschaften stark variieren. Im Vergleich zu Metallen haben die meisten von ihnen eine geringe Dichte, eine niedrige Schmelz- und eine niedrige Siedetemperatur. Viele molekular aufgebaute Stoffe sind daher bei Raumtemperatur flüssig oder gasförmig.

Die Moleküle

Ein molekular aufgebauter Stoff besteht aus zahlreichen kleinen Atomverbänden, den **Molekülen**. Die Moleküle eines Reinstoffes sind alle exakt gleich aufgebaut (**B3**). Moleküle bestehen aus Nichtmetall-Atomen, die durch **gerichtete Anziehungskräfte** zusammenhalten. Anders als Metall-Atome bilden Nichtmetall-Atome daher keine gitterartigen Strukturen, sondern meist kleinere Atomverbände.

Ein Molekül ist ein Atomverband aus mindestens zwei Nichtmetall-Atomen.

Erklärung der Eigenschaften auf Teilchenebene

Mit dem Aufbau auf Teilchenebene kann man typische Eigenschaften molekular aufgebauter Stoffe erklären: Zwischen den einzelnen Molekülen wirken nur sehr geringe Anziehungskräfte. Schon bei einer niedrigen Wärmezufuhr entfernen sich die Moleküle daher voneinander. Im Vergleich dazu muss man viel Wärme zuführen, um die Anziehungskräfte in einem Metallgitter zu überwinden, sodass das Metall schmilzt. Die Schmelztemperaturen molekular aufgebauter Stoffe sind daher meist niedriger als die von Metallen.

Info

Um verschiedene Atomsorten in Abbildungen einheitlich darstellen zu können, hat man sich für die wichtigsten Atomsorten auf eine Farbsymbolik geeinigt:

- ⚫ ein Kohlenstoff-Atom
- 🔴 ein Sauerstoff-Atom
- ⚪ ein Wasserstoff-Atom
- 🔵 ein Stickstoff-Atom
- 🟢 ein Chlor-Atom
- 🟡 ein Schwefel-Atom

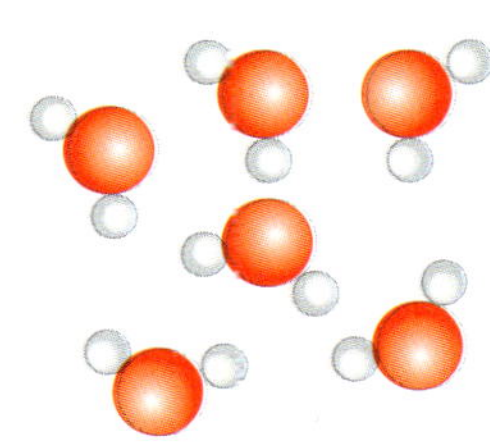

B3 Ein Schluck Wasser besteht aus einer Vielzahl einzelner Wasser-Moleküle, die untereinander nicht verbunden sind.

Info
Mithilfe des Akronyms **HONClBrIF** kann man sich die chemischen Elemente merken, die als zweiatomige Moleküle in der Natur vorkommen: Wasserstoff **H_2**, Sauerstoff **O_2**, Stickstoff **N_2**, Chlor **Cl_2**, Brom **Br_2**, Iod **I_2** und Fluor **F_2**.

Bindigkeit

Nichtmetall-Atome verbinden sich nicht willkürlich miteinander. Stattdessen kann jedes Atom nur eine ganz bestimmte Anzahl weiterer Atome binden. Diese Anzahl wird durch die **Bindigkeit** angegeben (**B5**). Beispielsweise besitzt ein Sauerstoff-Atom ( ) die Bindigkeit II und kann somit zwei Bindungen mit anderen Atomen eingehen. Ein Wasserstoff-Atom ( ) besitzt die Bindigkeit I und kann nur eine Bindung mit einem anderen Atom eingehen. Somit können sich zwei Wasserstoff-Atome mit einem Sauerstoff-Atom über gerichtete Anziehungskräfte zu einem Molekül verbinden. Der Stoff, der aus solchen Molekülen besteht, ist Wasser. Die Bindigkeit von Atomen kann aus dem Periodensystem herausgelesen werden (siehe **FM**). Daneben gibt es jedoch auch Ausnahmen. So ist die Bindigkeit eines Schwefel-Atoms zum Beispiel im Schwefeldioxid IV, im Schwefeltrioxid dagegen VI.

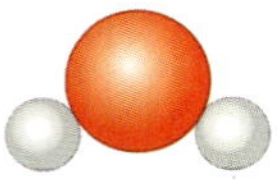

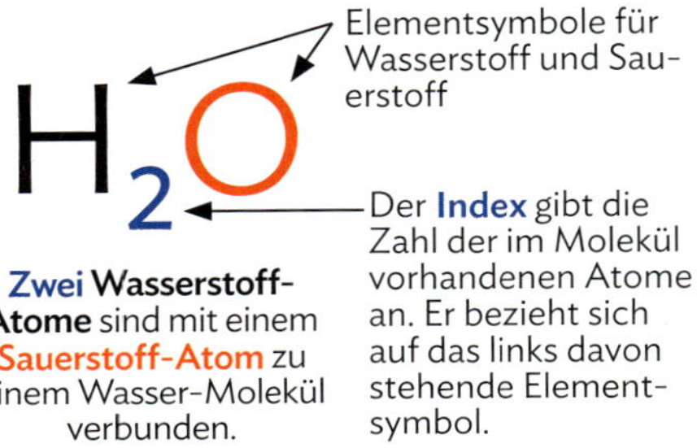

B4 Molekülformel von Wasser

Molekülformeln

Um zu beschreiben, wie viele Atome welcher Atomsorte in einem Molekül verbunden sind, verwendet man **Molekülformeln**. Diese setzen sich aus den Elementsymbolen der enthaltenen Atomsorten und tiefgestellten Zahlen, dem **Index**, zusammen. Der Index hinter einem Elementsymbol gibt die Anzahl der entsprechenden Atome in einem Molekül an (**B4**). Der Index 1 wird in der Symbolsprache weggelassen.

Die Zusammensetzung von Molekülen ergibt sich aus der Bindigkeit der Atome und wird durch Molekülformeln dargestellt.

Im Laufe der Jahrhunderte sind viele Stoffe nach anderen Regeln benannt worden. Sehr häufig werden diese historischen Begriffe auch heute noch benutzt. So wird NH_3 nicht als Triwasserstoffmononitrid bezeichnet, sondern als Ammoniak oder H_2O als Wasser. Solche Begriffe heißen Trivialnamen.

FM Molekülformeln aufstellen

Hauptgruppe	Bindigkeit
I	I
II	–
III	III
IV	IV
V	III
VI	II
VII	I
VIII	–

B5 Bindigkeit der Hauptgruppen

Bestimme die Formel für die Moleküle aus Kohlenstoff- und Sauerstoff-Atomen.

So geht's

1. Notiere die Elementsymbole der Nichtmetall-Atome, die sich miteinander verbinden. — C O
2. Bestimme die Bindigkeit anhand der Hauptgruppe (**B5**).
3. Bestimme den jeweiligen Index, indem du über Kreuz die Bindigkeit notierst.

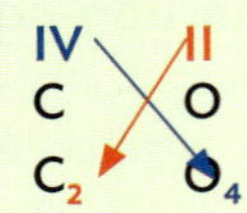

4. Kürze, falls möglich. — C_1O_2
5. Lasse den Index 1 in der Molekülformel weg. — CO_2

FM Molekular aufgebaute Stoffe benennen

Aus der Molekülformel lässt sich der Name eines Stoffes ermitteln.

Benenne die Stoffe, deren Moleküle die Formeln a) PCl_3 und b) N_2O haben.

So geht's

1. Stelle den **Namen des Nichtmetalls**, dessen Atome den **niedrigeren Elektronegativitätswert** haben, als ersten Wortteil voran. Die Elektronegativitätswerte EN findest du im Periodensystem der Elemente (hinterer Buchdeckel) jeweils rechts unten am entsprechenden Element.
   a) *EN (Phosphor): 2,1 < EN (Chlor): 3,0* ***Phosphor-***
   b) *EN (Stickstoff): 3,0 < EN (Sauerstoff): 3,5* ***Stickstoff-***
2. Füge den **Namen des Nichtmetalls** mit **höherem Elektronegativitätswert** sowie die Endung **-id** an. Einige Nichtmetalle werden hier mit griechischem bzw. lateinischem Namen genannt. Diese findest du in der Tabelle **B6**.
   a) ***-chlorid***
   b) ***-oxid***
3. Wenn die Molekülformel Indizes enthält, ergänze das entsprechende ***griechische Zahlwort*** (**B7**) vor dem Namen des entsprechenden Nichtmetalls. Ein „Mono-“ am Anfang des Gesamtnamens entfällt.
   a) *(~~Mono~~phosphortrichlorid)* → ***Phosphortrichlorid***
   b) ***Distickstoffmonooxid***

Nichtmetall	Bezeichnung
Sauerstoff	-oxid
Schwefel	-sulfid
Stickstoff	-nitrid
Phosphor	-phosphid
Kohlenstoff	-carbid

B6 Bezeichnung der Nichtmetalle im zweiten Wortteil des Stoffnamens

Zahl	griech. Zahlwort
1	mono
2	di
3	tri
4	tetra
5	penta

B7 Zahlwörter in der Molekülformel

AUFGABEN

A1 Notiere folgende Darstellungen als Molekülformeln:

a) 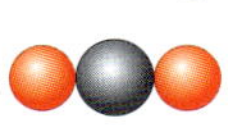 b)  c)  d) 

A2 Zeichne folgende Moleküle auf Teilchenebene: a) Chlor-Molekül, b) Stickstoffdioxid-Molekül, c) Schwefeltrioxid-Molekül.

A3 Übertrage nachfolgende Tabelle in dein Heft und vervollständige sie.

Molekül aus ...	Molekülformel	Molekülname
Brom-Atomen		
	CO	
		Diiodpentaoxid
Wasserstoff- und Schwefel-Atom(en)		

A4 Vergleiche den Aufbau der Elemente Natrium und Chlor auf Teilchenebene. Notiere Gemeinsamkeiten und Unterschiede.

A5 Unter anderem bei den Elementen Helium, Neon und Magnesium gibt man keine Bindigkeit an. Begründe dies.

FACHBEGRIFFE

molekular aufgebauter Stoff, Molekül, gerichtete Anziehungskräfte, Bindigkeit, Molekülformel, Index

3.5 Salze

Salzkristalle sind nicht nur schön anzusehen, einige Salze übernehmen im Körper von Lebewesen wichtige Aufgaben. Kochsalz ist unter anderem an der Regulation des Wasserhaushaltes beteiligt und für die Nervenfunktion unablässig. Welche Eigenschaften haben Salze und wie hängen diese mit ihrem Aufbau auf Teilchenebene zusammen?

V1 Eigenschaften von Salzen

G2

„Brauchst du Kochsalz oder Salz?“ „Egal! Verhält sich eh alles gleich.“ Kann man Salze an bestimmten Eigenschaften erkennen?

DURCHFÜHRUNG

1.1 Fülle ein Reagenzglas zur Hälfte mit Wasser und eines zur Hälfte mit Öl. Gib je eine Spatelspitze Kochsalz dazu und schüttle kräftig.

1.2 Teste Kochsalz und destilliertes Wasser jeweils auf ihre elektrische Leitfähigkeit (vgl. **FM** S. 17). Gib nun beides zusammen in ein Becherglas, rühre um und teste erneut.

1.3 Gib einen Spatel voll Kochsalz in ein schwer schmelzbares Reagenzglas. Erhitze über der Brennerflamme.

1.4 Lasse einen Kochsalzkristall aus großer Höhe auf den Tisch fallen und klopfe einmal fest mit einem Pistill oder einem Hammer auf den Kristall.

1.5 Wiederhole alle Tests mit den Salzen Kaliummononitrat und Kupfermonosulfat.

AUSWERTUNG

a) Fasse die in den Versuchen gefundenen Eigenschaften der Stoffe tabellarisch zusammen.

b) Erkläre den Unterschied zwischen den Begriffen „Salz“ und „Kochsalz“.

c) **B1** zeigt zweidimensional einen Kochsalzkristall auf Teilchenebene. Skizziere eine Bildergeschichte, die deine Beobachtungen aus **V1.4** auf Teilchenebene erklärt. Verfasse einen passenden Text dazu.

Hinweis: Beachte bei deinen Überlegungen, dass sich gleiche Ladungen abstoßen.

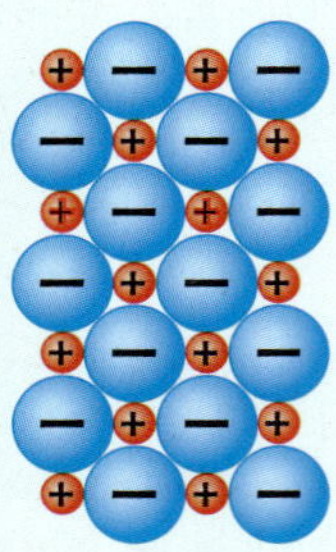

B1 Kochsalz auf Teilchenebene

Es gibt nicht nur Kochsalz

Kochsalz ist sicherlich das bekannteste aller Salze und in jeder Küche zu finden. Es wird seit Jahrhunderten in Salzbergwerken abgebaut oder durch Eindampfen aus Solequellen gewonnen.

Es ist ein weißer Feststoff mit typisch „salzigem“ Geschmack. Bei genauer Betrachtung lassen sich stets würfelförmige **Kristalle** erkennen. Kochsalzkristalle sind sehr **hart**: Lässt man sie aus großer Höhe fallen, gehen sie nicht kaputt. Schlägt man aber mit einem Hammer auf einen Kochsalzkristall gezielt ein, zerbricht der **spröde** Kristall. Es ist gut **wasserlöslich**, in Öl dagegen löst es sich nicht. Im kristallinen Zustand gehört es zu den **Isolatoren**, es leitet den elektrischen Strom nicht. Eine Kochsalzlösung ist dagegen elektrisch leitfähig. Es hat mit 801 °C eine relativ **hohe Schmelztemperatur**.

Ganz ähnlich verhält es sich auch mit anderen Salzen. Sie bilden harte und spröde Kristalle in unterschiedlichen geometrischen Formen. Sie haben hohe Schmelztemperaturen, sind meist wasserlöslich, aber stets unlöslich in Öl. Zudem sind sie im kristallinen Zustand Isolatoren, leiten aber Strom, sobald sie in Wasser gelöst sind. Alle Stoffe, die sich in diesen Eigenschaften stark ähneln, werden in der Stoffgruppe der Salze zusammengefasst. Der Begriff „Salz“ meint in der Chemie daher nicht nur Kochsalz, sondern eine ganze Stoffgruppe (**B2**).

> Salze bilden harte, spröde Kristalle, sind meist wasserlöslich, haben hohe Schmelztemperaturen und sind im kristallinen Zustand Isolatoren.

STECKBRIEF

Salze

- **Stoffebene:**
  kristallin, hart, spröde,
  hohe Schmelztemperaturen,
  meist wasserlöslich,
  nur als Lösung oder Schmelze elektrisch leitfähig
- **Teilchenebene:**
  aus Ionengittern aufgebaut, die sich aus Metall-Kationen und Nichtmetall-Anionen zusammensetzen

B2 Steckbrief zu Salzen und Foto bunter Salze

Der Aufbau von Salzen auf Teilchenebene

Lässt man eine Kochsalzlösung unbedeckt stehen, bilden sich nach einiger Zeit Kristalle. Kochsalz, chemisch Natriummonochlorid genannt, besteht aus positiv geladenen Natrium-**Kationen** Na^+ und negativ geladenen Chlorid-**Anionen** Cl^-. Verdunstet das Wasser aus der Kochsalzlösung, verringert sich der Abstand der Ionen zunehmend. Durch ihre entgegengesetzte Ladung ziehen sich die Kationen und Anionen gegenseitig an. Da diese Anziehungskräfte **ungerichtet** sind, platzieren sich um jedes Anion so viele Kationen, wie räumlich möglich ist, und umgekehrt. Ein Natrium-Kation wird daher von sechs Chlorid-Anionen umgeben und ein Chlorid-Anion von sechs Natrium-Kationen (**B3**). Die Anziehung der Ionen setzt sich immer weiter fort, bis sich alle vorhandenen Ionen angelagert haben. So entsteht eine regelmäßige Struktur, das **Ionengitter**, in dem Kationen und Anionen immer abwechselnd dreidimensional angeordnet sind.

Der Aufbau auf Teilchenebene hat Auswirkungen auf die Erscheinung auf Stoffebene: Kochsalz bildet weiße, quadratische Kristalle. Will man bunte Kristalle mit anderen Formen züchten, muss man andere Salze benutzen. Da diese ebenfalls aus Metall-Kationen und Nichtmetall-Anionen bestehen, bilden auch sie Ionengitter. Die jeweilige Kristallform (z. B. Oktaeder, Rauten oder Nadeln) und die genauen Eigenschaften hängen dabei von Ladung und Größe der Ionen ab.

> Salze bestehen aus Metall-Kationen und Nichtmetall-Anionen, die sich aufgrund ungerichteter Anziehungskräfte zu Ionengittern anordnen.

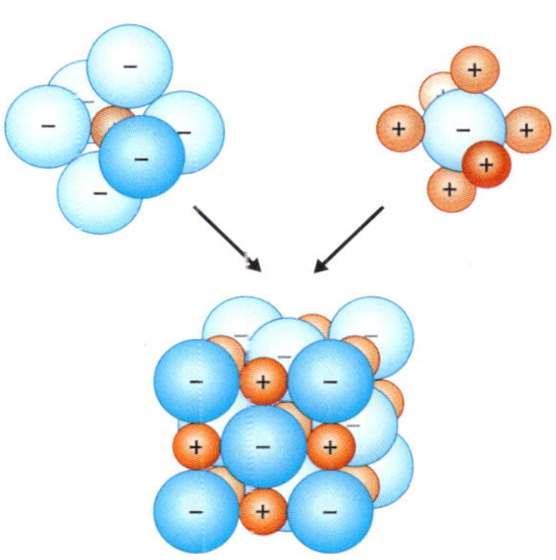

B3 Ionengitter von Natriummonochlorid im Modell

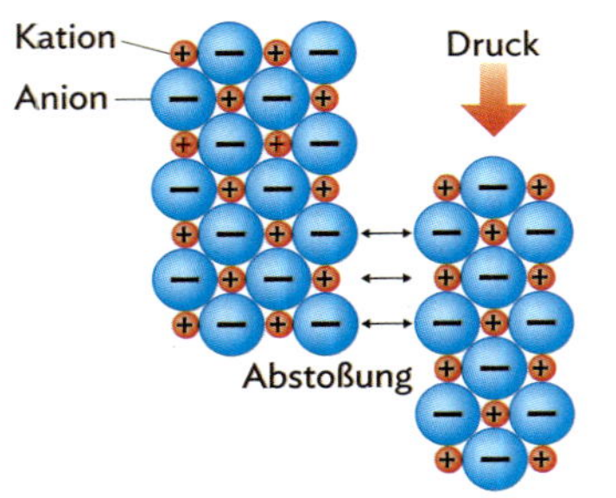

B4 Erklärung der Sprödigkeit von Kochsalz auf Teilchenebene

Erklärung einiger Stoffeigenschaften auf Teilchenebene

Sprödigkeit und Härte: Bearbeitet man einen Salzkristall mit einem Hammer, bricht dieser. Im Gegensatz zu Metallen sind Salze spröde. Sobald die Ionen im Ionengitter durch eine äußere Krafteinwirkung verschoben werden, treffen gleiche Ladungen aufeinander und stoßen sich gegenseitig ab (**B4**). Der Kristall bricht. Ohne gezielte Krafteinwirkung befinden sich im Ionengitter immer entgegengesetzt geladenen Ionen nebeneinander. Sie ziehen sich gegenseitig stark an. Salze sind daher sehr hart.

Schmelztemperatur: Aufgrund der starken Anziehungskraft zwischen den Anionen und den Kationen im Salzkristall benötigt man viel Energie, um die Ionen aus ihrem Gitterverband zu lösen. Kochsalz und viele weitere Salze schmelzen daher erst bei sehr hohen Temperaturen.

Elektrische Leitfähigkeit: Im kristallinen Zustand sind Salze Nichtleiter (**B5** oben). Löst man sie in Wasser, leitet die Lösung den elektrischen Strom (**B5** unten). Die einzelnen Ionen sind dann nicht mehr auf festen Gitterplätzen gebunden, sondern frei beweglich. Das gilt genauso für geschmolzene Salze. Bei freier Beweglichkeit können die Ionen die elektrischen Ladungen von einem Pol zum anderen Pol transportieren.

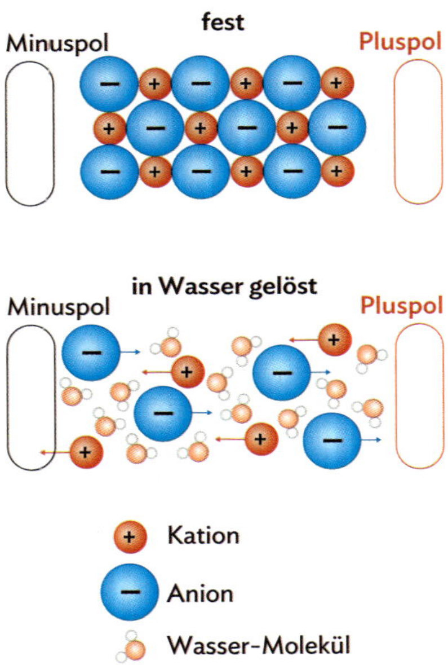

B5 Nur bewegliche Ionen können im elektrischen Feld wandern und leiten so den elektrischen Strom.

Die Verhältnisformel von Salzen

Alle 17 Nichtmetalle lassen sich mit über 90 Metallen zu Salzen kombinieren. Daher ist es wichtig, jedes Salz eindeutig und international verständlich zu bezeichnen. Bei molekular aufgebauten Stoffen geschieht das über Molekülformeln, in denen die genaue Anzahl aller Atome eines Moleküls angegeben ist. Salzkristalle enthalten aber je nach Größe unterschiedlich viele Ionen. Ein kleiner, würfelförmiger Kochsalzkristall mit einer Kantenlänge von 0,4 mm enthält ca. 1.425.000.000.000.000.000 Anionen und ebenso viele Kationen. Da es für die Stoffeigenschaften keine Rolle spielt, wie viele Ionen ein Ionengitter tatsächlich enthält, ist es unnötig von jedem Kristall die genaue Ionenanzahl zu bestimmen und diese als Index in die Formel zu schreiben. Stattdessen verwendet man **Verhältnisformeln**, die das Mengenverhältnis von Kationen zu Anionen beschreiben. Für Kochsalz ist das Verhältnis von Natrium-Kationen Na^+ zu Chlorid-Anionen Cl^- 1 : 1, die Verhältnisformel lautet $(Na^+)_1(Cl^-)_1$. Wie in der Mathematik wird die Zahl 1 weggelassen, man schreibt $(Na^+)(Cl^-)$ und sagt Natriummonochlorid.

Ist die Ladungszahl der Kationen und Anionen in einem Salz verschieden, muss die elektrische Ladung durch die Anzahl der Ionen ausgeglichen werden. Das Verhältnis von Kationen zu Anionen verändert sich: Ein Dinatriummonosulfidkristall bildet ein Ionengitter mit doppelt so vielen Natrium-Ionen Na^+ wie Sulfid-Ionen S^{2-} (**B6**). Zum Ausgleich der Ladung für ein zweifach negativ geladenes Sulfid-Ion S^{2-} sind zwei einfach positiv geladene Natrium-Ionen Na^+ nötig. Das Verhältnis ist 2 : 1 und die Formel lautet $(Na^+)_2(S^{2-})$.

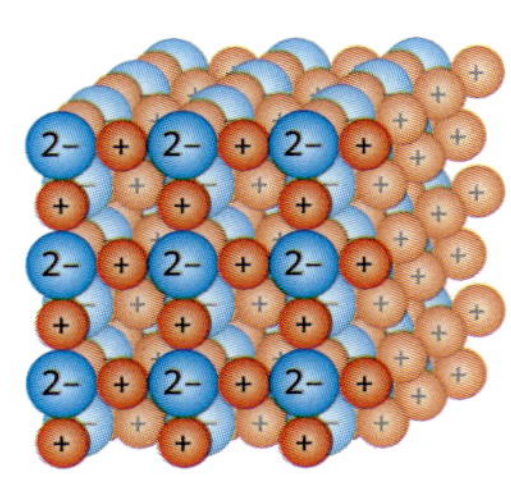

B6 Salz mit doppelt so vielen Kationen wie Anionen: Formel A_2B

Verhältnisformeln geben das Verhältnis der Ionen im Ionengitter an. Sie geben nicht die tatsächliche Anzahl der Ionen im Kristall an.

FM Verhältnisformeln von Salzen aufstellen

Salze lassen sich mit der Verhältnisformel beschreiben. Stelle die Verhältnisformel zu einem Salz aus Titan- und Sauerstoff-Ionen auf.

So geht's

1. Finde die beteiligten Ionen im Ordnungssystem der Atome und Ionen (S. 58). Welches Elementsymbol für welches Element steht, kannst du im vorderen Buchdeckel nachschauen.
2. Notiere das Elementsymbol für das Kation vor dem für das Anion. — *Ti O*
3. Notiere die jeweilige Ionenladung als hochgestellte Ziffer hinter dem Elementsymbol. — Ti^{4+} O^{2-}
4. Setze das Elementsymbol mit Ladung jeweils in eine Klammer. — (Ti^{4+}) (O^{2-})
5. Schreibe die Ladungszahl des einen Ions als Index (ohne Vorzeichen) hinter die Formel des anderen Ions. — $(Ti^{4+})_2(O^{2-})_4$
6. Kürze den Index, wenn möglich. — $(Ti^{4+})_1(O^{2-})_2$
7. Lasse eine 1 als Index weg. — $(Ti^{4+})(O^{2-})_2$

Benennung von Salzen

Im Alltag begegnen uns viele Salze mit teils seltsamen Namen, z. B. Steinsalz, Natron, Pottasche oder Hirschhornsalz, die in der Back- oder Putzmittelabteilung zu finden sind. Die Namen gehen oft auf historische Gewinnungsverfahren zurück und sind nicht eindeutig. Während am Esstisch oder in der Küche mit Salz klar Kochsalz, Natriummonochlorid, gemeint ist, ist es im Labor nötig, sich präziser auszudrücken. Daher gibt es für jeden Stoff einen Namen, der es ermöglicht, die chemische Formel aus dem Namen abzuleiten und umgekehrt. Hat man die Verhältnisformel eines Salzes, ist auch der Name eindeutig: Zuerst nennt man den Namen des Metall-Kations. Dann folgt der Name des Nichtmetall-Anions auf lateinisch bzw. griechisch, wobei bei einsilbigen Elementnamen nur die Endung -id angehängt wird und längere Namen zusätzlich verkürzt werden (**B7**). Ist ein Index vorhanden, so wird dieser (vgl. **FM** S. 67) dem Ionennamen vorausgestellt. Ein „Mono" vor dem Kation entfällt. So heißt beispielsweise das Salz mit der Formel $(Ca^{2+})(F^-)_2$ korrekt Calciumdifluorid.

Elementnamen *(griechisch)*	Anion
Sauerstoff *(Oxygenium)*	-oxid
Schwefel *(Sulfur)*	-sulfid
Stickstoff *(Nitrogenium)*	-nitrid
Kohlenstoff *(Carbonium)*	-carbid
Phosphor *(Phosphoros)*	-phosphid
Chlor *(Chloros)*	-chlorid
Fluor *(Fluores)*	-fluorid
Brom *(Bromos)*	-bromid
Iod *(Ioeides)*	-iodid

B7 Bezeichnung der Nichtmetall-Anionen in Salzen

AUFGABEN

A1 Entscheide begründet, ob es sich bei folgenden Stoffen um Salze oder Moleküle handelt: Diwasserstoffmonooxid, Magnesiumdibromid, Stickstofftrichlorid, Trilithiummonophosphid, Zinntetraiodid.

A2 Ordne die Namen den Formeln richtig zu: Dieisentrioxid, Kupferdichlorid, Magnesiummonooxid, Dinatriummonosulfid $(Cu^{2+})(Cl^-)_2$, $(Fe^{3+})_2(O^{2-})_3$, $(Na^+)_2(S^{2-})$, $(Mg^{2+})(O^{2-})$

A3 Benenne die folgenden Salze fachsprachlich korrekt: a) $(Mg^{2+})(F^-)_2$, b) $(Al^{3+})(Br^-)_3$, c) $(K^+)_3(P^{3-})$, d) $(Li^+)_2(S^{2-})$, e) $(Pb^{4+})(O^{2-})_2$

A4 Stelle jeweils die Verhältnisformel auf: a) Salz aus Magnesium- und Phosphid-Ionen, b) Salz aus Silber- und Chlorid-Ionen, c) Salz aus Lithium- und Oxid-Ionen.

FACHBEGRIFFE

Kristall, Härte, Sprödigkeit, Wasserlöslichkeit, Isolator, hohe Schmelztemperatur, Kation, Anion, ungerichtete Anziehungskraft, Ionengitter, Salz, Verhältnisformel

Die Nebengruppenelemente

Der Begriff „Nebengruppe" vermittelt uns das Gefühl, dass die Elemente darin unwichtig wären. Doch in Wahrheit sind diese Elemente alles andere als nebensächlich.

In den Nebengruppen des Ordnungssystems der Elemente befinden sich ausschließlich Metalle. Hier finden sich auch viele Elemente, die im Alltag wichtig sind, beispielsweise Eisen, Kupfer, Silber, Gold, Zink und Platin. Die Nebengruppenelemente findet man im Ordnungssystem der Elemente ab der 4. Periode immer zwischen der zweiten und dritten Hauptgruppe eingeordnet. Die Eigenschaften der Nebengruppenelemente einer Periode sind weniger unterschiedlich als die der Hauptgruppenelemente einer Periode. Wie für Metalle üblich liegen sie meist als positiv geladene Metall-Kationen vor. Besonders ist, dass viele von ihnen unterschiedliche Ladungszahlen haben können. Mangan-Ionen können mit der Ladungszahl +2, +4 und +7 auftreten.

Viele Schwermetalle wirken in höheren Dosen zellschädigend, ja sogar tödlich. Dagegen sind einige in niedrigen Konzentrationen lebensnotwendig für den menschlichen Körper. Zu diesen essentiellen „Spurenelementen" gehören die Ionen der Nebengruppenelemente Eisen, Mangan, Kupfer, Chrom und Zink.

Eisen bildet Ionen mit der Ladungszahl +2 oder +3. Erstere sorgen als Bestandteil des roten Blutfarbstoffes Hämoglobin der roten Blutkörperchen für den Sauerstofftransport. Ein Mangel an Eisen-Ionen führt daher zur Anämie (Blutarmut), die wiederum für Müdigkeit, Schwindel und Konzentrationsstörungen verantwortlich ist. Auch die Immunabwehr ist dann geschwächt.

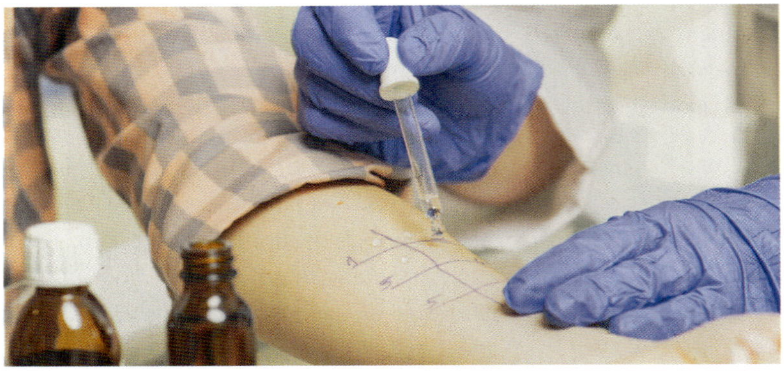

B1 Allergietest

Eisen-Ionen werden über rotes Fleisch, Hülsenfrüchte, grünes Gemüse und Getreide aufgenommen. Eine erwachsene Person hat 2,5 bis 4 g Eisen-Ionen im Körper.

Die verschiedenen Ionen von Mangan sind Bestandteil vieler Enzyme und an der Blutgerinnung sowie am Insulinaufbau beteiligt. Durch Getreide, Hülsenfrüchte und Reis wird der tägliche Bedarf gesichert.

Zink-Ionen sind im Körper bedeutsam für den Zucker-, Fett- und Eiweißstoffwechsel. Zudem sind sie am Aufbau der Erbsubstanz und am Zellwachstum beteiligt und spielen für das Immunsystem und die Wirkung von Hormonen eine Rolle. Über Fleisch, Eier und Käse nehmen wir Zink-Ionen auf.

Auf Edelmetalle wie Gold und Platin reagiert fast niemand allergisch. Das liegt daran, dass diese Metalle schwer in Lösung gehen, also beim normalen Gebrauch keine Ionen bilden. Gold wird häufig für Zahnersatz genutzt.

Manche Metalle bilden durch den Kontakt mit salzhaltigem, säuerlichem Körperschweiß Ionen und lösen sich darin langsam auf. Manche dieser Metalle rufen dadurch Kontaktallergien hervor. Besonders auf Nickel-Ionen reagieren viele Menschen allergisch (**B1**). Beim ersten Kontakt deutet das körpereigene Immunsystem Nickel-Ionen als gefährliche Fremdstoffe und wehrt sich dagegen, indem es Antikörper bildet. Da dies Zeit braucht, zeigt sich die allergische Reaktion erst bei wiederholtem Kontakt. So bilden sich teilweise erst nach mehreren Wochen und häufigem Kontakt Hautstellen mit roten, meist juckenden Punkten bis hin zu nässenden Bläschen.

Nickel ist häufig in Modeschmuck, Gürtelschnallen, Reißverschlüssen und Metallknöpfen zu finden. Bei der 1-Euro-Münze besteht der Ring aus nickelhaltigem Messing. Beim Kern ist eine Nickelschicht beidseitig von einer Nickel-Kupfer-Legierung eingehüllt.

AUFGABEN

A1 „Allein die Dosis macht es, dass ein Ding kein Gift ist". Erkläre diesen berühmten Satz vom Arzt Paracelsus mithilfe des Textes.

A2 Nimm Stellung zu der Aussage: Auf den ersten Stich einer Biene kann man nicht allergisch reagieren.

Salz – ein wichtiger Alltagsstoff

Salz ist in unserem Alltag fast allgegenwärtig. Aber wo kommt dieser lebenswichtige Stoff eigentlich her?

Etwa sechs Gramm Kochsalz täglich braucht der menschliche Körper zum Überleben. Salz ist beispielsweise unverzichtbar für die Weitergabe von Nervenimpulsen an Muskeln. Tiere in freier Wildbahn haben oft Schwierigkeiten, ihren Salzbedarf zu decken, und fressen bei Salzmangel salzhaltigen Lehm. Die meisten Menschen überschreiten durch ungesunde Ernährung die empfohlene Salzmenge dagegen deutlich. Besonders viel Salz liefern Pommes, Salami, Chips und Salzstangen. Überschüssiges Salz müssen die Nieren über den Urin wieder ausscheiden. Dafür brauchen sie viel Wasser, was den erhöhten Durst nach dem Genuss salziger Lebensmittel erklärt.

Je nach Herkunft wird unser Kochsalz anders bezeichnet. So wird Meersalz hauptsächlich an der Mittelmeerküste in Salzgärten gewonnen (**B2**). Dazu wird das Meerwasser in mehrere hintereinanderliegende Verdunstungsteiche gepumpt. Durch die Verdunstung des Wassers erhöht sich von Becken zu Becken die Salzkonzentration. Das mit Kochsalz gesättigte Wasser (Sole) wird dann in Kristallisierteiche gepumpt, in denen die restliche Verdunstung erfolgt. Aus einem Kubikmeter Meerwasser (1000 Liter) können so ca. 23 Kilogramm Meersalz gewonnen werden.

B1 Salzstollen im Bergwerk

Steinsalz, das geschätzt etwa 70 % unseres Speisesalzes ausmacht, wird in Bergwerken (**B1**) abgebaut. Es ist jedoch auch Meersalz, das auf natürlichem Weg aus hochkonzentriertem Meerwasser im Laufe der Erdgeschichte auskristallisiert ist, als diese Landschaften noch im Meer versunken waren. Während der Salzabbau im Mittelalter Schwerstarbeit war, werden heute auch unter Tage Maschinen eingesetzt. Früher mussten die Steinsalzbrocken mit dem Hackebeil abgeschlagen und mit Pferdewagen zum handbetriebenen Aufzug transportiert werden. Heute nutzt man dazu Sprengstoff, Bagger und Förderbänder.

In Deutschland sind immerhin noch sieben Salzbergwerke in Betrieb. Eine andere Herkunftsart von Salz sind Solequellen. So wurde bereits im Mittelalter das Salz mit Wasser aus dem salzhaltigen Gestein gelöst und an die Oberfläche gespült. Anschließend verkochte man das Wasser in großen Eisen- oder Bleipfannen. Beim Kochprozess gab man Flüssigkeiten wie Blut, Eiweiß oder Bier zu, um grobe Verunreinigungen zu entfernen.

Himalayasalz enthält neben den für alle Kochsalztypen üblichen Verunreinigungen mit Gips, Kaliumchlorid und Magnesiumsulfat auch noch Eisen-Ionen und ist daher etwas rötlich gefärbt. Der Abbau erfolgt größtenteils im Salzbergwerk Khewra, das im Salzgebirge, einem Mittelgebirge etwa 200 Kilometer südwestlich des Himalayagebirges, liegt. Himalayasalz wird eine besonders gesundheitsförderne Wirkung nachgesagt. In klinischen Studien konnte das jedoch bisher nicht belegt werden.

B2 Salzgärten

AUFGABEN

A1 Fasse Unterschiede und Gemeinsamkeiten der Kochsalze zusammen.

A2 Stelle die verschiedenen Gewinnungsarten in Schaubildern dar.

Zum Üben und Weiterdenken

A1 Überprüfe folgende Aussage mithilfe des stoffbezogenen Ordnungssystems (vorderer Buchdeckel): „Elemente einer Hauptgruppe besitzen ähnliche Stoffeigenschaften.“

A2 Schreibe eine Rekordliste zu den Elementen im Ordnungssystem, z. B. höchste Schmelztemperatur, höchste Dichte, höchster Preis, gefährlichstes Element. Nutze dazu das Ordnungssystem im vorderen Buchdeckel und Informationen aus dem Internet.

A3 Stelle mithilfe von Knetkugeln die Kernaussagen des Atommodells von DALTON nach. Nutze ggf. Knetkugeln mit unterschiedlichen Farben und Größen. (gestufte Hilfen unter QR-/Mediencode) 05511-12

A4 Erstelle mithilfe der folgenden Begriffe eine übersichtliche Mindmap zum Thema Bausteine der Materie: *Atom, Anion, gerichtete Anziehungskräfte, Salze, molekular aufgebaute Stoffe, Ionengitter, Moleküle, ungerichtete Anziehungskräfte, Kation, Metalle, Ion, Metallgitter*

A5 Entscheide begründet, ob in den folgenden Abbildungen Atome oder Moleküle abgebildet sind. Stelle dazu die Molekülformeln zu den Bildern auf.

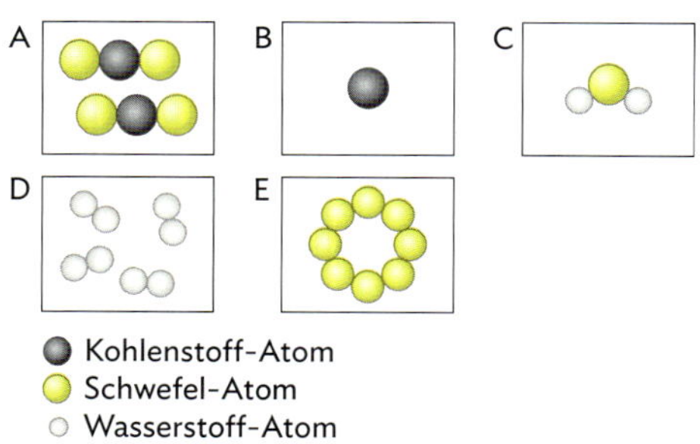

A6 Benenne die fünf Teilchen aus **A5**.

A7 Ordne folgende Stoffe begründet den Metallen, molekular aufgebauten Stoffen oder Salzen zu: Wasser, Kupfer, Silber, Schwefeldioxid, Natriummonochlorid.

A8 Um Schwerter zu schmieden, werden diese erst erhitzt, dann mit einem Hammer bearbeitet und schließlich abgekühlt. Erkläre die ablaufenden Vorgänge auf Teilchenebene. (gestufte Hilfen unter QR-/Mediencode) 05511-13

A9 Zwei Schüler diskutieren: „Kochsalz leitet elektrischen Strom.“ – „Nein, Kochsalz ist ein Isolator.“
a) Finde Argumente für beide Aussagen.
b) Stütze eines deiner Argumente mit der Beschreibung eines passenden Versuchs.

A10 Die Stoffe A, B und C sind weiße Feststoffe aus der Küche. A und B sind gut wasserlöslich, C ist nicht gut wasserlöslich. Stoff B erweist sich in Wasser gelöst als elektrisch leitfähig, die Stoffe A und C leiten in Wasser gelöst den elektrischen Strom nicht. Stoff A schmilzt in der Kerzenflamme und wird dann bräunlich. Stoff C wird beim Versuch, ihn anzuzünden, schwarz. Stoff B verändert sich bei Kontakt mit Feuer nicht. Stelle begründete Vermutungen auf, um welche Stoffe es sich handeln könnte.

A11
a) Benenne die Stoffe: P_2O_5, $(Cu^{2+})(Br^-)_2$, $(K^+)_2(S^{2-})$, SO_3.
b) Ordne die Stoffe begründet den Salzen oder den molekular aufgebauten Stoffen zu.

A12 Um einen großen Salzkristall zu züchten, wird ein kleiner Kristall einige Tage in einer Salzlösung gelagert. Im Abstand von mehreren Tagen wird er immer wieder in eine frische Salzlösung überführt. Skizziere deine Vorstellung vom Wachsen des Kristalls auf Teilchenebene.
Tipp: Bedenke dabei den Aufbau von Salzen auf der Teilchenebene.

A13 Ein Begriff in jeder Reihe passt nicht. Finde diesen und begründe.
a) Natriummonochlorid, Calciumdifluorid, Wasser, Magnesiummonooxid
b) Silber, Messing, Gold, Titan, Zinn
c) Ammoniak (NH_3), Methan (CH_4), Kohlenstoffdioxid, Kaliummonobromid
d) Argon, Wasserstoff, Chlor, Sauerstoff

M1 Lebensnotwendige Salze

Marathonläufer stirbt im Ziel

Bei einem Marathonlauf ist ein 30-Jähriger im Ziel zusammengebrochen, weil er während des Laufs sehr viel Wasser getrunken hatte.

„Offenbar hatte der Mann zu viel salzarmes Wasser getrunken und dabei keine nennenswerten Mengen an Mineralsalzen zu sich genommen. Man spricht dann von einer Wasservergiftung", so ein Sprecher des Veranstalters.

An den Verpflegungsstationen seien genügend isotonische Getränke oder „Salzsticks", also Salze in Pulverform, angeboten worden.

Ausdauersportler und -sportlerinnen verlieren während eines Wettkampfs ein bis zwei Liter Wasser über den Schweiß und scheiden damit auch etwa 2 g Natrium-Ionen, 0,5 g Kalium-Ionen, 0,05 g Calcium-Ionen und kleinere Mengen an Magnesium-, Zink- und Eisen-Ionen aus. Nach einem Wettkampf muss dieser Verlust an Ionen bzw. Salzen wieder ausgeglichen werden, da es sonst zu lebensbedrohlichen Folgen kommen kann. Isotonische Getränke enthalten die benötigten Salze in geeigneter Konzentration.

A1 Erkläre in eigenen Worten, wie es zum Tod des Mannes gekommen ist.

A2 Recherchiere die Funktion der genannten Ionen im menschlichen Körper. Nenne eine wichtige Eigenschaft von Ionen, die für die Reizweiterleitung im Körper verantwortlich ist.

A3 Erkläre den Nutzen von isotonischen Getränken im Vergleich zu Leitungswasser bei sportlichen Betätigungen. Beachte den jeweiligen Gehalt an Mineralien und informiere dich über die Zusammensetzung des Trinkwassers deiner Stadt.

A4 Bei Trinkwasser gibt es Grenzwerte für Mineralien. Informiere dich über die Grenzwerte und erläutere ihren Sinn.

M2 Vergleich verschiedener Modelle

In der Chemie verwendet man Modelle, um einen Sachverhalt zu veranschaulichen. Warum gibt es unterschiedliche Modelle, die ein und denselben Kristall beschreiben?

Baue Ausschnitte aus dem Gittermodell und dem Kugelpackungsmodell eines Natriummonochloridkristalls (**B1**). Verwende dafür Zahnstocher und Knete zweier unterschiedlicher Farben.

A1 Beschreibe, was durch die Zahnstocher bzw. Knetmassekugeln jeweils dargestellt wird.

A2 Betrachte deine Modelle und **B1** und gib die Anzahl der Natrium-Ionen an, die ein Chlorid-Ion umgeben und umgekehrt.

A3 Vergleiche die Aussagekraft des Gittermodells mit der des Kugelpackungsmodells. Gehe hierbei auf folgende Aspekte ein: Ionenradius, Abstand der Ionen, Darstellung der Anziehung zwischen den Ionen, Übersichtlichkeit der Ionenanordnung.

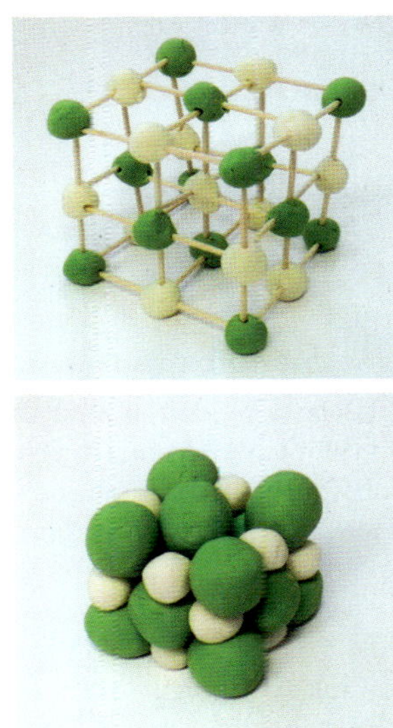

B1 Gittermodell (oben) und Kugelpackungsmodell (unten) von Natriummonochlorid

Alles im Blick

Das stoffbezogene Ordnungssystem der Elemente

Reinstoffe, die sich nicht weiter in andere Reinstoffe zerlegen lassen, nennt man Elemente. Sie sind im **Ordnungssystem der Elemente** zusammengefasst. Anhand ihrer Eigenschaften unterteilt man sie in zwei Stoffklassen, die **Metalle** und die **Nichtmetalle**.

Bausteine der Materie

Nach DALTON bestehen alle Stoffe aus kleinen, nicht mehr teilbaren, kompakten Kugeln, den **Atomen**. Neben diesen ungeladenen Teilchen existieren auch elektrisch geladene Teilchen, die **Ionen**. Positiv geladene Ionen nennt man **Kationen**, negativ geladene Ionen heißen **Anionen**.

Atome und Ionen bilden die Grundbausteine, aus denen alle Stoffe aufgebaut sind.

Metallgitter

Metall-Atome verbinden sich durch **ungerichtete Anziehungskräfte** zu **Metallgittern**:

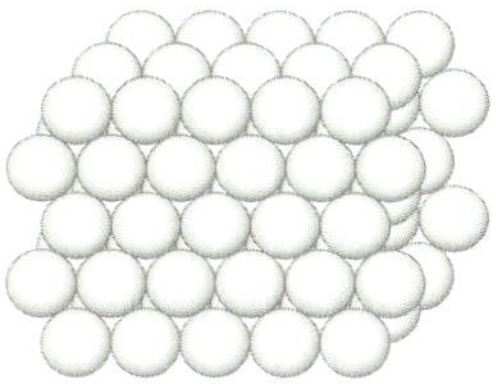

Die verschiedenen Metalle unterscheiden sich durch die Größe und Masse der jeweiligen Metall-Atome sowie durch die Anordnung der Atome.

Ionengitter

Negativ geladene Nichtmetall-Anionen verbinden sich mit positiv geladenen Metall-Kationen durch **ungerichtete Anziehungskräfte** zu **Ionengittern**.

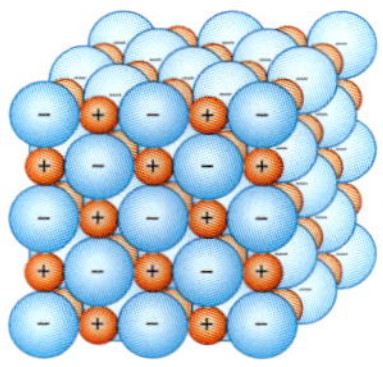

Je nach Größe und Ladung der Ionen unterscheiden sich die Ionengitter. Das Zahlenverhältnis der Ionen in der salzartigen Verbindung gibt die **Verhältnisformel** wieder, z. B. $(Mg^{2+})(Cl^{-})_2$ für Magnesiumdichlorid.

Moleküle

Zwischen Nichtmetall-Atomen wirken **gerichtete Anziehungskräfte**. Sie verbinden sich zu **Molekülen**, d. h. Atomverbänden aus mindestens zwei Nichtmetall-Atomen.

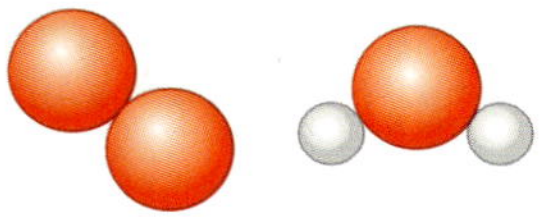

Die Anzahl der Bindungen, die ein Atom eingehen kann, wird über die **Bindigkeit** angegeben. **Molekülformeln** geben die Zusammensetzung der Moleküle wieder, z. B. CO_2 für Kohlenstoffdioxid. Die Buchstaben sind dabei die Elementsymbole, der **Index** gibt die Anzahl der Atome im Molekül an.

Auswirkungen des Aufbaus auf Teilchenebene auf die Stoffebene

Die Eigenschaften von Stoffen werden durch ihren Aufbau auf Teilchenebene bestimmt. Stoffe, die aus Ionengittern aufgebaut sind, heißen **Salze**. Sie sind spröde, hart und haben eine hohe Schmelztemperatur. Stoffe, die aus Metallgittern bestehen, heißen **Metalle**. Sie besitzen eine gute Wärmeleitfähigkeit, sind leicht verformbar und metallisch glänzend. Stoffe, die aus Molekülen bestehen, nennt man **molekular aufgebaute Stoffe**. Durch ihre große Vielfalt sind auch ihre Eigenschaften sehr verschieden. Im Vergleich zu Salzen und Metallen haben sie meist eine geringe Dichte und eine niedrige Schmelz- sowie Siedetemperatur. Metalle und Salzlösungen oder -schmelzen leiten elektrischen Strom, molekular aufgebaute Stoffe nicht.

Edelgase

Die Elemente der achten Hauptgruppe des Ordnungssystems nennt man **Edelgase**. Sie bilden keine Anziehungskräfte aus und liegen daher atomar vor.

Ziel erreicht?

Hast du das Ziel dieses Kapitels erreicht? Bearbeite die Aufgaben auf dem Arbeitsblatt (unter QR-/Mediencode). Vergleiche deine Antworten mit den Lösungen auf Seite 207. Bewerte dich mithilfe der untenstehenden Tabelle und lies falls nötig auf den angegebenen Seiten nochmal nach.

05511-14

A1 Ordne folgende Elemente mithilfe des stoffbezogenen Ordnungssytems (vorderer Buchdeckel) den Metallen bzw. Nichtmetallen zu:

Wasserstoff, Sauerstoff, Kohlenstoff, Chlor, Argon, Brom, Calcium, Xenon, Barium, Magnesium, Lithium, Schwefel, Eisen, Phosphor.

B1 Ordne den Teilchenverbänden aus den Atomen bzw. Ionen folgender Elemente begründet jeweils einen der Begriffe Metallgitter, Ionengitter oder Molekül zu:
- Aluminium und Chlor
- Wasserstoff und Fluor
- Stickstoff und Sauerstoff
- Natrium

B2 Stelle folgende Stoffe mithilfe des Atommodells von DALTON dar und leite jeweils die herrschenden Anziehungskräfte ab:
Wasser, Kochsalz und Kupfer.

C1 Nenne Eigenschaften, anhand derer man Metalle, Salze und molekular aufgebaute Stoffe voneinander abgrenzen kann.

C2 Grillzangen bestehen meist aus zwei Metallarmen und einem Holzgriff. Begründe dies auf Teilchenebene.

C3 Prüfe die folgenden Aussagen und formuliere falsche in richtige Aussagen um:
- Alle Salze sind weiß.
- Alle Salze bestehen aus Ionengittern mit negativ geladenen Kationen und positiv geladenen Anionen.
- Die hohe Schmelztemperatur von Salzen kommt von der gegenseitigen Abstoßung der Ionen.
- Zerkleinerte Salzkristalle haben prinzipiell die gleiche Kristallform wie große Salzkristalle.

C4 Im Gegensatz zu Salzen sind Metalle mechanisch verformbar. Erkläre diesen Unterschied anhand von zwei Skizzen auf Teilchenebene.

D1 Erkläre den Sinn der Verhältnisformel von Salzen und grenze sie zur Molekülformel ab.

D2 Erstelle die Formeln für die Teilchenverbände aus den Atomen bzw. Ionen folgender Elemente:
- Magnesium und Sauerstoff
- Natrium und Fluor
- Wasserstoff und Fluor
- Kohlenstoff und Schwefel

(Bindigkeiten: Wasserstoff I, Fluor I, Kohlenstoff IV, Schwefel II)

	Ich kann ...	lies nach auf Seite
A	Stoffe mithilfe des stoffbezogenen Ordnungssystems klassifizieren.	50 – 53
B	den Aufbau von Stoffen anhand der Grundbausteine der Materie und den dazwischen wirkenden Anziehungskräften unterscheiden.	55 – 57
C	Salze, Metalle und molekular aufgebaute Stoffe anhand ihrer Eigenschaften unterscheiden und ausgewählte Stoffeigenschaften auf Teilchenebene erklären.	61 – 71
D	die chemische Formelsprache anwenden.	66 – 67, 70 – 71

4 Chemische Reaktionen

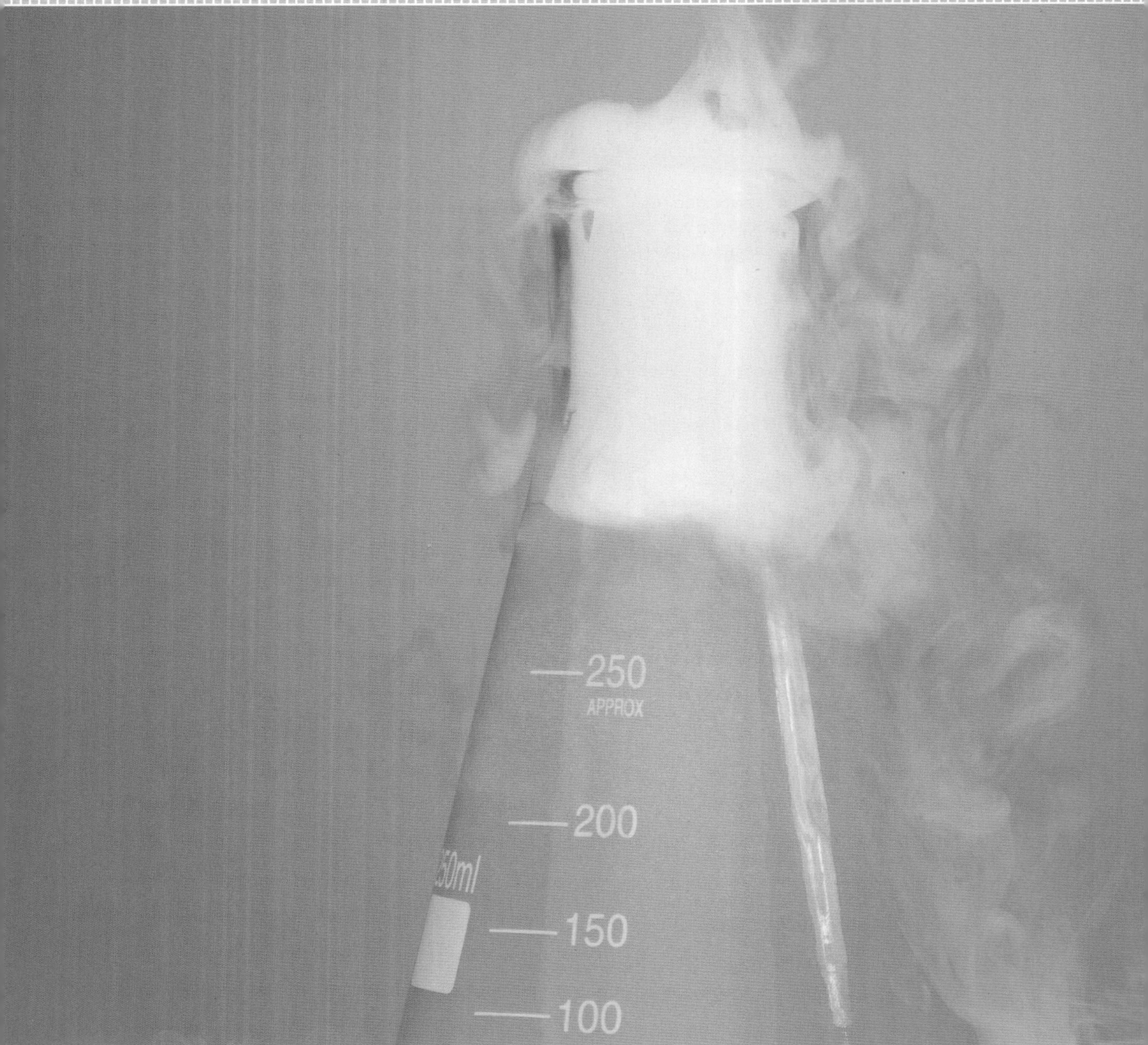

Startklar?

1. Schätze dich selbst ein. Wie gut sind deine Kenntnisse in den Bereichen A bis D? Kreuze auf dem Arbeitsblatt (unter QR-/Mediencode) die entsprechenden Kästchen unten in der Tabelle an.

05511-15

2. Hast du dich richtig eingeschätzt? Bearbeite die untenstehenden Aufgaben. Vergleiche deine Antworten mit den Lösungen auf Seite 208 und kreise die erreichte Punktzahl in der Tabelle auf dem Arbeitsblatt ein. Vergleiche mit deiner Selbsteinschätzung.

A1 Ein Wachsstück wird in eine Pfanne gelegt und die Herdplatte angeschaltet. Beschreibe die Veränderungen des Wachses auf Stoffebene und fertige eine Skizze auf Teilchenebene an. Berücksichtige Anordnung, Geschwindigkeit und Abstand der Teilchen sowie deren Anziehungskräfte untereinander.

A2 Eine Zuckerlösung wird von 500 mL auf 100 mL eingekocht.
a) Beschreibe den Vorgang auf Teilchenebene.
b) Der süße Geschmack der Lösung verändert sich bei diesem Vorgang. Beschreibe und begründe die Veränderung.

B1 Kreuze auf dem Arbeitsblatt die Stoffeigenschaften von Zucker und Kochsalz an, die für den jeweiligen Stoff charakteristisch sind:

Kenneigenschaft	Zucker	Kochsalz
farblose Kristalle		
wasserlöslich		
schmilzt beim Erwärmen im Reagenzglas		

B2 In einem Experiment sollen Wasser und Zuckerwasser voneinander unterschieden werden. Entwirf ein geeignetes Experiment (keine Geschmacksprobe!) und benenne alle benötigten Geräte.

C1 Erkläre, wie man ein Stoffgemisch aus Sand, Zucker und Eisenspänen in die Reinstoffe trennen kann. *Hinweis:* Die Sandkörner, die Zuckerkristalle und die Eisenspäne haben ungefähr die gleiche Größe.

C2 Begründe, ob es sich bei den folgenden Stoffen um Reinstoffe oder Stoffgemische handelt: Kochsalz, Zuckerwasser, Eisen, Kaffeepulver.

D1 Nachfolgend sind die Modelle einiger Stoffe im Atommodell von DALTON abgebildet:

A: 

B: 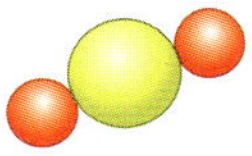

C: 

D: 

(weiß: Wasserstoff-Atome, gelb: Schwefel-Atome, rot: Sauerstoff-Atome, grün: Chlor-Atome)

a) Bestimme die Molekülformel für das jeweils dargestellte Molekül.
b) Benenne die zugehörigen Stoffe fachlich korrekt.

D2 Zeichne die Moleküle der folgenden Stoffe im Atommodell von DALTON analog zu **D1** (Kohlenstoff-Atome schwarz):
Kohlenstoffdioxid, Schwefeltrioxid, Wasserstoff, Wasser

	Ich kann ...	prima	ganz gut	mit Hilfe	lies nach auf Seite
A	Aggregatzustandsänderungen auf Teilchenebene erklären und darstellen.	13 – 10	9 – 5	4 – 1	33
B	Stoffe anhand ihrer Eigenschaften identifizieren.	12 – 10	9 – 5	4 – 1	19, 28 – 29, 40 – 41
C	Stoffgemische und Reinstoffe unterscheiden und Trennverfahren beschreiben.	10 – 9	8 – 4	3 – 1	34 – 41
D	das Atommodell von DALTON anwenden.	12 – 10	9 – 5	4 – 1	55, 66 – 67

4.1 Bildung und Zerlegung von Wasser: chemische Reaktionen

Feuer, Wasser, Erde, Luft – dass es sich hierbei nicht wie im Altertum angenommen um „Die vier Elemente“ handelt, ist bereits aus Kapitel 3 bekannt. Feuer ist eine Energieform, Erde und Luft sind Stoffgemische und Wasser lässt sich chemisch zerlegen. Doch was heißt das eigentlich? Und was entsteht aus dem Wasser, wenn man es chemisch zerlegt?

LV1 Wasser unter Strom

Das Erhitzen von Wasser ist ein physikalischer Vorgang. Durch die Zufuhr von Wärmeenergie ändert sich der Aggregatzustand von flüssig zu gasförmig. Was passiert, wenn Energie in Form von elektrischem Strom zugeführt wird?

DURCHFÜHRUNG

Ein Zersetzungsapparat (**B1**) wird mit Wasser gefüllt und eine Spannung von ca. 10 V angelegt. Die Gasentwicklung wird beobachtet und die entstehenden Gase werden aufgefangen. Zur Identifizierung der Reaktionsprodukte wird mit dem Gas, das an der Elektrode entsteht, die mit dem Minuspol der Energiequelle verbunden ist, die Knallgasprobe durchgeführt. Mit dem Gas, das an der Elektrode entsteht, die mit dem Pluspol der Energiequelle verbunden ist, wird die Glimmspanprobe durchgeführt. Beide Proben fallen positiv aus. Ein Video dazu gibt es unter dem QR-/Mediencode.

05511-16

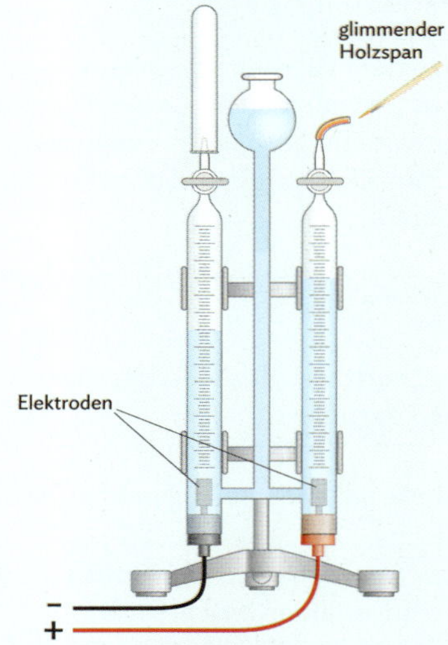

B1 HOFMANN'scher Zersetzungsapparat

LV1 Wasser unter Strom (Auswertung)

AUSWERTUNG

a) Notiere in einer Tabelle alle zwei Minuten jeweils das Volumen des am Plus- und des am Minuspol gebildeten Gases.

b) Benenne jeweils das Gas, das sich am Plus- bzw. am Minuspol gebildet hat.

c) Begründe, ob nach dem Versuch dieselben Stoffe vorliegen wie zu Beginn des Versuchs.

d) Vergleiche die Vorgänge in dem Versuch mit den folgenden physikalischen Vorgängen: Änderung des Aggregatzustands, Entmischen eines Stoffgemisches.

e) Beschreibe die Beobachtung, wenn der Strom abgeschaltet wird.

f) Vergleiche die Volumina der beiden Gase nach Abschalten der elektrischen Spannung. Stelle einen Zusammenhang zur Molekülformel von Wasser H_2O her.

Umwandlung von Stoffen

Mehl, Eier, Zucker, Fett und Backpulver werden zu einem geschmeidigen Teig verrührt. Nach dem Backen kommt ein fertiger Kuchen aus dem Ofen, der ganz anders schmeckt und riecht als der rohe Teig. Aus den Zutaten sind neue Stoffe mit anderen Stoffeigenschaften entstanden. Beim Erhitzen von Zucker kann man das besonders gut beobachten. Aus dem weißen, kristallinen Zucker wird beim Erhitzen goldbraunes, flüssiges Karamell und schließlich schwarze Zuckerkohle (**B2**). Eine Geruchsprobe bestätigt diese **Stoffumwandlung**.

Erhitzt man Wasser, verändert sich nur der Aggregatzustand von flüssig zu gasförmig. Die Stoffeigenschaften von Wasser bleiben dabei erhalten. Es liegt vor und nach dem Erhitzen derselbe Stoff vor. Eine Stoffumwandlung kann man herbeiführen, wenn man das Wasser einer elektrischen Spannung aussetzt. Die Energie in Form von elektrischem Strom sorgt dafür, dass sich aus dem Wasser neue Stoffe bilden. Es entstehen die Gase Wasserstoff und Sauerstoff, die ganz andere Stoffeigenschaften haben als das Wasser.

Eine Stoffumwandlung, bei der unter Energiebeteiligung neue Stoffe mit neuen Eigenschaften entstehen, nennt man eine **chemische Reaktion** (vgl. Gegenstandsbereiche S. 238). Die vor einer chemischen Reaktion vorliegenden Stoffe nennt man **Edukte**. Die neu entstehenden Stoffe sind die **Produkte**. Beim Erhitzen von Zucker reagiert also das Edukt Zucker zu dem Produkt Zuckerkohle. Setzt man Wasser einer elektrischen Spannung aus, reagiert das Edukt Wasser zu den Produkten Wasserstoff und Sauerstoff.

Bei einer chemischen Reaktion findet unter Energiebeteiligung eine Stoffumwandlung statt. Aus den ursprünglichen Stoffen, den Edukten, entstehen neue Stoffe mit anderen Stoffeigenschaften, die Produkte.

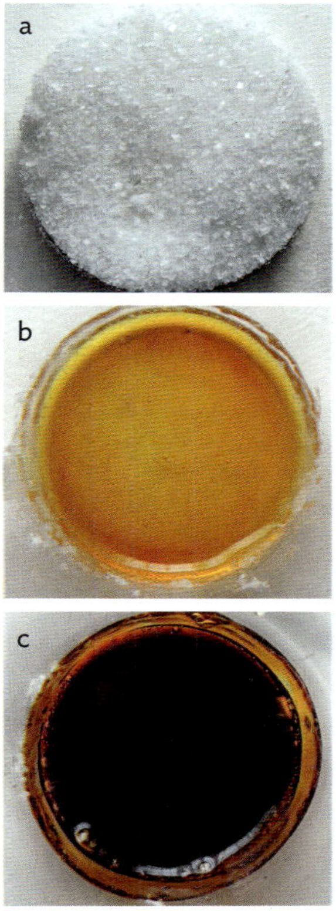

B2 Aus Zucker (a) entsteht durch Erhitzen erst Karamell (b) und schließlich Zuckerkohle (c).

Die Wortgleichung

Eine chemische Reaktion kann man als **Wortgleichung** darstellen. Die Edukte stehen links und die Produkte stehen rechts. Dazwischen schreibt man einen **Reaktionspfeil (⟶)**, der als „reagiert zu" ausgesprochen wird.

Edukte ⟶ Produkte

Um eine Reaktion auf Stoffebene vollständig zu beschreiben, gibt man in der Wortgleichung hinter den Edukten und Produkten jeweils in Klammern den Aggregatzustand an, den der jeweilige Stoff während der Reaktion hat:

- **s** für fest (engl. *solid*)
- **l** für flüssig (engl. *liquid*)
- **g** für gasförmig (engl. *gaseous*)
- Liegt ein Stoff als wässrige Lösung vor, ergänzt man **aq** (engl. *aqueous*).

Auf der Stoffebene kann man die Reaktion von Wasser zu Wasserstoff und Sauerstoff also mit folgender Wortgleichung beschreiben:

Wasser (l) ⟶ Wasserstoff (g) + Sauerstoff (g)

Die Zerlegung von Wasser auf der Teilchenebene

Atome können weder verschwinden noch aus dem Nichts auftauchen. Bei einer chemischen Reaktion findet daher eine Umgruppierung von Atomen statt: Die Atome der Edukte können aus ihren bisherigen Teilchenverbänden getrennt werden und zu neuen Teilchenverbänden, den Produkten, umgruppiert werden.

Bei der Zerlegung von Wasser lässt sich auf der Stoffebene beobachten, dass die Gase Wasserstoff und Sauerstoff im Volumenverhältnis 2 : 1 entstehen (**LV1**). Auf der Teilchenebene entstehen somit Wasserstoff- und Sauerstoff-Moleküle im Verhältnis 2 : 1 (vgl. Info). Diese Moleküle entstehen durch Umgruppierung der Atome aus den Wasser-Molekülen. Folglich müssen die Wasser-Moleküle ebenfalls Wasserstoff- und Sauerstoff-Atome im Verhältnis 2 : 1 enthalten.

Tatsächlich besteht ein Wasser-Molekül aus zwei Wasserstoff-Atomen und einem Sauerstoff-Atom:

Auf der Teilchenebene lässt sich die Zerlegung von Wasser somit wie folgt darstellen:

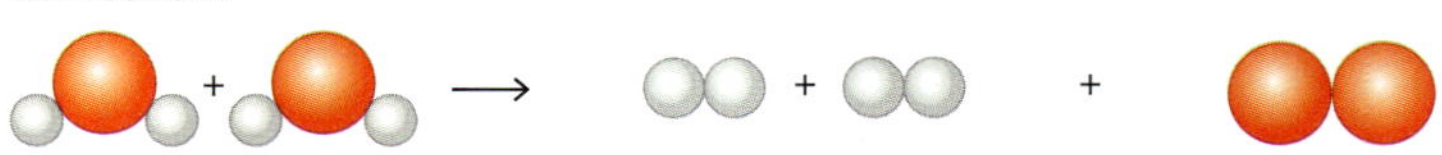

2 Wasser-Moleküle 2 Wasserstoff-Moleküle 1 Sauerstoff-Molekül

> Bei einer chemischen Reaktion findet auf der Teilchenebene eine Umgruppierung der Atome statt. Auf der Stoffebene bilden sich dadurch neue Stoffe mit anderen Stoffeigenschaften.

Info

Der Physiker AMADEO AVOGADRO stellte anhand von Experimenten mit Gasen fest, dass gleiche Volumina verschiedener Gase bei gleicher Temperatur und gleichem Druck gleich viele Teilchen enthalten. Zwei Volumenteile Wasserstoffgas enthalten somit doppelt so viele Wasserstoff-Moleküle, wie ein Volumenteil Sauerstoffgas Sauerstoff-Moleküle enthält.

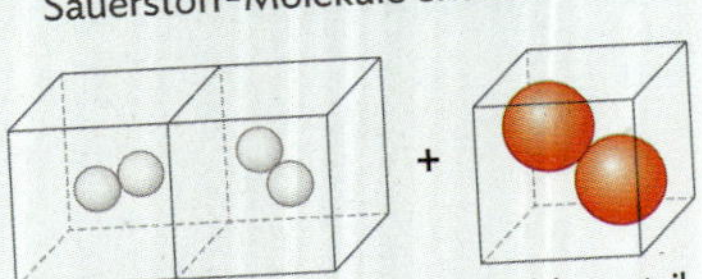

2 Volumenteile Wasserstoff (g) 1 Volumenteil Sauerstoff (g)

Die Formelgleichung

Chemische Reaktionen lassen sich qualitativ durch Wortgleichungen darstellen. Die Sorte und das Verhältnis der daran beteiligten Atome lässt sich damit aber nicht wiedergeben. Auch die Darstellung von Reaktionen im Atommodell von DALTON ist nicht optimal, da es zwar einen üblichen, aber keinen festgelegten Farbcode zur Kennzeichnung der verschiedenen Atomsorten gibt. Die Darstellungen könnten somit missverständlich sein.

Die Darstellung von Molekülen als Molekülformeln ist eindeutig und international einheitlich. Aus den Molekülformeln der Edukte und Produkte kann man analog zur Wortgleichung eine sogenannte **Formelgleichung** aufstellen. Damit lassen sich Reaktionen exakt und weltweit verständlich beschreiben (**B3**). Das Verhältnis der miteinander reagierenden Moleküle wird mit **Koeffizienten** vor der jeweiligen Molekülformel angegeben. Da es keine „halben“ Moleküle gibt, müssen die Koeffizienten immer ganzzahlig sein. Der Koeffizient 1 wird nicht geschrieben.

Mit den Molekülformeln für Wasser H_2O, Wasserstoff H_2 und Sauerstoff O_2 kann man die Formelgleichung für die Zerlegung von Wasser aufstellen:

$$2\,H_2O \longrightarrow 2\,H_2 + O_2$$

Man liest: „Zwei Wasser-Moleküle reagieren zu zwei Wasserstoff-Molekülen und einem Sauerstoff-Molekül“. Die Formelgleichung sagt also dasselbe aus, wie die Darstellung der Reaktion im Atommodell von DALTON.

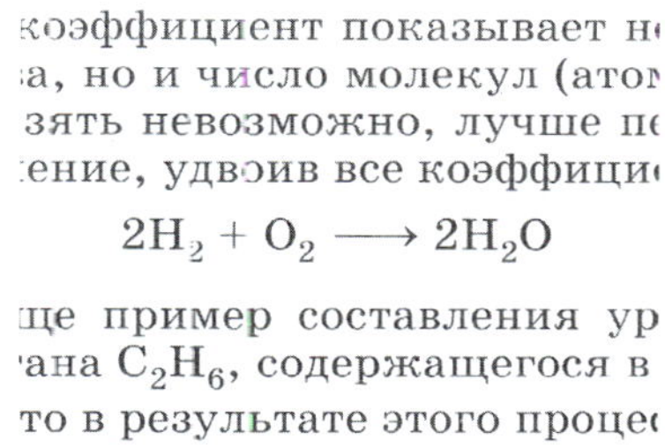

B3 Formelgleichungen sind international verständlich.

FM Formelgleichungen aufstellen

Mithilfe von Formelgleichungen kann man die Zusammensetzung und die Mengenverhältnisse der miteinander reagierenden Edukte und Produkte bei einer Reaktion exakt beschreiben.

Stelle die Formelgleichung für die Zerlegung von Wasser auf.

So geht's

1. Schreibe die Formeln der Edukte links und die der Produkte rechts neben einen Reaktionspfeil und lasse vor jeder Formel Platz frei. Beachte die „HONClBrIF-Regel“ (vgl. Info S. 66).

$\_\_\ H_2O \longrightarrow \_\_\ H_2 + \_\_\ O_2$

2. Links und rechts vom Reaktionspfeil müssen von jeder Atomsorte gleich viele Atome stehen. Setze schrittweise Koeffizienten vor die Molekülformeln, um die Anzahl der Atome auszugleichen. Ergeben sich Koeffizienten mit Kommastellen, werden alle Koeffizienten mit 2 multipliziert, damit nur ganzzahlige Koeffizienten erscheinen.

   Auf der linken Seite steht ein Wasser-Molekül, das ein Sauerstoff-Atom enthält. Das Sauerstoff-Molekül auf der rechten Seite besteht aus zwei Sauerstoff-Atomen. Vor die Molekülformel des Wassers wird daher der Koeffizient 2 geschrieben.

$\underline{2}\ H_2O \longrightarrow \_\_\ H_2 + \_\_\ O_2$

   Nun stehen auf der linken Seite zwei Wasser-Moleküle mit insgesamt vier Wasserstoff-Atomen. Um auf der rechten Seite auch auf vier Wasserstoff-Atome zu kommen, muss vor der Molekülformel des Wasserstoffs ebenfalls der Koeffizient 2 ergänzt werden.

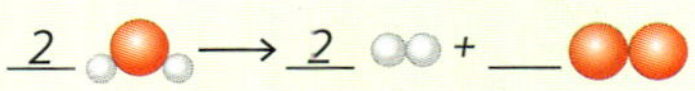

$\underline{2}\ H_2O \longrightarrow \underline{2}\ H_2 + \_\_\ O_2$

3. Kontrolliere, ob links und rechts vom Reaktionspfeil jeweils gleich viele Atome einer Sorte stehen.

   Auf beiden Seiten des Reaktionspfeils liegen jeweils vier Wasserstoff- und zwei Sauerstoff-Atome vor.

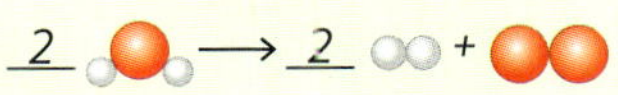

$\underline{2}\ H_2O \longrightarrow \underline{2}\ H_2 + O_2$

Elemente und Verbindungen

Die Definition eines „Elements" hat sich im Vergleich zu der aus dem Altertum (vgl. Einstiegstext, S. 80) stark verändert. Als **Element** bezeichnet man in der Chemie einen Reinstoff, der nicht in andere Stoffe zerlegt und auch nicht aus anderen Elementen hergestellt werden kann. Der Reinstoff Wasser lässt sich chemisch in die Reinstoffe Wasserstoff und Sauerstoff zerlegen. Diese wiederum sind nicht weiter in andere Reinstoffe zerlegbar (vgl. Info). Wasserstoff und Sauerstoff sind somit Elemente. Wasser ist eine **Verbindung** aus den Elementen Wasserstoff und Sauerstoff.

Während man Stoffgemische mit physikalischen Methoden, z. B. Destillation und Filtration, in die Reinstoffe trennen kann, lassen sich Verbindungen nur durch chemische Reaktionen in die Elemente zerlegen.

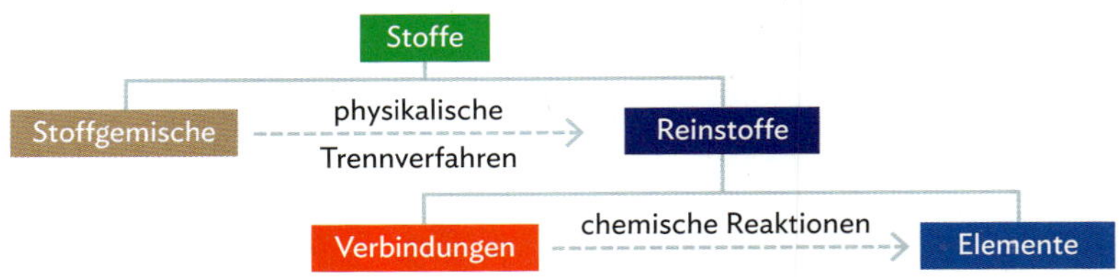

Mithilfe des Atommodells von DALTON wird schnell klar, warum sich Verbindungen zerlegen lassen, Elemente aber nicht. Die Verbindung Wasser besteht aus Wasserstoff- und Sauerstoff-Atomen und lässt sich somit in die Elemente Wasserstoff und Sauerstoff zerlegen. Diese bestehen wiederum jeweils nur aus einer Atomsorte und sind somit nicht weiter in andere Stoffe zerlegbar.

Elemente bestehen aus einer Atomsorte, Verbindungen bestehen aus mindestens zwei verschiedenen Atomsorten (**B4**).

Info

Moleküle können aus Atomen derselben Atomsorte oder aus Atomen verschiedener Atomsorten aufgebaut sein. Ein Wasser-Molekül ist eine Verbindung aus Sauerstoff- und Wasserstoff-Atomen und kann daher auch Verbindungs-Molekül genannt werden. Ein Sauerstoff-Molekül stellt keine Verbindung dar, da es aus zwei gleichen Sauerstoff-Atomen besteht. Man spricht daher auch von einem Element-Molekül (**B4**).

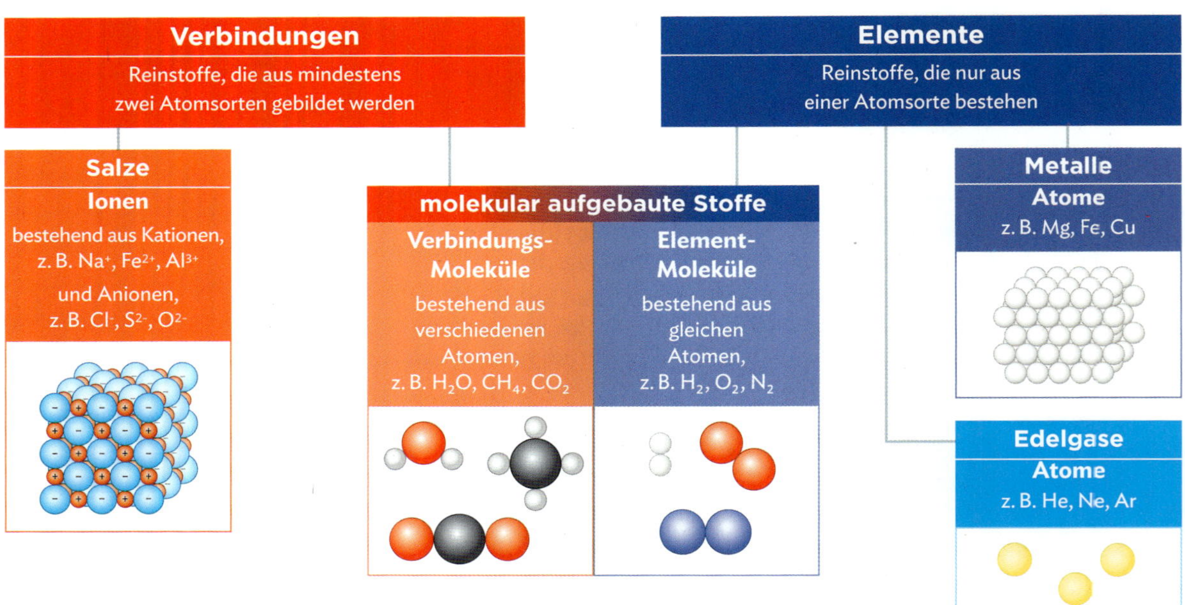

B4 Schema zur Unterscheidung von Verbindungen und Elementen

Die Bildung von Wasser aus den Elementen

Wasser kann man nicht nur in die Elemente Wasserstoff und Sauerstoff zerlegen. Umgekehrt kann man Wasser auch aus den beiden Elementen herstellen:

$$2\,H_2 + O_2 \longrightarrow 2\,H_2O$$

Bei der Knallgasprobe findet genau diese Reaktion statt. Wasserstoff reagiert unter Hitzeeinwirkung mit dem Sauerstoff aus der Luft zu gasförmigem Wasser. Eine Reaktion, bei der eine Verbindung aus den Elementen gebildet wird, nennt man **Synthese**. Eine Reaktion, bei der eine Verbindung in die Elemente zerlegt wird, nennt man **Analyse**. Die Synthese von Wasser verläuft genau in umgekehrter Richtung ab wie die Analyse von Wasser (**B5**). Die Reaktionen sind also **reversibel**.

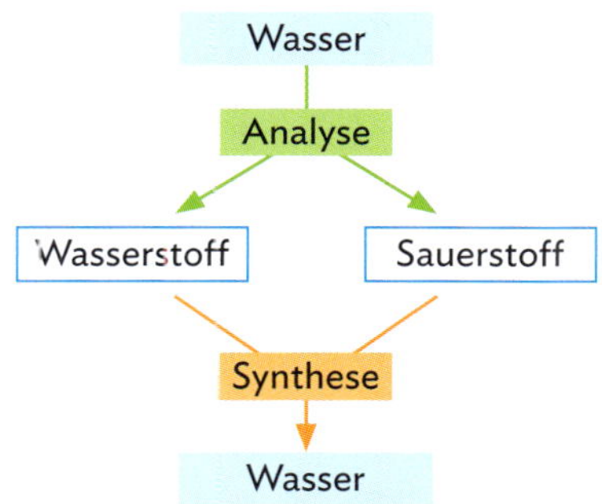

B5 Analyse und Synthese von Wasser: reversible Reaktionen

Kann man eine Verbindung in einer Synthese aus den Elementen bilden und diese Verbindung in einer Analyse wiederum in die Elemente zerlegen, spricht man von reversiblen Reaktionen.

AUFGABEN

A1 Ordne die folgenden Alltagstätigkeiten tabellarisch der chemischen Reaktion bzw. dem physikalischen Vorgang zu und begründe deine Entscheidung: a) ein Blech wird verbogen, b) Kuchenteig wird gerührt, c) Kuchenteig wird gebacken, d) Kaffee wird gemahlen, e) Milch wird sauer, f) ein Lagerfeuer brennt, g) Papier wird geschnitten, h) Tee wird gesüßt, i) ein Obstsalat gärt.

A2 Formuliere mit den folgenden Stoffen drei Wortgleichungen:
Sauerstoff, Sauerstoff, Chlor, Schwefel, Stickstoff, Phosphor, Schwefeltrioxid, Distickstoffmonooxid, Phosphortrichlorid.
Ordne den Stoffen jeweils die Begriffe Edukt bzw. Produkt zu und gib an, ob es sich bei der Reaktion jeweils um eine Analyse oder eine Synthese handelt.

A3 Bestimme, ob es sich bei den in **B6** dargestellten Stoffen A bis C um Elemente, Verbindungen oder Stoffgemische handelt und begründe auf Teilchenebene.

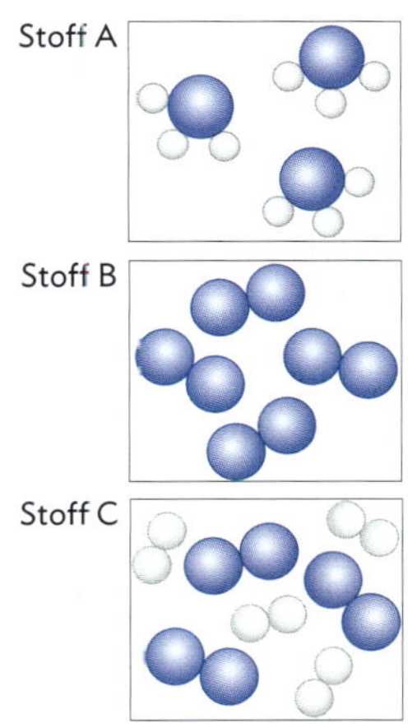

B6 Element, Verbindung oder Stoffgemisch?

A4 Stelle die Formelgleichung zur Synthese von Wasser auf.

A5 Stelle mithilfe der abgebildeten Moleküle eine sinnvolle Synthese dar. Formuliere zu dieser Reaktion die Formelgleichung.

A6 Stelle die folgende Reaktion im Atommodell von DALTON dar (Sauerstoff rot, Stickstoff blau) und formuliere anschließend die Formelgleichung: Sauerstoff (g) + Stickstoff (g) ⟶ Stickstoffdioxid (g).

A7 Stelle die Formelgleichung für die Synthese von Schwefeldioxid auf. *Hinweis:* Ein Schwefel-Molekül besteht aus acht Schwefel-Atomen.

FACHBEGRIFFE

Stoffumwandlung, chemische Reaktion, Edukt, Produkt, Wortgleichung, Reaktionspfeil, Formelgleichung, Koeffizient, Element, Verbindung, Analyse, Synthese, reversible Reaktion

4.2 Masse und Energie bei chemischen Reaktionen

Eine Kerze hat eine bestimmte Brenndauer, danach ist das Wachs aufgebraucht. Auch die Kohle im Grill ist nach dem Abbrennen nicht mehr zu sehen und die Wärme verfliegt. Nur ein kleiner, viel leichterer Rest graue Asche bleibt übrig. Können Masse und Energie vernichtet werden?

V1 Die Masse bei chemischen Reaktionen

Ein abgebranntes Streichholz ist leichter als ein unbenutztes. Direkt nach dem Auspusten sieht man aber noch Rauch aufsteigen. Kann es sein, dass ein Teil der Masse „in die Luft gegangen ist"?

DURCHFÜHRUNG

1.1 Gib vier Streichhölzer mit den Köpfchen nach unten in ein Reagenzglas. Wiege und notiere die Gesamtmasse. Erhitze das Reagenzglas mit einem Teelicht, bis die Hölzchen zünden. Wenn die Streichholzköpfe runtergebrannt sind, lass das Reagenzglas abkühlen und bestimme die Masse erneut.

1.2 Wiederhole **V1.1** und verschließe diesmal die Öffnung des Reagenzglases mit einem Luftballon (**B1**). Bestimme ebenfalls jeweils vor und nach der Reaktion die Masse.

AUSWERTUNG

a) Begründe, ob in **V1.1** und **V1.2** jeweils eine chemische Reaktion stattgefunden hat.

b) Beim Verbrennen der Streichhölzer entstehen die Gase Kohlenstoffdioxid und Wasserdampf. Beschreibe und erkläre die Beobachtung am Luftballon in **V1.2**.

c) Vergleiche die Gewichtsänderung in **V1.1** vor und nach der Reaktion mit der Gewichtsänderung in **V1.2**. Erkläre die unterschiedlichen Messergebnisse mit Bezug auf den Versuchsaufbau und die entstehenden Produkte.

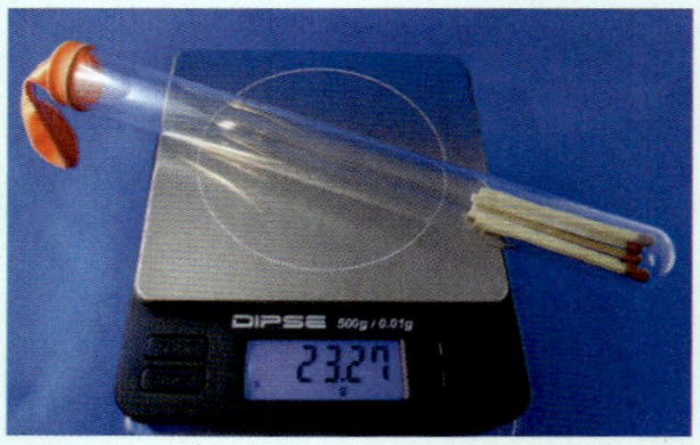

B1 Versuchsaufbau zu **V1.2**

Video zu einem ähnlichen Versuch unter QR-/Mediencode

05511-17

LV2 Leuchtende Kohle

Wo ist die Masse eines Stoffes geblieben, wenn nach der Reaktion nichts mehr von dem Stoff zu sehen ist?

DURCHFÜHRUNG

0,2 g Aktivkohle werden in einen Rundkolben gegeben. Dieser wird mit Sauerstoff gespült, luftdicht mit einem präpariertem Stopfen verschlossen (**B2**) und anschließend gewogen. Die Gesamtmasse wird notiert.

Nun wird der Kolben mit einer Stativklemme gefasst und gleichmäßig über der Brennerflamme erwärmt. Anschließend wird der Bereich mit den Kohlestückchen stark erhitzt, bis alle Stücke glühen, und der Kolben dann aus der Flamme genommen.

Der Kolbeninhalt wird nun so lange im Kreis geschwenkt, bis alle Kohlestückchen verglüht sind (evtl. vorher verdunkeln). Nachdem der Kolben abgekühlt ist, wird erneut gewogen.

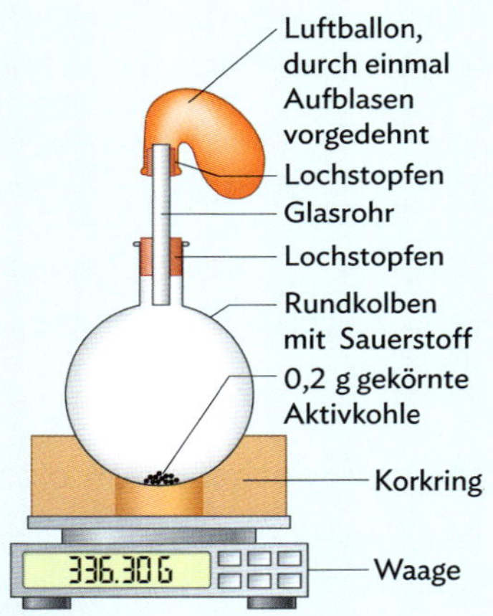

B2 Versuchsaufbau zu **LV2**

AUSWERTUNG

a) Formuliere die Wortgleichung für die stattfindende Reaktion.

Hinweis: Kohle besteht hauptsächlich aus Kohlenstoff, der hier mit Sauerstoff aus dem Kolben reagiert. Das bei der Reaktion entstehende Gas kann man mit der Kalkwasserprobe nachweisen.

b) Beurteile begründet, ob die Darstellung des Versuchs auf Teilchenebene korrekt ist oder nicht. Korrigiere falls nötig in deinem Heft.

Hinweis: Sauerstoff-Atome werden rot, Kohlenstoff-Atome schwarz dargestellt.

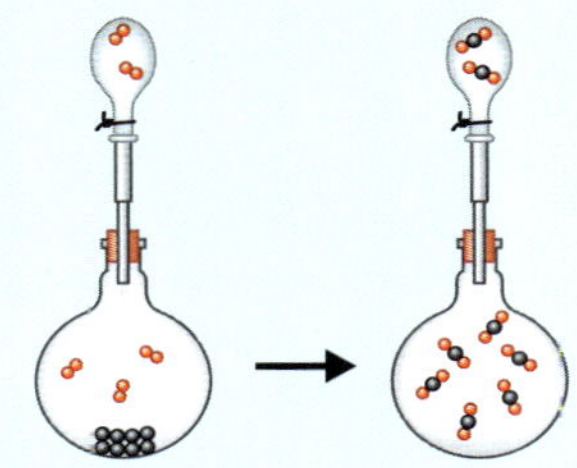

c) Formuliere die Formelgleichung für die stattgefundene Reaktion. *Hinweis:* Kohlenstoff-Atome bilden große Atomverbände. In der Formelgleichung verwendet man die Formel C ohne Index.

d) Begründe mithilfe des Atommodells von DALTON, dass die Masse auf der Waage vor und nach der Reaktion gleich bleibt.

e) Begründe, ob die Masse sich verändern würde, wenn man den Versuch ohne Stopfen und Luftballon durchführen würde. Erstelle dazu eine Zeichnung auf Teilchenebene.

LV3 Lilafarbene Dämpfe

G4

Hat man Kohle mit einem Gasbrenner zum Glühen gebracht, brennt sie selbstständig weiter und gibt Energie in Form von Wärme ab. Ist das bei jeder Reaktion so?

DURCHFÜHRUNG

Eine Spatelspitze Diiodpentaoxid wird in ein Reagenzglas gegeben und dieses mit einem Absorptionsröhrchen verschlossen. Das Diiodpentaoxid wird kurz mit dem Gasbrenner erhitzt. Sobald eine sichtbare Veränderung eintritt, wird das Reagenzglas aus der Flamme genommen.

Nachdem das Reagenzglas etwas abgekühlt ist, wird es erneut in die Flamme gehalten, bis kein Diiodpentaoxid im Reagenzglas mehr zu sehen ist. Nach dem Abkühlen wird das Absorptionsröhrchen entfernt und eine Glimmspanprobe durchgeführt (vgl. **FM** S. 27).

AUSWERTUNG

a) Nenne die Molekülformel von Diiodpentaoxid und stelle eine begründete Vermutung zu den Produkten der Reaktion auf.

b) Formuliere die Wort- und die Formelgleichung der Reaktion.

c) Beschreibe den Reaktionsverlauf von **LV2** und **LV3** jeweils mit den Begriffen Energieaufnahme und Energieabgabe. Finde Unterschiede zwischen den Versuchen.

Die Masse bei chemischen Reaktionen

Bei der Verbrennung von Holz, Kohle oder Wachs reagieren die Stoffe jeweils mit dem Sauerstoff aus der Luft (s. Info). Dabei wird Energie in Form von Wärme freigesetzt. Als neue Stoffe, also als Produkte, entstehen vor allem die Gase Kohlenstoffdioxid und in manchen Fällen Wasserdampf:

Holz (s) + Sauerstoff (g) ⟶ Kohlenstoffdioxid (g) + Wasser (g)

Kohlenstoff (s) + Sauerstoff (g) ⟶ Kohlenstoffdioxid (g)

Die Gase entweichen in die Luft und von dem ursprünglichen Feststoff bleibt kaum etwas übrig. Lässt man eine solche chemische Reaktion auf einer Waage stattfinden, kann man beobachten, wie die Masse abnimmt. Da die Produkte als Gase entweichen, können sie nicht mitgewogen werden.

Verschließt man das Reaktionsgefäß z. B. mit einem Luftballon, findet kein Stoffaustausch mit der Umgebung statt. Die gasförmigen Produkte können aus einem solchen **geschlossenen System** im Gegensatz zur Reaktion im **offenen System** nicht mehr entweichen. Auf einer Waage werden sie daher mitgewogen. Bei einer Reaktion in einem geschlossenen System zeigt die Waage vor und nach der Reaktion immer dasselbe Gewicht an (**V1.2** und **LV2**). Für alle chemischen Reaktionen gilt, wie für physikalische Vorgänge auch, das **Gesetz von der Erhaltung der Masse**:

> Die Gesamtmasse aller beteiligten Stoffe ändert sich während einer chemischen Reaktion nicht.

> **Info**
> Der Hauptbestandteil von Kohle ist Kohlenstoff. Vereinfachend kann also angenommen werden, dass bei der Verbrennung von Kohle Kohlenstoff mit Sauerstoff reagiert. Holz stellt vereinfacht eine Kohlenstoffverbindung dar.

EK Die Forscher LOMONOSSOW und LAVOISIER

Die Forscher der Frühzeit konnten sich den Masseverlust beim Verbrennen von Holz zu Asche im Kamin nicht erklären. MICHAIL LOMONOSSOW (1711 – 1765) war vermutlich der erste moderne Forscher in der Geschichte der Chemie. Er führte Versuche mit Metallen in geschlossenen Glasampullen durch und konnte so als Erster die Massenerhaltung beobachten.

ANTOINE LAVOISIER (1743 – 1794) führte später exaktere Wägungen bei Verbrennungen im geschlossenen System durch und stellte schließlich den Satz von der Erhaltung der Masse auf.

Bestätigung der Atomhypothese von DALTON

Das Gesetz von der Erhaltung der Masse lässt sich auf der Teilchenebene erklären. Bei der Verbrennung von Kohle (Kohlenstoff) reagiert jeweils ein Kohlenstoff-Atom (vgl. Info) mit einem Sauerstoff-Molekül zu einem Kohlenstoffdioxid-Molekül. Im Atommodell von DALTON kann das wie folgt dargestellt werden:

C + O_2 ⟶ CO_2

Bei der Reaktion gruppieren sich Kohlenstoff- und Sauerstoff-Atome um und bilden Kohlenstoffdioxid-Moleküle. Die Anzahl und Sorte der Atome vor der Reaktion entspricht der Anzahl und Sorte der Atome nach der Reaktion. Laut der Atomhypothese von DALTON haben Atome der gleichen Sorte die gleiche Masse (vgl. S. 55). Da vor einer chemischen Reaktion exakt dieselben Atome vorliegen wie nach der Reaktion, bleibt auch die Gesamtmasse der Edukte und Produkte bei einer Reaktion konstant.

> **Info**
> Anders als bei Nichtmetall-Atomen üblich, verbinden sich Kohlenstoff-Atome zu großen Atomverbänden, in denen die Atome ganz unterschiedlich angeordnet sein können. Je nach Anordnung der Atome liegt Kohlenstoff auf der Stoffebene z. B. als Graphit oder Diamant vor. Kohle ist ein Stoffgemisch, in dem Kohlenstoff den Hauptbestandteil ausmacht.

Energieabgabe bei chemischen Reaktionen

Beim Verbrennen von Holz und Kohle wird Energie in Form von Wärme und Licht frei. Wie beim Gesetz von der Erhaltung der Masse kann auch Energie weder geschaffen noch vernichtet werden. Die Gesamtenergie bleibt bei einer chemischen Reaktion immer gleich. Wo kommen die Wärme und das Licht bei einem Lagerfeuer dann her?

Alle Stoffe enthalten einen gewissen Betrag an Energie, der als **innere Energie** der Stoffe bezeichnet wird. Bei manchen chemischen Reaktionen wird ein Teil der inneren Energie der Edukte in Wärme und Licht umgewandelt und freigesetzt (**B3**). Bei der Verbrennung von Kohle ist in den Edukten Kohlenstoff und Sauerstoff somit mehr innere Energie gespeichert als in dem Produkt Kohlenstoffdioxid. Eine solche Reaktion nennt man **exotherm**:

Kohlenstoff (s) + Sauerstoff (g) ⟶ Kohlenstoffdioxid (g) | exotherm

Energieaufnahme bei chemischen Reaktionen

Bei manchen Reaktionen gibt das Reaktionsgemisch keine Energie ab, sondern man muss ständig Energie hinzufügen, damit die Reaktion überhaupt stattfindet. Eine solche Reaktion nennt man **endotherm**. Ein Beispiel ist die Analyse von Diiodpentaoxid (**LV3**):

Diiodpentaoxid (s) ⟶ Iod (s) + Sauerstoff (g) | endotherm

Die Energie in Form von Wärme aus der Umgebung wird in innere Energie der Produkte umgewandelt. Bei einer endothermen Reaktion ist die innere Energie der Edukte somit geringer als die innere Energie der Produkte (**B4**).

Bei chemischen Reaktionen finden eine Stoffumwandlung und eine Energieumwandlung statt (vgl. Gegenstandsbereiche S. 238). Wird dabei Energie aus den Edukten freigesetzt, spricht man von einer exothermen Reaktion. Nehmen die reagierenden Stoffe Energie aus der Umgebung auf, handelt es sich um eine endotherme Reaktion.

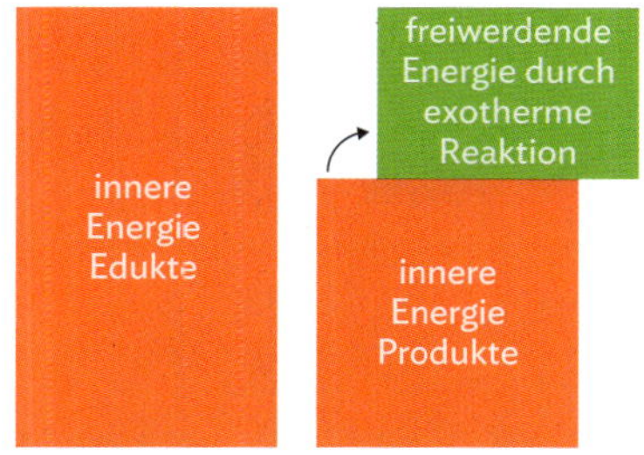

B3 Energie bei exothermen Reaktionen

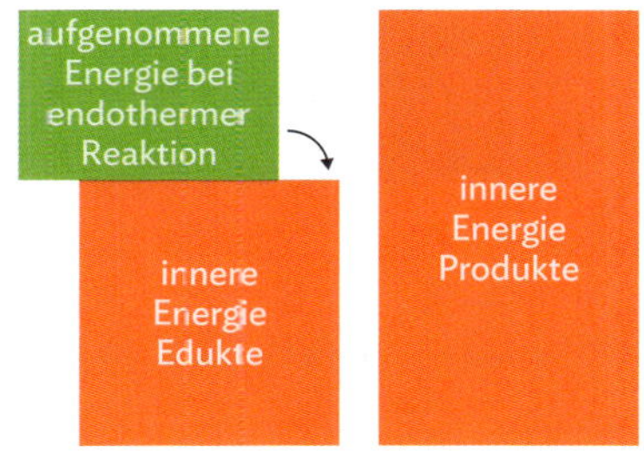

B4 Energie bei endothermen Reaktionen

AUFGABEN

A1 Stelle die Analyse von Wasser auf Teilchenebene einmal in einem offenen und einmal in einem geschlossenen System dar. Erläutere anhand deiner Skizzen das Gesetz von der Erhaltung der Masse.

A2 Nenne Beispiele für chemische Reaktionen aus dem Alltag, bei denen elektrische Energie oder Energie in Form von Licht oder Wärme aufgenommen oder abgegeben wird.

A3 Erstelle eine Tabelle zum Vergleich der exothermen und der endothermen Reaktion.

A4 a) Notiere die innere Energie deines heutigen Mittagessens, indem du die inneren Energien der Zutaten addierst (vgl. Info).

b) Vergleiche die inneren Energien der Zutaten miteinander.

c) In deinem Alter benötigt ein Mädchen täglich zwischen 2000 und 2600 kcal, ein Junge zwischen 2600 und 3400 kcal. Berechne, wie viel Prozent deines Tagesbedarfs du mit dem Mittagessen abgedeckt hast.

Info

Auf Lebensmittelverpackungen wird der Energiegehalt meist in kcal/g und in kJ/g angegeben. Durch die Nahrung wird der Körper mit Energie versorgt. Die Nährstoffe reagieren in den Körperzellen. Dabei wird ein Teil der Energie aus den Stoffen in Wärme umgewandelt. Ein anderer Teil der Energie wird z. B. für die Arbeit der Muskeln eingesetzt.

FACHBEGRIFFE

offenes System, geschlossenes System, Gesetz von der Erhaltung der Masse, innere Energie, exotherm, endotherm

4.3 Aktivierung chemischer Reaktionen

Feuerwerkskörper, Leuchtfackeln und Wunderkerzen – all diese Leuchterscheinungen sind möglich, wenn bei chemischen Reaktionen viel Energie frei wird. Warum muss man Feuerwerkskörper, Leuchtfackeln und Wunderkerzen erst anzünden?

LV1 Chlorknallgaskanone

G1 G2

Feuerwerkskörper muss man anzünden, bevor sie explodieren. Auch bei der Knallgasprobe ist die Energie einer Flamme von Nöten, um die Knallgasreaktion auszulösen. Gibt es auch andere Möglichkeiten eine chemische Reaktion zu starten?

DURCHFÜHRUNG

In einem Microscale-Gasentwickler wird im Abzug mit Kaliummonopermanganat und konzentrierter Salzsäure Chlorgas hergestellt. Es werden 3 mL Chlorgas in eine 20-mL-Kunststoffspritze überführt und der Gasentwickler mit einem Aktivkohle-Adsorptionsröhrchen gesichert. Mittels aufgesetzter Kanüle werden nun 3 mL Wasserstoffgas aus einem Luftballongasometer in die Spritze aufgezogen. Die Spritze wird zügig mit einem Luer-Lock-Verschluss abgedichtet und in einem leicht abgedunkelten Abzug locker in einem Stativ eingespannt (**B1**). Es wird darauf geachtet, dass der Stempel freie Schussbahn hat. Hinter der Abzugscheibe wird nun ein starkes Blitzgerät direkt an die Spritze auf Höhe des Gasgemisches gehalten und ein Blitz ausgelöst.

Hinweis: Der Versuch kann auch anhand einer Animation erarbeitet werden, vgl. S. 97.

AUSWERTUNG

a) Beschreibe deine Beobachtungen vor und nach Auslösen des Lichtblitzes.

b) Stelle eine Vermutung über die Funktion des Lichtblitzes auf.

c) Vergleiche die Energie des Lichtblitzes mit der Energie, die bei einer Explosion frei wird.

d) Nenne zwei weitere Möglichkeiten, mit denen Reaktionen gestartet werden können.

e) Bei der Chlorknallgasreaktion entsteht als einziges Produkt gasförmiges Wasserstoffchlorid. Formuliere die Wort- und die Formelgleichung für die Reaktion.

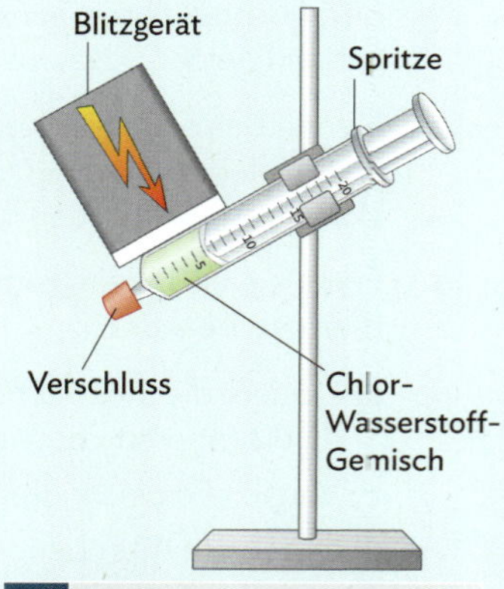

B1 Versuchsaufbau zu **LV1**

Aktivierungsenergie bei exothermen Reaktionen

Beim Verbrennen von Holz in einem Lagerfeuer findet eine exotherme Reaktion statt, bei der Energie freigesetzt wird. Damit das Holz brennt, muss man es zunächst anzünden. Es muss also erst Energie zugeführt werden, damit die Reaktion starten kann.

Es gibt viele weitere Reaktionen, die nicht spontan ablaufen. Beispielsweise kann man die Gase Chlor und Wasserstoff mischen, ohne dass eine Reaktion stattfindet. Fügt man aber Energie in Form eines Lichtblitzes hinzu, kommt es zu einer stark exothermen Reaktion (**LV1**). Die Energie, die man zuführen muss, um eine Reaktion zu starten, nennt man **Aktivierungsenergie**.

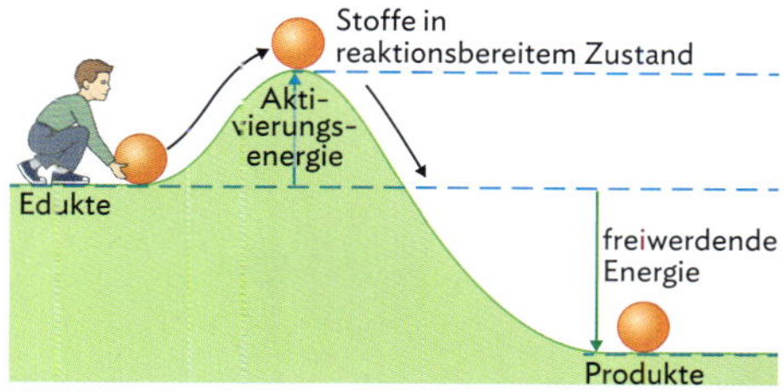

B2 Modellvorstellung zum Ablauf einer exothermen Reaktion, für die Aktivierungsenergie benötigt wird

> Die Aktivierungsenergie ist die Energie, die zugeführt werden muss, um eine Reaktion zu starten.

Die Aktivierung einer chemischen Reaktion kann man sich wie in **B2** vorstellen: Damit der Ball den Anstieg überwinden kann, muss Energie aufgebracht werden. Dann rollt er den Hügel aber selbstständig hinab.

FM Ein Energiediagramm erstellen

In einem Energiediagramm werden die relativen Energieumsätze bei chemischen Reaktionen dargestellt. Exotherme und endotherme Reaktionen (**B5**) lassen sich damit schnell unterscheiden.

So geht's

1. Zeichne ein Koordinatensystem und beschrifte die x-Achse mit „Reaktionsverlauf" und die y-Achse mit „innere Energie".
2. Trage links die innere Energie der Edukte und rechts die innere Energie der Produkte jeweils als waagerechten Balken ein.
   - Bei **endothermen Reaktionen** ist der Eduktbalken niedriger als der Produktbalken. (Die innere Energie der Edukte ist geringer.)
   - Bei **exothermen Reaktionen** ist der Eduktbalken höher als der Produktbalken. (Die innere Energie der Edukte ist größer.)

   Beschrifte die Balken mit den jeweiligen Edukten und Produkten, sodass sich die Wortgleichung der Reaktion ablesen lässt.
3. Trage die innere Energie der Stoffe im reaktionsbereiten Zustand als waagerechten Balken ein. Dieser liegt im zeitlichen Reaktionsverlauf (x-Achse) zwischen den Balken der Edukte und Produkte und in Bezug auf die innere Energie (y-Achse) oberhalb der Balken der Edukte und Produkte. Verbinde alle drei Balken mit einer geschwungenen Linie.
4. Zeichne einen senkrechten Pfeil vom Energieniveau der Edukte bis zum Energieniveau der Stoffe im reaktionsbereiten Zustand ein. Dieser stellt die Aktivierungsenergie dar.
5. Zeichne einen senkrechten Pfeil vom Energieniveau der Edukte bis zum Energieniveau der Produkte ein. Verläuft dieser von oben nach unten, stellt er die freiwerdende Energie einer **exothermen Reaktion** dar. Verläuft der Pfeil von unten nach oben, stellt er die aufgenommene Energie einer **endothermen Reaktion** dar.

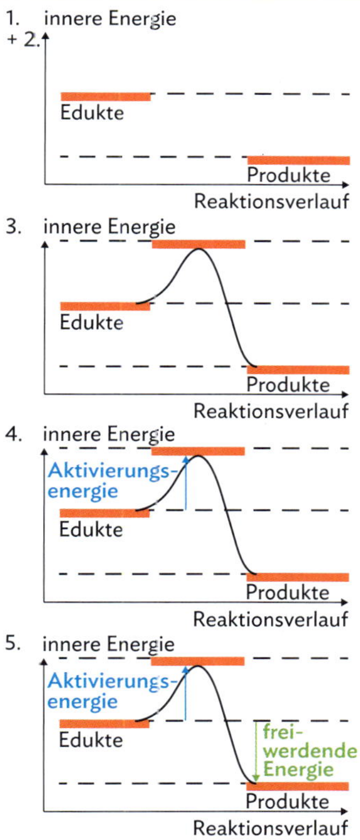

B3 Erstellen eines Energiediagramms am Beispiel einer exothermen Reaktion

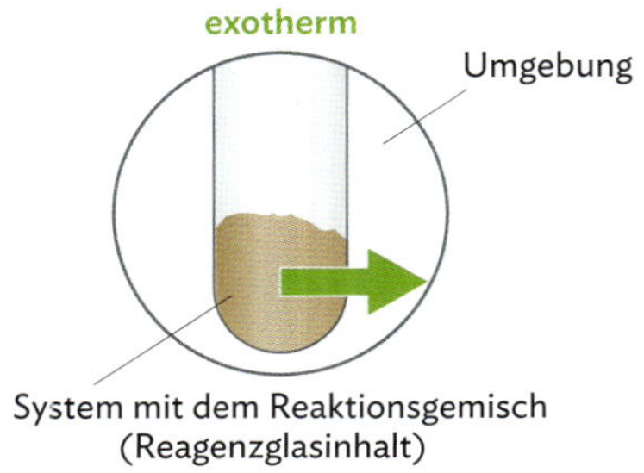

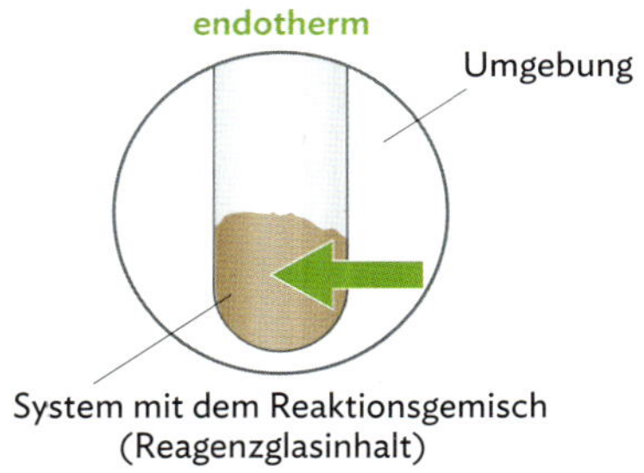

B4 Schemata zum Energiefluss zwischen reagierendem System und Umgebung bei einer exothermen (oben) und einer endothermen Reaktion (unten)

Aktivierungsenergie bei endothermen Reaktionen

Auch bei endothermen Reaktionen muss Aktivierungsenergie aufgewendet werden, um die Reaktion zu starten. Anders als bei exothermen Reaktionen wird anschließend nur ein kleiner Teil der inneren Energie der Edukte in andere Energieformen, z. B. Wärme, umgewandelt. Diese Energie wird vollständig dafür benötigt, die Reaktion am Laufen zu halten. Während der gesamten Reaktion muss sogar noch zusätzliche Energie zugeführt werden, da die endotherme Reaktion sonst stoppen würde (**B4**).

Energiediagramme

Um Energieumsätze bei chemischen Reaktionen zu veranschaulichen, nutzt man **Energiediagramme**. Die Summe der **inneren Energien** der Edukte und die Summe der inneren Energien der Produkte werden jeweils durch einen waagerechten Balken dargestellt (**B5**). Die **Aktivierungsenergie** bewirkt, dass die innere Energie der Edukte kurzfristig erhöht wird. Die Edukte werden in einen **reaktionsbereiten Zustand** versetzt. Die innere Energie der Stoffe im reaktionsbereiten Zustand wird ebenfalls als waagerechter Balken in das Energiediagramm eingezeichnet. Eine Kurve zwischen diesen drei Balken stellt den Hergang der Reaktion dar.

Die insgesamt bei exothermen Reaktionen **freiwerdende Energie** bzw. bei endothermen Reaktionen **aufgenommene Energie** kann man aus einem Energiediagramm ablesen: Die **Reaktionsenergie** ist die Änderung der inneren Energie, also die Differenz zwischen der inneren Energie der Edukte und der inneren Energie der Produkte.

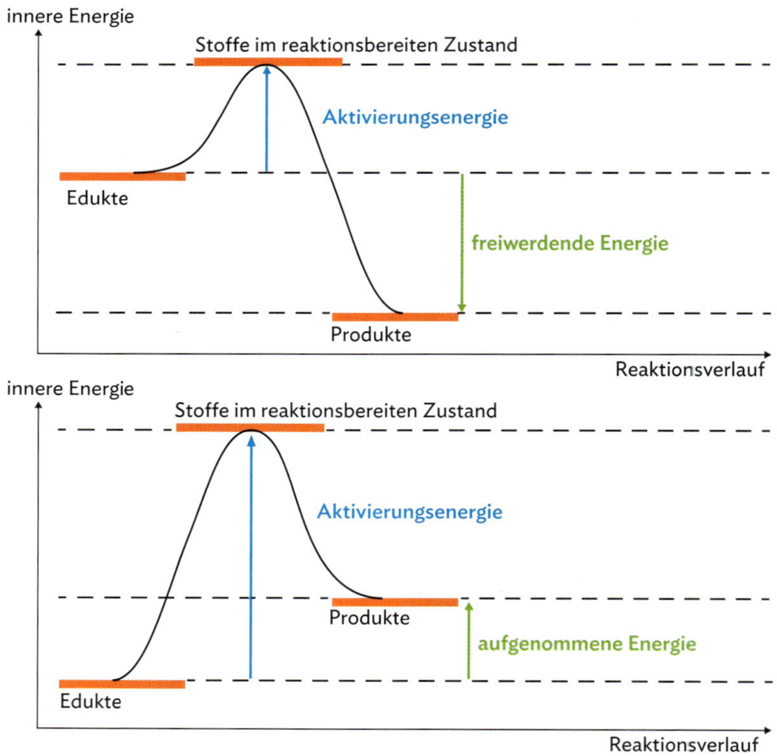

B5 Energiediagramme einer exothermen (oben) und einer endothermen (unten) Reaktion

Katalysatoren und ihre Eigenschaften

Katalysatoren kennt man als Abgaskatalysatoren aus dem Auto. In der Industrie werden Katalysatoren genutzt, um chemische Prozesse kostengünstiger durchführen zu können. Im Alltag verwenden manche Kontaktlinsenträger einen Katalysator bei der Reinigung ihrer Linsen.

Viele Reaktionen laufen bei Raumtemperatur nur sehr langsam ab. Um eine Reaktion zu beschleunigen, kann man entweder Energie in Form von Wärme oder Licht zugeben oder einen Katalysator verwenden. Der Katalysator, z. B. ein Stück Platin, ermöglicht einen anderen Reaktionsweg, bei dem weniger Aktivierungsenergie aufgebracht werden muss (**B6**). Die Reaktion verläuft somit wahrscheinlicher als ohne Katalysator (vgl. Info). Das Herabsenken der Aktivierungsenergie mithilfe eines Katalysators bezeichnet man als **Katalyse**.

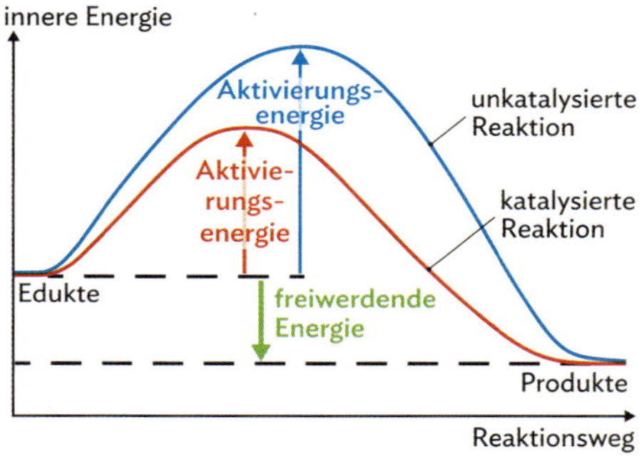

B6 Energiediagramm einer katalysierten und einer unkatalysierten Reaktion

Info

Katalysatoren führen nicht immer zur Beschleunigung einer Reaktion. In einigen Fällen verlaufen die Reaktionen zwar langsamer, aber durch das Herabsenken der Aktivierungsenergie energetisch effizienter. Der Einsatz eines Katalysators kann sich in solchen Fällen daher ebenfalls lohnen.

Katalysatoren gehen immer unverändert aus einer Reaktion hervor. In einer Formelgleichung werden Katalysatoren daher weder bei den Edukten noch bei den Produkten aufgeführt. Sie können über dem Reaktionspfeil notiert werden.

Katalysatoren ermöglichen einen anderen Reaktionsweg mit geringerer Aktivierungsenergie. Sie liegen nach der Reaktion unverändert vor.

AUFGABEN

A1 Schließe aus den Versuchsbeobachtungen bei **LV1**, ob eine endotherme oder eine exotherme Reaktion stattgefunden hat. Erstelle das passende Energiediagramm.

A2 **B7** zeigt drei verschiedene vereinfachte Energiediagramme. Beschreibe Gemeinsamkeiten und Unterschiede der Reaktionsverläufe.

A3 Erläutere und diskutiere die modellhafte Analogie zur Überwindung der Aktivierungsenergie in **B2**.

A4 Nenne die Eigenschaften eines Katalysators.

A5 Beschreibe und erkläre die Kurvenverläufe in **B6**. Verwende dazu die Fachbegriffe aus der Abbildung.

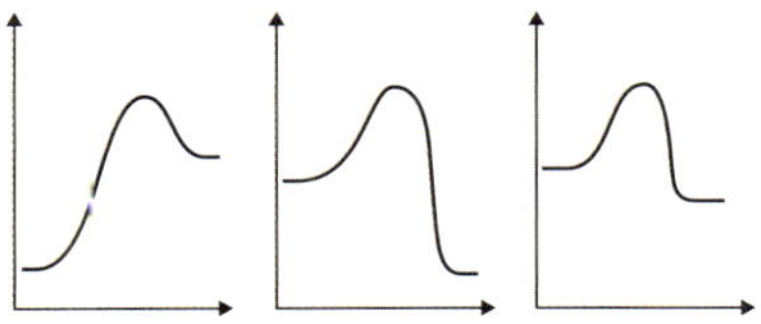

B7 Vereinfachte Energiediagramme

FACHBEGRIFFE

Aktivierungsenergie, Energiediagramm, reaktionsbereiter Zustand, Reaktionsenergie, Katalysator, Katalyse

Das kalte Leuchten

Glühlampen werden warm, wenn sie leuchten. Knicklichter sowie manche Insekten, Meerestiere und Pilze leuchten – und bleiben kalt. Was steckt dahinter?

B1 Knicklichter und Biolumineszenz bei einem Leuchtkäfer

Bei „Energie“ denken die meisten Menschen an Wärme und Bewegung. Aber auch Licht ist eine Form von Energie. Wird Licht bei chemischen Reaktionen ohne die Bildung von Wärme frei, nennt man sie Chemolumineszenz. Das Phänomen der Chemolumineszenz wird häufig in Form von Leuchtstäben, sogenannten Knicklichtern (**B1**), genutzt. Sie werden nicht nur im Schwarzlichttheater oder als Partyspaß eingesetzt, sondern dienen oft als Markierungs- und Orientierungshilfen in der Dunkelheit. So werden z. B. beim Angeln die Spitze der Angelrute und die Schwimmer, im Golf die Golfbälle und beim Bogenschießen die Ziele mit kleinen Leuchtstäben ausgestattet. Weitere Einsatzgebiete liegen im Militär- und Sicherheitsbereich, da sie als transportable Notbeleuchtung genutzt werden können.

Und so funktioniert es (**B2**): Ein Knicklicht besteht aus einem äußeren, flexiblen Kunststoffschlauch (1), der Diphenyloxalat als Lösungsmittel mit einer leuchtfähigen Verbindung (2) enthält. Im Inneren des Schlauchs befindet sich ein kleines Glasröhrchen mit einer reaktionsbereiten Chemikalie (3), häufig Wasserstoffperoxid. Beide Flüssigkeiten leuchten einzeln nicht. Wenn man das Knicklicht knickt, zerbricht das innere Glasröhrchen (4). Beide Stoffe können sich nun vermischen und reagieren miteinander, wobei kaltes Licht in verschiedenen Farben, je nach verwendeter leuchtfähiger Verbindung, abgegeben wird (5).

Der größte Leuchtstab der Welt war drei Meter hoch und enthielt 88,6 Liter Flüssigkeit.

Auch in der Natur laufen chemische Reaktionen ab, bei denen kaltes Licht entsteht. Hier spricht man von Biolumineszenz. Das Meeresleuchten an vielen Küsten wird von Einzellern (Plankton) hervorgerufen. Manche Insekten, z. B. Glühwürmchen, und einige Meeresbewohner, z. B. Leuchtquallen, einige Korallen und Tiefseefische, aber auch Pilze wie der Hallimasch zeigen Lumineszenz. Das Leuchten dient zur Kommunikation, zum Anlocken von Beute oder Partnern oder zur Abwehr von Feinden. Ruderfußkrebse z. B. stoßen bei Gefahr durch spezielle Drüsen leuchtende Wolken aus. Das blendet den Angreifer und ermöglicht die Flucht. Zerreibt man getrocknete Leuchtkrebschen im Mörser und gibt von dem Pulver einen kleinen Spatel in ein Reagenzglas mit einigen Tropfen Wasser, so kann man im abgedunkelten Raum ein blaues Leuchten erkennen. Lässt man einen Salzhering offen liegen, beginnt er im Dunkeln zu leuchten – aufgrund eines Bakteriums, das sich auf ihm vermehrt.

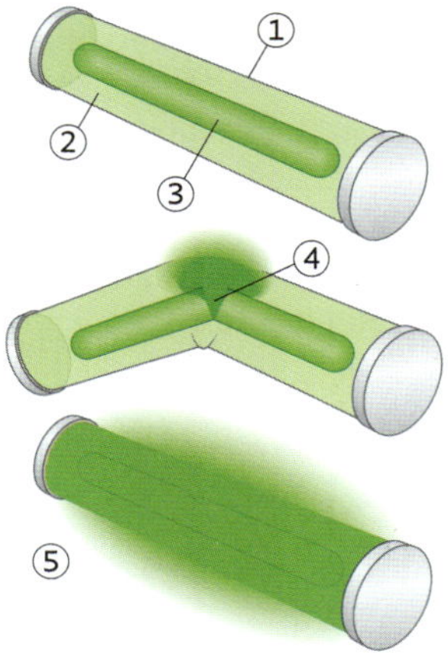

B2 Aufbau eines Knicklichtes

AUFGABEN

A1 Beschreibe, was man unter Chemolumineszenz versteht und grenze sie zur Biolumineszenz ab.

A2 Die in Knicklichtern heute verwendeten leuchtfähigen Verbindungen sind meist ungiftig. Informiere dich, weshalb dennoch Hautkontakt zu vermeiden ist.

Wasserstoff als Energieträger

Bis heute werden für den Antrieb von Fahrzeugen überwiegend Kraftstoffe auf Basis fossiler Energieträger, wie Diesel und Benzin, genutzt. Aus umweltpolitischer Sicht gilt Wasserstoff als eine sinnvolle Alternative und ist als Antriebsstoff für Autos immer mehr im Gespräch.

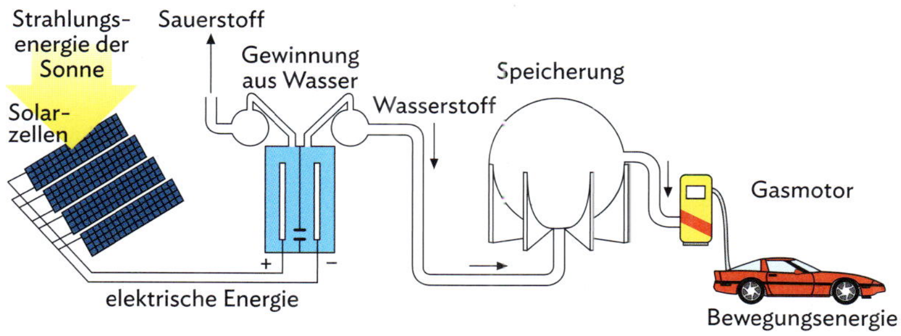

B1 Von der Energie der Sonne bis zur genutzten Energie im Auto

Wasserstoff H_2 ist ein guter Energieträger, seine Verbrennung verläuft stark exotherm. Die dabei freiwerdende Energie kann zum Antrieb von Autos oder Raketen genutzt werden. Als Verbrennungsprodukt, also als „Abgas“, entsteht lediglich Wasser, das für Menschen und die Umwelt unschädlich ist. Wasserstoff gilt daher als umweltfreundlicher Energieträger.

Es gibt zwei Möglichkeiten, Autos mit Wasserstoff anzutreiben, entweder über Verbrennungsmotoren oder mithilfe von Brennstoffzellen. In den Motoren wird ein Gemisch aus Wasserstoff und Luft gezündet. Bei der anderen Variante wird elektrischer Strom aus Wasserstoff-Sauerstoff-Brennstoffzellen für den Antrieb genutzt. In beiden Fällen müssen die Autos mit Wasserstoff betankt werden. Der für die Verbrennung nötige Sauerstoff wird der Umgebungsluft entnommen.

Wasserstoff kommt auf der Erde nicht elementar vor, sondern muss erst unter Einsatz von Energie gewonnen werden. Um zu beurteilen, ob Wasserstoff tatsächlich eine umweltfreundliche Alternative darstellt, muss man sich auch seine Gewinnung anschauen.

Als Wasserstoffquelle ist Wasser ideal, da es nahezu unbegrenzt zur Verfügung steht. Wasser kann mithilfe von elektrischer Energie in Wasserstoff und Sauerstoff zerlegt werden. Entscheidend für die Umweltfreundlichkeit des Verfahrens ist nun, dass die notwendige elektrische Energie aus erneuerbaren Energiequellen gewonnen wird. Dazu zählen z. B. Sonnenenergie und Windenergie, die über Solarzellen bzw. Windkrafträder nutzbar gemacht werden können. Ein großer Teil des Wasserstoffs wird aber in chemischen Reaktionen aus Erdgas erzeugt, einem fossilen Energieträger.

Ein weiterer Grund, warum sich Wasserstoff als umweltfreundlicher Energieträger noch nicht durchgesetzt hat, ist die Angst Verbraucher und Verbraucherinnen vor Explosionen. Wasserstoff kann mit Sauerstoff ein explosives Knallgasgemisch bilden. Inzwischen gibt es aber sichere Möglichkeiten, den Wasserstoff zu speichern und somit im Tank eines Autos zu lagern, z. B. Metallhydridspeicher.

AUFGABEN

A1 Beschreibe alle Energieumwandlungen, die im Text beschrieben sind. Gib dabei jeweils an, welche Energieformen ineinander umgewandelt werden und wo die Umwandlung stattfindet.

A2 Entwickle jeweils die Wortgleichung mit Angabe der Aggregatzustände und die Formelgleichung a) für die Nutzung von Wasserstoff als Energieträger und b) für die Gewinnung von Wasserstoff aus Wasser.

A3 Diskutiert die Aussage: „Wasserstoff ist ein umweltfreundlicher Energieträger.“ Bezieht dabei andere Energieträger (Kraftstoffe) mit ein.

Zum Üben und Weiterdenken

A1 Entscheide jeweils begründet, ob es sich um eine chemische Reaktionen oder einen physikalischen Vorgang handelt:
- Traubensaft gärt zu Wein.
- Früchte werden püriert.
- Sahne wird sauer.
- Wachs schmilzt.
- Kaffee wird gekocht.
- Bretter werden zersägt.
- Kartoffeln werden gebraten.

A2 Entscheide jeweils, ob die Aussage richtig oder falsch ist. Verbessere falsche Aussagen.
Bei einer chemischen Reaktion ...
- ... verändern sich die Ausgangsstoffe nicht.
- ... verändert sich die Atomanzahl nicht.
- ... sind rechts vom Pfeil mehr Atome als links.
- ... wird immer Energie frei oder aufgenommen.
- ... wird keine Aktivierungsenergie gebraucht.
- ... ändert sich immer die Farbe.

A3 Nimm Stellung zu folgenden Aussagen:
a) „Da aus 15 g Eis 15 g Wasser werden, ist die Erhaltung der Masse bei chemischen Reaktionen bewiesen."
b) „Wenn die Umgebungstemperatur kälter ist, wird weniger Aktivierungsenergie gebraucht."
(gestufte Hilfen: QR-/Mediencode) 05511-18

A4 Übernimm die Tabelle unten in dein Heft. Ordne folgende Begriffe zu Dreiergruppen zusammen und sortiere sie wie das Beispiel in der Tabelle: Molekül, Ion, Aktivierungsenergie, Edelmetall, Reinstoff, Anion, Licht, Silber, Methan, Chlorid-Ion, Teilchen, Verbindung, Wasser-Molekül, Metall und Energie.
(gestufte Hilfen: QR-/Mediencode) 05511-19

Pflanze	...	...	...	...	...
Baum	...	...	...	...	...
Eiche	...	...	...	...	...

A5 Ordne folgenden Reaktionen jeweils den Begriff Analyse oder Synthese zu und erstelle die Formelgleichung.
a) Aus Wasserstoffperoxid (H_2O_2) entsteht Wasser und Sauerstoff.
b) Aus Stickstoff und Sauerstoff entsteht Stickstoffdioxid.
c) Methan (CH_4) wird in seine Elemente zerlegt.
d) Ammoniak (NH_3) wird aus den Elementen hergestellt.

A6 Verbrennt man Eisen in einem offenen System, ist die Masse des entstehenden Produkts Eisenoxid höher als die des Edukts Eisen. Verbrennt man jedoch eine Kerze im offenen System, nimmt die Masse der Kerze ab.
a) Beide Ergebnisse widersprechen scheinbar einem Grundgesetz der chemischen Reaktionen. Nenne dieses und beschreibe eine notwenige Änderung an den Versuchsvorschriften, damit es zutrifft.
b) Erläutere die unterschiedlichen Ergebnisse.

A7 Nenne den jeweiligen Gegenbegriff:
- endotherm
- Synthese
- Verbindung
- Stoffgemisch
- physikalischer Vorgang

A8 Wasser wird im HOFMANN'schen Zersetzungsapparat unter ständiger Stromzufuhr in seine Elemente zerlegt. Zeichne das passende Energiediagramm.

A9 Erläutere anhand der Abbildungen die Eigenschaften und die Funktionsweise eines Katalysators:

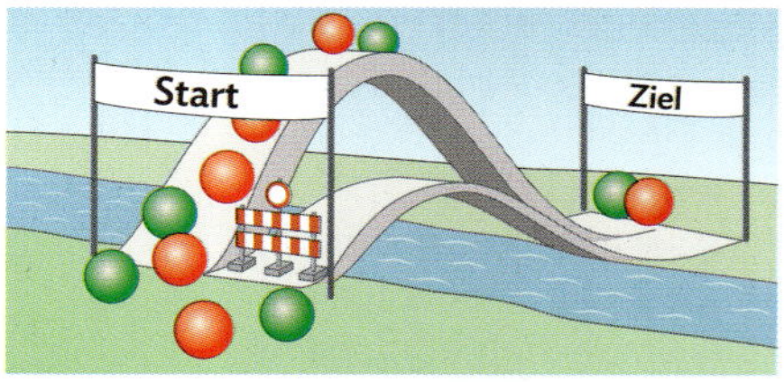

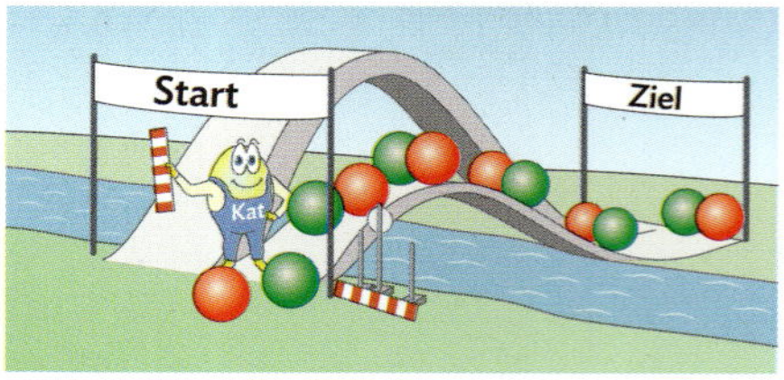

M1 Animation zur Chlorknallgasreaktion

A1 Die Chlorknallgasreaktion ist eine explosionsartig ablaufende Reaktion von Chlor und Wasserstoff. Führe den virtuellen Versuch unter dem QR-/Mediencode durch.

05511-20

A2 Betrachte in der Animation den Unterpunkt „Teilchenebene". Erstelle eine Legende für die einzelnen Teilchen.

A3 Übernimm **B1** in dein Heft. Ordne den Kästchen in **B1** Molekülformeln und Elementsymbole zu.

A4 Stelle die Wortgleichung und die Formelgleichung für die Reaktion auf.

A5 Leite aus dem Diagramm in **B1** ab, ob es sich um eine exotherme oder eine endotherme Reaktion handelt und markiere die Aktivierungsenergie. Gib an, wie die Aktivierungsenergie bei der Chlorknallgasreaktion zugeführt wird.

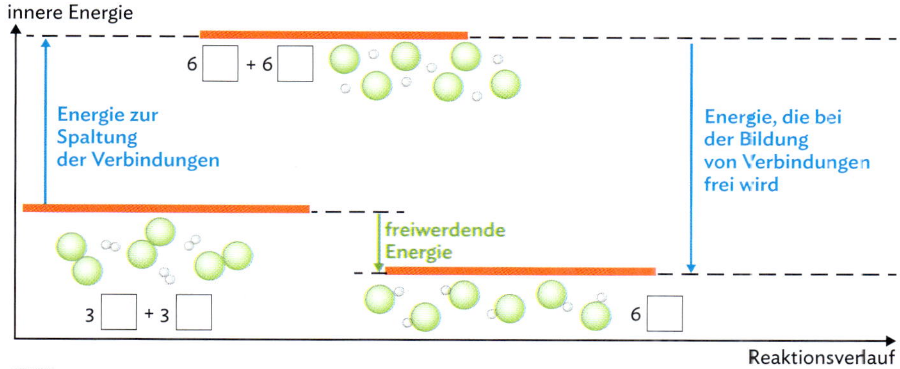

B1 Energiediagramm der Chlorknallgasreaktion

M2 Chemie international

In einem russischen Schulbuch findet man folgende Seite:

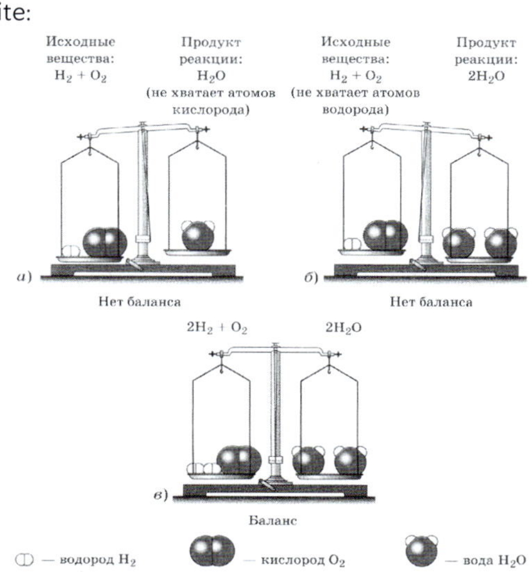

A1 Beschreibe die drei Abbildungen aus dem russischen Schulbuch. Gib die Teilchen an, die abgebildet sind. Erkläre die Positionen der Waagschalen.

A2 Stelle einen Bezug zum Aufstellen von Formelgleichungen her.

A3 Erkläre, welche Bildelemente dir ein Verständnis ermöglichen, obwohl das Bild aus einem russischen Buch stammt.

A4 Stelle jedes Bild in einer Formelgleichung dar und markiere darin jeweils mögliche Fehler. Hake die richtige Gleichung in deinem Heft ab.

A5 Nenne das Kennzeichen der chemischen Reaktion, das mit den Bildern verdeutlich werden soll.

Alles im Blick

Die chemische Reaktion

Bei einer chemischen Reaktion findet unter Energiebeteiligung eine Stoffumwandlung statt. Auf der Stoffebene werden aus den ursprünglichen Stoffen, den **Edukten**, neue Stoffe mit anderen Stoffeigenschaften gebildet, die **Produkte**. Auf der Teilchenebene findet eine Umgruppierung der Atome statt.

Verbindungen und Elemente

Eine **Verbindung** ist ein Reinstoff, der mithilfe einer chemischen Reaktion weiter zerlegt werden kann.
Als **Element** bezeichnet man einen Reinstoff, der nicht weiter in andere Stoffe zerlegt werden kann.

Eine Reaktion, bei der eine Verbindung aus ihren Elementen gebildet wird, bezeichnet man als **Synthese**.

Eine Reaktion, bei der eine Verbindung in ihre Elemente zerlegt wird, bezeichnet man als **Analyse**.

Massenerhalt

Die Gesamtmasse aller beteiligten Stoffe ändert sich während einer chemischen Reaktion nicht.

Auf der Teilchenebene kann der **Massenerhalt** mit der Umgruppierung von Atomen bei chemischen Reaktionen erklärt werden. Atome können weder verschwinden, noch aus dem Nichts auftauchen. Da jedes Atom eine bestimmte Masse hat, bleibt die Gesamtmasse bei chemischen Reaktionen gleich.

Energie bei chemischen Reaktionen

Bei chemischen Reaktionen findet neben der Stoffumwandlung auch immer eine Energieumwandlung statt. Wird dabei **innere Energie** aus den Edukten freigesetzt, spricht man von einer **exothermen** Reaktion. Nehmen die reagierenden Stoffe Energie aus der Umgebung auf, handelt es sich um eine **endotherme** Reaktion.

Die **Aktivierungsenergie** ist die Energie, die zugeführt werden muss, um eine Reaktion zu starten.

Katalysatoren setzen die Aktivierungsenergie herab und beschleunigen so die chemische Reaktion.
Sie liegen nach der Reaktion unverändert vor.

Wort- und Formelgleichungen

Chemische Reaktionen können als Gleichungen geschrieben werden. Auf der Stoffebene werden die Stoffe und ihre Aggregatzustände in einer **Wortgleichung** angegeben, auf der Teilchenebene die Formeln und die Anzahl der Teilchen in einer **Formelgleichung**. Dabei bezeichnet der Koeffizient die Anzahl der Teilchen und der Index die Atomanzahl im Molekül.

Wortgleichung:
Wasserstoff (g) + Sauerstoff (g) ⟶ Wasser (l)

Sprich: *Gasförmiger Wasserstoff reagiert mit gasförmigem Sauerstoff zu flüssigem Wasser.*

Formelgleichung:
$2\,H_2 + O_2 \longrightarrow 2\,H_2O$

Sprich: *Zwei Wasserstoff-Moleküle reagieren mit einem Sauerstoff-Molekül zu zwei Wasser-Molekülen.*

Energiediagramme

Um Energieumsätze bei chemischen Reaktionen zu veranschaulichen, nutzt man **Energiediagramme**. Daraus lässt sich auf einen Blick herauslesen ob eine exotherme oder eine endotherme Reaktion vorliegt.

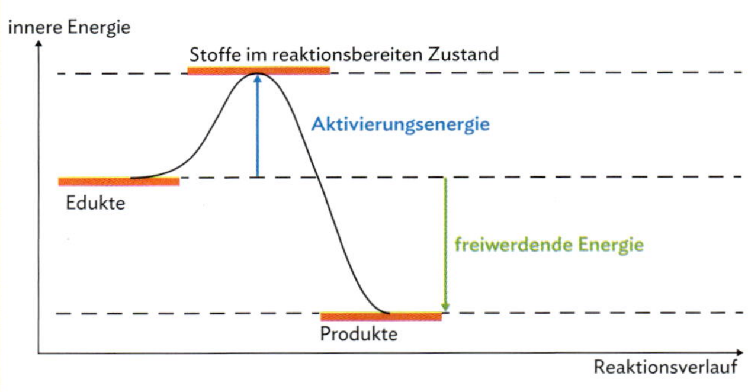

Ziel erreicht?

Hast du das Ziel dieses Kapitels erreicht? Bearbeite die Aufgaben auf dem Arbeitsblatt (unter QR-/Mediencode). Vergleiche deine Antworten mit den Lösungen auf Seite 209. Bewerte dich mithilfe der untenstehenden Tabelle und lies falls nötig auf den angegebenen Seiten nochmal nach.

05511-21

A1 Entscheide und begründe jeweils, ob es sich um chemische Reaktionen handelt:
a) Gären von Apfelsaft zu Cidre
b) Lösen von Zucker in Wasser
c) Sauerwerden von Milch
d) Schmelzen von Butter
e) Zucker bräunen
f) Aufbrühen von Tee

A2 Ein Stoffgemisch aus Eisenspänen und Schwefelpulver könnte mit einem Magneten getrennt werden. Erhitzt man es, fängt es an zu glühen. Der entstandene Feststoff weist keine magnetischen Eigenschaften mehr auf. Beschreibe die Reaktion auf der Stoffebene unter Verwendung der Begriffe Element, Verbindung, Reinstoff und Stoffgemisch.

B1 Stellt man eine brennende Kerze auf eine Digitalwaage, kann man eine Abnahme der Masse beobachten. Bei der Verbrennung von Eisenwolle auf einer feuerfesten Unterlage auf einer Digitalwaage kann man eine Massenzunahme beobachten. Erkläre beide Beobachtungen.

B2 Die Darstellung zeigt die Reaktion von einem Methan-Molekül mit zwei Sauerstoff-Molekülen zu einem Kohlenstoffdioxid-Molekül und zwei Wasser-Molekülen. Begründe mit dem Satz von der Erhaltung der Masse, dass die Darstellung korrekt ist.

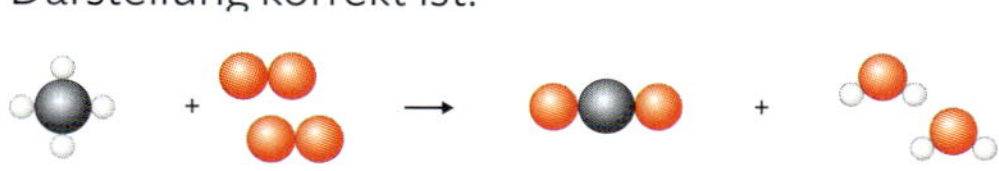

C1 Beschrifte die Diagramme. Die folgenden Begriffe sind eine Hilfestellung: Produkte, Edukte, freiwerdende Energie, aufgenommene Energie, exotherm, endotherm.

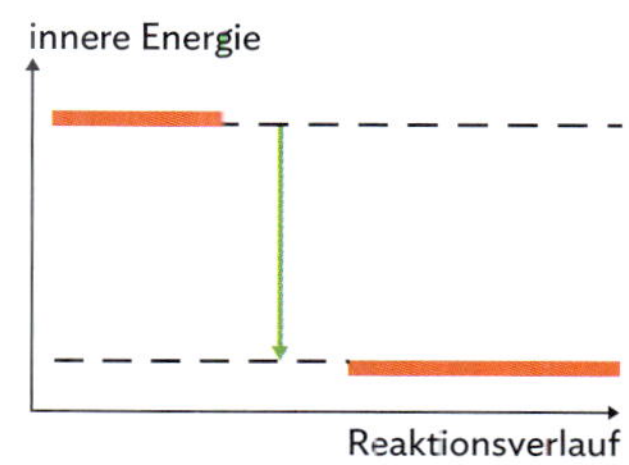

B1 Energiediagramm einer ________ Reaktion.

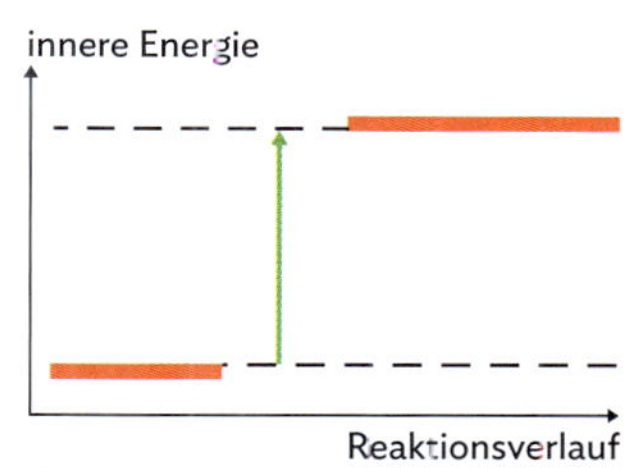

B2 Energiediagramm einer ________ Reaktion.

D1 Nenne Merkmale eines Katalysators.

D2 Wenn Wasserstoffgas mit einer Platinoberfläche in Berührung kommt, entzündet es sich.
a) Erkläre diesen Sachverhalt.
b) Zeichne in einem Energiediagramm die Knallgasreaktion mit und ohne Platineinsatz.

	Ich kann ...	lies nach auf Seite
A	chemische von physikalischen Vorgängen abgrenzen.	81
B	Stoffänderungen und Massenerhalt mit dem Atommodell von DALTON begründen.	88
C	auftretende Energieänderungen klassifizieren und grafisch darstellen.	89 – 92
D	den Ablauf einer katalysierten Reaktion erklären.	93

5 Verbrennungen

Startklar?

1. Schätze dich selbst ein. Wie gut sind deine Kenntnisse in den Bereichen A bis D? Kreuze auf dem Arbeitsblatt (unter QR-/Mediencode) die entsprechenden Kästchen unten in der Tabelle an.

05511-22

2. Hast du dich richtig eingeschätzt? Bearbeite die untenstehenden Aufgaben. Vergleiche deine Antworten mit den Lösungen auf Seite 210 und kreise die erreichte Punktzahl in der Tabelle auf dem Arbeitsblatt ein. Vergleiche mit deiner Selbsteinschätzung.

A1 In einer Werkstatt werden Autoabgase mit einem elektrischen Sensor auf Kohlenstoffdioxid geprüft. Beschreibe ein Experiment, mit dem du im Labor das Gas Kohlenstoffdioxid nachweisen kannst.

A2 Kaliumnitrat wird in einem Reagenzglas erhitzt. Dabei entsteht ein Gas. Beschreibe und benenne einen Nachweis, mit dem du überprüfen kannst, ob es sich dabei um Sauerstoff handelt.

B1 Nachfolgend sind die Moleküle einiger Stoffe im Atommodell von DALTON abgebildet. Bestimme jeweils die Molekülformel und benenne die zugehörigen Stoffe fachlich korrekt.

(weiß: Wasserstoff-Atome, blau: Stickstoff-Atome, rot: Sauerstoff-Atome, schwarz: Kohlenstoff-Atome)

C1 Ein schwarzgelbes Eisen-Schwefel-Gemisch glüht nach dem Erhitzen selbständig weiter. Nach dem Abkühlen liegt ein blaugrau glänzender Feststoff vor. Nenne alle beobachtbaren Merkmale, die darauf hinweisen, dass eine chemische Reaktion stattgefunden hat.

C2 Fester Kohlenstoff und gasförmiger Sauerstoff reagieren unter Wärmeentwicklung zu gasförmigem Kohlenstoffdioxid.
a) Formuliere die Wortgleichung für die Reaktion und verwende darin auch den Begriff endotherm oder exotherm.
b) Erstelle das vollständig beschriftete Energiediagramm für die Reaktion.
c) Stelle die Reaktion im Atommodell von DALTON dar und stelle die Formelgleichung auf.

D1 In ein Reagenzglas mit Wasserstoffperoxid (farblose Flüssigkeit) wird etwas Mangandioxid (Braunstein, braunes Pulver) gegeben. Es tritt sofort eine Gasentwicklung ein. Bei dem Gas handelt es sich um Sauerstoff. Nach Abschluss der Reaktion bleiben in dem Reagenzglas eine farblose Flüssigkeit und ein braunes Pulver übrig.
a) Triff eine begründete Entscheidung, ob Braunstein hier als Katalysator wirkt.
b) Stelle die Formelgleichung für diese Reaktion auf. Wasserstoffperoxid hat die Molekülformel H_2O_2.
c) Beschreibe den Nachweis für die nach der Reaktion übriggebliebene Flüssigkeit.

	Ich kann ...	prima	ganz gut	mit Hilfe	lies nach auf Seite
A	wichtige Gase nachweisen.	5	4 – 3	2 – 1	27
B	Molekülformeln erstellen und molekular aufgebaute Stoffe benennen.	6 – 5	4 – 3	2 – 1	66 – 67
C	Reaktionen beschreiben und die passenden Formelgleichungen aufstellen.	12 – 10	9 – 5	4 – 1	82 – 83
D	einen Katalysator beschreiben.	10 – 9	8 – 4	3 – 1	93

5.1 Verbrennungen

Kohlenwasserstoffe spielen im Alltag eine wichtige Rolle, denn bei ihrer Verbrennung entsteht nutzbare Energie. Woraus bestehen Kohlenwasserstoffe? Was geschieht bei ihrer Verbrennung und welche Verbrennungsprodukte entstehen?

V1 Verbrennung von Methan

Viele Brenner werden mit Erdgas betrieben, das hauptsächlich Methan enthält. Beim Verbrennen reagiert das Methan mit dem Sauerstoff aus der Luft.

DURCHFÜHRUNG

1.1 Entzünde den Gasbrenner. Halte mit der Tiegelzange ein trockenes und kaltes Becherglas mit der Öffnung nach unten über die blaue Flamme. Teste das Kondensat an der Glaswand mit Watesmo-Papier (**B1** links).

1.2 Spüle ein Becherglas mit etwas Kalkwasser aus, sodass einige Tropfen darin hängen bleiben. Halte das umgedrehte Becherglas über die blaue Flamme (**B1** rechts).

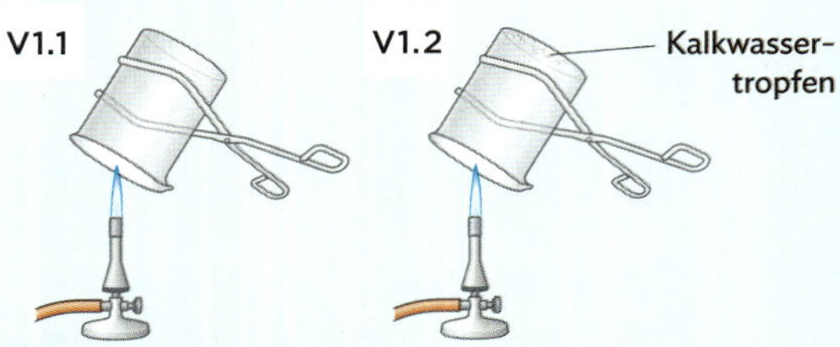

B1 Versuchsaufbau zu V1

AUSWERTUNG

a) Formuliere eine Problemfrage, die mit dem Versuch beantwortet werden kann.

b) Ziehe aus den Beobachtungen Rückschlüsse auf die Verbrennungsprodukte.

c) Formuliere die Wortgleichung für die Verbrennung von Methan.

d) Ein Methan-Molekül enthält ein Kohlenstoff-Atom und mehrere Wasserstoff-Atome. Zeichne das Molekül im Atommodell von DALTON und gib die Molekülformel an. (zur Bindigkeit vgl. S. 66)

e) Stelle die Verbrennung von Methan im Atommodell von DALTON dar und formuliere anschließend die Formelgleichung.

V2 Rußende Kerzen

Woran liegt es, dass brennende Kerzen unter bestimmten Umständen stark rußen?

DURCHFÜHRUNG

2.1 Zünde eine Kerze an. Halte vorsichtig ein umgedrehtes Uhrglas in die Flamme, ohne die Kerze zu ersticken. Beobachte dabei die Veränderungen an der Flamme.

2.2 Baue die Apparatur aus **B2** nach, schließe die Wasserstrahlpumpe an den Wasserhahn an und drehe diesen auf. Entzünde nun das Gas des Gasbrenners bei vollständig geöffneter Luftzufuhr. Schließe die Luftzufuhr langsam und beobachte.

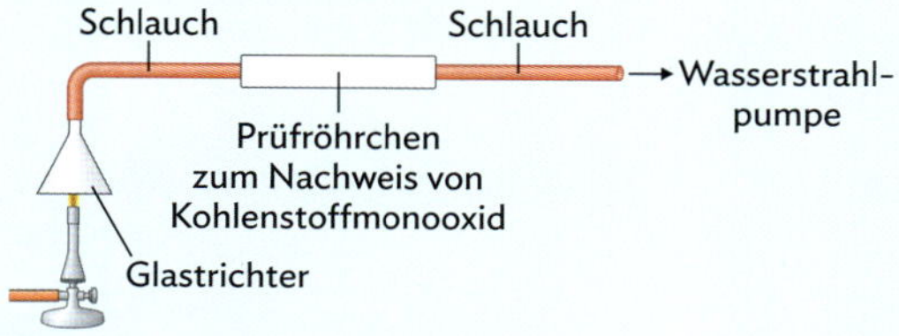

B2 Versuchsaufbau zu **V2.2**

AUSWERTUNG

a) Beschreibe jeweils deine Beobachtungen bei **V2.1** und **V2.2**.

b) Nenne einen gemeinsamen Faktor, der in beiden Versuchen die beobachteten Veränderungen hervorruft.

c) In **V2.2** entstehen Kohlenstoffdioxid und Wasser. Nenne die zwei weiteren Produkte der Reaktion bei geschlossener Luftzufuhr.

d) In vielen Gasbrennern wird heutzutage häufig Propangas verbrannt. Formuliere eine passende Formelgleichung zu der Reaktion in **V2.2** bei geschlossener Luftzufuhr.

Hinweis 1: Ruß besteht hauptsächlich aus Kohlenstoff.

Hinweis 2: Es gibt verschiedene Möglichkeiten, die Formelgleichung auszugleichen.

V3 Ein explosives Gemisch

Für den Antrieb eines Autos benötigt man den brennbaren Stoff Benzin. Unter welchen Umständen ist die Verbrennung von Benzin besonders heftig? Wann kommt es zu einer Explosion?

DURCHFÜHRUNG

Bohre ein kleines Zündloch in die Seite einer leeren Chipsdose (**B3**). Nimm den Deckel ab und gib einige Korkstücke hinein. Deine Lehrkraft gibt zudem einige Tropfen Feuerzeugbenzin in die Dose. Verschließe die Dose, halte das Zündloch mit dem Finger zu und schwenke die Dose.

Entzünde nun das Benzin-Luft-Gemisch unter Aufsicht der Lehrkraft, indem du einen brennenden Glimmspan seitlich **(Achtung, Stichflamme möglich!)** dem Zündloch annäherst.

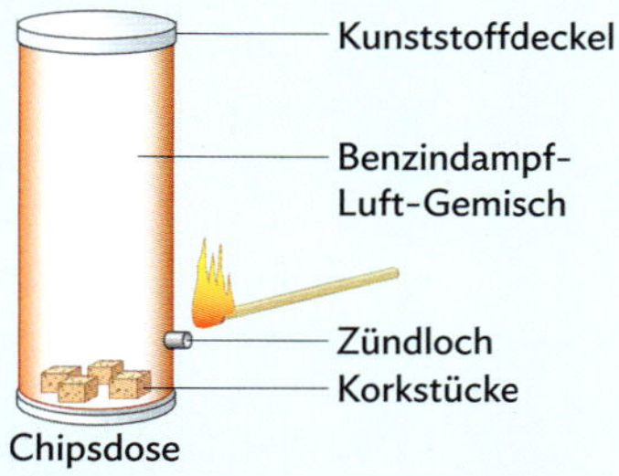

B3 Versuchsdurchführung **V3**

AUSWERTUNG

a) Beschreibe deine Beobachtungen.

b) Die Versuchsdurchführung wird leicht abgeändert. Stelle für jede der folgenden Versuchsvarianten eine begründete Hypothese zur Heftigkeit der Reaktion des Feuerzeugbenzins auf. Nutze dafür ein Modell auf Teilchenebene.

- Die Dose wird bis zur Hälfte mit Benzin gefüllt.
- Die Dose wird mit reinem Sauerstoff statt mit Luft gefüllt.
- Der Versuch wird wie unter Durchführung beschrieben zweimal direkt nacheinander ausgeführt. Die Dose wird zwischen den beiden Versuchen nicht ausgelüftet.

c) Feuerzeugbenzin besteht aus einem Gemisch verschiedener Alkane. Erstelle beispielhaft die Formelgleichung der vollständigen Verbrennung von Pentan.

Verbrennen von Methan

Das Gas Methan ist in Erdgas enthalten. Da es leicht entzündlich ist und beim Verbrennen viel Energie liefert, nutzt man es häufig zum Heizen oder Kochen. Ist ausreichend Sauerstoff vorhanden, reagiert es mit diesem in einer exothermen **Verbrennungsreaktion** mit bläulicher Flamme. Als Verbrennungsprodukte entstehen Wasserdampf und Kohlenstoffdioxid. Sie können mit Watesmopapier bzw. mit der Kalkwasserprobe nachgewiesen werden (**V1**).

> Verbrennungen sind stets exotherme Reaktionen von einem brennbaren Stoff mit Sauerstoff.

Die Verbrennungsprodukte von Methan enthalten Kohlenstoff-, Wasserstoff- und Sauerstoff-Atome. Die Sauerstoff-Atome kommen aus dem Luftsauerstoff. Ein Methan-Molekül enthält demnach Wasserstoff- und Kohlenstoff-Atome. Methan gehört somit zu den **Kohlenwasserstoffen**. Die Molekülformel von Methan lautet CH_4. Die Verbrennungsreaktion lässt sich wie folgt darstellen:

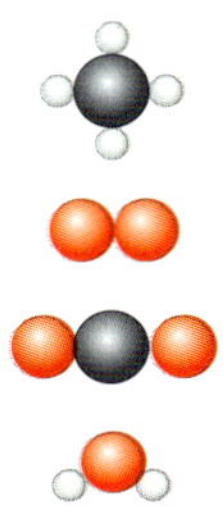

Methan-Molekül

Sauerstoff-Molekül

Kohlenstoffdioxid-Molekül

Wasser-Molekül

Methan (g) + Sauerstoff (g) ⟶ Kohlenstoffdioxid (g) + Wasser (g) |exotherm

$$CH_4 + 2\,O_2 \longrightarrow CO_2 + 2\,H_2O$$

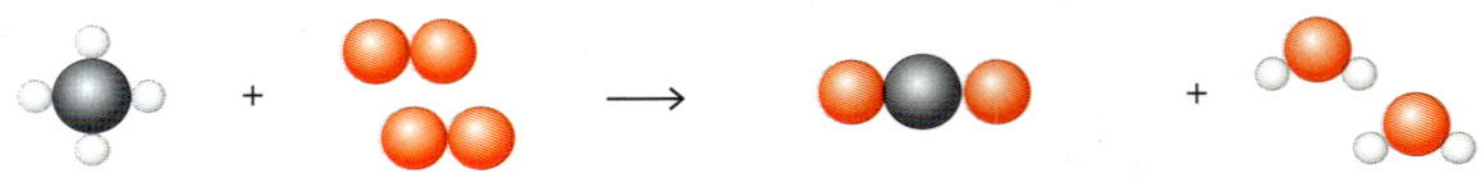

> Bei der vollständigen Verbrennung von Kohlenwasserstoffen entstehen Kohlenstoffdioxid CO_2 und Wasser H_2O als Verbrennungsprodukte.

Alkan	Molekülformel	Darstellung im Atommodell von DALTON
Methan	CH_4	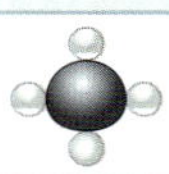
Ethan	C_2H_6	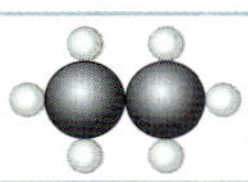
Propan	C_3H_8	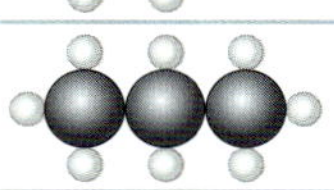
Butan	C_4H_{10}	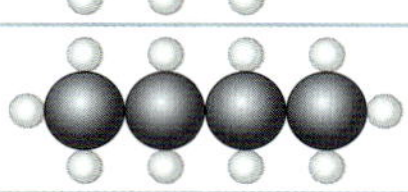
Pentan	C_5H_{12}	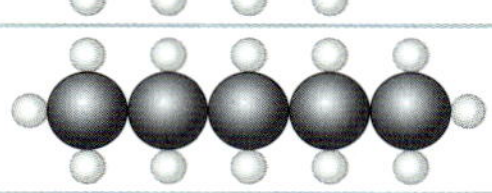
Hexan	C_6H_{14}	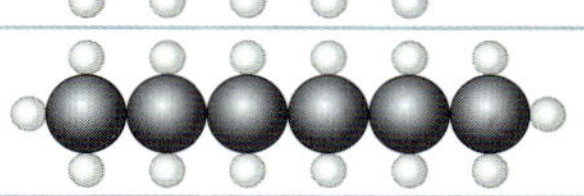
Heptan	C_7H_{16}	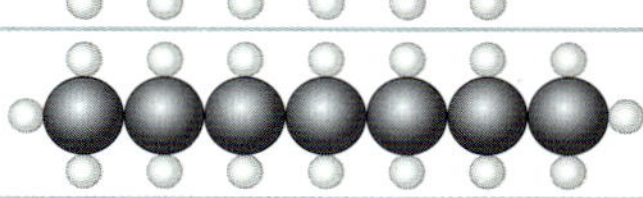

B4 Die ersten Vertreter der homologen Reihe der Alkane

Die homologe Reihe der Alkan

Das Methan-Molekül CH_4 ist der einfachste Vertreter der Kohlenwasserstoff-Moleküle. Er gehört zur Stoffklasse der **Alkane**, die sich durch die allgemeine Molekülformel $\mathbf{C_nH_{2n+2}}$ auszeichnen. Der Buchstabe n steht dabei für die Anzahl der Kohlenstoff-Atome, z. B. n = 1 für ein Kohlenstoff-Atom im Methan-Molekül.

Ein Ethan-Molekül C_2H_6 besitzt zwei, ein Propan-Molekül C_3H_8 drei und ein Butan-Molekül C_4H_{10} vier Kohlenstoff-Atome. Diese Reihe lässt sich wie in **B4** gezeigt weiterführen. Man spricht von der **homologen Reihe der Alkane**.

> Kohlenwasserstoffe mit der allgemeinen Molekülformel C_nH_{2n+2} heißen Alkane.
> In der homologen Reihe der Alkane unterscheiden sich die aufeinanderfolgenden Moleküle jeweils um ein Kohlenstoff-Atom und zwei Wasserstoff-Atome.

Vollständige und unvollständige Verbrennung

Sicher ist jedem schon einmal aufgefallen, dass Kerzen manchmal rußen. Auch die Flamme eines Gasbrenners kann man zum Rußen bringen, indem man die Luftzufuhr zudreht. Je weniger Sauerstoff vorhanden ist, desto deutlicher sieht man Rußschwaden (**V2**).

Bei dem Gas im Gasbrenner handelt es sich meist um Methan CH_4 oder ein Stoffgemisch aus Propan C_3H_8 und Butan C_4H_{10}. Verbrennt man diese Stoffe bei offener Luftzufuhr (in genügend Sauerstoff), so wandeln sich die Edukte vollständig in Kohlenstoffdioxid und Wasser um. Man nennt dies eine **vollständige Verbrennung** (vgl. S. 104, Verbrennung von Methan). Verbrennt man diese Kohlenwasserstoffe bei geschlossener Luftzufuhr, so stehen nicht mehr genügend Sauerstoff-Moleküle zur Verfügung, um alle Kohlenstoff-Atome aus den Kohlenwasserstoff-Molekülen in Kohlenstoffdioxid umzuwandeln. Man spricht von einer **unvollständigen Verbrennung**. Als ein Verbrennungsprodukt bleibt Ruß übrig. Dabei handelt es sich um reinen Kohlenstoff C. Zudem bildet sich das Gas Kohlenstoffmonooxid CO. Die genaue Zusammensetzung der Produkte variiert, sodass mehrere Formelgleichungen möglich sind.

Beispiele für die unvollständige Verbrennung von Methan:

$$4\,CH_4 + 6\,O_2 \longrightarrow C + 2\,CO + CO_2 + 8\,H_2O$$

$$6\,CH_4 + 9\,O_2 \longrightarrow 2\,C + 2\,CO + 2\,CO_2 + 12\,H_2O$$

Bei der unvollständigen Verbrennung von Kohlenwasserstoffen entstehen Kohlenstoff C (Ruß), Kohlenstoffmonooxid CO, Kohlenstoffdioxid CO_2 und Wasser H_2O.

Bei einer unvollständigen Verbrennung wird weniger Energie freigesetzt als bei der entsprechenden vollständigen Verbrennung, da das Edukt vollständig umgesetzt wird.

Einfluss der Kohlenstoff-Atom-Kette

Ob eine Verbrennung vollständig oder unvollständig verläuft, hängt neben der Menge an Sauerstoff auch von der Länge der Kohlenstoff-Atom-Kette in den Alkan-Molekülen ab: Ein Methan-Molekül benötigt zwei Sauerstoff-Moleküle, um vollständig zu verbrennen, ein Propan-Molekül fünf. Es gilt: Je länger die Kohlenstoff-Atom-Kette in den Molekülen und je geringer die Sauerstoffzufuhr, desto unvollständiger ist die Verbrennung. Paraffin besteht aus Molekülen mit sehr langen Kohlenstoff-Atom-Ketten. Es rußt bei seiner Verbrennung daher stark (**B5**).

B5 Paraffin rußt beim Verbrennen, da es aus Molekülen mit sehr langen Kohlenstoff-Atom-Ketten besteht.

Der Abgaskatalysator

Unvollständige Verbrennungen erfolgen beispielsweise bei Bränden oder in defekten Heizungsanlagen. Das dabei frei werdende Kohlenstoffmonooxid kann schon in geringen Mengen tödlich wirken. Das Gas ist farb- und geruchlos, kann aber mit Prüfröhrchen oder Warnmeldern nachgewiesen werden (**V2**).

Auch die Verbrennungen von Benzin, Diesel und Kerosin laufen unvollständig ab. Dies liegt an den langkettigen Kohlenwasserstoffen, die in diesen Stoffen enthalten sind. Zu den Hauptverursachern von Kohlenstoffmonooxid zählen daher der Flugverkehr, die Schifffahrt und der Straßenverkehr. Um den Ausstoß von Kohlenstoffmonooxid und anderen giftigen Autoabgasen zu reduzieren, muss in Deutschland seit 1984 jedes Kraftfahrzeug mit einem **Abgaskatalysator** ausgestattet sein (**B6**).

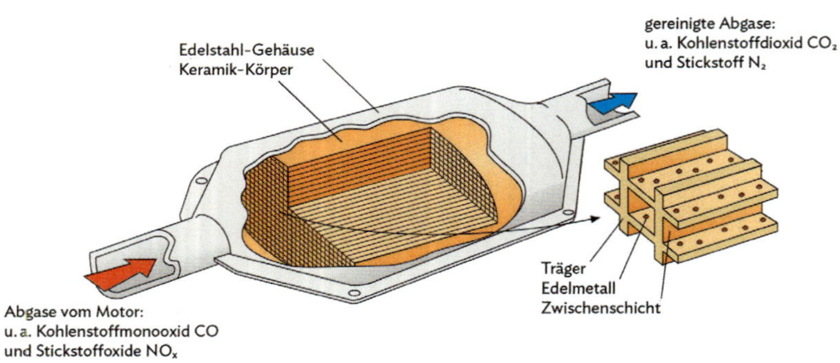

B6 Schema eines Abgaskatalysators

Ein Abgaskatalysator wandelt giftige Abgase in weniger giftige Abgase um, z. B. verbrennt Kohlenstoffmonooxid mithilfe des Katalysators zu Kohlenstoffdioxid:

$$2\,CO + O_2 \longrightarrow 2\,CO_2$$

Kohlenwasserstoffe, die im Motor unvollständig oder gar nicht verbrannt sind, werden nun vollständig verbrannt. Um die Reaktionen im Abgaskatalysator zu ermöglichen, werden die Abgase über ein katalytisch wirkendes Metall, wie beispielsweise Platin geleitet.

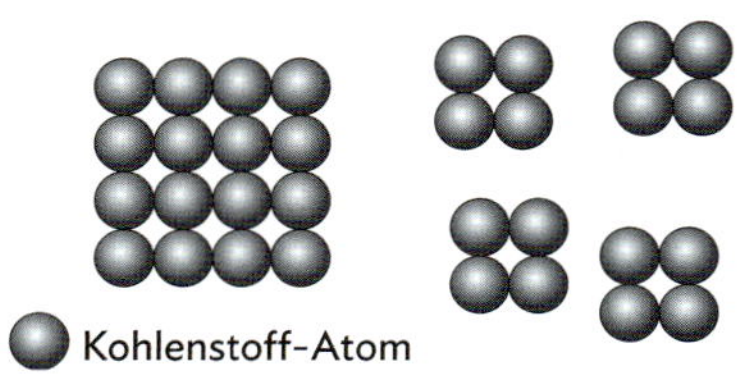

B7 Oberflächenvergrößerung durch Zerteilen auf Teilchenebene

Abhängigkeit der Verbrennung von der Oberfläche

Erfahrene Grillmeisterinnen und Grillmeister streuen kleine Kohlestückchen oder feinen Kohlestaub über die Grillkohle und bekommen sie so schneller entzündet.

Welchen Einfluss die Größe der Kohlestücke auf die Verbrennungsreaktion hat, lässt sich auf Teilchenebene erklären. Damit es zu einer Reaktion zwischen der Kohle und dem Sauerstoff kommen kann, müssen sich die Teilchen der Stoffe berühren. Bei einem Kohlestück können nur die Kohlenstoff-Atome an der Oberfläche mit den Sauerstoff-Molekülen zusammenstoßen (**B7** links).

Zerkleinert man nun das Kohlestück, wird die Gesamtoberfläche vergrößert und die Anzahl der für die Reaktion zur Verfügung stehenden Atome steigt (**B7** rechts). Mit einem höheren **Zerteilungsgrad** verläuft die Verbrennungsreaktion daher heftiger.

Mit zunehmendem Zerteilungsgrad vergrößert sich die Gesamtoberfläche. Dadurch können mehr Kohlenstoff-Atome mit Sauerstoff-Molekülen zusammenstoßen. Eine Verbrennungsreaktion verläuft somit heftiger.

Info

In einem Benzinmotor findet eine kontrollierte Explosion statt. Dabei wird zunächst das Gas verdichtet, welches anschließend entzündet und verbrannt wird. Durch den entstehenden Druck wird ein Kolben in Schwung versetzt und die freiwerdende Energie zum Antrieb genutzt.

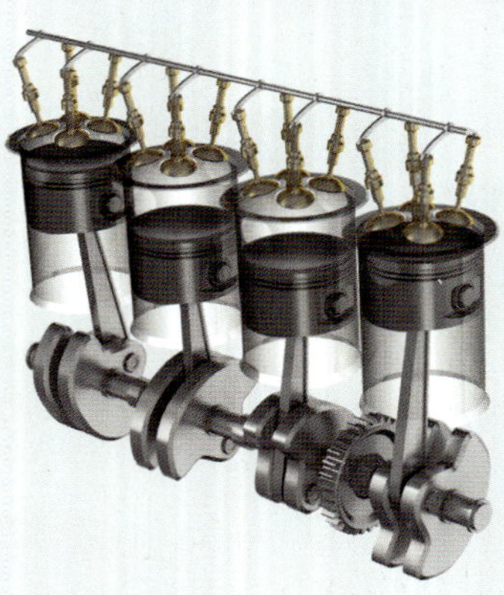

Explosion

Läuft eine Verbrennungsreaktion besonders schnell ab, kommt es zu einer plötzlichen Hitze- und Gasentwicklung: eine **Explosion** findet statt. Durch die schnelle Bildung der Gase kommt es zu einer schlagartigen Volumenausdehnung, wobei ein großer Druck entsteht. Dieser führt zu einer Detonation, bei der ein lauter Knall zu hören und eine Druckwelle zu spüren ist.

Eine Explosion ist eine sehr schnell ablaufende Verbrennungsreaktion.

Treten Explosionen unerwartet auf, können sie gefährlich sein. Man kann sie aber auch gezielt herbeiführen, um die dabei freiwerdende Energie zu nutzen. So finden im Ottomotor gewollte Explosionen von Benzin statt, mit denen ein Auto angetrieben werden kann (vgl. Info). Explosionen von Sprengstoffen wie Trinitrotoluol (TNT) oder Schwarzpulver werden beim Tunnelbau oder in Steinbrüchen eingesetzt.

Der Explosionsbereich

In Filmen sieht man immer wieder explodierende Autos. Tatsächlich kann es durch einen beschädigten Benzintank aber nicht zu einer Explosion kommen. Dafür muss der Brennstoff in einem ganz bestimmten Mischungsverhältnis mit der Luft vorliegen. Gibt man wenige Tropfen Benzin in eine Chipsdose, schüttelt kräftig und zündet das Stoffgemisch dann an, findet eine Explosion statt. Gibt man aber zu viel oder zu wenig Benzin hinein, kann man ggf. keine Explosion hervorrufen (**V3**).

Damit eine Explosion stattfinden kann, muss sich die Konzentration des Brennstoffs genau im sogenannten **Explosionsbereich** zwischen der unteren und der oberen Explosionsgrenze befinden (**B8**). Liegt die Konzentration unterhalb des Explosionsbereichs, liegt ein zu **mageres Gemisch** vor.

Liegt sie darüber, kann der Brennstoff zwar verbrennen, aber nicht explodieren. Es liegt ein zu **fettes Gemisch** vor. In einem defekten Benzintank ist das Benzin-Luft-Gemisch zu fett, da nicht genug Luft eindringen kann.

Der Explosionsbereich ist stoffabhängig und wird zudem u. a. vom Zerteilungsgrad eines Stoffes beeinflusst.

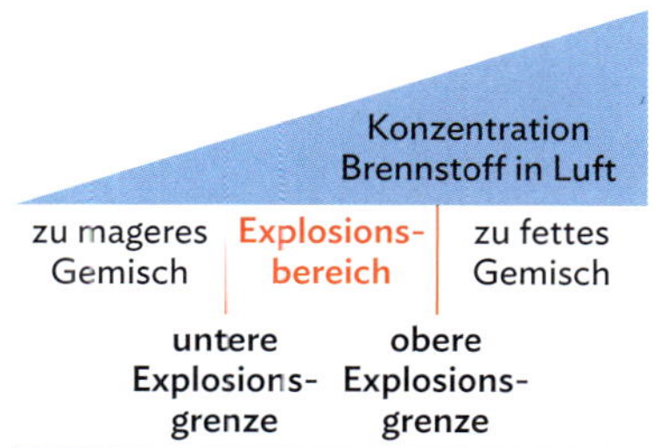

B8 Bedingung für das Entstehen einer Explosion

AUFGABEN

A1 Bestimme jeweils die Molekülformel eines Alkans mit:
a) 17 Kohlenstoff-Atomen.
b) 60 Wasserstoff-Atomen.

A2 Bilde mit den folgenden Begriffen jeweils zwei sinnvolle Aussagen:
a) Kurze/lange Kohlenstoff-Atom-Kette, Luftsauerstoff, vollständige/unvollständige Verbrennung
b) Kurze Kohlenstoff-Atom-Kette, wenig/viel Sauerstoff, vollständige/unvollständige Verbrennung

A3 In Biogas-Anlagen werden Abfälle aus der Landwirtschaft wie Grünschnitt und Gülle unter Luftausschluss vergärt. Dabei entsteht Biogas, das zu 60 % aus Methan besteht. Begründe, weshalb Biogas ein guter Energieträger ist.

A4 Formuliere die Formelgleichung für die vollständige Verbrennung von Heptan.

A5 Heptan verbrennt unvollständig. Erstelle eine mögliche Formelgleichung.

A6 Im Alltag ist nur die vollständige Verbrennung erwünscht. Trotzdem kann man am Gasbrenner beide Arten einstellen. Begründe dies.

A7 Ein brennendes Streichholz fällt in einen Benzinkanister und es kommt nicht zur Explosion. Erkläre diese Beobachtung.

A8 Beim Anzünden eines Lagerfeuers beginnt man am besten mit Holzspreißeln und legt dann kleine und schließlich größere Holzscheite nach. Begründe dieses Vorgehen.

A9 Octan wird einmal vollständig und einmal unvollständig verbrannt. Zeichne in ein beschriftetes Energiediagramm den Reaktionsverlauf für beide Reaktionen ein.

FACHBEGRIFFE

Verbrennungsreaktion, Kohlenwasserstoffe, Alkane, homologe Reihe der Alkane, vollständige Verbrennung, unvollständige Verbrennung, Abgaskatalysator, Zerteilungsgrad, Explosion, Explosionsbereich, mageres Gemisch, fettes Gemisch

5.2 Quantitative Aspekte chemischer Reaktionen

Damit ein Auto den Grenzwert für Kohlenstoffdioxid im Abgas einhält, darf es nur eine bestimmte Menge Benzin verbrauchen. Eine Rakete braucht das perfekte Verhältnis ihrer Treibstoffkomponenten zueinander. Wie berechnen sich Mengen (lateinisch: *quantitas*) bei chemischen Reaktionen?

V1 Erbsenmodell

Stoffe bestehen aus Teilchen. Doch wie viele Teilchen sind in 5 Gramm oder 5 Liter eines Stoffes enthalten? Die Teilchenanzahl eines Stoffes hängt mit messbaren Größen wie dem Volumen und der Masse zusammen.

DURCHFÜHRUNG

Stelle einen 100-mL-Messzylinder auf eine Digitalwaage und drücke die „Tara"-Taste.

Fülle 20 mL getrocknete Erbsen in den Messzylinder und zähle die Erbsen dabei. Bestimme am Ende die Gesamtmasse der Erbsen m_1 und notiere das Volumen V_1 sowie die Anzahl der Erbsen N_1.

Führe den Versuch fort, indem du den Messzylinder weiter auf V_2 = 40 mL und schließlich auf V_3 = 60 mL mit Erbsen auffüllst und jeweils die Gesamtmasse (m_2 bzw. m_3) und Anzahl (N_2 bzw. N_3) der Erbsen bestimmst.

Trage alle ermittelten Daten in eine geeignete Tabelle ein.

AUSWERTUNG

a) Erstelle ein Koordinatensystem für das gilt:

x-Achse ≙ Anzahl der Erbsen *N*

y-Achse ≙ Gesamtmasse *m*

Trage die einzelnen Werte für die Gesamtmassen (m_1 bis m_3) mit der entsprechenden Anzahl der Erbsen (N_1 bis N_3) in das Koordinatensystem ein.

b) Beschreibe den Zusammenhang zwischen der Gesamtmasse *m* und der Anzahl der Erbsen *N* in Worten. Nenne anschließend den mathematischen Fachbegriff für den Zusammenhang.

c) Berechne für die drei Datensätze aus **V1** jeweils die Masse einer einzelnen Erbse m_E mithilfe des Dreisatzes.

d) Vergleiche die Werte für m_E und begründe Abweichungen zwischen den Werten.

e) Beschreibe den Zusammenhang zwischen dem Volumen *V* und der Anzahl der Erbsen *N*.

Berechnen der Stoffumsätze bei chemischen Reaktionen

Um die Rakete Ariane 5 starten zu lassen, müssen genau definierte Mengen Wasserstoffgas und Sauerstoffgas miteinander zur Reaktion gebracht werden. Das korrekte Volumenverhältnis muss dafür vor der Reaktion exakt berechnet werden. Diese Art von Berechnungen nennt man **stöchiometrisches Rechnen**.

Die Grundlage für stöchiometrische Berechnungen stellt grundsätzlich das Aufstellen einer korrekten Formelgleichung dar. Diese gibt Aufschluss über das Verhältnis der Teilchen, die miteinander reagieren bzw. bei der Reaktion entstehen. Beispielsweise reagieren zwei Wasserstoff-Moleküle im Verhältnis mit einem Sauerstoff-Molekül zu zwei Wasser-Molekülen (**B1**).

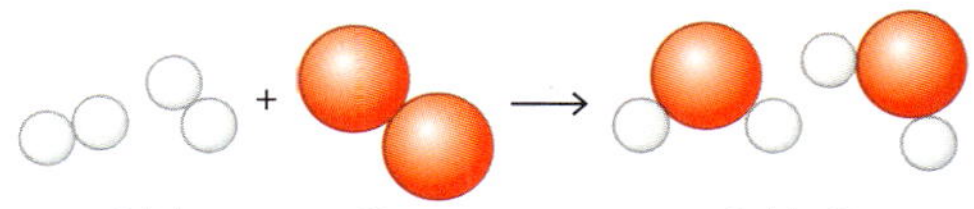

$$2\,H_2 + O_2 \longrightarrow 2\,H_2O$$

B1 Synthese von Wasser, dargestellt im Atommodell von DALTON (oben) und in der Formelgleichung (unten)

Aus der Formelgleichung lässt sich zwar das Verhältnis der reagierenden und entstehenden Teilchen ablesen, nicht jedoch, wie viele Liter Wasserstoffgas mit wie vielen Litern Sauerstoffgas zur Reaktion gebracht werden müssen, um die Rakete Ariane 5 zu starten. Um von dem Verhältnis der reagierenden Teilchen auf die Masse oder das Volumen zu schließen, benötigt man Umrechnungsgrößen. Mit ihnen lassen sich **Quantitätsgrößen** wie die Teilchenanzahl, die Masse und das Volumen ineinander überführen.

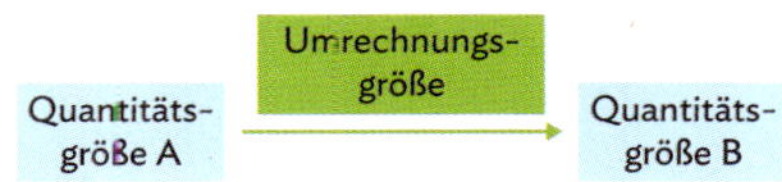

Quantitätsgrößen geben Auskunft über die Menge einer Stoffportion, z. B. Anzahl der Teilchen, Masse oder Volumen. Umrechnungsgrößen ermöglichen den Wechsel zwischen den Quantitätsgrößen.

Die relative Atommasse m_r

Die Masse einer Erbse lässt sich mit einer Waage sehr einfach ermitteln. Atome lassen sich aber nicht einzeln auf eine Waage legen. Aus diesem Grund legte DALTON die Masse des Wasserstoff-Atoms willkürlich auf 1 fest. Alle anderen Atommassen wurden in Bezug zur Masse des Wasserstoff-Atoms bestimmt. Man nennt diese Größe daher **relative Atommasse m_r** (vgl. Info).

Info
Synonyme zu relativ:
- gemessen an ...
- im Vergleich zu ...
- abhängig von ....

Die relative Atommasse m_r eines Wasserstoff-Atoms beträgt 1. Sie besitzt keine Einheit.

Die absolute Atom- bzw. Molekülmasse m_a

Heutzutage kann man die tatsächliche Masse eines Atoms mit einem Massenspektrometer (vgl. Info) bestimmen. Die **absolute Atommasse m_a** eines Kohlenstoff-Atoms beträgt:

$$m_a(C) = 0{,}000\,000\,000\,000\,000\,000\,000\,019\,926\ g$$
$$= 1{,}9926 \cdot 10^{-23}\ g.$$

Info
Ein Massenspektrometer ist ein Gerät, mit dem man die Massen von Atomen und Molekülen bestimmen kann. Wie ein solches Gerät funktioniert, wird unter dem folgenden QR-/Mediencode erklärt. 05511-23

Die Angabe der absoluten Atommassen in Gramm führt zu sehr kleinen Zahlen, mit denen man nicht gut rechnen kann. Daher wird die absolute Atommasse meist nicht in Gramm, sondern in der **atomaren Masseneinheit u** (engl. *unit*) angegeben.

Die Zahlenwerte der absoluten Atommasse in u entsprechen den Zahlenwerten der relativen Atommasse, die jedoch keine Einheit trägt. Ein einzelnes Kohlenstoff-Atom hat eine absolute Atommasse von 12 u, ein

Wasserstoff-Atom von 1 u. Die Werte findet man im Periodensystem der Elemente meist links oben neben dem Elementsymbol (vgl. hinterer Buchdeckel, dort als Nukleonenzahl angegeben).

Die absolute Atommasse m_a wird in der atomaren Masseneinheit u angegeben. Die Werte für die verschiedenen Atomsorten stehen im Periodensystem der Elemente.

Die Masse eines Moleküls, also die absolute Molekülmasse m_a, erhält man durch Addition der Atommassen aller im Molekül gebundenen Atome. Für ein Wasser-Molekül ergibt sich eine absolute Molekülmasse von:

$$m_a(H_2O) = 2 \cdot m_a(H) + m_a(O) = 2 \cdot 1\,u + 16\,u = 18\,u.$$

Info

Das Zeichen ~ bedeutet „direkt proportional". Für direkt proportionale Zuordnungen gilt:

Verdoppelt/verdreifacht ... sich die eine Größe, verdoppelt/verdreifacht ... sich auch die andere Größe.

Solche Zuordnungen lassen sich auch mithilfe des Dreisatzes berechnen.

Die absolute Masse als Umrechnungsgröße

Die absolute Atom- bzw. Molekülmasse m_a kann als Umrechnungsgröße eingesetzt werden. So lässt sich darüber z. B. die **Teilchenanzahl N** in die Masse *m* umrechnen. Wie die Masse *m* mit der Teilchenanzahl *N* zusammenhängt, kann man mithilfe des Erbsenmodells ermitteln (**V1**):

Verdoppelt man die Anzahl der Erbsen, so verdoppelt sich die Gesamtmasse. Die Gesamtmasse m der Erbsen ist also direkt proportional (vgl. Info) zur Anzahl *N* der Erbsen: $m \sim N$. Diese Beziehung gilt nicht nur für Erbsen, sondern lässt sich auf Atome und Moleküle übertragen. Mit der Umrechnungsgröße m_a als Proportionalitätsfaktor ergeben sich folgende Gleichungen:

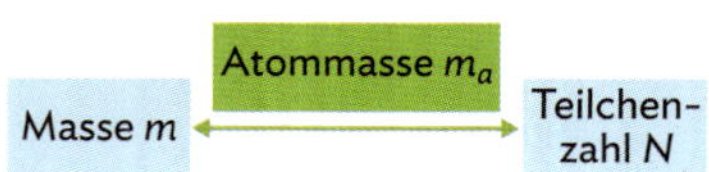

$$m = m_a \cdot N \qquad \text{bzw.} \qquad N = \frac{m}{m_a}$$

Die Stoffmenge *n*

In einem Liter Wasser sind etwa $3 \cdot 10^{25}$ Moleküle enthalten. Die Teilchenzahl *N* beträgt also $3 \cdot 10^{25}$. Um nicht immer mit so großen Zahlen rechnen zu müssen, hat man die **Stoffmenge *n*** eingeführt. Sie besitzt die Einheit **Mol**. In der Stoffmenge von einem Mol (n = 1 mol) jedes beliebigen Stoffes ist die Teilchenanzahl $N = 6 \cdot 10^{23}$ Teilchen enthalten. Ähnlich wie es die Bezeichnung Dutzend für die Anzahl von zwölf gibt, ist das Mol ein vereinfachtes Maß für die Teilchenanzahl einer bestimmten Stoffportion:

12 Stück = 1 Dutzend

$6{,}022 \cdot 10^{23}$ Teilchen = 1 mol

Ein Mol eines Stoffes enthält $6{,}022 \cdot 10^{23}$ Teilchen.

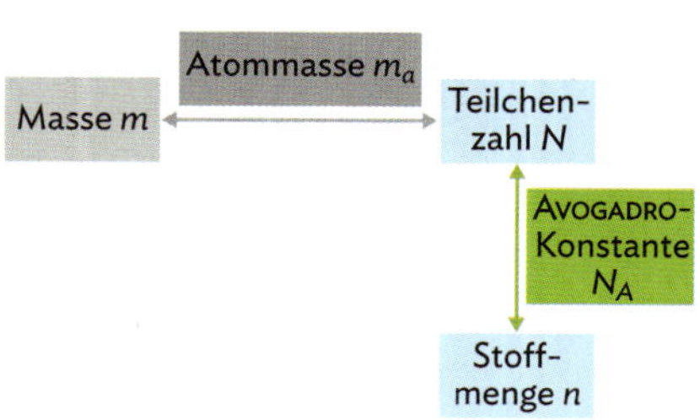

Je nach Stoff handelt es sich um unterschiedliche Teilchen, z. B. um Wasser-Moleküle und um Kupfer-Atome. Die Zahl $6{,}022 \cdot 10^{23}$ wird als **AVOGADRO-Konstante N_A** bezeichnet. Mit dieser Umrechnungsgröße lässt sich die Stoffmenge *n* in die Teilchenanzahl *N* umrechnen:

$$n \cdot N_A = N \qquad \text{bzw.} \qquad n = \frac{N}{N_A}$$

Die molare Masse *M*

Die Stoffmenge *n* lässt sich auch direkt in die Masse *m* umrechnen. Als Umrechnungsgröße verwendet man dafür die **molare Masse M**.

Die molare Masse *M* wird als Proportionalitätsfaktor eingesetzt:

$$m = M \cdot n \quad \text{bzw.} \quad n = \frac{m}{M} \quad \text{bzw.} \quad M = \frac{m}{n}$$

Die molare Masse hat die Einheit g/mol. Für einen Stoff ergibt sich die molare Masse aus den Zahlenwerten der absoluten Masse seiner Atome in u. Diese kann wiederum aus dem Periodensystem abgelesen werden. Für das Metall Lithium ergibt sich beispielsweise:

$$m_a(\text{Li}) = 7\ \text{u, also}\ M(\text{Li}) = 7\,\frac{\text{g}}{\text{mol}}$$

Für molekular aufgebaute Stoffe berechnet man die molare Masse *M*, indem man zunächst die absolute Molekülmasse m_a bestimmt. Für Kohlenstoffdioxid gilt:

$$m_a(\text{CO}_2) = m_a(\text{C}) + 2 \cdot m_a(\text{O}) = 44\ \text{u, also}\ M(\text{CO}_2) = 44\,\frac{\text{g}}{\text{mol}}$$

Die molare Masse *M* hat die Einheit $\frac{\text{g}}{\text{mol}}$ (Gramm pro Mol). Jeder Reinstoff besitzt eine für ihn charakteristische molare Masse.

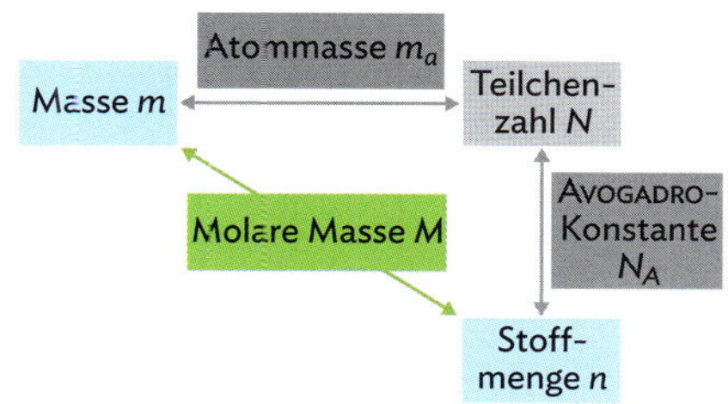

Die Dichte *ρ*

Die Masse *m* und das Volumen *V* kann man auch direkt ineinander überführen. Die Umrechnungsgröße hierfür ist die **Dichte *ρ***. Mit der Dichte beschreibt man die Masse eines Stoffes, die dieser bei einem bestimmten Volumen hat (vgl. S. 29). In Formeln ausgedrückt bedeutet das:

$$\rho = \frac{m}{V} \quad \text{bzw.} \quad m = \rho \cdot V \quad \text{bzw.} \quad V = \frac{m}{\rho}$$

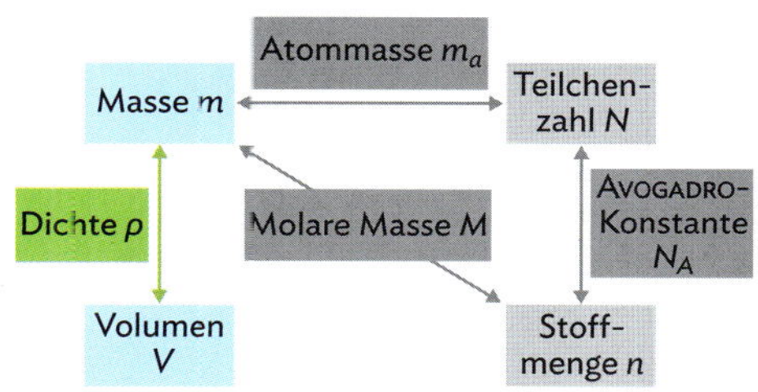

Chemisches Rechnen

Quantitätsgrößen lassen sich mithilfe von Umrechnungsgrößen ineinander überführen (**B3**). Um Stoffumsätze bei chemischen Reaktionen berechnen zu können, legt man die korrekte Formelgleichung der Reaktion zugrunde. Der Weg von der Wortgleichung über die Formelgleichung bis hin zu Masse und Volumen der reagierenden Stoffe ist in der **FM** auf S. 112 dargestellt.

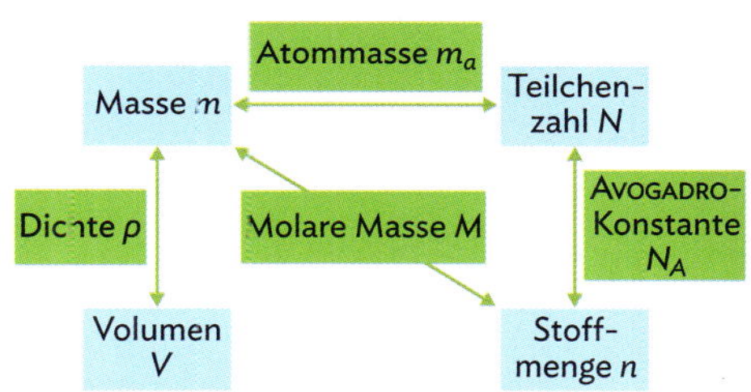

B3 Schema zur Umrechnung der Quantitätsgrößen *m*, *V*, *N*, *n* mithilfe der Umrechnungsgrößen m_a, N_A, *M*, *ρ*.

AUFGABEN

A1 Berechne mithilfe der absoluten Atommassen aus dem Periodensystem (vgl. hinterer Buchdeckel) die absoluten Molekülmassen von Ammoniak NH_3 und Kohlenstoffdioxid CO_2 in u.

A2 Ermittle die molaren Massen der folgenden Elemente bzw. Verbindungen in g/mol: Natrium, Eisen, Sauerstoff, Wasser, Schwefeldioxid, Diphosphorpentaoxid, Kohlenstofftetrachlorid.

A3 Berechne die Masse von 2 mol des Feuerzeuggases Butan (C_4H_{10}) in Gramm.

FACHBEGRIFFE

stöchiometrisches Rechnen, Quantitätsgröße, Umrechnungsgröße, relative Atommasse m_r, absolute Atommasse m_a, atomare Masseneinheit u, Teilchenanzahl N, Stoffmenge *n*, Mol, AVOGADRO-Konstante N_A, molare Masse *M*, Dichte *ρ*

Den Stoffumsatz einer Reaktion berechnen

Mithilfe stöchiometrischer Rechnungen kann man die Mengen der Edukte und Produkte einer chemischen Reaktion ermitteln. **Quantitätsgrößen** geben Auskunft über die Menge einer Stoffportion. **Umrechnungsgrößen** ermöglichen den Wechsel zwischen den Quantitätsgrößen (**B1**).

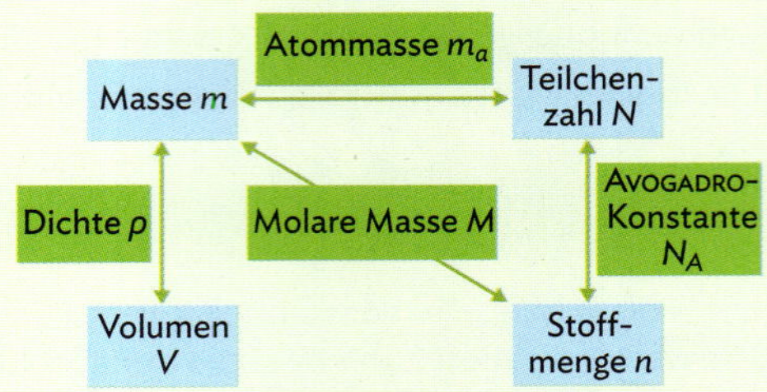

B1 Schema zur Umrechnung der **Quantitätsgrößen** m, V, N, n mithilfe der **Umrechnungsgrößen** m_a, N_A, M, ρ

Der Grenzwert für den Kohlenstoffdioxid-Ausstoß eines PKWs soll bei 95 g pro km liegen. Berechne für folgenden PKW, ob der Grenzwert eingehalten wird: Der PKW verbraucht 5 L Benzin auf 100 km. Vereinfachend soll angenommen werden, dass Benzin aus Isooctan C_8H_{18} besteht (Dichte $\rho(C_8H_{18}) = 690\ \frac{g}{L}$) und vollständig verbrennt.

So geht's

a) Berechne den Verbrauch an Isooctan in Gramm pro Kilometer.

1. Liste die gegebenen Werte und die gesuchte Größe auf.

gegeben: Volumen von Isooctan $V(C_8H_{18}) = 5\ L$ (Verbrauch pro 100 km)
Dichte von Isooctan $\rho(C_8H_{18}) = 690\ \frac{g}{L}$
gesucht: Masse von Isooctan $m(C_8H_{18})$

2. Stelle die Größengleichung zur Berechnung der gesuchten Größe auf.

$m(C_8H_{18}) = \rho(C_8H_{18}) \cdot V(C_8H_{18})$

3. Setze die gegebenen Werte in die Größengleichung ein.

$m(C_8H_{18}) = 690\ \frac{g}{L} \cdot 5\ L = 3450\ g$ (Verbrauch pro 100 km)
Der PKW verbraucht 34,5 g Isooctan pro Kilometer.

b) Der Verbrauch von Isooctan in Gramm ist nun bekannt. Dieser bezieht sich auf die Stoffebene. Berechnungen von Stoffumsätzen erfolgen immer auf der Teilchenebene. Berechne dafür die Stoffmenge an Isooctan, die der PKW pro Kilometer verbraucht.

1. Liste die gegebenen Werte und die gesuchte Größe auf.

gegeben: Masse von Isooctan $m(C_8H_{18}) = 34{,}5\ g$ (Verbrauch pro 1 km)
gesucht: Stoffmenge von Isooctan $n(C_8H_{18})$

2. Überlege dir die Umrechnungsgröße, mit der die gegebene in die gesuchte Größe umgerechnet werden kann. Berechne die Umrechnungsgröße.

Umrechnungsgröße: molare Masse $M(C_8H_{18})$
Berechnung der molaren Masse M aus den absoluten Atommassen m_a (vgl. PSE hinterer Buchdeckel):
$M(C_8H_{18}) = 8 \cdot m_a(C) + 18 \cdot m_a(H)$
$M(C_8H_{18}) = 8 \cdot 12\ \frac{g}{mol} + 18 \cdot 1\ \frac{g}{mol} = 114\ \frac{g}{mol}$

3. Stelle die Größengleichung zur Berechnung der gesuchten Größe auf. Setze die bekannten Werte ein und berechne die gesuchte Größe.

$n(C_8H_{18}) = \frac{m(C_8H_{18})}{M(C_8H_{18})} = \frac{34{,}5\ g}{114\ \frac{g}{mol}} \approx 0{,}3\ mol$

Der PKW verbraucht ca. 0,3 mol Isooctan pro Kilometer.

c) Mithilfe der Formelgleichung können aus den Stoffmengen der Edukte die Stoffmengen der Produkte berechnet werden. Berechne die Stoffmenge von Kohlenstoffdioxid, die der PKW pro Kilometer ausstößt.

1. Liste die gegebenen Werte und die gesuchten Größen auf.

   gegeben: *Stoffmenge von Isooctan* $n(C_8H_{18}) = 0{,}3\,mol$
   gesucht: *Stoffmenge von Kohlenstoffdioxid* $n(CO_2)$

2. Stelle die Formelgleichung für die Verbrennungsreaktion auf.

   $2\,C_8H_{18} + 25\,O_2 \longrightarrow 16\,CO_2 + 18\,H_2O$

3. Lies das Verhältnis der Stoffmengen *n* aus den Koeffizienten der Formelgleichung ab.

   $\frac{n(CO_2)}{n(C_8H_{18})} = \frac{16\,mol}{2\,mol} = \frac{16}{2} = 8$

4. Löse die Gleichung nach der gesuchten Stoffmenge auf und setze die gegebene Stoffmenge ein.

   $n(CO_2) = 8 \cdot n(C_8H_{18}) = 8 \cdot 0{,}3\,mol = 2{,}4\,mol$

   Der PKW stößt 2,4 mol Kohlenstoffdioxid pro Kilometer aus.

d) Um den Ausstoß an Kohlenstoffdioxid mit dem Grenzwert vergleichen zu können, muss der Wert auf Teilchenebene (Stoffmenge *n* in Mol) wieder in einen Wert auf der Stoffebene (Masse *m* in Gramm) überführt werden. Berechne die Masse an Kohlenstoffdioxid, die der PKW pro Kilometer ausstößt und vergleiche mit dem Grenzwert.

1. Liste die gegebenen Werte und die gesuchten Größen auf.

   gegeben: *Stoffmenge von Kohlenstoffdioxid* $n(CO_2) = 2{,}4\,mol$
   gesucht: *Masse von Kohlenstoffdioxid* $m(CO_2)$

2. Überlege dir die Umrechnungsgröße, mit der die gegebene in die gesuchte Größe umgerechnet werden kann, und berechne sie.

   Umrechnungsgröße: molare Masse $M(CO_2)$
   $M(CO_2) = m_a(C) + 2 \cdot m_a(O)$
   $= 12\,\frac{g}{mol} + 2 \cdot 16\,\frac{g}{mol} = 44\,\frac{g}{mol}$

3. Stelle die Größengleichung zur Berechnung der gesuchten Größe auf. Setze die bekannten Werte ein und berechne die gesuchte Größe.

   $m(CO_2) = n(CO_2) \cdot M(CO_2)$
   $= 2{,}4\,mol \cdot 44\,\frac{g}{mol} \approx 106\,g$

   Der PKW stößt ca. 106 g Kohlenstoffdioxid pro Kilometer aus. Der Grenzwert von 95 g wird überschritten.

Zusammenfassung

Die durchgeführten Rechenschritte lassen sich nach folgendem Schema zusammenfassen:

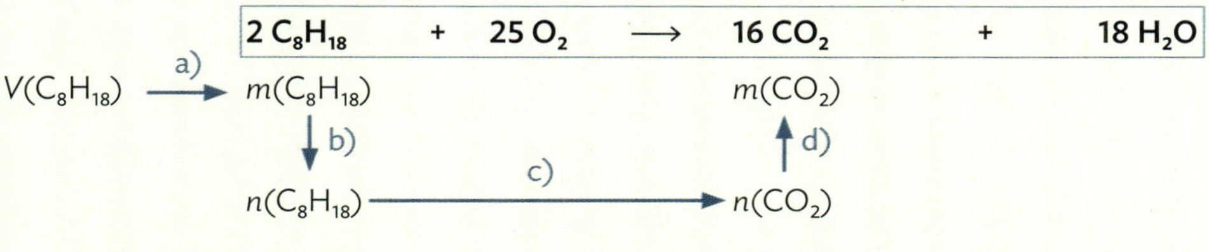

AUFGABE

A1 Autos können nicht nur mit Benzin, sondern auch mit komprimiertem Erdgas betrieben werden. Dieses enthält hauptsächlich Methan (CH_4). Ein Hersteller gibt einen Verbrauch von 5 kg Erdgas (Methan) auf 100 km an. Berechne die Masse von Kohlenstoffdioxid, die auf einer Strecke von einem Kilometer ausgestoßen wird.

5.3 Energieträger und Kohlenstoffkreislauf

Wenn wir das Licht anmachen, mit dem Auto oder dem Bus fahren, unsere Wohnung heizen oder kochen, verwenden wir Energie. Doch wo kommt diese eigentlich her? Wir machen uns darüber kaum Gedanken, doch hat die Sorglosigkeit Konsequenzen?

M1 Der Kohlenstoffkreislauf

Mehr als zwei Drittel des erzeugten Stroms werden durch die Verbrennung verschiedener Brennstoffe gewonnen. Das kann ganz unterschiedliche Folgen für die Umwelt haben. Um die Unterschiede zu verstehen, muss man sich anschauen, wie die verschiedenen Energieträger hergestellt werden bzw. wie sie entstanden sind.

Die meisten Energieträger bestehen aus kohlenstoffhaltigen Verbindungen. Die Anzahl der Kohlenstoff-Atome auf der Erde ist seit Jahrmillionen nahezu konstant, aber der Speicherort ändert sich ständig. So befinden sich Kohlenstoff-Atome in Form von Kohlenstoffdioxid-Molekülen in der gasförmigen Atmosphäre oder gelöst im Meerwasser. In allen Lebewesen finden sich Kohlenstoff-Atome als Bausteine des Körpers und in der Nahrung, aber ebenso in den Ausscheidungen. Im Erdreich finden sich Kohlenstoff-Atome als Teil von Gestein, Erde oder fossilen Brennstoffen wie Erdöl und Erdgas.

B1 Förderung von Erdöl

AUSWERTUNG

a) Stelle einen möglichen Kreislauf eines Kohlenstoff-Atoms durch ein Lebewesen in einem Schema dar. Skizziere dazu mindestens drei konkrete Stationen (z. B. Gras, Kuh etc.) und verbinde sie mit passenden Pfeilen.

b) Beispiele für kohlenstoffhaltige Energieträger sind Erdöl und Biogas. Erdöl ist vor Millionen von Jahren aus damals abgestorbenen Pflanzen und Kleinstlebewesen entstanden. Biogas wird aus Pflanzen hergestellt, die erst kürzlich gewachsen sind. Zeichne die Energieträger in deinen Kohlenstoffkreislauf aus **a)** ein.

c) Bei der Verbrennung kohlenstoffhaltiger Energieträger entsteht Kohlenstoffdioxid. Die Kohlenstoffdioxidkonzentration in der Atmosphäre steigt beim Verbrennen von Erdöl stärker an, als beim Verbrennen von Biogas. Begründe diese Tatsache mit den Informationen aus **b)**.

M2 Energie um jeden Preis?

Schon in frühester Zeit wurde Holz verbrannt und die dabei freigesetzte Wärme z. B. zum Kochen und Heizen genutzt. Heute werden neben Holz zahlreiche andere Brennstoffe (Energieträger) verwendet. Zudem kann Energie z. B. durch Wind- und Sonnenkraft oder durch die Spaltung von Atomen (Kernenergie) nutzbar gemacht werden. Man unterscheidet zwischen fossilen und erneuerbaren Energieträgern.

AUSWERTUNG

a) Nenne die Energieträger aus **B2**, die zur Nutzung verbrannt werden müssen.

b) Fossile Energieträger sind vor vielen Millionen Jahren entstanden und werden seit einigen Jahrzehnten intensiv genutzt. In der öffentlichen Meinung wird aber immer mehr auf Energie aus erneuerbaren Energieträgern, wie schnell nachwachsendem Holz oder Solarenergie, gedrängt. Überlege dir Argumente für und gegen die Nutzung der zwei Arten von Energieträgern.

c) Stelle die Unterschiede in der Nutzung von Energieträgern von 1990 im Vergleich zu 2017 in einem Säulendiagramm dar und überlege dir Gründe für diese Unterschiede.

d) Erstellt in Kleingruppen jeweils einen Steckbrief zu verschiedenen Energieträgern mit folgenden Kriterien: Hauptbestandteile und deren chemischer Aufbau, Vorkommen, Gewinnung, Verfügbarkeit, Nachhaltigkeit, Energieeffizienz, Umweltbelastungen. Recherchiert die benötigten Informationen im Internet.

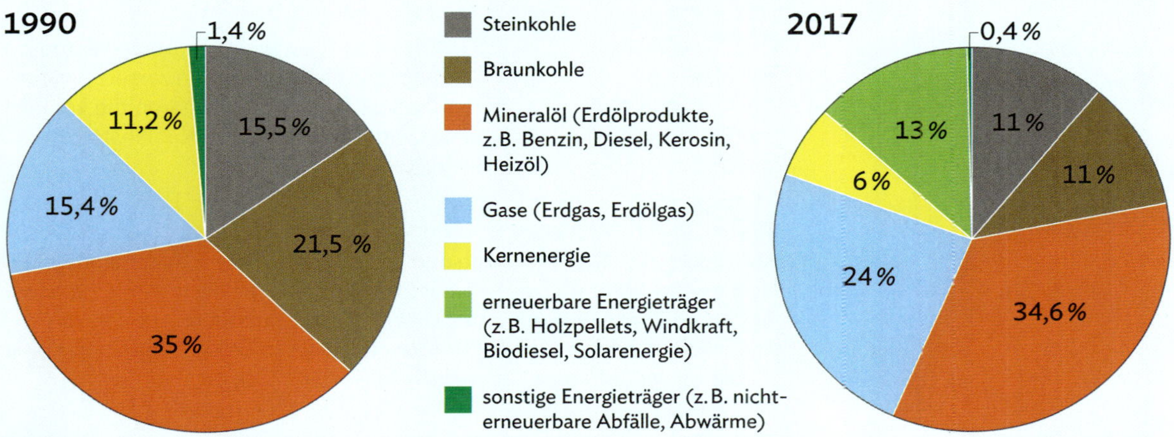

B2 Energiemix in Deutschland in den Jahren 1990 und 2017 (Quelle: Arbeitsgemeinschaft Energiebilanzen, Stand 12/2017)

Kohlenstoffhaltige Verbindungen als Energieträger

Duschen mit warmem Wasser oder das Heizen von Räumen gehören ganz selbstverständlich zu unserem Alltag. Die dafür erforderliche Energie wird größtenteils durch die Verbrennung von kohlenstoffhaltigen **Energieträgern** bzw. Brennstoffen bereitgestellt (vgl. Info). Das Verbrennen verschiedener Energieträger kann unterschiedliche Folgen für die Umwelt haben. Um das zu verstehen, muss man sich zunächst den sogenannten **Kohlenstoffkreislauf** anschauen. Das Element Kohlenstoff kommt sowohl elementar in Form von Graphit oder Diamant als auch in verschiedensten chemischen Verbindungen, z. B. Methan, auf der Erde vor. Die Verbindungen werden durch chemische Prozesse immer wieder ineinander umgewandelt, sodass ein Kreislauf entsteht (**B3** nächste Seite).

Info

Die Begriffe Energieträger und Brennstoff werden häufig synonym verwendet. Genau genommen werden als Energieträger alle Stoffe bezeichnet, deren innere Energie man auf irgendeine Weise nutzbar machen kann. Die innere Energie eines Brennstoffs wird dagegen immer durch Verbrennen nutzbar gemacht.

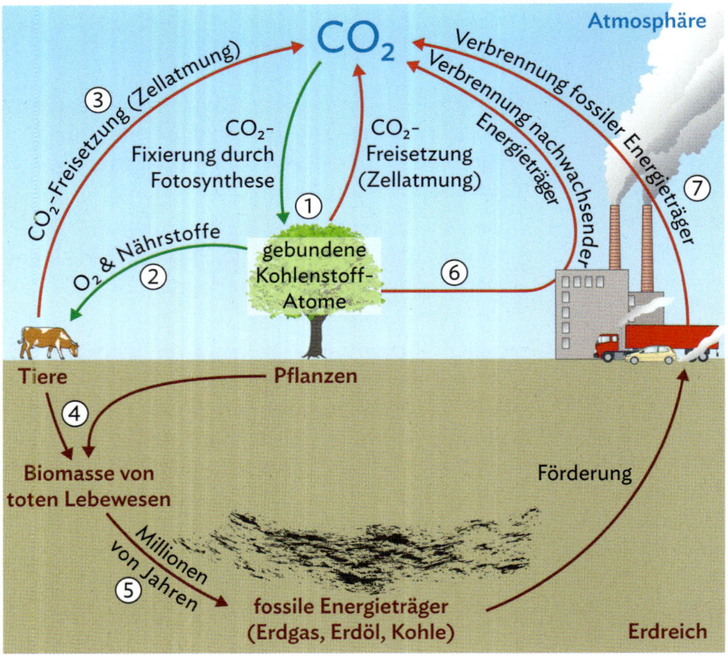

B3 Kohlenstoffkreislauf

Der Kohlenstoffkreislauf

Kohlenstoff kommt in der Atmosphäre vor allem gebunden im Kohlenstoffdioxid CO_2 vor. Bei der Fotosynthese von Pflanzen ① reagiert dieses mit Wasser und mithilfe von Licht zu Sauerstoff und Glucose, einer kohlenstoffhaltigen Verbindung:

$$6\,CO_2 + 6\,H_2O \xrightarrow{\text{Licht}} 6\,O_2 + C_6H_{12}O_6$$

Die Pflanzen benötigen Glucose unter anderem zum Wachsen und für die Bildung von Blättern und Früchten. Werden diese wiederum von Tieren gefressen ②, werden die kohlenstoffhaltigen Verbindungen aus den Pflanzen in andere kohlenstoffhaltige Verbindungen umgewandelt. Ein Teil reagiert direkt wieder zu Kohlenstoffdioxid und wird an die Atmosphäre abgegeben ③.

Sterben Pflanzen oder Tiere, werden sie durch Mikroorganismen zersetzt. Mithilfe von Sauerstoff reagieren die kohlenstoffhaltigen Verbindungen in den toten Lebewesen zu Kohlenstoffdioxid, das in die Atmosphäre entweicht ③.

Unter Luftabschluss, z. B. im Moor oder am Grund der Tiefsee, kann die Zersetzung zu Kohlenstoffdioxid aufgrund des Sauerstoffmangels nicht stattfinden. Die toten Pflanzen und Tieren verbleiben im Boden und sinken dort immer tiefer ④. Der Kohlenstoff wird dem Kreislauf somit zunächst einmal entzogen. Im Lauf vieler Millionen Jahre entstehen aus den kohlenstoffhaltigen Verbindungen der toten Lebewesen Erdöl, Erdgas und Kohle ⑤, die wir wiederum als Brennstoffe einsetzen.

Fossile und erneuerbare Energieträger

Durch Destillation und weitere Aufbereitung kann aus Erdöl u. a. Benzin, Diesel, Heizöl und Teer gewonnen werden. Diese Brennstoffe gehören wie Erdgas, Steinkohle und Braunkohle zu den **fossilen Energieträgern**. Wie die Fossilien (von „fossilis“: lateinisch für ausgegraben) sind sie vor vielen Jahrmillionen aus abgestorbenen Lebewesen entstanden ⑤.

Sogenannte **erneuerbare Energieträger** wie Biogas, Biodiesel und Holzpellets werden direkt aus Pflanzen hergestellt ⑥. So wird Biogas aus energiehaltigen Pflanzen wie Mais oder aus Abfällen wie Gülle gewonnen. Biodiesel stellt man z. B. aus Rapsöl her. Im Vergleich zu den Rohstoffen, aus denen fossile Energieträger bestehen bzw. hergestellt werden, wachsen die Rohstoffe der erneuerbaren Energieträger innerhalb sehr kurzer Zeiträume nach.

Info

Zu den sogenannten „erneuerbaren Energien“ zählen nicht nur die im Text genannten kohlenstoffhaltigen Brennstoffe, sondern z. B. auch Solarenergie, Windenergie oder Erdwärme.

Kohlenstoffhaltige Verbindungen werden als Brennstoffe für die Energiebereitstellung verwendet. Man unterscheidet zwischen fossilen und erneuerbaren Energieträgern.

Brennwert und Kohlenstoffdioxidbilanz

Bei der Energiegewinnung durch die Verbrennung fossiler und erneuerbarer Energieträger spielen zwei Werte eine wichtige Rolle: Der Brennwert und die Kohlenstoffdioxidbilanz. Der **Brennwert** steht für die bei einer Verbrennung frei werdende Energie. Fossile Energieträger haben meist einen besseren Brennwert und setzen somit mehr nutzbare Energie frei als erneuerbare Energieträger. Sie sind effizienter.

Die **Kohlenstoffdioxidbilanz** eines Energieträgers gibt an, wie viel Kohlenstoffdioxid dieser insgesamt freisetzt. Kohlenstoffdioxid zählt zu den Treibhausgasen, die das Klima auf der Erde negativ beeinflussen (vgl. Exkurs S. 118). Die Kohlenstoffdioxidbilanz eines Energieträgers ist daher ein entscheidender Wert für seine Umweltverträglichkeit.

Energieträger setzen beim Verbrennen etwa die Menge an Kohlenstoffdioxid frei, die sie zuvor aus der Atmosphäre aufgenommen haben. Bei erneuerbaren Energieträgern ist die Kohlenstoffdioxidbilanz somit nahezu Null (**B4**). Fossile Energieträger haben das Kohlenstoffdioxid bereits vor sehr langer Zeit gebunden. Werden die Energieträger nun in der gegenwärtigen Zeit verbrannt, steigt die Konzentration an Kohlenstoffdioxid in der Atmosphäre der heutigen Zeit an ⑦. Die Kohlenstoffdioxidbilanz ist somit deutlich höher als bei erneuerbaren Energieträgern (**B4**).

Ganz unproblematisch sind aber auch erneuerbare Energieträger nicht: Um die Kohlenstoffdioxidbilanz korrekt anzugeben, müsste man auch die Menge an freigesetztem Kohlenstoffdioxid bei der Gewinnung und dem Transport des Energieträgers einrechnen. Zudem werden zur Gewinnung der Rohstoffe für erneuerbare Energieträger große Flächen Wald abgeholzt, der dann wiederum kein Kohlenstoffdioxid mehr aus der Atmosphäre aufnehmen kann.

Energieträger	Brennwert in MJ/kg	CO_2-Bilanz* in kg/MJ
Heizöl	42	0,074
Steinkohle	32	0,094
Braunkohle	10	0,112
Erdgas	42	0,056
Biogas	20 – 25	0
Hölzer (trocken)	18 – 22	0

*Kohlenstoffdioxidausstoß bei Transport und Herstellung nicht eingerechnet

B4 Brennwerte und Kohlenstoffdioxidbilanz verschiedener Energieträger

> Der Brennwert gibt die Menge an freiwerdender Energie beim Verbrennen eines Energieträgers an. Die Kohlenstoffdioxidbilanz gibt an, wie hoch der Anstieg der Kohlenstoffdioxidkonzentration in der Atmosphäre durch einen Energieträger ist.

Info

Der CO_2-Fußabdruck gibt an, wie viel Kohlenstoffdioxid ein Produkt, eine Tätigkeit oder eine Person innerhalb eines bestimmten Zeitraums freisetzt. Der CO_2-Fußabdruck von Personen setzt sich aus den CO_2-Fußabdrücken aller verwendeten Produkte und ausgeführten Tätigkeiten zusammen.

AUFGABEN

A1 Liste dir bekannte Energieträger auf und ordne sie den fossilen oder erneuerbaren Energieträgern zu.

A2 Begründe den durch die Verbrennung fossiler Energieträger ausgelösten Anstieg der Kohlenstoffdioxid-Konzentration in der Atmosphäre anhand des Kohlenstoffkreislaufs in **B3**.

A3 Bewerte die Energieträger aus **B4** anhand der dort aufgeführten Werte hinsichtlich Nachhaltigkeit und Umweltbelastung.

A4 a) Berechne deinen persönlichen CO_2-Fußabdruck (vgl. Info) mit einem Rechner aus dem Internet. (Beispiel unter QR-/Mediencode)

05511-24

b) Erstelle einen Plan mit Maßnahmen, um deinen CO_2-Fußabdruck zu verbessern. Führe den Plan eine Woche lang aus und erstelle dann erneut deinen CO_2-Fußabdruck. Vergleiche ihn mit dem von vor einer Woche.

FACHBEGRIFFE

Kohlenstoffkreislauf, Energieträger, fossile Energieträger, erneuerbare Energieträger, Brennwert, Kohlenstoffdioxidbilanz

Die fossilen Energieträger und der Treibhauseffekt

Kohle, Erdöl und Erdgas gehören zu den fossilen Energieträgern. Über Millionen von Jahren sind sie aus Tier- und Pflanzenresten entstanden und ihre Verbrennung galt bis vor Kurzem als unverzichtbar für die Deckung unseres Energiebedarfs. Heutzutage allerdings wird ihre Nutzung immer mehr in Frage gestellt und die fossilen Energieträger werden sogar als „Klimakiller" bezeichnet. Was haben die fossilen Energieträger mit dem Treibhauseffekt und dem Klimawandel zu tun?

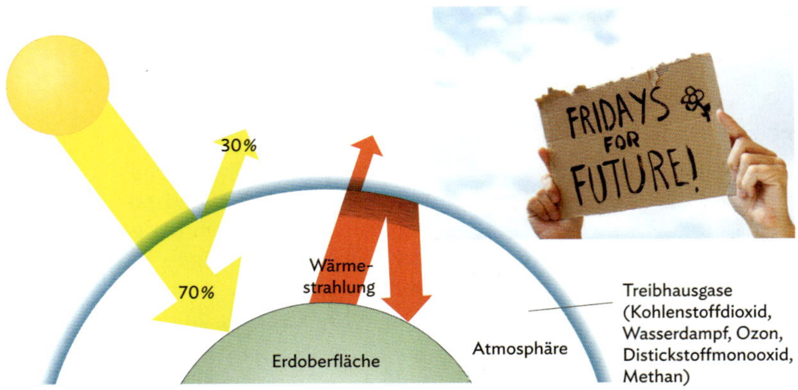

B1 Der Treibhauseffekt

Kohlenstoffdioxid, das ist der entscheidende Begriff, wenn es um den negativen Ruf der Nutzung der fossilen Brennstoffe geht.
Bei der Verbrennung von Kohle, Erdöl, Erdgas und deren Produkten entstehen u. a. Kohlenstoffdioxid und Wasserdampf. Diese wirken als sogenannte **Treibhausgase** (**B1**) und haben erheblichen Einfluss auf unser Klima.
Der Name **Treibhauseffekt** beruht auf der Modellvorstellung, dass die Erde mit ihrer Atmosphäre einem Treibhaus entspricht. Einstrahlendes Sonnenlicht (**B1**, gelb) wird zu ca. 30 % direkt reflektiert, zu ca. 70 % aber von der Erdoberfläche absorbiert und in **Wärmestrahlung** (**B1**, rot) umgewandelt. Der größte Teil dieser Wärme wird dann in der Erdatmosphäre wie in einem Treibhaus festgehalten, weil bestimmte Gase der Atmosphäre die Wärmestrahlung absorbieren.

Ohne den **natürlichen Treibhauseffekt** wäre die durchschnittliche Temperatur in Bodennähe viel niedriger (-18 °C), als sie tatsächlich ist (+15 °C). Von diesen 33 °C, die den natürlichen Treibhauseffekt bewirken, werden 20,6 °C durch Wasserdampf in der Atmosphäre verursacht und nur 7,2 °C durch Kohlenstoffdioxid. Weitere Treibhausgase sind Ozon, Distickstoffmonooxid und Methan.

Der natürliche Treibhauseffekt sorgt also dafür, dass wir auf unserem Planeten leben können und die Temperaturen in einem für das Leben optimalen Bereich liegen.

Ein vermehrter Ausstoß von Kohlenstoffdioxid, z. B. durch Großbrände oder bei Vulkanausbrüchen, hingegen führt zu einem Temperaturanstieg. Mit der Industrialisierung und der starken Zunahme der Verbrennung fossiler Brennstoffe kam und kommt es zu einer deutlichen Erhöhung des Gehalts an Kohlenstoffdioxid in der Atmosphäre. Weitere Messungen zeigen, dass die durchschnittliche Temperatur parallel zum Kohlenstoffdioxidgehalt zunimmt. Für diesen Treibhauseffekt ist der Mensch verantwortlich. Man spricht daher auch von einem **anthropogenen Treibhauseffekt**.

AUFGABEN

A1 Nimm zu der folgenden Aussage begründet Stellung: Die Verbrennung fossiler Brennstoffe verstärkt den Treibhauseffekt, die Verbrennung nachwachsender Brennstoffe jedoch nicht.

A2 Erläutere persönliche und gesellschaftliche Möglichkeiten zur Verminderung des Treibhauseffekts.

A3 Fasse **B1** in einem "Je ..., desto ..., desto ... ."-Satz zusammen.

Brandschutz

Feuer löscht man mit Wasser – ist doch klar. Aber was, wenn plötzlich eine Stichflamme hochschießt oder sich gar eine Explosion ereignet?

Brände löschen will gelernt sein. Nicht umsonst absolvieren Feuerwehrleute eine jahrelange Ausbildung, denn nicht jedes Feuer ist auf die gleiche Weise zu löschen.
Grundsätzlich können Brände bekämpft werden, indem man eine der drei Voraussetzungen der Verbrennung (**B2**) entfernt. Das bedeutet mindestens eine der drei Maßnahmen zu ergreifen:
1. Dem Feuer den Brennstoff entziehen: Bei Waldbränden schlägt man eine breite, kahle Schneise. Beim Lagerfeuer legt man man einfach kein Holz mehr nach.
2. Das Feuer durch Entzug des Sauerstoffs ersticken: durch Abdecken mit Sand, Pulver oder einer Löschdecke. Im Haushalt genügt es oft schon, einen Topf oder einen anderen feuerfesten Behälter über den Brandherd zu stellen. Auch Kohlenstoffdioxidlöscher ersticken das Feuer. Bei Aktivierung strömt aus ihrem Druckgasbehälter Kohlenstoffdioxid, das den Sauerstoff verdrängt, bis die Flammen ausgehen.
3. Abkühlen unter die Zündtemperatur: Ist der brennbare Stoff zu kalt, steigen keine brennbaren Dämpfe mehr in die Luft und die Flammen erlöschen. Kühlung wird meist durch das bekannteste Löschmittel Wasser erreicht. Da Wasser häufig zur Verfügung steht und für Mensch und Umwelt unschädlich ist, wird es am häufigsten benutzt.
Schaumlöscher arbeiten mit einer Mischung aus Wasser, einem Schaummittel und Luft. Sie sind sehr effektiv, da sie dem Feuer gleich zwei Verbrennungsvoraussetzungen entziehen: Durch die Abdeckung mit Schaum entziehen sie ihm den Sauerstoff und gleichzeitig kühlen sie unter die Zündtemperatur ab. Doch nicht alle Brände dürfen mit Schaumlöschern oder Wasser gelöscht werden. Brennt Metall, ist die Temperatur oft so hoch, dass Wasser analysiert, also in seine Elemente zerlegt wird, wobei brennbarer Wasserstoff entsteht. Folglich wird der Brand verstärkt. Dies nutzen Taucherinnen und Taucher in Form von unter Wasser sehr hell brennenden magnesiumhaltigen Fackeln aus.
Fettbrände dürfen keinesfalls mit Wasser gelöscht werden. Brennendes Fett ist so heiß, dass zugeführtes Wasser schlagartig verdampft. Der aufsteigende Wasserdampf reißt kleine Fetttröpfchen mit hoch, die sich durch den erhöhten Zerteilungsgrad leicht entzünden, wodurch eine Stichflamme entsteht.
Am besten ist es jedoch Brände im Vorfeld zu vermeiden. So sollten feuergefährliche oder gar explosive Stoffe nicht in der Nähe von Zünd- oder Hitzequellen aufbewahrt werden. Um Staubexplosionen wie bei der Roland-Mühle in Bremen zu vermeiden ist es wichtig, dass Mehl und andere leicht entzündliche Pulver nicht in größeren Mengen in der Luft verteilt werden. Stehen Luft und Mehlstaub in einem bestimmten Mischungsverhältnis, genügt oft ein kleiner Funke für eine Explosion.

B1 Feuerwehrleute beim Löschen

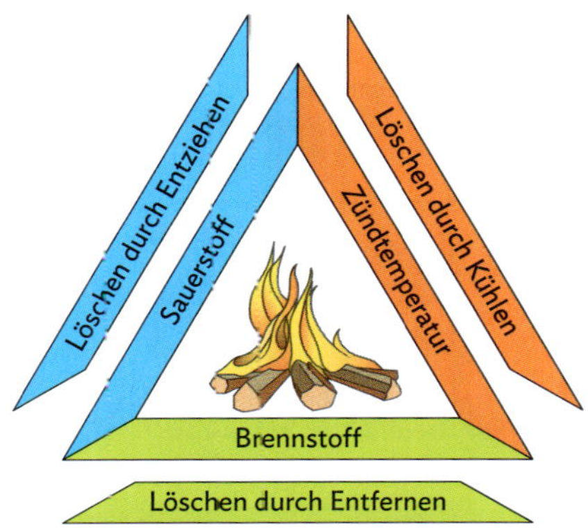

B2 Das Branddreieck – Löschen von Bränden

AUFGABEN

A1 Beschreibe und erkläre die Löschmaßnahmen bei folgenden Bränden: eine Fritteuse, ein Kohlegrill, eine Taucherfackel, ein Gasgrill. Nimm dazu Bezug auf das Branddreieck.

A2 Erkläre den Unterschied der Piktogramme  und beschreibe Vorsichtsmaßnahmen bei der Lagerung von Stoffen mit dieser Kennzeichnung. Finde Beispiele für solche Stoffe im Haushalt.

A3 Informiere dich über das Unglück der Roland-Mühle vom 06. Februar 1979.

Zum Üben und Weiterdenken

A1 Stelle für folgende Reaktionen jeweils eine passende Formelgleichung auf:
a) Nonan verbrennt vollständig.
b) Butan verbrennt unvollständig.
c) Hexan verbrennt unvollständig.

A2 Überprüfe den folgenden Dialog zwischen dem Mädchen und dem Jungen auf seine Richtigkeit und formuliere falsche Aussagen in richtige um.

A3 Der Katalysator im Auto wird häufig als Filter bezeichnet. Begründe, dass diese Aussage falsch ist.

A4 Erkläre die Tatsache, dass bei der unvollständigen Verbrennung eines Stoffes weniger Energie freigesetzt wird als bei der vollständigen Verbrennung desselben Stoffes.

A5 Wasserstoff ist ein besonders umweltfreundlicher Treibstoff. Die Gewinnung von Wasserstoff kann durch die Zerlegung von Wasser mit elektrischer Energie erfolgen. Aus dem Wasser entstehen dabei Wasserstoff und Sauerstoff. Berechne die Masse des Wassers, das man zerlegen muss, um das Wasserstoffgas für eine Tankfüllung eines wasserstoffbetriebenen Autos (5 kg Wasserstoffgas) zu gewinnen.
(gestufte Hilfen: QR-/Mediencode)

05511-25

A6 Wasserstoffperoxid (H_2O_2) wird mithilfe eines Katalysators zu Sauerstoff und Wasser zersetzt.
a) Notiere die Formelgleichung für die Reaktion.
b) Gib die entstehenden Stoffmengen von Sauerstoff und Wasser an, die bei der Zersetzung von 8 mol Wasserstoffperoxid entstehen.
c) Berechne die Masse und das Volumen des Sauerstoffgases, das bei der Zersetzung von 8 mol Wasserstoffperoxid entsteht.

A7 Einen Taschenwärmer kann man leicht selbst herstellen (vgl. QR-/Mediencode). Dafür lässt man 1 mol Natriumhydrogencarbonat $NaHCO_3$ mit 1 mol Essigsäure CH_3COOH reagieren. Berechne die Massen von Natriumhydrogencarbonat und Essigessenz, die für das Rezept abgewogen werden müssen.
Hinweis: Die Dichte von Essigsäure ist ca. 1 g/mL. In diesem Fall kann daher g mit mL gleichgesetzt werden. Beachte aber, dass Essigessenz nur 25 % Essigsäure enthält, der Rest ist Wasser.

05511-26

A8 Bei der Fotosynthese werden Kohlenstoffdioxid und Wasser zu Traubenzucker ($C_6H_{12}O_6$) und Sauerstoff umgesetzt. Ein Laubbaum verbraucht etwa 5 Tonnen Kohlenstoffdioxid pro Jahr. Berechne die Masse des dabei entstehenden Sauerstoffgases.
(gestufte Hilfen: QR-/Mediencode)

05511-27

A9 Erkläre die Begriffe untere und obere Explosionsgrenze anhand eines Beispiels.

A10 Formuliere mit folgenden Schlagwörtern einen sinnvollen Merksatz: Zerteilungsgrad, Oberfläche, Verbrennung, Schnelligkeit.

A11 Formuliere die Formelgleichung für die vollständige Verbrennung von Benzin. Nimm vereinfachend an, dass Benzin aus Octan C_8H_{18} besteht.

M1 Farbpulver als Gefahrenquelle

B1 Holi Festival

Basierend auf dem indischen Holi-Fest wird der Beginn des Frühlings überall auf der Welt in übermütigen Farbfesten gefeiert. Dabei wird ausgelassen getanzt und die Teilnehmerinnen und Teilnehmer bestreuen sich gegenseitig mit Farbpulver in den schillerndsten Farben (**B1**). Ungefährlich ist das ganze Spiel jedoch nicht: Das farbige Pulver ist leicht entzündlich. Es besteht meist größtenteils aus Maismehl, das mit Lebensmittelfarbe bunt eingefärbt wird.

Auf dem Farbfest „Color Play Asia" in Taipeh auf Taiwan kam es im Jahre 2015 zu einer Staubexplosion. Nahezu die Hälfte der Feiernden wurde dabei verletzt, mitunter sogar schwer. Auf der Bühne des Festivals war ein Feuer ausgebrochen, das die Explosion des eingelagerten Farbpulvers verursacht hatte.

Oft reicht bereits ein kleiner Funke, um ein Stoffgemisch aus Luft und entzündlichem Staub zur Explosion zu bringen.

A1 Nenne die Voraussetzungen für eine Staubexplosion und gib weitere Beispiele an.

A2 Erläutere basierend auf dem Text und mit deinem Wissen über Explosionen die Ursache und den Verlauf des Unglücks.

A3 Im nächsten Jahr soll das Color Play Asia Festival wieder stattfinden. Nenne Sicherheitsmaßnahmen, die der Veranstalter dafür treffen muss. Beziehe dich dabei u. a. auf den Explosionsbereich (vgl. S. 107, **B7**).

M2 Wir tanken Regenwald

Benzin enthält bis zu fünf Prozent Ethanol. Seit 2011 gibt es in Deutschland den Kraftstoff E10, dem bis zu zehn Prozent Ethanol beigemischt sind. Diesel enthält seit 2009 bis zu sieben Prozent Biodiesel.

Durch die Beimischungen soll ein Beitrag zum Klima- bzw. Umweltschutz geleistet werden. Fossile Kraftstoffe, wie herkömmliches Benzin oder Diesel, werden aus Erdöl gewonnen. Biodiesel wird dagegen aus dem Öl von Pflanzen wie Ölbäumen, Raps oder Soja hergestellt. Auch Ethanol gewinnt man aus Pflanzen, z. B. aus Zuckerrohr, Zuckerrübe, Gerste, Mais oder Weizen.

Die Anbauflächen für die Pflanzen in Deutschland sind zu klein für den riesigen Bedarf an Bioethanol und Biodiesel. Daher wird insbesondere das Palmöl für Biodiesel und ein Teil des Ethanols importiert. In den Anbauländern, z. B. Südamerika und Asien, wird Regenwald gerodet, um genug Anbaufläche zu schaffen. Regenwald trägt einen erheblichen Teil dazu bei, das Kohlenstoffdioxid aus der Atmosphäre zu fixieren. Somit verschlechtert sich die Kohlenstoffdioxidbilanz der erneuerbaren Kraftstoffe durch die Rodungen erheblich.

B2 Ölbaumplantage mitten im asiatischen Regenwald

A1 Vergleiche die Kohlenstoffdioxidbilanz von Biodiesel mit der von herkömmlichem Diesel. Recherchiere dazu im Internet.

A2 Recherchiere aktuelle Zahlen und Fakten zum Handel mit Palmöl und Ethanol aus Zuckerrohr zu Treibstoffzwecken.

A3 Bewerte die Verwendung von Diesel und Biodiesel. Beziehe dabei den Faktor ein, dass für die Herstellung von Biodiesel Regenwald abgeholzt wird.

Alles im Blick

Alkane

Alkane sind kohlenwasserstoffhaltige Verbindungen mit der allgemeinen Molekülformel C_nH_{2n+2}. Moleküle mit dieser Formel gehören zur **homologen Reihe der Alkane**.

Verbrennungsreaktionen

Verbrennungen sind Reaktionen von brennbaren Stoffen mit Sauerstoff. Sie verlaufen exotherm. Bei der **vollständigen Verbrennung** einer kohlenwasserstoffhaltigen Verbindung entstehen Kohlenstoffdioxid und Wasser. Unter Sauerstoffmangel findet eine **unvollständige Verbrennung** statt, bei der zusätzlich Kohlenstoffmonooxid und Ruß entstehen.

Abgaskatalysatoren

Die Verbrennung von Kraftstoffen in Motoren verläuft unvollständig. Das dabei entstehende Kohlenstoffmonooxid ist sehr giftig. Es kann mithilfe von **Abgaskatalysatoren** und Sauerstoff zu Kohlenstoffdioxid verbrannt werden.

Energieträger und der Kohlenstoffkreislauf

Die Kohlenstoff-Atome auf der Erde befinden sich in einem ständigen **Kohlenstoffkreislauf**. Pflanzen nehmen Kohlenstoffdioxid aus der Luft auf. Werden diese **erneuerbaren Energieträger** verbrannt, wird die gleiche Menge Kohlenstoffdioxid wieder freigesetzt. Aus Pflanzen und Tieren, die vor langer Zeit gestorben sind, ist Erdöl und Erdgas entstanden. Werden diese **fossilen Energieträger** in der heutigen Zeit verbrannt, erhöht sich die Kohlenstoffdioxidkonzentration in der Atmosphäre. Die schlechtere **Kohlenstoffdioxidbilanz** wirkt sich negativ auf das Klima aus.

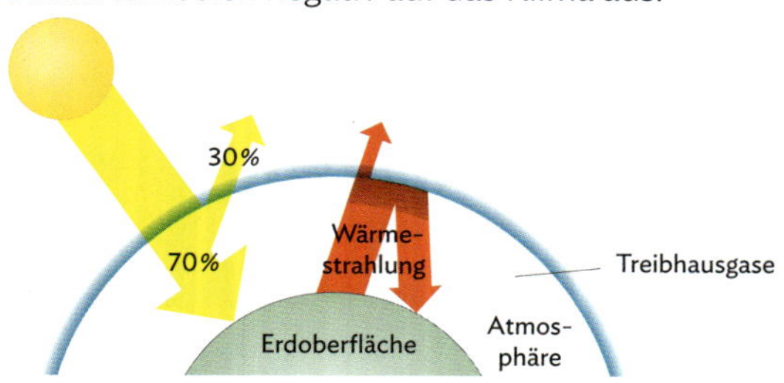

Verbrennungserscheinungen

Ein hoher **Zerteilungsgrad** erhöht die Geschwindigkeit der Verbrennung, da ein feines Pulver schneller verbrennt als ein großes Stück des Brennstoffs. Das liegt an der Oberflächenvergrößerung durch die Zerteilung.

Explosionen sind Verbrennungen, die besonders schnell und mit hoher Energieabgabe ablaufen. Damit es zu einer Explosion kommt, müssen Brennstoff und Sauerstoff im richtigen Verhältnis zueinander vorliegen, dem Explosionsbereich.

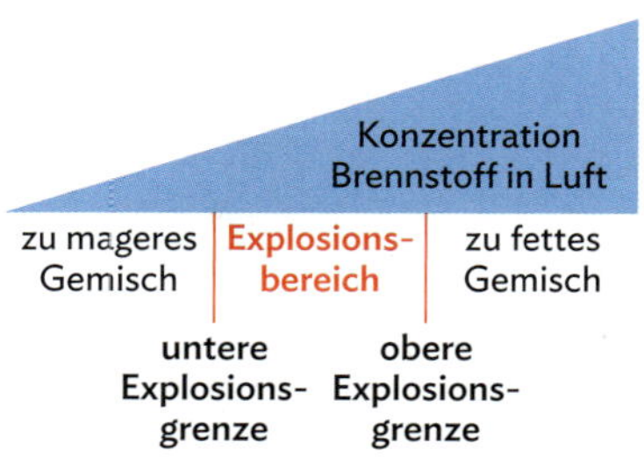

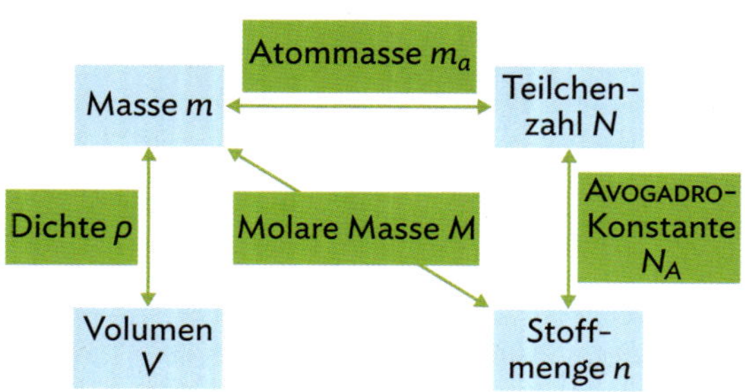

Quantitative Aspekte chemischer Reaktionen

Mithilfe stöchiometrischer Rechnungen kann man die Mengen der Edukte und Produkte einer chemischen Reaktion ermitteln. **Quantitätsgrößen** geben Auskunft über die Menge einer Stoffportion. **Umrechnungsgrößen** ermöglichen den Wechsel zwischen den Quantitätsgrößen.

Ziel erreicht?

Hast du das Ziel dieses Kapitels erreicht? Bearbeite die Aufgaben auf dem Arbeitsblatt (unter QR-/Mediencode). Vergleiche deine Antworten mit den Lösungen auf Seite 211. Bewerte dich mithilfe der untenstehenden Tabelle und lies falls nötig auf den angegebenen Seiten nochmal nach.

05511-28

A1 Nenne die Produkte, die bei der vollständigen Verbrennung von Alkanen entstehen. Nenne zu den Produkten jeweils die passende Nachweisreaktion.

A2 Stelle die vollständige Verbrennung von Methan im Atommodell von DALTON dar.

B1 Manche Kohlenwasserstoffe verbrennen mit einer gelben Flamme, andere mit einer blauen Flamme. Nenne einen möglichen Grund dafür.

B2 Erkläre mithilfe folgender Begriffe die Funktionsweise eines Abgaskatalysators.

giftige Abgase, weniger giftige Abgase, Kohlenstoffmonooxid, Kohlenstoffdioxid, katalytisches Metall, Luftsauerstoff

C1 Entscheide, ob folgende Aussagen richtig sind:
- Wird die Teilchenzahl erhöht, steigt auch die Masse.
- Wird die Teilchenzahl erhöht, sinkt das Volumen.
- Wird die Masse verdoppelt, verdoppelt sich auch das Volumen.

C2 Ermittle jeweils die molare Masse folgender Moleküle: H_2O, C_2H_6, $C_6H_{12}O_6$.

C3 Ordne folgende Einheiten und Formelzeichen den entsprechenden Größen zu:

M, n, $\frac{g}{mol}$, mol, m, g

Stoffmenge	molare Masse	Masse

D1 Kohlenstoff-Atome befinden sich in einem ständigen Kreis auf. Nenne drei Stationen und beschreibe den Zusammenhang.

D2 In einem umweltbewussten Haushalt soll eine neue Heizung eingebaut werden. Folgende Brennmaterialien stehen zur Verfügung: Heizöl, Holzpellets, Erdgas, Braunkohle und Biogas. Ordne sie begründet nach der Umweltverträglichkeit.

D3 Forscherteams haben Litfaßsäulen mit Wasser und grünen Algen befüllt. Kohlenstoffdioxid kurbelt das Algen-Wachstum an. Die Algen sind Grundlage für die Bildung von Biogas. Beurteile, ob diese Litfaßsäulen eine Zukunftsperspektive haben.

	Ich kann ...	lies nach auf Seite
A	die Verbrennung von Alkanen erklären und die Verbrennungsprodukte nachweisen.	102 – 105
B	die Notwendigkeit und Funktionsweise des Katalysators erklären.	105 – 106
C	mit chemischen Größen rechnen.	108 – 113
D	den Kohlenstoffkreislauf beschreiben und verschiedene Energieträger bewerten.	114 – 117

6 Atombau und Periodensystem der Elemente

Startklar?

1. Schätze dich selbst ein. Wie gut sind deine Kenntnisse in den Bereichen A bis D? Kreuze auf dem Arbeitsblatt (unter QR-/Mediencode) die entsprechenden Kästchen unten in der Tabelle an.

05511-29

2. Hast du dich richtig eingeschätzt? Bearbeite die untenstehenden Aufgaben. Vergleiche deine Antworten mit den Lösungen auf Seite 212 und kreise die erreichte Punktzahl in der Tabelle auf dem Arbeitsblatt ein. Vergleiche mit deiner Selbsteinschätzung.

A1 Identifiziere die Bildelemente in der Abbildung, die eindeutig der Stoffebene bzw. der Teilchenebene zuzuordnen sind. Bewerte die Darstellungsweise.

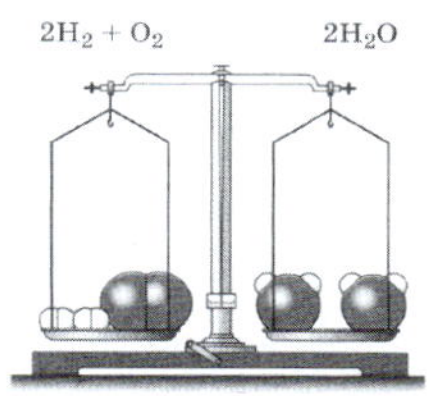

A2 Veranschauliche den flüssigen und den gasförmigen Aggregatzustand von Wasser a) im Teilchenmodell und b) im Atommodell von DALTON. Entscheide begründet, welche Darstellungsweise hier geeigneter ist.

A3 Stelle die Synthese von Kohlenstoffdioxid aus den Elementen Kohlenstoff und Sauerstoff im Atommodell von DALTON und im Teilchenmodell dar. Entscheide begründet, welche Darstellungsweise hier geeigneter ist.

B1 Vergleiche den Energiegehalt der Teilchen zu den verschiedenen Zeitpunkten in der Reaktion:

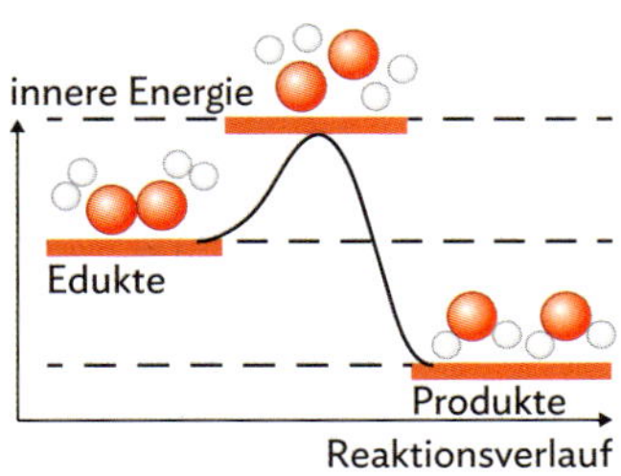

B2 Definiere den Begriff innere Energie.

C1 Der Begriff Element kann auf Stoff- und auf Teilchenebene verwendet werden.

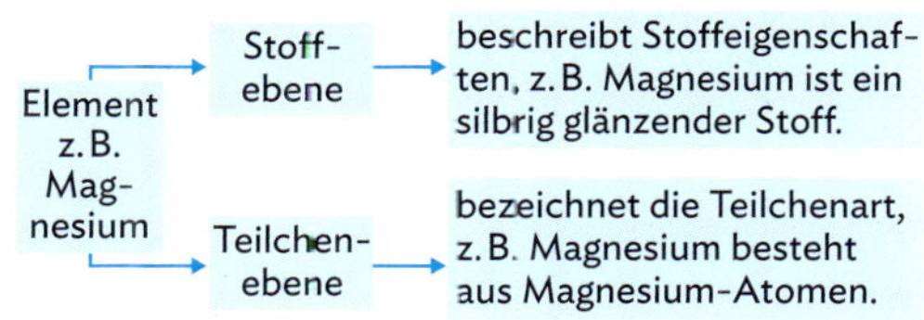

Kreuze in der Tabelle an, ob die Aussagen fachsprachlich richtig oder falsch sind. Berichtige falsche Aussagen.

Aussage	richtig	falsch
Kupfer ist ein Element, das nur aus Kupfer-Atomen besteht.		
Das Element Schwefel ist ein gelber Feststoff.		
Schwefeldioxid ist ein Element.		
Kohlenstoff-Atome sind schwarz.		

D1 Erkläre den Unterschied zwischen Hauptgruppen und Perioden im Periodensystem.

D2 Suche das Element Chlor im Periodensystem und beschreibe seine exakte Position.

D3 Nenne ein Element, das in derselben Hauptgruppe steht wie Chlor.

	Ich kann ...	prima	ganz gut	mit Hilfe	lies nach auf Seite
A	mit Modellen arbeiten und Modellgrenzen erkennen.	15 – 12	11 – 6	5 – 1	129
B	grafische Darstellungen beschreiben, die den Energiegehalt von Teilchen vergleichen.	4	3	2 – 1	92 – 93
C	den Begriff Element fachsprachlich richtig verwenden.	6 – 5	4 – 3	2 – 1	84
D	mich im Ordnungssystem der Elemente orientieren.	5	4 – 3	2 – 1	50 – 53

6.1 Aufbau der Atome: Das Kern-Hülle-Modell

Nach DALTON sind Atome unteilbar und die Atome eines Elements haben alle die gleiche Masse. Doch warum lassen sich Atome dann z. B. in Atomkraftwerken spalten? Woraus bestehen Atome eigentlich? Sind sie wirklich die kleinsten Teilchen?

M1 RUTHERFORDscher Streuversuch

Der Physiker ERNEST RUTHERFORD untersuchte den Aufbau von Atomen und veröffentlichte dazu 1911 die Ergebnisse seines Streuversuchs. Er beschoss eine sehr dünne Goldfolie (ca. 2 000 Atomschichten) mit positiv geladenen α-Teilchen. Ringsum die Goldfolie war ein Filmstreifen kreisförmig angeordnet. Dieser verfärbte sich an den Stellen, an denen die α-Teilchen auftrafen (**B1**). Der Versuch lässt sich mithilfe einer Animation nachvollziehen (vgl. QR-/Mediencode).

05511-30

AUSWERTUNG

a) Simuliere den Versuch in der Animation.

b) Fertige eine Skizze des Versuchs an und beschrifte wichtige Bestandteile der Versuchsanordnung.

c) Zeichne einen Ausschnitt der Goldfolie auf Teilchenebene und beschreibe Beobachtungen, die man mit dem Atommodell von DALTON bei dem Versuch erwarten würde.

d) Beschreibe anhand der Verfärbungen auf dem Filmstreifen (**B3**) die tatsächlich beobachteten Flugbahnen der α-Teilchen.

e) Entwickle eine Vorstellung vom Aufbau der Atome, mit der sich die verschiedenen Flugbahnen erklären lassen, und erstelle eine beschriftete Skizze.

Hinweis: Überlege dir dafür Bedingungen, unter denen die positiv geladenen α-Teilchen von den Atomen zurückgeworfen/abgelenkt werden können, und Bedingungen, unter denen die α-Teilchen die Gold-Atome ungehindert passieren.

f) Wähle in der Animation „zu Aufgabe 2“ an. Dort kannst du zwischen der Darstellung der Goldfolie im Atommodell von DALTON und im Kern-Hülle-Modell wählen. Vergleiche Letztere mit deinen Überlegungen aus Aufgabe **e)** und korrigiere deine Skizze, falls nötig.

g) Nach dem Kern-Hülle-Modell bestehen Atome aus einem kleinen Atomkern und einer großen, nahezu masselosen Atomhülle. Stelle eine begründete Vermutung über die jeweilige Ladung des Atomkerns und der Atomhülle auf und ergänze deine Skizze aus **e)** entsprechend. Beachte dabei, dass die α-Teilchen positiv geladen sind.

B1 Aufbau des RUTHERFORDschen Streuversuchs

RUTHERFORDs Streuversuch

Sind Atome wirklich die kleinsten Teilchen? Der neuseeländische Physiker ERNEST RUTHERFORD veröffentlichte 1911 seine Erkenntnisse zum Aufbau von Atomen. In seinem berühmten **Streuversuch** beschoss er eine 0,004 mm dünne Goldfolie (ca. 2000 Gold-Atome hintereinander) mit α-Strahlen (**B1**). α-Strahlen bestehen aus sehr schnell fliegenden, positiv geladenen α-Teilchen. Um ihre Flugbahnen nachvollziehen zu können, ordnete RUTHERFORD kreisförmig um die Goldfolie herum einen Filmstreifen an. Dieser verfärbte sich an den Stellen, an denen die α-Teilchen auftrafen.

Auf Grundlage des Atommodells von DALTON, nach dem Atome kleinste unteilbare Teilchen sind, müssten die α-Teilchen entweder von der Folie abprallen wie ein Ball, der gegen eine Wand geworfen wird (**B2** links), oder ein Loch in die Folie schießen (**B2** rechts).

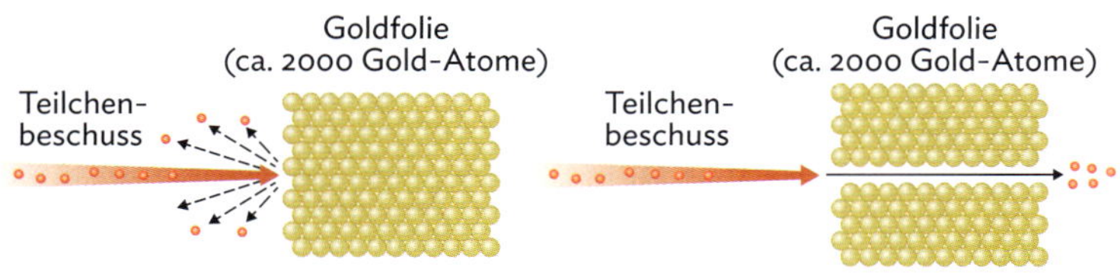

B2 Hypothesen zum Ergebnis des Streuversuchs auf Grundlage des Atommodells von DALTON

Tatsächlich zeigte der Versuch aber ein anderes Ergebnis: Die meisten Verfärbungen befanden sich genau in der Mitte des Filmstreifens (**B3**). Die α-Teilchen müssen also gerade durch die Goldfolie hindurch geflogen sein, ohne jedoch ein Loch in die Folie zu schießen. Nur wenige α-Teilchen wurden von der Goldfolie zurückgeworfen. Andere passierten die Folie, wurden von dieser abgelenkt und trafen seitlich hinter der Goldfolie auf den Schirm auf.

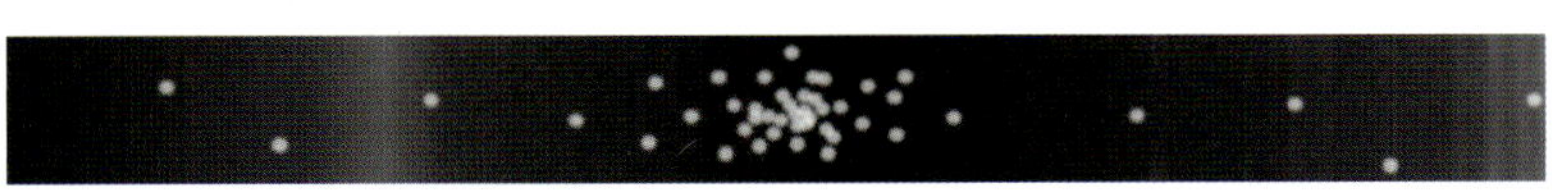

B3 Ausgerollter Filmstreifen des RUTHERFORDschen Streuversuchs

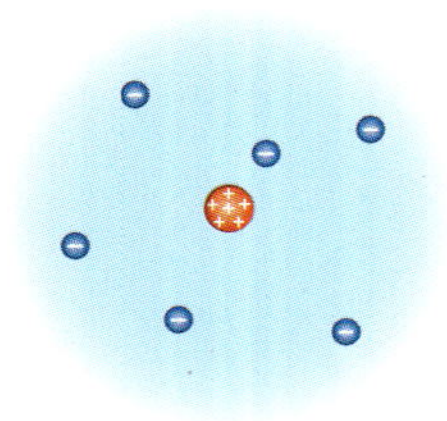

B4 Ein Atom im Kern-Hülle-Modell

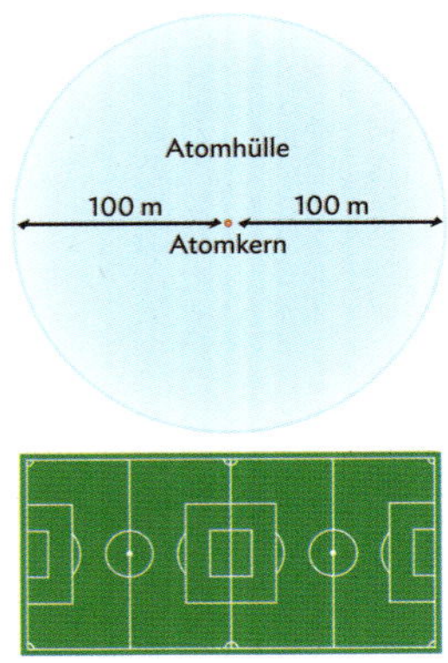

B5 Das Größenverhältnis vom Atomkern zur Atomhülle ist vergleichbar mit dem Größenverhältnis eines Stecknadelkopfes zur Länge zweier Fußballfelder.

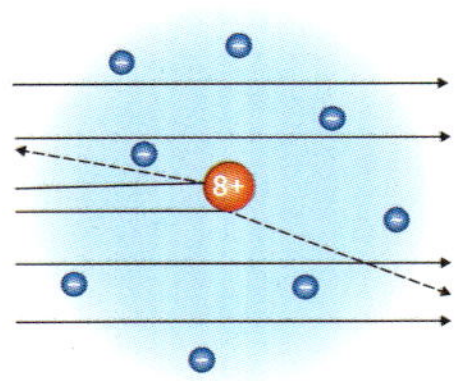

B6 Kern-Hülle-Modell eines Atoms im Streuversuch

	Proton	Neutron	Elektron
Symbol	p^+	n	e^-
Ladung in Elementarladungen	+1	0	-1
Masse	1 u	1 u	0,0005 u

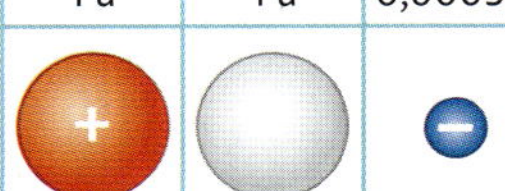

B7 Die Elementarteilchen

Ein neues Atommodell

RUTHERFORD erklärte seine experimentellen Ergebnisse mit dem **Kern-Hülle-Modell** (**B4**). Danach sind die Atome wie folgt aufgebaut:

Fast die gesamte Masse und die ganze positive Ladung eines Atoms befinden sich in einem sehr kleinen, sehr kompakten Raum, dem **Atomkern**. Dieses Zentrum wird von einer **Atomhülle** umgeben, die 100 000-mal größer ist als der Atomkern (**B5**). Da Atome nach außen hin neutral sind, muss die Atomhülle negativ geladen sein, um die positive Ladung des Kerns auszugleichen. Sie enthält als Ladungsträger die sogenannten **Elektronen**: kleine, negativ geladene Teilchen, die nahezu masselos sind und sich frei in der Atomhülle bewegen. Bis auf die Elektronen ist die Atomhülle leer. Der größte Teil eines Atoms ist also leerer Raum.

In dem Streuversuch durchquerten die meisten α-Teilchen diesen leeren Raum ungehindert. Die wenigen zurückgeworfenen oder abgelenkten α-Teilchen trafen auf die positiv geladenen Atomkerne und wurden aufgrund ihrer eigenen positiven Ladung von diesen abgestoßen (**B6**).

Nach dem Kern-Hülle-Modell bestehen Atome aus einem positiv geladenen Atomkern und einer negativ geladenen Atomhülle. Der Atomkern enthält fast die gesamte Masse des Atoms, während die Atomhülle nahezu masselos ist.

Die Bausteine der Atome

Mithilfe des Streuversuchs konnte RUTHERFORD bestätigen, dass Atome aus noch kleineren Teilchen aufgebaut sind. Die negativ geladenen Teilchen, die sich in der Atomhülle befinden, identifizierte er als Elektronen. Heute wissen wir, dass die positive Ladung im Atomkern durch **Protonen** hervorgerufen wird. Zudem befinden sich ungeladene Teilchen im Atomkern, die sogenannten **Neutronen**. Diese neutralen Teilchen dienen als „Puffer" im Atomkern, damit sich die Protonen nicht zu nah kommen und sich durch die gleiche Ladung abstoßen.

Elektronen, Protonen und Neutronen fasst man als **Elementarteilchen** zusammen (**B7**). Da sich die Neutronen und die Protonen im Atomkern befinden, nennt man sie auch **Nukleonen** (von *nucleus* (latein.) = Kern).

Der Atomkern enthält positiv geladene Protonen und ungeladene Neutronen. Zusammen nennt man sie die Nukleonen. Die Atomhülle enthält negativ geladene Elektronen.

Die Atome eines Elements besitzen alle gleich viele Protonen, die Atome verschiedener Elemente besitzen unterschiedlich viele Protonen. Die Protonenanzahl, die auch **Kernladungszahl** genannt wird, ist also charakteristisch für ein Element. Da Atome nach außen hin neutral sind, entspricht die Anzahl der Protonen im Atomkern genau der Anzahl der Elektronen in der Atomhülle. Die Anzahl der Neutronen kann davon abweichen. Neutronen werden bei der Darstellung von Atomen meist nicht gezeigt (z. B. **B4**).

Stimmen die Anzahl der Elektronen und der Protonen nicht überein, handelt es sich um ein Ion. Sind mehr Elektronen als Protonen vorhanden, handelt es sich um ein negativ geladenes Anion. Sind weniger Elektronen als Protonen vorhanden, liegt ein positiv geladenes Kation vor.

FM Mit Modellen arbeiten

Im Teilchenmodell werden Teilchen als geometrische Körper dargestellt, z. B. oval, eckig oder länglich (vgl. S. 32). Im DALTONschen Atommodell werden die Atome als Kugeln dargestellt. Sie unterscheiden sich je nach Atomsorte in Größe und Farbe (vgl. S. 55). Das Kern-Hülle-Modell erlaubt einen modellhaften Blick in die Atome und zeigt die darin enthaltenen Protonen und Elektronen. Neutronen werden in der Darstellung des Kern-Hülle-Modells nicht gezeigt. Alle Modelle haben gemeinsam, dass sie niemals fehlerlos und vollständig die Wirklichkeit abbilden. Mithilfe verschiedener Modelle lassen sich aber unterschiedliche Beobachtungen und Sachverhalte erklären.

Wähle jeweils das Modell aus, das am geeignetsten ist, um ...

So geht's

1. ... die Aggregatzustände eines Reinstoffes zu beschreiben.

   *Die Aggregatzustände eines Stoffes lassen sich mit den geometrischen Körpern des Teilchenmodells am übersichtlichsten darstellen (**B8** oben).*

2. ... die Zusammensetzung von Gemischen darzustellen.

   Naturtrüber Apfelsaft ist ein heterogenes Stoffgemisch, das sich aus Feststoff- und Flüssigkeitsanteilen zusammensetzt. Um ein Schaubild zu zeichnen, reicht auch hier das Teilchenmodell aus (vgl. S. 36).

3. ... die Anzahl der Atome in einem Molekül zu erkennen.

   *Die Anzahl der Kohlenstoff- und Sauerstoff-Atome im Kohlenstoffdioxid-Molekül lassen sich in der Darstellung des Atommodells von DALTON gut zählen (**B8** mittig). Man kann daraus die Molekülformel CO_2 ableiten.*

4. ... die Existenz von neutralen Atomen und geladenen Ionen zu erklären.

   Das Kern-Hülle-Modell zeigt, dass Atome aus verschiedenen Bausteinen bestehen. Ist die Anzahl der positiv geladenen Protonen gleich der Anzahl der negativ geladenen Elektronen, so liegt ein neutrales Atom vor. Stimmt die Anzahl der Protonen nicht mit der Anzahl der Elektronen überein, liegt ein geladenes Ion vor (vgl. Kap. 6.2).

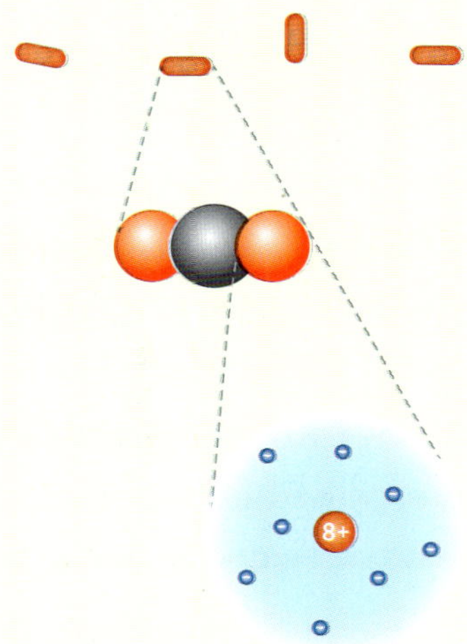

B8 Verschiedene Modelldarstellungen (von oben nach unten): Teilchenmodell, Atommodell nach DALTON, Kern-Hülle-Modell

AUFGABEN

A1 Ergänze dein Portfolio aus Kap. 2 (vgl. **A4** S. 33) um das Kern-Hülle-Modell.

A2 Erstelle eine grafische Übersicht mit den Begriffen Nukleon, Atom, Neutron, Proton, Elementarteilchen und Elektron.

A3 Wähle ein geeignetes Modell, um den Trennvorgang einer Salzlösung durch Eindampfen auf Teilchenebene darstellen zu können. Begründe deine Wahl und fertige eine Skizze an.

A4 Erkläre, was man unter Modellen in der Chemie versteht.

FACHBEGRIFFE

Streuversuch, Kern-Hülle-Modell, Atomkern, Atomhülle, Elektronen, Protonen, Neutronen, Elementarteilchen, Nukleonen, Kernladungszahl

6.2 Aufbau der Atomhülle: Das Energiestufenmodell

Silvester, Konzerte, große Feste: Ein Feuerwerk darf da nicht fehlen! Kunstvoll explodieren die Raketen und lassen den Himmel in den schönsten Farben leuchten. Doch wie lassen sich die verschiedenen Farben erklären?

V1 Flammenfärbung

Feuerwerkskörper rufen beim Verbrennen unterschiedliche Farben hervor. Dafür sind die in den Raketen enthaltenen Salze verantwortlich.

DURCHFÜHRUNG

Teste die Flammenfärbung der untenstehenden Salze. Nimm dazu ein Magnesiastäbchen und halte ein Ende davon mithilfe einer Tiegelzange in die Brennerflamme, bis es glüht. Tauche das Ende erst in destilliertes Wasser, dann in das zu testende Salz und halte es schließlich in den unteren Bereich der rauschenden Brennerflamme. Sieh dir die Flamme einmal mit bloßem Auge und einmal durch ein Cobaltglas an (**B1**).

Nimm das Magnesiastäbchen aus der Flamme und brich die verunreinigte Spitze vorsichtig mit der Tiegelzange ab. **Achtung heiß!** Teste dann die Flammenfärbung des nächsten Salzes wie oben beschrieben.

Salze: Natriummonochlorid, Lithiummonochlorid, Lithiummonobromid, Bariumdichlorid, Kupferdichlorid, Kaliummonobromid, Kaliummonochlorid, Natriummonobromid

AUSWERTUNG

a) Notiere die Flammenfarben der Salze in einer Tabelle.

b) Vergleiche die Beobachtungen bei den verschiedenen Salzen. Formuliere eine Vermutung über die Bedeutung von Metall- und Nichtmetall-Ionen für die Flammenfärbung von Salzen.

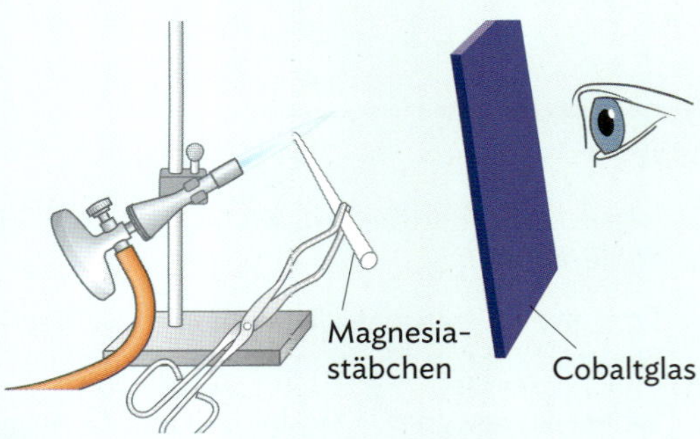

B1 Versuchsaufbau zum Testen der Flammenfärbung mit einem Cobaltglas

M2 Ionisierung

Werden Elektronen aus einem Atom entfernt, entsteht ein positiv geladenes Ion. Diesen Vorgang bezeichnet man als Ionisierung (**B2**). Da die negativ geladenen Elektronen vom positiv geladenen Atomkern angezogen werden, ist für das Abtrennen der Elektronen Energie erforderlich, die sogenannte Ionisierungsenergie. Diese wird in Elektronenvolt eV angegeben.

AUSWERTUNG

a) Formuliere Definitionen für die Begriffe Ionisierung und Ionisierungsenergie.

b) Vergleiche auf Grundlage des Kern-Hülle-Modells die Stärke der Anziehung der verschiedenen Elektronen eines Atoms vom Atomkern.

c) In einem Experiment werden die elf Elektronen eines Natrium-Atoms nacheinander aus dem Atom entfernt und die jeweilige Ionisierungsenergie gemessen. Zeichne die Ionisierungsenergien, wie sie nach dem Kern-Hülle-Modell zu erwarten wären, in ein Diagramm. (gestufte Hilfen unter QR-/Mediencode) 05511-31

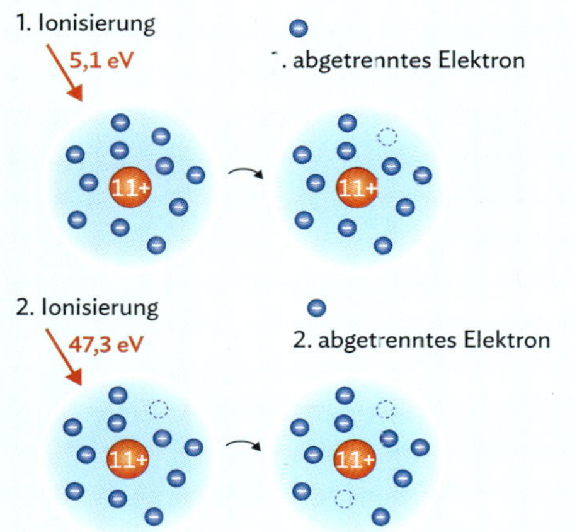

B2 Zweifache Ionisierung eines Natrium-Atoms

M3 Ionisierungsenergien

Nach dem Kern-Hülle-Modell werden alle Elektronen gleich stark vom Atomkern angezogen. Bei der Ionisierung wird jedoch mit jedem abgetrennten Elektron die negative Ladung in der Atomhülle geringer, während die positive Ladung im Atomkern gleich bleibt. Die jeweils verbleibenden Elektronen werden somit stärker vom Atomkern angezogen. Nach dem Kern-Hülle-Modell müssten die Ionisierungsenergien daher gleichmäßig ansteigen. **B3** zeigt die tatsächlichen Ergebnisse des Experiments:

AUSWERTUNG

a) Beschreibe das Diagramm in **B3** und vergleiche es mit den Aussagen im Text.

b) Leite aus **B3** eine Aussage über die Stärke der Anziehung der verschiedenen Elektronen vom Atomkern ab.

c) Vergleiche die Aussage aus **b)** mit der Aussage zur Anziehung der Elektronen auf Grundlage des Kern-Hülle-Modells. Formuliere die Konsequenz, die sich daraus ergibt.

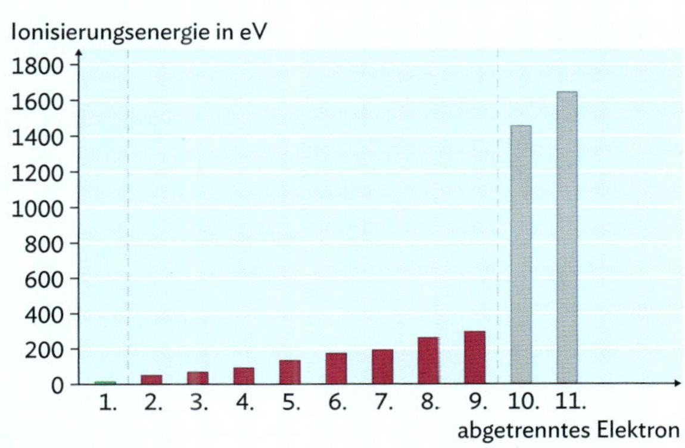

B3 Ionisierungsenergien für alle Elektronen des Natrium-Atoms

Flammenfärbung

Wenn Kochsalz (Natriummonochlorid) aus Versehen in die Flamme eines Gasherds gerät, leuchtet diese gelb auf. Auch viele andere Salze verursachen Flammenfärbungen. Ein Vergleich verschiedener Salze zeigt, dass die Metall-Ionen der Salze für die Flammenfärbung verantwortlich sind. Lithiumsalze leuchten rot auf, Natriumsalze gelb und Bariumsalze grün (**B4**). Was passiert beim Erhitzen mit den Ionen und warum erzeugen unterschiedliche Metall-Ionen verschiedene Flammenfärbungen? Um das zu erklären, muss man sich die Verteilung der Elektronen in einem Atom bzw. Ion genauer anschauen.

Info
Die schwach violette Flamme von Kalium kann man am besten durch ein Cobaltglas beobachten.

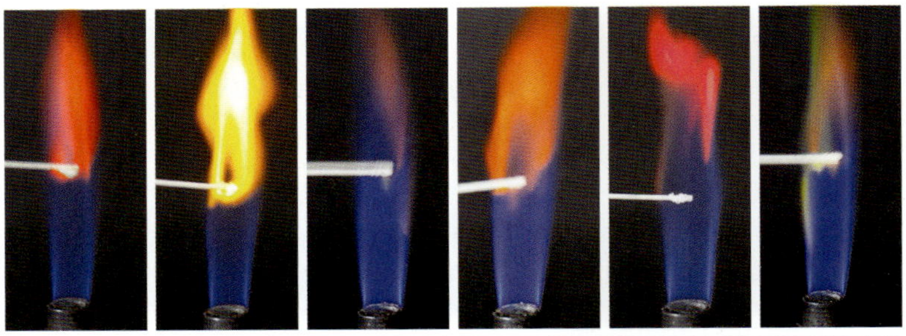

B4 Flammenfärbungen einiger Salze (von links nach rechts): Lithiumsalz, Natriumsalz, Kaliumsalz, Calciumsalz, Strontiumsalz, Bariumsalz

Ionisierungsenergien

Bei sehr hohen Temperaturen nehmen die Elektronen von Ionen oder Atomen Energie auf. Sie bewegen sich dadurch schneller und können sich weiter vom positiv geladenen Atomkern entfernen. Durch die Zufuhr von sehr viel Energie, können sich die Elektronen so weit vom Kern entfernen, dass dieser keine Anziehung mehr auf die Elektronen ausübt. Sie werden damit aus der Atomhülle entfernt. Da dabei aus neutralen Atomen positiv geladene Ionen werden, nennt man diesen Vorgang **Ionisierung**. Die dafür erforderliche Energie heißt **Ionisierungsenergie** und wird in Elektronenvolt eV angegeben.

Die Ionisierung ist das Entfernen eines oder mehrerer Elektronen aus einem Atom. Aus dem Atom wird dabei ein Ion. Die für die Ionisierung notwendige Energie heißt Ionisierungsenergie.

Weiterentwicklung des Kern-Hülle-Modells

Bei der Ionisierung bleibt die Anzahl der Protonen im Atomkern, also die Kernladungszahl, gleich (**B2**). Je mehr Elektronen aus dem Atom abgetrennt werden, desto stärker werden die verbleibenden Elektronen daher vom Kern angezogen. Um diese ebenfalls abzutrennen, muss entsprechend mehr Energie aufgewandt werden. Die Ionisierungsenergie steigt also mit jedem abgetrennten Elektron an (**B2**).

Zwischen dem 1. und 2. sowie dem 9. und 10. Elektron ist ein sprunghafter Anstieg der Ionisierungsenergien zu erkennen (**B3**). Das erste Elektron wird demnach deutlich schwächer und die letzten beiden Elektronen deutlich stärker vom Atomkern angezogen. Mit dem Kern-Hülle-Modell lässt sich diese Beobachtung nicht erklären. Um den Aufbau der Atomhülle genauer zu beschreiben, wurde das **Energiestufenmodell** entwickelt.

Das Energiestufenmodell

Gemäß dem Energiestufenmodell befinden sich die Elektronen eines Atoms auf sogenannten **Energiestufen**. Je weiter ein Elektron vom Atomkern entfernt ist, desto höher ist seine innere Energie und desto höher ist auch die Energiestufe, auf der es sich befindet. Um ein Elektron aus einem Atom zu entfernen, muss für Elektronen auf niedrigen Energiestufen mehr Ionisierungsenergie aufgewendet werden, als für Elektronen auf hohen Energiestufen (**B5**). Insgesamt gibt es sieben Energiestufen. Ausgehend von der energetisch niedrigsten Stufe werden sie mit n = 1, 2, 3, 4, 5, 6 und 7 bezeichnet.

Das Energiestufenmodell ist ein Modell der Atomhülle. Nach dem Modell befinden sich die Elektronen eines Atoms gemäß ihrem Energiegehalt auf sieben unterschiedlichen Energiestufen.

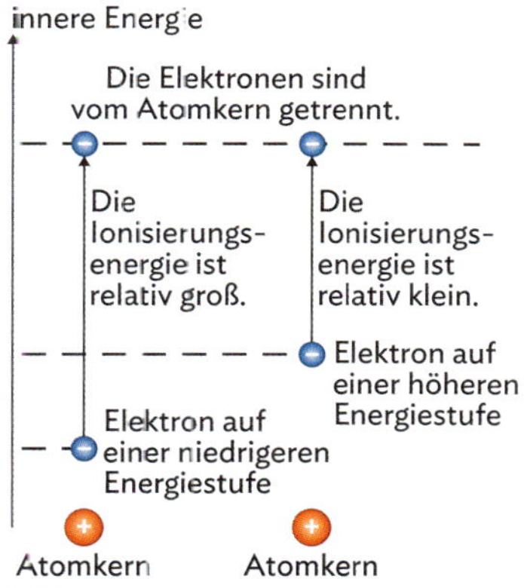

B5 Zusammenhang zwischen dem Energiegehalt eines Elektrons und seinem Abstand zum Kern

Besetzung der Energiestufen mit Elektronen

Bei der Besetzung der Energiestufen mit Elektronen sind folgende Regeln zu beachten:

Regel 1: Da immer ein möglichst energiearmer Zustand angestrebt wird, werden die Energiestufen von unten (n=1) nach oben aufgefüllt.

Regel 2: Auf jede Energiestufe passt nur eine bestimmte Anzahl an Elektronen, nämlich 2 n^2 Elektronen (n = Energiestufe, **B6**).

Regel 3: Die höchste besetzte Energiestufe darf maximal acht Elektronen enthalten (Oktettregel).

Energiestufe	maximale Anzahl Elektronen
n	2 n^2
1	2
2	8
3	18
4	32
5	50

B6 Maximale Besetzung der Energiestufen mit Elektronen

Die Verteilung der elf Elektronen eines Natrium-Atoms auf die Energiestufen ergibt somit das folgende Energiestufenmodell (vgl. **FM** S. 134):

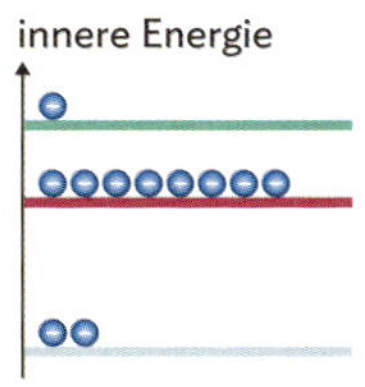

Die Verteilung der Elektronen auf den Energiestufen bezeichnet man als **Elektronenkonfiguration**. Diese wird häufig in einer Kurzschreibweise angegeben. Hinter dem Elementsymbol notiert man dafür die Anzahl der Elektronen jeder Energiestufe in aufsteigender Reihenfolge der Energiestufen. Die Elektronenkonfiguration des Natrium-Atoms lässt sich somit wie folgt angeben: Na (2, 8, 1).

Die Elektronen eines Atoms auf der höchsten Energiestufe heißen **Valenzelektronen**. Ihnen kommt eine besondere Bedeutung zu, da sie großen Einfluss auf die Eigenschaften und das Reaktionsverhalten der entsprechenden Stoffe haben. Natrium hat ein Valenzelektron in den Atomen und ist damit sehr reaktiv (vgl. S. 138).

Die Elektronen eines Atoms, die sich auf der höchsten Energiestufe befinden, heißen Valenzelektronen (Außenelektronen).

Info

NIELS BOHR entwickelte ein ähnliches Modell der Atomhülle: das Schalenmodell. Auch in diesem Modell gibt es sieben Energiestufen. BOHR stellte sich diese als kugelförmige Schalen vor, die um den Atomkern herum angeordnet sind und auf denen sich die Elektronen bewegen. Die Verteilung der Elektronen auf die Schalen erfolgt wie bei dem Energiestufenmodell.

FM Energiestufenmodelle erstellen

Erstelle die Energiestufenmodelle für ein Natrium-Atom und ein Calcium-Atom.

So geht's

1. Lies aus dem Periodensystem ab, wie viele Elektronen das Atom insgesamt hat.

   Natrium hat die Ordnungszahl 11. Ein Natrium-Atom hat somit 11 Protonen und 11 Elektronen.

   Calcium hat die Ordnungszahl 20. Ein Calcium-Atom hat somit 20 Protonen und 20 Elektronen.

2. Zeichne die Achse für die innere Energie als senkrechten Pfeil und beschrifte ihn. Zeichne die unterste Energiestufe (Regel 1) als Balken ein und setze bis zu zwei Elektronen darauf (Regel 2).

3. Zeichne die zweite Energiestufe ein und trage bis zu acht Elektronen darauf ein (Regel 2).

4. Zeichne nun die dritte Energiestufe ein. Auf diese Energiestufe passen insgesamt 18 Elektronen (Regel 2). Da es sich um die aktuell höchste besetzte Energiestufe handelt, dürfen zunächst maximal acht Elektronen eingezeichnet werden (Regel 3).

   Von den elf Elektronen des Natrium-Atoms wurden bereits zehn verteilt. Für die dritte Energiestufe bleibt noch ein Elektron übrig.

   Für das Calcium-Atom sind noch 10 Elektronen übrig. Acht davon werden auf der dritten Energiestufe eingezeichnet.

5. Zeichne die vierte Energiestufe ein. Auf diese Energiestufe passen insgesamt 32 Elektronen.

   Für das Calcium-Atom sind noch zwei Elektronen übrig, die auf der vierten Energiestufe eingezeichnet werden.

   Für Atome mit einer größeren Elektronenanzahl wird das Schema weiter verfolgt. Es gibt bis zu sieben Energiestufen, wobei immer nur die letzte besetzte Energiestufe gezeichnet wird.

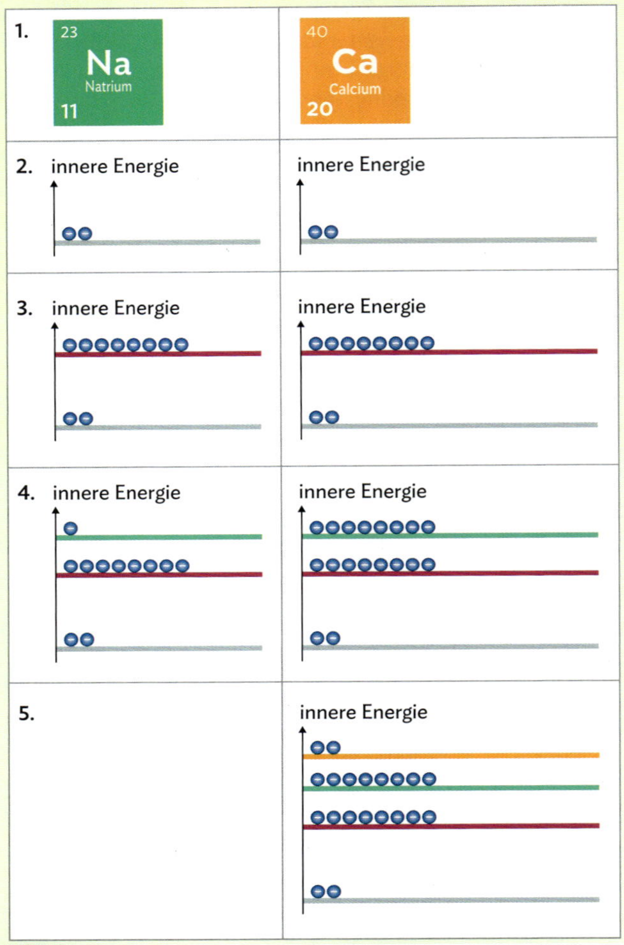

B7 Stufenweise Erstellung eines Energiestufenmodells

Flammenfärbung im Energiestufenmodell

Mithilfe des Energiestufenmodells lässt sich die unterschiedliche Flammenfärbung von Salzen erklären: Die Elektronen können durch Aufnahme von Energie angeregt werden und dadurch kurzzeitig von einer Energiestufe in eine höhere wechseln (**B8**). Unter Energieabgabe springen sie dann wieder in den Grundzustand zurück. Beim Zurückspringen wird Energie in Form von Licht freigesetzt.

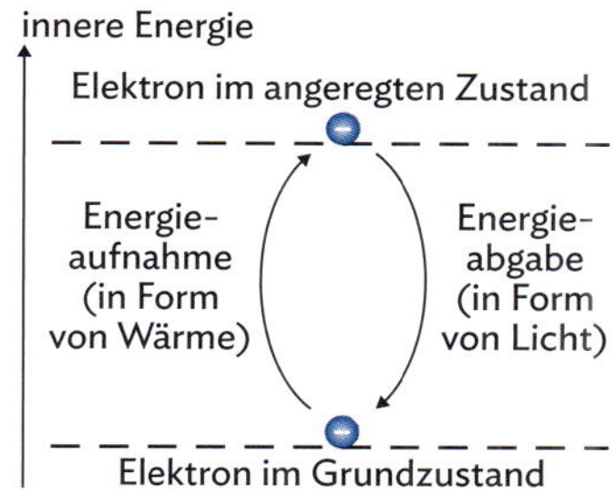

B8 Elektron im Grundzustand und im angeregten Zustand

Da die Abstände der einzelnen Energiestufen unterschiedlich groß sind, wird auch unterschiedlich viel Energie freigesetzt. Ein Elektron, das von Stufe 2 auf Stufe 1 zurückfällt, gibt mehr Energie ab, als ein Elektron, das von Stufe 3 auf Stufe 2 zurückfällt. Die Menge an freiwerdender Energie und die daraus resultierende Färbung der Flamme sind entsprechend unterschiedlich.

Da die Energiestufen der Metall-Ionen verschiedener Salze unterschiedlich besetzt sind, leuchten die Salze in der Brennerflamme oder in einem Feuerwerk in unterschiedlichen Farben.

AUFGABEN

A1 Die drei Salze Bariummonochlorid, Natriummonobromid und Calciumdifluorid stehen unbeschriftet im Labor. Beschreibe einen Versuch, mit dem du sie unterscheiden und eindeutig zuordnen kannst.

A2 Ergänze dein Portfolio aus Kap. 2 (vgl. **A4** S. 33) um das Energiestufenmodell.

A3 Zeichne die Energiestufenmodelle für ein Magnesium-Atom, ein Sauerstoff-Atom, ein Chlorid-Anion und ein Natrium-Kation.

A4 Beschreibe die folgenden Elektronenkonfigurationen in ganzen Sätzen: B (2,3) und S (2,8,6).

A5 Für die Elektronenkonfiguration eines Calcium-Atoms gibt ein Schüler zwei Lösungsvorschläge an: Ca (2,8,10) und Ca (2,8,8,2). Entscheide dich für die richtige Lösung und begründe deine Auswahl.

A6 Erkläre anhand der Energiestufenmodelle, warum Lithiumsalze eine andere Flammenfärbung aufweisen als Natriumsalze.

A7 Vergleiche das Diagramm der Ionisierungsenergien des Lithium-Atoms mit dem entsprechenden Energiestufenmodell (**B9**). Begründe die Verteilung der Elektronen auf die Energiestufen mit den gemessenen Ionisierungsenergien.

A8 Vergleiche die Aussagen des Kern-Hülle-Modells mit denen des Energiestufenmodells. Beschreibe jeweils Grenzen der Modelle.

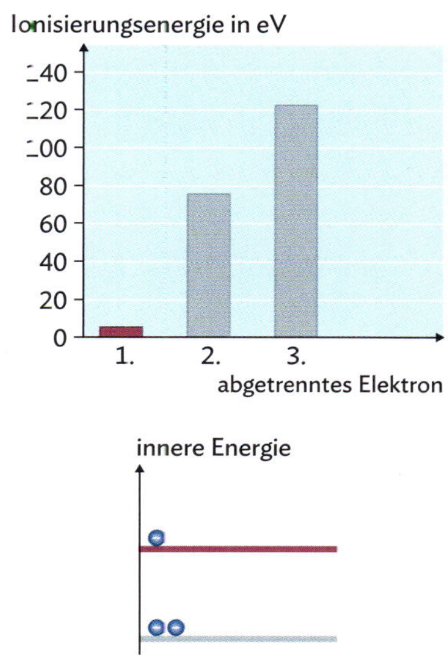

B9 Ionisierungsenergien und Energiestufenmodell des Lithium-Atoms

FACHBEGRIFFE

Ionisierung, Ionisierungsenergie, Energiestufenmodell, Energiestufen, Elektronenkonfiguration, Valenzelektronen

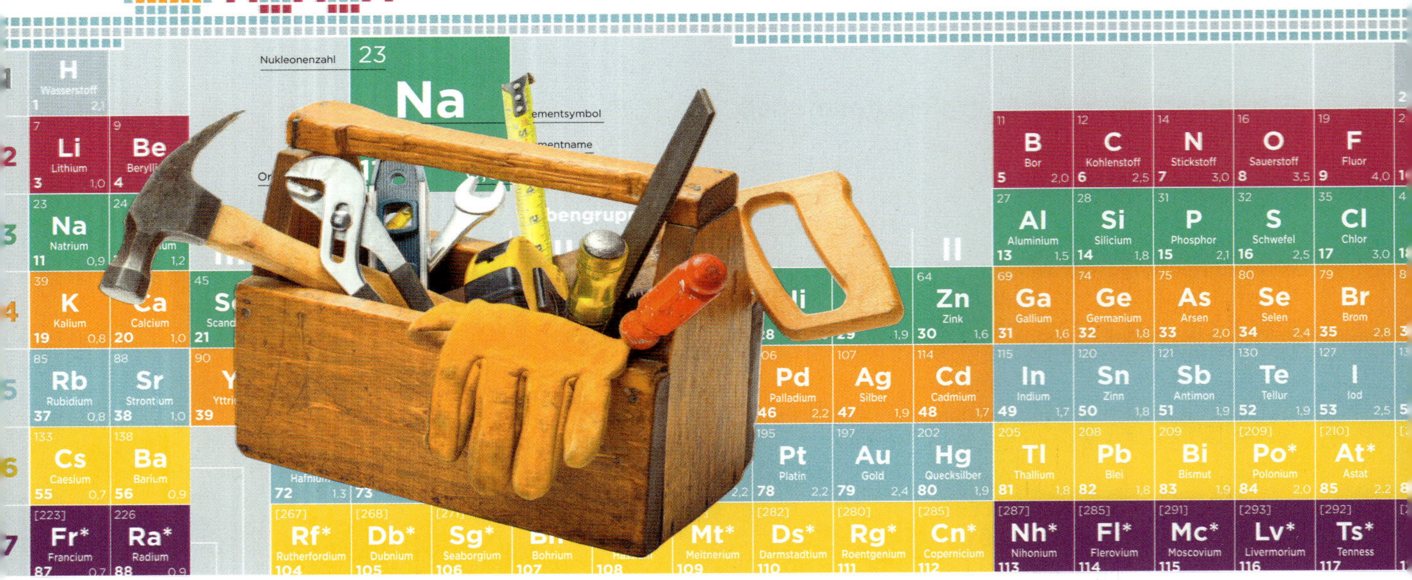

6.3 Arbeiten mit dem Periodensystem

Im Chemiesaal jeder Schule hängt das Periodensystem der Elemente. Es ist das Handwerkszeug in der Chemie. Doch was genau steckt eigentlich hinter dieser Anordnung und wie kann man Informationen zum Atombau der einzelnen Elemente aus dem Periodensystem ablesen?

M1 Ordnung der Elemente nach ihrem Atombau

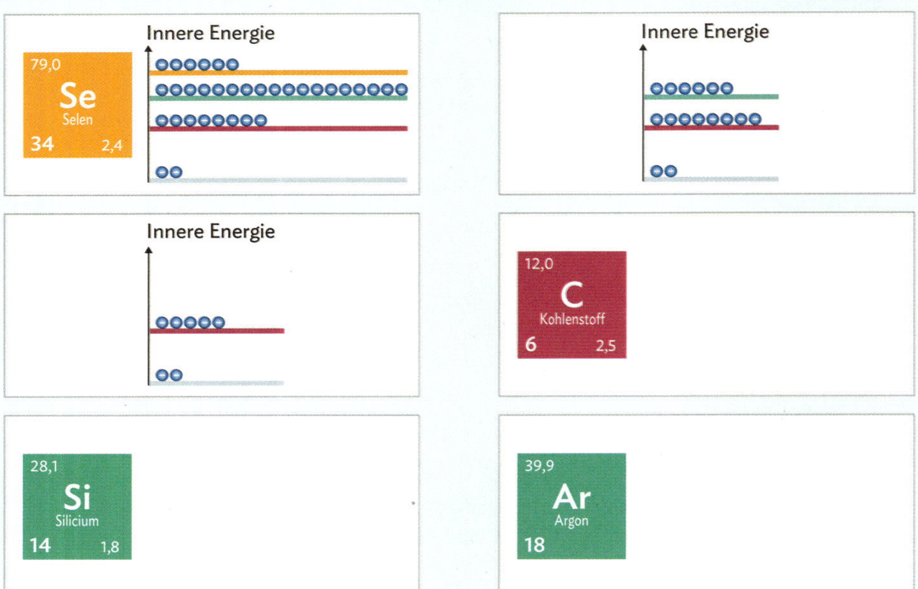

B1 Elementkarten mit Ausschnitten aus dem Periodensystem der Elemente und Energiestufenmodellen

M1 Ordnung der Elemente nach ihrem Atombau (Auswertung)

AUSWERTUNG

a) Lade die Elementkarten aus **B1** unter dem QR-/Mediencode herunter. Vervollständige sie so, dass auf jeder Karte ein Energiestufenmodell und der passende Ausschnitt aus dem Periodensystem zu sehen ist.

05511-32

b) Finde Gemeinsamkeiten und Unterschiede im Atombau der sechs Elemente.

c) Schneide die ausgefüllten Elementkarten aus und ordne sie sinnvoll nach ihrem Atombau. Begründe deine Ordnung.

d) Vergleiche deine Ordnung aus **c)** mit der tatsächlichen Position der Elemente im Periodensystem (vgl. hinterer Buchdeckel).

e) Erstelle Elementkarten wie in **B1** zu den Elementen Phosphor und Aluminium.

f) Erstelle das Energiestufenmodell für ein Kalium-Kation und vergleiche es mit dem eines Argon-Atoms.

MENDELEJEW und die Ordnung der Elemente

Der 17. Februar 1869 ist ein arbeitsreicher Tag für den russischen Chemiker DMITRI MENDELEJEW. Für ein Chemielehrbuch möchte er die bekannten Elemente nach einem systematischen Prinzip logisch ordnen und deren Eigenschaften erklären. Doch schon seit Wochen grübelt er über diesem Problem. Er schreibt die Namen der Elemente auf Karten und kombiniert diese immer wieder neu. Als er über den Karten einschläft, findet er endlich die Lösung. „Ich träumte und sah einen Tisch, auf dem sich alle Elemente wie erforderlich zusammenfügten. Als ich erwachte, schrieb ich sofort alles auf einem Blatt Papier nieder." Diese hastig von MENDELEJEW gekritzelten Notizen zeigen die Anfänge des wichtigsten Hilfsmittels in der Chemie: **Das Periodensystem der Elemente (PSE)** (vgl. **Exkurs** S. 144). Aus dem heute weltweit verwendeten PSE (genauer „teilchenbezogenes Periodensystem der Atomsorten") lassen sich exakte Aussagen über den Atombau der einzelnen Elemente ablesen.

D. MENDELEJEW (1834 bis 1907) L. MEYER (1830 bis 1895)

B2 Die Entdecker des Periodensystems der Elemente (vgl. Info)

Info 1
Der deutsche Arzt und Chemiker LOTHAR MEYER arbeitete schon vor MENDELEJEW mit einem ähnlichen System, veröffentlichte es jedoch erst später.

Anzahl und Masse der Elementarteilchen im Atom

Die Zahlen links vom Elementsymbol geben Auskunft über die Anzahl der Elementarteilchen. Da die Anzahl der Protonen, also die Kernladungszahl, charakteristisch für ein Element ist, wird sie als **Ordnungszahl** im Periodensystem verwendet. Sie steht links unten. Bei Atomen gibt die Ordnungszahl auch die Anzahl der Elektronen an, die der Anzahl der Protonen entspricht.

Links oben steht die **Nukleonenzahl**. Sie ergibt sich aus der Anzahl der Protonen und der Anzahl der Neutronen im Atom. Die Anzahl der Neutronen berechnet sich, indem man die Anzahl der Protonen von der Nukleonenzahl abzieht (vgl. Info 2). Die Nukleonenzahl entspricht außerdem der relativen Atommasse.

Info 2
Die Neutronenanzahl wird wie folgt berechnet:
Neutronenanzahl = Nukleonenzahl − Protonenanzahl

Bsp.: Kohlenstoff (Nukleonenzahl = 12, Protonenanzahl = 6)
Neutronenanzahl = 12 − 6 = 6

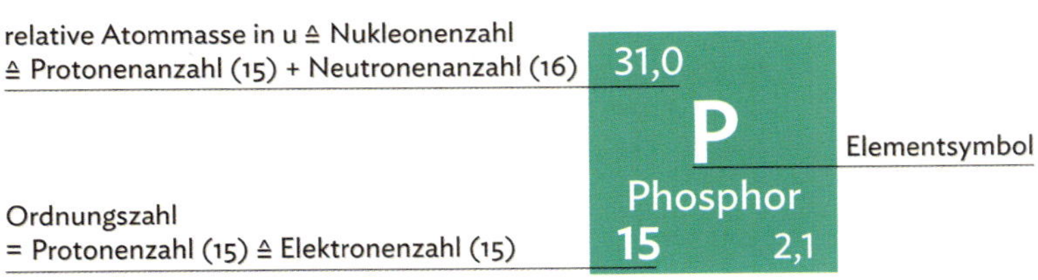

B3 Angaben zum Element Phosphor im Periodensystem der Elemente

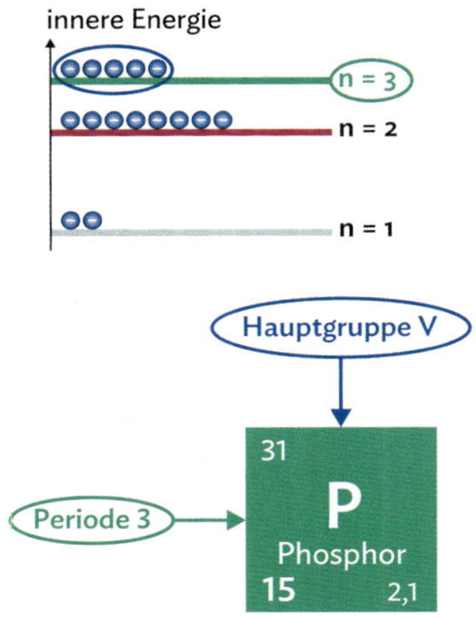

B4 Zusammenhang zwischen Energiestufenmodell und Position im PSE am Beispiel von Phosphor

Energiestufen und Valenzelektronen im PSE

Die Zeilen im PSE nennt man **Perioden**. Betrachtet man die Atome im Energiestufenmodell, stellt man fest, dass die maximal mögliche Anzahl an Energiestufen der Anzahl der Perioden entspricht. Die Zahl der Periode, in der ein Element steht, stimmt zudem mit der Zahl der höchsten besetzten Energiestufe der Atome überein. Phosphor steht beispielsweise in der dritten Periode und hat drei voll- bzw. teilbesetzte Energiestufen (**B4**).

Die Periodennummer eines Elements entspricht der Zahl der höchsten voll- oder teilbesetzten Energiestufe seiner Atome.

Die Spalten im PSE nennt man **Hauptgruppen** bzw. **Nebengruppen**. Die Atome der Elemente einer Hauptgruppe besitzen alle die gleiche Anzahl an Valenzelektronen. Sie entspricht der Zahl der jeweiligen Hauptgruppe. Phosphor steht beispielsweise in der fünften Hauptgruppe. Ein Phosphor-Atom hat also fünf Valenzelektronen (**B4**).

Die Hauptgruppennummer eines Elements entspricht der Anzahl der Valenzelektronen seiner Atome.

Da die Valenzelektronen eines Atoms großen Einfluss auf die Eigenschaften eines Stoffes haben, haben die Elemente innerhalb einer Hauptgruppe ähnliche Stoffeigenschaften. Die Elemente einer Hauptgruppe bilden daher eine **Elementfamilie** (vgl. S. 52).

Info

Die Atome der Nebengruppenelemente haben immer zwei Valenzelektronen, da darüber hinaus nur niedrigere Energiestufen besetzt werden.

Die Edelgasregel

Die Edelgase stehen in der achten Hauptgruppe des PSE. Den Begriff „edel" tragen sie in ihrem Namen, da sie besonders stabil sind. Diese Eigenschaft beruht auf der Elektronenkonfiguration ihrer Atome, die auch **Edelgaskonfiguraton** genannt wird. Die jeweils höchste besetzte Energiestufe der Atome ist mit der maximalen Anzahl an Elektronen besetzt, die meisten Edelgas-Atome haben also acht Valenzelektronen (vgl. S. 133, Regel 3). Beim Helium-Atom ist nur die erste Energiestufe besetzt, es hat daher nur zwei Valenzelektronen (vgl. S. 133, Regel 2).

Ein Atom oder Ion besitzt Edelgaskonfiguration, wenn die höchste besetzte Energiestufe mit acht Elektronen besetzt ist. Ist nur die erste Energiestufe besetzt, besitzt ein Atom oder Ion mit zwei Valenzelektronen Edelgaskonfiguration.

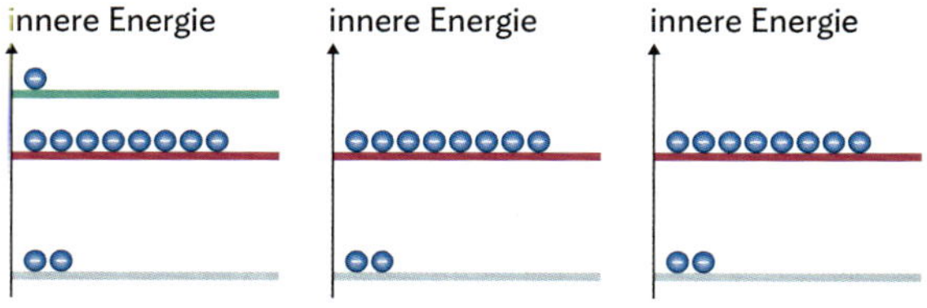

B5 Energiestufenmodelle und Elektronenkonfigurationen eines Natrium-Atoms (links), eines Natrium-Kations (Mitte) und eines Neon-Atoms (rechts).

Ein Natrium-Atom hat nur ein Valenzelektron. Ein Natrium-Kation hat ein Elektron weniger und somit Edelgaskonfiguration (**B5**). Das Bestreben der Atome, durch Aufnahme oder Abgabe von Elektronen die Edelgaskonfiguration zu erreichen, nennt man **Edelgasregel**. Mit ihr lässt sich auch die Ionenladungszahl der meisten Hauptgruppenelemente erklären und aus dem PSE herauslesen (vgl. **FM** S. 139).

FM Die Ladungszahl von Ionen bestimmen

Um die Ladungszahl von Ionen zu bestimmen, kann man das Periodensystem der Elemente wie ein Spielbrett nutzen.

Bestimme die Ladungszahlen der Ionen in Calciumdibromid.

So geht's

1. Bestimme die Elemente, deren Ionen in dem Salz vorkommen.

   Calcium und Brom

2. Betrachte das PSE (vgl. hinterer Buchdeckel) als Spielbrett. Die Ordnungszahl gibt die Reihenfolge an, wie die Felder abgelaufen werden müssen.

   Mache dich mit einer kleinen Spielfigur jeweils von dem Element aus auf zum nächstgelegenen Edelgas.

   Vom Calcium aus ist das nächstgelegene Edelgas das Argon.

   Vom Brom aus ist das nächstgelegene Edelgas das Krypton.

3. Führt dich der kürzere Weg auf dem Spielbrett zurück, also zu einer niedrigeren Ordnungszahl, entsteht ein Kation. Führt dich der Weg zu einer höheren Ordnungszahl, entsteht ein Anion.

   Calcium bildet ein Kation.

   Brom bildet ein Anion.

4. Die Anzahl der zurückgelegten Schritte entspricht jeweils der Ladungszahl des Ions.

   Vom Calcium zum Argon sind es zwei Schritte. Die Ladungszahl des Calcium-Kations ist zwei.

   Vom Brom zum Krypton ist es ein Schritt. Die Ladungszahl des Bromid-Anions ist eins.

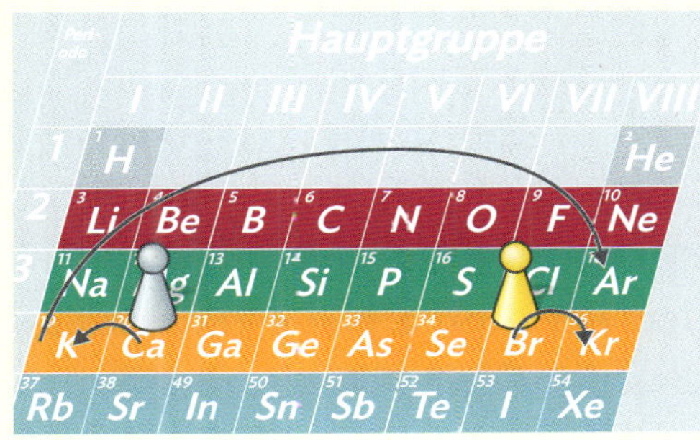

AUFGABEN

A1 Die Atome des gesuchten Elements X besitzen drei Protonen mehr als die des Elements Fluor. Benenne das gesuchte Element und gib die Anzahl der Neutronen an.

A2 Ein Element steht in der 3. Periode und gehört zu den Halogenen. Notiere den Namen und das Symbol des gesuchten Elementes.

A3 Gib die Kurzschreibweise der Elektronenkonfiguration für folgende Elemente an: Stickstoff, Kalium und Iod.

A4 Notiere die Ionenladung für die Ionen der folgenden Elemente: Natrium, Sauerstoff, Beryllium, Aluminium, Chlor, Neon.

A5 Stelle die Edelgaskonfiguration eines Chlorid-Anions mithilfe einer Zeichnung des Energiestufenmodells dar.

A6 Erkläre in eigenen Worten, warum Magnesium in Magnesiumdichlorid $(Mg^{2+})(Cl^{-})_2$ als zweifach geladenes Kation vorliegt.

A7 Metalle reagieren häufig mit Nichtmetallen. Erkläre diese Aussage.

A8 Das Energiestufenmodell eines Kalium-Kations und das eines Argon-Atoms sehen gleich aus. Beschreibe, worin sich die beiden Teilchen dennoch unterscheiden.

A9 Das Element Wasserstoff zählt als einziges Element der ersten Hauptgruppe nicht zu den Alkalimetallen. Erkläre diese Tatsache.

FACHBEGRIFFE

Periodensystem der Elemente (PSE), Ordnungszahl, Nukleonenzahl, Periode, Hauptgruppe, Nebengruppe, Elementfamilie, Edelgaskonfiguration, Edelgasregel

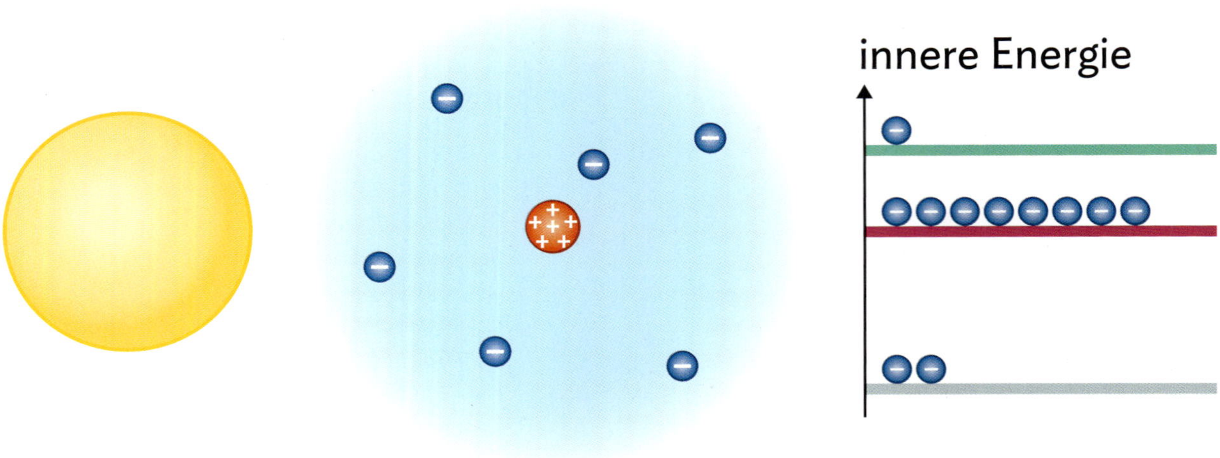

6.4 Das Kugelwolkenmodell

RUTHERFORD lieferte mit dem Kern-Hülle-Modell erstmals eine Vorstellung vom Aufbau der Atome. Neue Erkenntnisse führten zum Energiestufenmodell, mit dem der Aufbau der Atomhülle genauer betrachtet wird. Wie kann man sich ein Atom räumlich vorstellen, dessen Elektronen sich auf unterschiedlichen Energiestufen befinden?

M1 Weiterentwicklung der Atommodelle

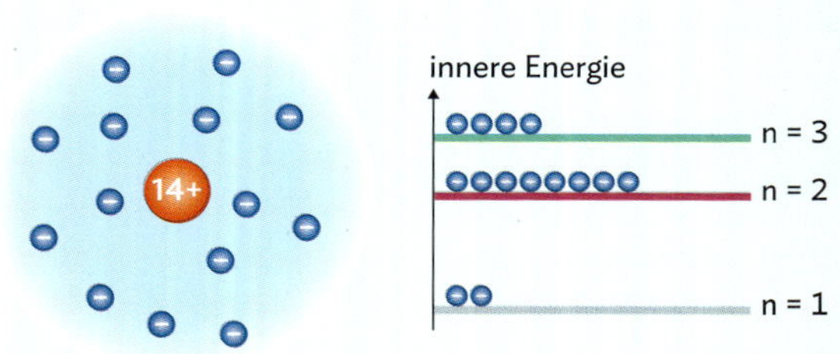

B1 Kern-Hülle-Modell und Energiestufenmodell des Silicium-Atoms.

AUSWERTUNG

a) Beschreibe **B1** und nenne Vor- und Nachteile der beiden Darstellungsweisen.

b) Zeichne modellhaft den räumlichen Bau eines Atoms, bei dem die verschiedenen inneren Energien der Elektronen berücksichtigt werden.

c) Im Atomkern befinden sich Neutronen, die als Puffer zwischen den positiv geladenen Protonen dienen, sodass sich diese nicht gegenseitig abstoßen. Zwischen den Elektronen gibt es einen solchen Puffer nicht. Beschreibe Auswirkungen, die sich daraus für den räumlichen Bau der Atome ergeben.

d) Blase vier Luftballons auf, sodass sie gleich groß sind, und binde sie jeweils an eine Schnur. Binde die Luftballons so aneinander fest, dass sie sich an den Knoten berühren. Versuche nun verschiedene Formen damit zu bilden.

e) Benenne die Struktur, die sich in **d)** automatisch bildet.

f) Das Luftballonmodell soll als Atommodell dienen. Zur Vereinfachung werden nur die Valenzelektronen betrachtet. Entscheide begründet, wie sich die Valenzelektronen des Silicium-Atoms auf die Luftballons verteilen würden.

g) Vergleiche dein Atommodell aus **b)** mit deinem Atommodell aus **f)**.

Weiterentwicklung der Atommodelle

Zu Zeiten von DALTON galten Atome als kleine, unteilbare, kugelförmige Teilchen. Im Laufe der Zeit wurde diese Vorstellung korrigiert und verschiedene, detailliertere Atommodelle entwickelt. Der amerikanische Quantenchemiker GEORGE ELBERT KIMBALL stellte ein Atommodell auf, das die Aussagen des Kern-Hülle-Modells und des Energiestufenmodells vereint und zudem eine räumliche Vorstellung vom Bau der Atome ermöglicht: das **Kugelwolkenmodell**.

Nach dem Kern-Hülle-Modell bewegen sich alle Elektronen frei in der Atomhülle. Würde man in kurzen Zeitabständen hintereinander Bilder des Wasserstoff-Atoms im Kern-Hülle-Modell aufnehmen und sie übereinander legen, wäre das Elektron des Atoms nicht mehr als einzelner Punkt, sondern als nahezu kugelförmiger Raum zu sehen. Diesen Aufenthaltsraum eines Elektrons beschreibt KIMBALL als **Kugelwolke**.

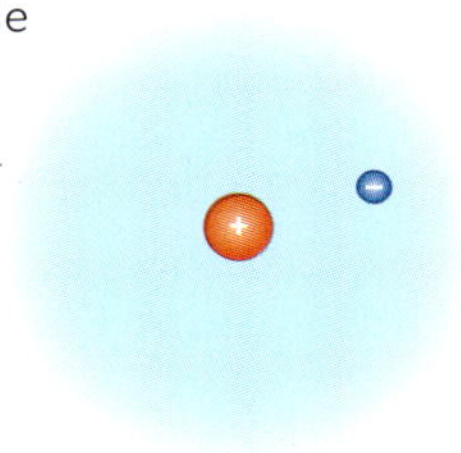

Nach dem Kugelwolkenmodell halten sich die Elektronen in kugelförmigen Wolken um den Atomkern herum auf.

Energiestufen im Kugelwolkenmodell

Die Elektronen eines Atoms haben unterschiedliche innere Energien – sie werden unterschiedlich stark vom Atomkern angezogen. Die Kugelwolken, in denen sich die Elektronen nach dem Kugelwolkenmodell befinden, sind daher in unterschiedlichem Abstand zum Atomkern angeordnet. Jede Kugelwolke enthält maximal zwei Elektronen.

- Die erste Energiestufe n = 1 enthält insgesamt nur bis zu zwei Elektronen. Diese halten sich in einer Kugelwolke kreisförmig um den Atomkern herum auf (**B2**, grau).
- Die zweite Energiestufe n = 2 enthält maximal acht Elektronen. Diese halten sich in Kugelwolken auf, die um die Kugelwolke der ersten Energiestufe herum angeordnet sind (**B2**, magenta).
- Die Kugelwolken der dritten Energiestufe n = 3 sind noch weiter vom Kern entfernt angeordnet (**B2**, türkis).

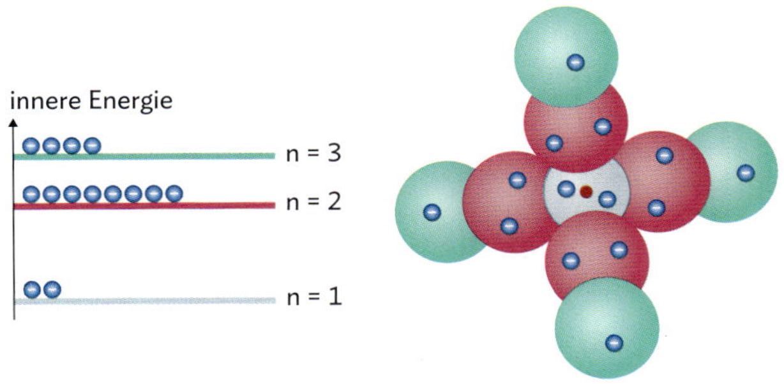

B2 Silicium-Atom im Energiestufenmodell (links) und im Kugelwolkenmodell (rechts)

Darstellung der Kugelwolken

Im Kugelwolkenmodell werden häufig nur die Valenzelektronen eines Atoms berücksichtigt. Diese sind besonders wichtig, da sie die Eigenschaften und das Reaktionsverhalten eines Stoffes bestimmen. Die weiter innen liegenden Kugelwolken werden meist nur angedeutet oder gar nicht gezeichnet. Der Atomkern kann als Punkt angedeutet oder weggelassen werden.

Um die Darstellung im Kugelwolkenmodell noch weiter zu vereinfachen, werden die Elektronen selbst nicht gezeigt. Einfach besetzte Kugelwolken unterscheidet man von doppelt besetzten Kugelwolken, z. B. durch unterschiedliche Farben. Im Folgenden sind Kugelwolken, die ein Elektron enthalten, blau dargestellt. Kugelwolken, die zwei Elektronen enthalten, sind rot dargestellt (**B3**).

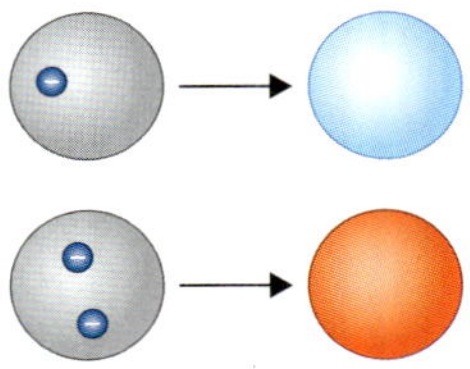

B3 Kugelwolken mit einem Elektron werden blau dargestellt. Kugelwolken mit zwei Elektronen werden rot dargestellt.

Verteilung der Elektronen auf die Kugelwolken

Erste Periode: Die Elemente Wasserstoff und Helium stehen in der ersten Periode des PSE. Ihre Atome haben ein bzw. zwei Elektronen, die sich in einer Kugelwolke um den Atomkern herum aufhalten. Für das Wasserstoff-Atom ist diese Kugelwolke mit einem Elektron besetzt (**B4**, links), für ein Helium-Atom mit zwei Elektronen (**B4**, rechts).

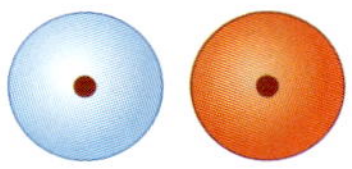

H He

B4 Wasserstoff- und Helium-Atom im Kugelwolkenmodell

Zweite Periode: Das Lithium-Atom steht in der ersten Hauptgruppe. Es hat ein Valenzelektron, das sich in einer einfach besetzten Kugelwolke (blau) aufhält (**B5**, vgl. Info). Das Beryllium-Atom hat zwei Valenzelektronen, die sich aufgrund ihrer negativen Ladung gegenseitig abstoßen. Die Elektronen halten sich daher in zwei einfach besetzten Kugelwolken (blau) auf. Sie sind mit möglichst großem Abstand zueinander angeordnet. Im Bor-Atom kommt ein weiteres Elektron und somit eine weitere einfach besetzte Kugelwolke hinzu. Die drei Kugelwolken ordnen sich im Dreieck an. Das Kohlenstoff-Atom hat vier einfach besetzte Kugelwolken, die sich zu einem Tetraeder anordnen.

Info

Das Elektron eines Wasserstoff-Atoms hält sich nach dem Modell in einer Kugelwolke um den Atomkern herum auf. Das Valenzelektron eines Lithium- oder Natrium-Atoms hält sich dagegen in einer Kugelwolke neben dem Atomkern und den inneren Elektronen auf. Eine sinnvolle Begründung dafür gibt es nicht. Hier stößt das Modell an seine Grenzen.

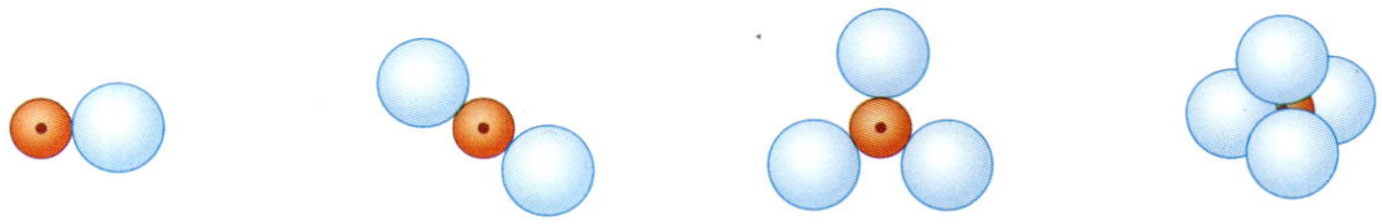

Li Be B C

B5 Lithium-, Beryllium-, Bor- und Kohlenstoff-Atom im Kugelwolkenmodell

Ab der fünften Hauptgruppe werden die Kugelwolken nacheinander mit einem zweiten Elektron gefüllt. Das Stickstoff-Atom hat somit eine doppelt besetzte Kugelwolke (rot) und drei einfach besetzte Kugelwolken (blau) (**B6**). Beim Sauerstoff-Atom sind zwei der vier Kugelwolken doppelt besetzt, beim Fluor-Atom drei. Das Neon-Atom hat schließlich vier doppeltbesetzte Kugelwolken (rot).

N O F Ne

B6 Stickstoff-, Sauerstoff-, Fluor- und Neon-Atom im Kugelwolkenmodell

Jede Kugelwolke einer Energiestufe wird zunächst mit nur einem Elektron besetzt (blau). Danach werden die Kugelwolken mit jeweils einem zweiten Elektron aufgefüllt (rot).

Weitere Perioden: Aufgrund der Oktettregel (vgl. S. 133, Regel 3) gibt es maximal acht Valenzelektronen in den Atomen. Die Besetzung der außen liegenden Kugelwolken erfolgt daher ab der dritten Periode genauso, wie bei den Elementen der zweiten Periode (**B7**).

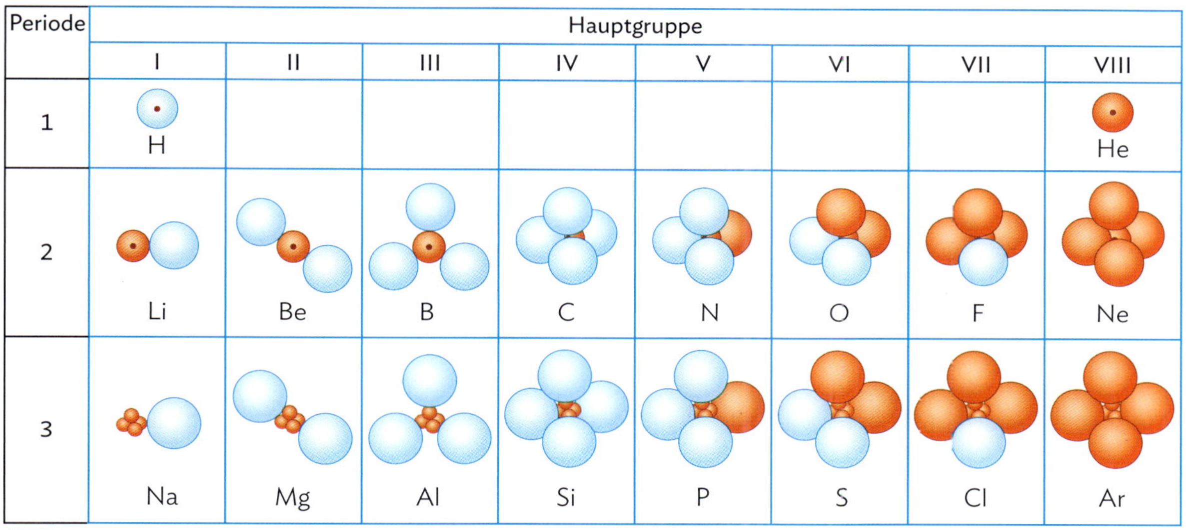

B7 Kugelwolkenmodelle der Atome in den ersten drei Perioden des PSE

AUFGABEN

A1 Ergänze dein Portfolio aus Kap. 2 (vgl. **A4** S. 33) um das Kugelwolkenmodell.

A2 Zeichne das Energiestufenmodell für ein Sauerstoff-Atom. Leite daraus das Kugelwolkenmodell ab.

A3 Bastele aus Styroporkugeln das Kugelwolkenmodell eines Stickstoff-Atoms.

A4 a) Zeichne die Kugelwolkenmodelle für ein Bor-Atom, ein Chlor-Atom und ein Aluminium-Atom.
b) Vergleiche die Modelle und begründe Unterschiede und Gemeinsamkeiten mit den Positionen der Elemente im PSE.

A5 Erläutere, inwiefern die gegenseitige Abstoßung der Elektronen im Kugelwolkenmodell berücksichtigt wird. Vergleiche mit dem Energiestufenmodell.

A6 Zeichne das Energiestufenmodell für ein Gallium-Atom und versuche, daraus das Kugelwolkenmodell abzuleiten. Erläutere Probleme, die sich dabei ergeben.

FACHBEGRIFFE

Kugelwolkenmodell, Kugelwolke

Die Entwicklung des Periodensystems

Fragt man Menschen auf der Straße, was ihnen spontan zu Chemie einfällt, wird das Periodensystem häufig genannt. Doch wie kam es zur Entdeckung dieses genialen Ordnungssystems?

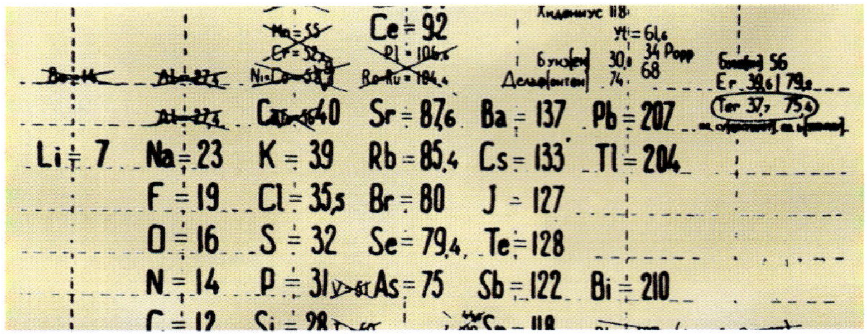

B1 Auszug aus einer handschriftlichen Aufzeichnung MENDELEJEWS

Wie die meisten großen Entdeckungen wurde auch das Periodensystem der Elemente, kurz PSE, nicht auf einmal entdeckt. Viele kleinere Zwischenschritte waren bis zu seiner heutigen Form nötig. Zwar gilt heute der russische Chemieprofessor DMITRI MENDELEJEW als der „Entdecker" des Periodensystems doch gab es schon vorher Ideen zur Ordnung der Elemente. Bereits Ende des 18. Jahrhunderts bemerkten Chemiker, dass sich einige der damals bekannten 28 Elemente in ihren Eigenschaften sehr ähnlich sind. Daher ordneten sie diese in Gruppen zusammen.

JOHANN WOLFGANG DÖBEREINER (1780 bis 1849) war einer der ersten Wissenschaftler, der die Elemente nach ihren Eigenschaften anordnete und gleichzeitig die Atommasse berücksichtigte. Da die Gruppen in seinem Ordnungssystem immer drei Elemente umfassten, nannte er diese Triaden. So ordnete er z. B. Li-Na-K, Cl-Br-I, Ca-Sr-Ba und S-Se-Te jeweils zu Triaden mit aufsteigendem Atomgewicht. Zusätzlich entdeckte er, dass die Atommasse des mittleren Elements dem Durchschnitt der anderen beiden Elemente einer Triade entspricht. Dadurch konnten unbekannte Atommassen errechnet werden.

LOTHAR MEYER lehrte ab 1859 Chemie in Breslau. Er nahm 1860, genauso wie MENDELEJEW, am ersten großen Chemikertreffen in Karlsruhe teil. Bei diesem Treffen wurden wichtige Grundbegriffe der Chemie, wie das Atom und das Molekül, bekannt gemacht. In seinem Lehrbuch „Die modernen Theorien der Chemie" von 1864 verdeutlichte MEYER die neuesten Ideen über Atome und Moleküle und arbeitete eine erste Version des PSE aus. 1869 schrieb MEYER die Abhandlung „Die Natur der chemischen Elemente als Funktion ihrer Atomgewichte". Darin stellte er bereits Überlegungen zu den Elementen der heutigen Hauptgruppen an, die er nach Atomgewicht und Bindigkeit in Perioden zu sechs Gruppen sortierte. Diese Schrift veröffentlichte er aber erst später.

DMITRI MENDELEJEW kam ihm zuvor und veröffentlichte am 6. März 1869 das erste PSE unter dem Titel „Die Abhängigkeit der chemischen Eigenschaften der Elemente vom Atomgewicht". Es enthielt alle damals bekannten 63 Elemente, die er nach aufsteigender Atommasse in sieben Gruppen mit ähnlichen Eigenschaften anordnete. Er erkannte in seinem System in regelmäßigen Abständen (periodisch) wiederkehrende ähnliche Eigenschaften der Elemente, die er für die Ordnung höher gewichtete als die Atommassen. Tellur rutschte daher trotz der höheren Atommasse vor das Iod. MENDELEJEW war von seinem System so überzeugt, dass er Lücken für damals noch unentdeckte Elemente ließ. Das heutige Gallium nannte er Eka-Aluminium, Scandium hieß Eka-Bor und Germanium Eka-Silizium. Auch behauptete er, die Eigenschaften der Elemente anhand seines Systems voraussagen zu können. Die Entdeckungen von Gallium (1875) und Germanium (1876) bestätigten seine Vermutungen. Zu Ehren MENDELEJEWS heißt das Element mit der Ordnungszahl 101 heute Mendelevium.

Die Edelgase, die erst in den Jahren 1868 (Helium) bis 1900 (Radon), entdeckt wurden, fügten sich problemlos in das System ein. Erst 2016 konnte die siebte Periode mit künstlich erzeugten Elementen aus dem Teilchenbeschleuniger (vgl. Exkurs S. 145) vervollständigt werden.

AUFGABEN

A1 Informiere dich, welche Elemente MENDELEJEW noch vorausgesagt hat und vergleiche seine Voraussagen mit den tatsächlichen Werten.

A2 Überprüfe mit dem System von DÖBEREINER die Atommassen des jeweils mittleren Elements seiner Triaden. Beschreibe, wie man auch das schwerste/leichteste Element berechnen kann.

Forschung im Teilchenbeschleuniger

THOMSON und RUTHERFORD bewiesen, dass Atome aus kleineren Teilchen aufgebaut sind. Elektronen, Protonen und Neutronen sind die Bausteine der Atome. Gibt es noch kleinere Teilchen, aus denen z. B. Protonen oder Neutronen aufgebaut sind?

In der Schweiz steht eines der größten Zentren für physikalische Grundlagenforschung der Welt, das CERN (franz. ***C****onseil* ***E****uropéen pour la* ***R****echerche* ***N****ucléaire*: Europäische Organisation für Kernforschung). Hier werden die weltweit größten und komplexesten Geräte genutzt, um die kleinsten Teilchen der Materie zu erforschen. Bei den Geräten handelt es sich vor allem um riesige **Teilchenbeschleuniger**. Seit 2008 ist im CERN der LHC-Beschleuniger (engl. ***L****arge* ***H****adron* ***C****ollider*) im Einsatz. In einem 27 km langen Ringtunnel, der unter der Erdoberfläche liegt, werden Teilchen unter hohem Energieaufwand auf bis zu Lichtgeschwindigkeit beschleunigt. Anschließend lässt man die Teilchen aufeinander treffen. Die Zusammenstöße sind durch die hohe Geschwindigkeit so heftig, dass die Atombausteine dabei manchmal in noch kleinere Teilchen gespalten werden. Mithilfe von Detektoren können die Ergebnisse beobachtet und erfasst werden.

Mittlerweile konnten 61 verschiedene kleinste Teilchen nachgewiesen werden. Protonen und Neutronen gehören nicht dazu, denn sie sind aus noch kleineren Teilchen aufgebaut: Ein Proton besteht aus zwei Up-Quarks und einem Down-Quark, ein Neutron aus einem Up-Quark und zwei Down-Quarks. Elektronen zählen dagegen nach dem heutigen Stand der Forschung tatsächlich zu den kleinsten Teilchen der Materie (**B2**).

B1 Blick auf ein Bauteil des LHC mit dem 27 km langen Ringtunnel zur Teilchenbeschleunigung

Ein besonderes Augenmerk galt vor einigen Jahren einem Teilchen mit dem Namen HIGGS-Boson. PETER HIGGS stellte aufgrund seiner Versuche bereits in den 1960er Jahren die Hypothese auf, dass es dieses Teilchen geben müsse. Im Jahr 2012 konnte das HIGGS-Boson im LHC-Beschleuniger nach mehr als 50 Jahren Forschung eindeutig nachgewiesen werden. PETER HIGGS war live dabei, als der Welt die Neuigkeit vom CERN aus verkündet wurde.

Mit dem Nachweis konnte eine Lücke in den Modellen der Physik geschlossen werden. Die außergewöhnliche wissenschaftliche Leistung und der lange Atem des Wissenschaftlers wurden im Jahr 2013 mit dem Nobelpreis für Physik belohnt.

Dennoch bleibt es spannend: Inzwischen gibt es Theorien, die die Existenz von mehreren verschiedenen HIGGS-Teilchen voraussagen.

Bosonen	Fermionen	
	Leptonen	Quarks
Photon, Gluon, W- und Z-Boson, HIGGS-Boson	Elektron, Myon, Tauon, Elektron-Neutrino, Myon-Neutrino, Tau-Neutrino	Up-Quarks, Down-Quarks, Strange-Quarks, Charm-Quarks, Bottom-Quarks, Top-Quarks

B2 Einteilung der kleinsten Teilchen der Materie

AUFGABE

A1 Informiere dich über die Funktionsweise des Teilchenbeschleunigers (z. B. auf der Seite unter QR-/Mediencode). Stelle deiner Klasse die Funktionsweise und die Bedeutung der Forschung am CERN in einem Kurzreferat vor.

05511-33

Zum Üben und Weiterdenken

A1 Übernimm die Tabelle in dein Heft. Gib die Anzahl der jeweiligen Elementarteilchen an.

	Protonen	Elektronen	Neutronen
$^{69}_{31}Ga$			
$^{80}_{34}Se$			
$^{238}_{92}U$			
$^{35}_{17}Cl$			

A2 Berechne die relative Atommasse aufgrund der angegebenen Atombestandteile:
a) Lithium-Atom: 3 Protonen, 4 Neutronen
b) Silicium-Atom: 14 Elektronen, 14 Neutronen
c) Zink-Atom: 30 Protonen, 34 Neutronen
d) Brom-Atom: 35 Elektronen, 44 Neutronen

A3 Welches Atom ist jeweils gesucht?
a) 32 Protonen, rel. Atommasse: 74
b) 16 Neutronen, 16 Protonen
c) 12 Elektronen, rel. Atommasse: 24
d) 70 Neutronen, 51 Elektronen

A4 Mit einem Baukasten werden Atome nachgebaut:
a) Gib die Anzahl an Elementarteilchen an, die für den Bau von drei Stickstoff-Atomen benötigt werden.
b) Berechne, ob die Elementarteilchen aus a) für den Bau des Elements mit der Ordnungszahl 20 ausreichen würden.

A5 Bestimme die Ladung der Ionen folgender Elemente: Natrium, Chlor, Fluor, Magnesium.

A6 a) Zeichne das Energiestufenmodell eines Kalium-Atoms.
b) Leite aus dem Atombau von Kalium Aussagen zur Stellung im Periodensystem ab.

A7 Nenne das Element, das fünf besetzte Energiestufen und zwei Valenzelektronen hat.

A8 Begründe, dass ein Natrium-Kation zwar dasselbe Energiestufenmodell wie ein Neon-Atom hat, es sich aber um unterschiedliche Teilchen handelt.

A9 Die Tabelle zeigt die Ionisierungsenergien der Elektronen eines Elements.

abgetrenntes Elektron	1.	2.	3.	4.	5.
Ionisierungsenergie in eV	8	25	38	259	340

a) Übertrage die Tabellenwerte in ein Säulendiagramm.
b) Entscheide begründet, um welches Element es sich handelt.
c) Markiere in dem Diagramm den sprunghaften Anstieg der Ionisierungsenergien.
d) Erstelle anhand der Ionisierungsenergien das Energiestufenmodell für das Element.
e) Gib die Kurzschreibweise für die Elektronenkonfiguration an.

A10 Zeichne die Kugelwolkenmodelle für ein Neon-Atom und ein Natrium-Atom. (gestufte Hilfen unter QR-/Mediencode).

05511-34

A11

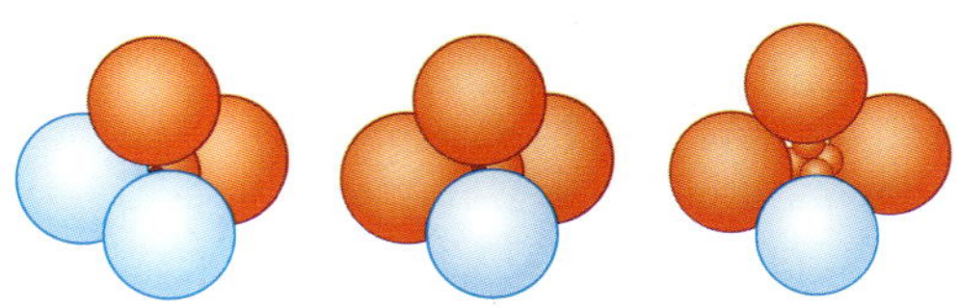

Vergleiche die drei Kugelwolkenmodelle. Finde Gemeinsamkeiten und Unterschiede.

A12 Finde die Kombination, die die Elektronenkonfiguration von drei Elementen derselben Periode zeigt:
- (2,1) – (2,8,1) – (2,8,8,1)
- (2,8) – (2,8,1) – (2,8,2)
- (2,8,2) – (2,8,5) – (2,8,8)
- (2,7) – (2,8) – (2,8,1)

M1 Tendenzen im Periodensystem der Elemente

Im Periodensystem der Elemente verändern sich innerhalb der Perioden und Gruppen die Radien der Atome (**B1**).

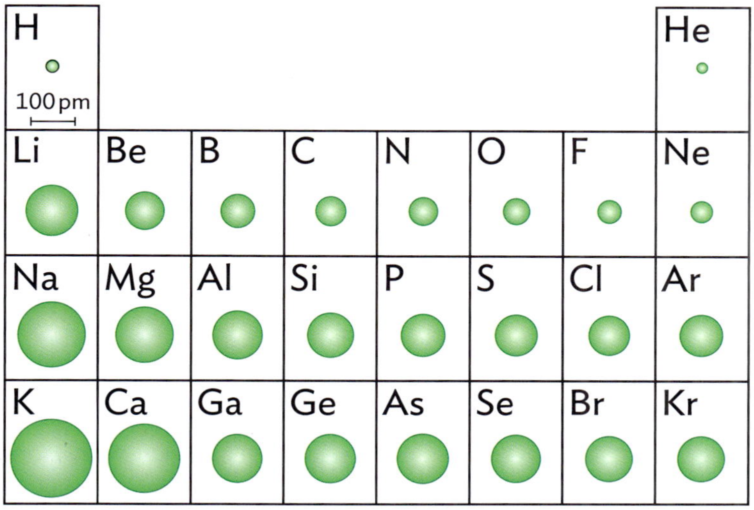

B1 Atomgrößen der Elemente der ersten vier Perioden

A1 Beschreibe und erläutere, wie sich die Atomradien innerhalb einer Hauptgruppe von oben nach unten entwickeln.

A2 Erkläre die Entwicklung der Atomradien in der I. Hauptgruppe.

A3 Vergleiche die Atomradien der Elemente innerhalb der 2. Periode. Nimm dabei Bezug auf die Anzahl an Protonen im Kern und die Anzahl an Elektronen.

A4 Erkläre die Abnahme der Atomradien innerhalb einer Periode von links nach rechts.

M2 Energiestufenmodelle aus Styropor nachbauen

A1 Baue die Energiestufen wie in **B2** aus Styropor nach. Erhitze vorsichtig den unteren Teil eines dicken Reagenzglases mit dem Gasbrenner und drücke damit in die erste Stufe zwei und in die weiteren Stufen jeweils acht Löcher in die Styroportreppe.

A2 a) Ermittle mithilfe des Periodensystems die Anzahl an Elektronen im Kalium-Atom und lege dir eine entsprechende Anzahl an Tischtennisbällen als Modell für die Elektronen bereit.
b) Verteile nun die Bälle auf die Mulden der Energiestufen. Beginne bei der untersten Stufe.

A3 Begründe, warum das Styropormodell in **B2** für Elemente ab der fünften Periode erweitert werden muss.

A4 Erweitere das Energiestufenmodell aus Styropor für ein Strontium-Atom.

B2 Energiestufenmodell aus Styropor

Alles im Blick

Das Kern-Hülle-Modell

Atome bestehen aus den Elementarteilchen: positiv geladene **Protonen**, negativ geladene **Elektronen** und ungeladene **Neutronen**.

Die Protonen und Neutronen befinden sich im sehr kleinen **Atomkern**. Sie machen nahezu die gesamte Masse des Atoms aus. Neutronen werden im Kern-Hülle-Modell nicht eingezeichnet.

Die nahezu masselosen Elektronen befinden sich in der vergleichsweise großen und ansonsten leeren **Atomhülle**.

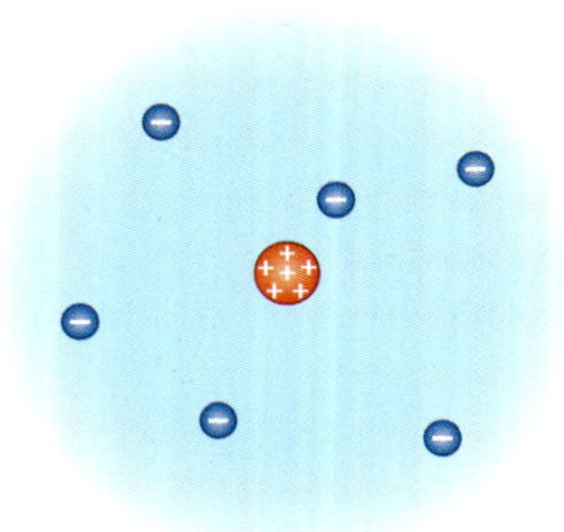

Das Energiestufenmodell

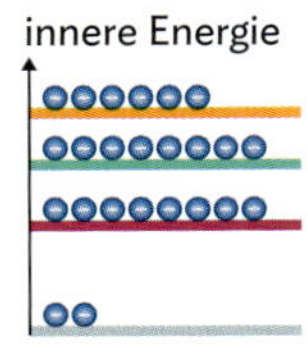

Die Elektronen bewegen sich nicht völlig frei in der Atomhülle. Sie haben unterschiedliche innere Energien und befinden sich daher auf bestimmten **Energiestufen**.

Die Elektronen auf der höchsten Energiestufe nennt man **Valenzelektronen**. Sie bestimmen die Eigenschaften der Stoffe. Ist die höchste Energiestufe vollbesetzt, entspricht dies der stabilen Edelgaskonfiguration.

Das Kugelwolkenmodell

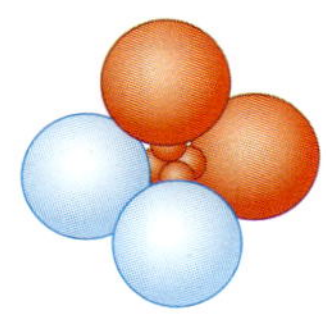

Elektronen mit geringer innerer Energie befinden sich nah am Atomkern. Elektronen mit hoher innerer Energie sind weit vom Atomkern entfernt.

Die Elektronen bewegen sich nicht frei auf den Energiestufen, sondern befinden sich in einem kugelwolkenförmigen Aufenthaltsraum. Jede **Kugelwolke** ist mit maximal zwei Elektronen besetzt.

Die Kugelwolken einer Energiestufe sind mit möglichst großem Abstand zueinander angeordnet. Im Kugelwolkenmodell werden meist nur die Kugelwolken der Valenzelektronen dargestellt.

Aufbau von Ionen

Ionen sind wie Atome aus Protonen, Elektronen und Neutronen aufgebaut. Im Gegensatz zu Atomen ist die Anzahl der Protonen und Elektronen in einem Ion verschieden. **Anionen** haben mehr Elektronen als Protonen und sind daher negativ geladen, **Kationen** haben mehr Protonen als Elektronen und sind daher positiv geladen.

Informationen im Periodensystem der Elemente

Die Elemente sind im Periodensystem nach ihrem Atombau angeordnet. Dementsprechend lassen sich Informationen zum Atombau daraus ablesen:

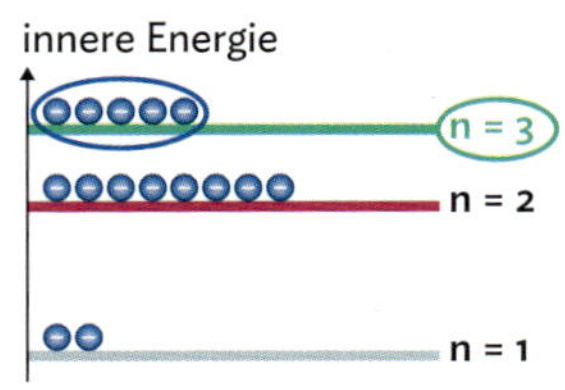

Die Nummer der **Periode** (Zeilen im PSE) entspricht der Anzahl der besetzten Energiestufen eines Atoms. Die Nummer der **Hauptgruppe** (Spalten im PSE) entspricht der Anzahl der Valenzelektronen eines Atoms.

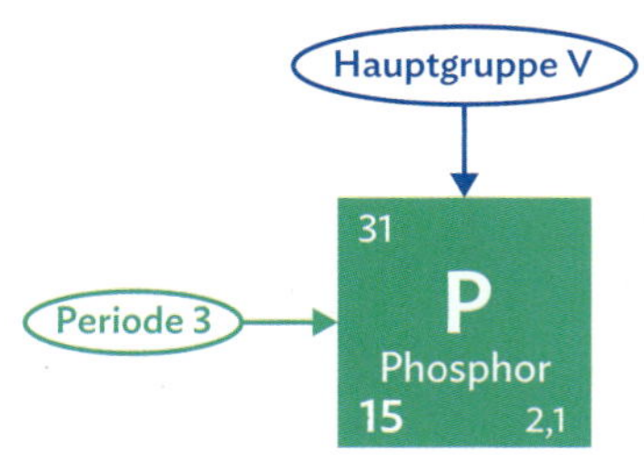

Die **Ordnungszahl** entspricht der Anzahl der Protonen. Bei Atomen entspricht diese wiederum der Anzahl der Elektronen. Aus der **relativen Atommasse** lässt sich die Anzahl der Neutronen berechnen.

Beispiel Phosphor:
Neutronenanzahl = Nukleonenzahl - Protonenanzahl
= 31 - 15 = 16

Ziel erreicht?

Hast du das Ziel dieses Kapitels erreicht? Bearbeite die Aufgaben auf dem Arbeitsblatt (unter QR-/Mediencode). Vergleiche deine Antworten mit den Lösungen auf Seite 213. Bewerte dich mithilfe der untenstehenden Tabelle und lies falls nötig auf den angegebenen Seiten nochmal nach.

05511-35

A1 Nachfolgende Darstellungen zeigen den Atombau verschiedener Elemente im Kern-Hülle-Modell (links), im Energiestufenmodell (Mitte) und im Kugelwolkenmodell (rechts).

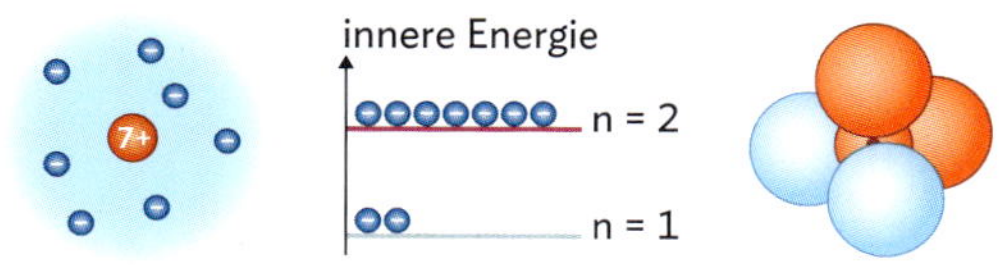

a) Ordne den drei Modellen begründet jeweils ein Element zu.
b) Zeichne für das Atom, das hier im Energiestufenmodell dargestellt ist, das passende Kugelwolkenmodell.

A2 Entscheide jeweils, ob mit den Modellen Aussagen zu folgenden Aspekten getroffen werden können oder nicht:

Aspekt	Kern-Hülle-Modell	Energiestufenmodell	Kugelwolkenmodell
Anzahl der Protonen			
Anzahl der Elektronen			
Energiegehalt der Elektronen			
Anzahl der Valenzelektronen			

B1 Suche die Elemente Fluor und Chlor im PSE und zeichne jeweils das Energiestufenmodell.

B2 Ordne mithilfe des PSE die untenstehenden Aussagen jeweils einem der markierten Elementpaare zu:

H							He
Li	Be	B	C	N	O	F	Ne
Na	Mg	Al	Si	P	S	Cl	Ar
K	Ca	Ga	Ge	As	Se	Br	Kr

a) Das eine Atom besitzt drei Valenzelektronen mehr als das andere Atom.
b) Die Atome weisen dieselbe Anzahl an besetzten Energiestufen auf.
c) Die Atome unterscheiden sich in der Anzahl der Protonen um zwei.
d) Die Atome besitzen eine unterschiedliche Anzahl an Valenzelektronen.
e) Beide Elemente bilden Ionen mit der Ladungszahl -1.

C1 Fülle die Tabelle mithilfe des Periodensystems:

Atomsorte	Anzahl Protonen	Anzahl Elektronen	Anzahl Neutronen
	15		
Mg			12
		5	6
H			

	Ich kann ...	lies nach auf Seite
A	Aussagen verschiedener Modelle vergleichen und Modellgrenzen erkennen.	129
B	Ordnungsprinzipien des Periodensystems und den Aufbau von Atomen anhand von Modellen in Beziehung zueinander setzen.	136 – 139
C	die Elementarteilchen in Atomen bestimmen.	128

7 Chemische Bindungen

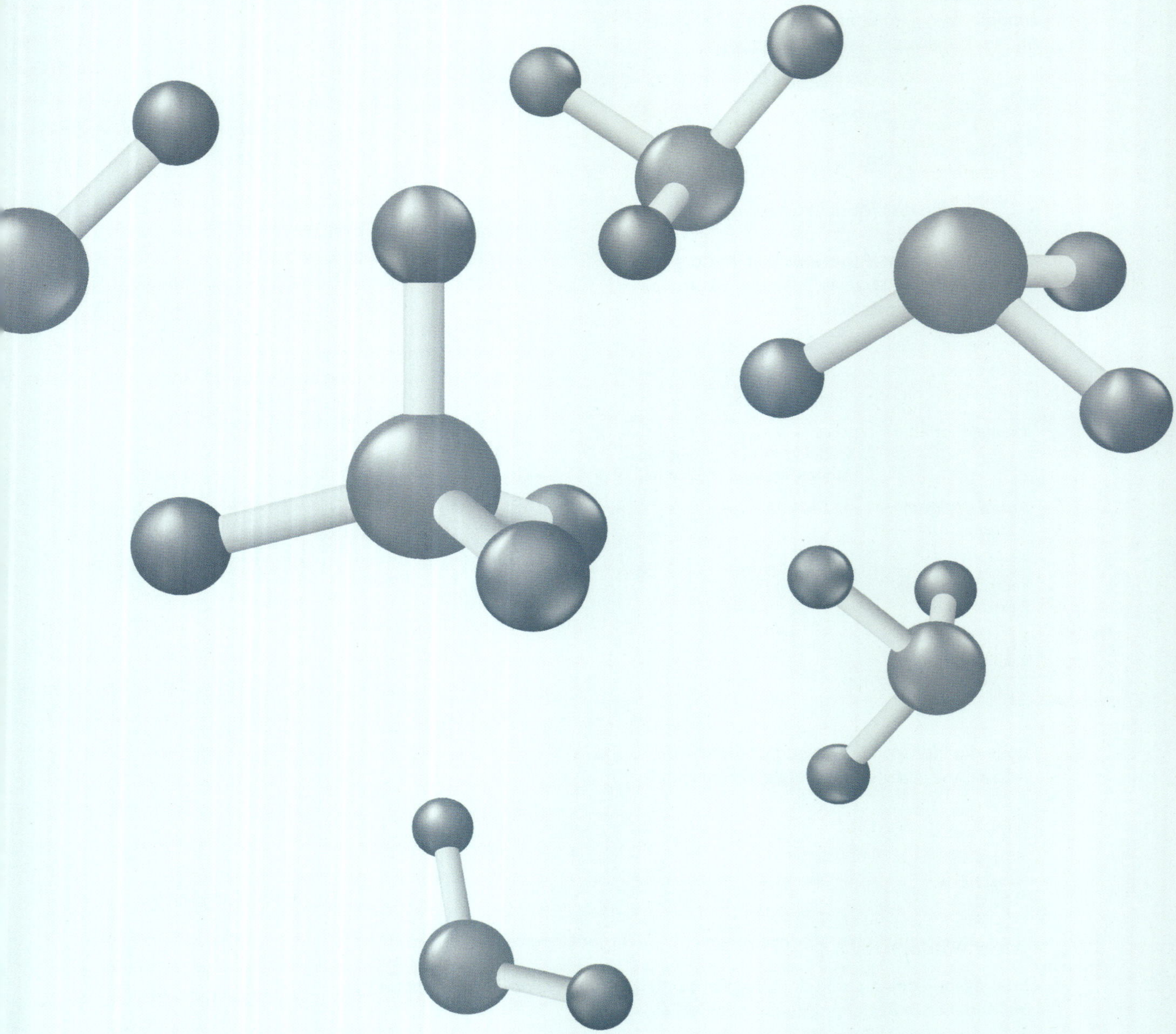

Startklar?

1. Schätze dich selbst ein. Wie gut sind deine Kenntnisse in den Bereichen A bis D? Kreuze auf dem Arbeitsblatt (unter QR-/Medien-Code) die entsprechenden Kästchen unten in der Tabelle an.

05511-36

2. Hast du dich richtig eingeschätzt? Bearbeite die untenstehenden Aufgaben. Vergleiche deine Antworten mit den Lösungen auf Seite 214 und kreise die erreichte Punktzahl in der Tabelle auf dem Arbeitsblatt ein. Vergleiche mit deiner Selbsteinschätzung.

A1 Ordne den Teilchenverbänden aus den Atomen bzw. Ionen folgender Elemente begründet jeweils einen der Begriffe Metallgitter, Ionengitter oder Molekül zu:
- Aluminium und Brom
- Wasserstoff und Chlor
- Schwefel und Sauerstoff
- Calcium

A2 Stelle folgende Stoffe mithilfe des Atommodells von DALTON dar und leite jeweils den Teilchenverband und die Anziehungskräfte ab: Platin, Kochsalz und Ammoniak.

B1 Nenne die Eigenschaften, anhand derer man Metalle, Salze und molekular aufgebaute Stoffe voneinander abgrenzen kann.

C1 Notiere die jeweilige chemische Formel:
- 5 Aluminium-Atome
- 2 Schwefel-Atome
- 1 Brom-Molekül
- Trimagnesiumdinitrid
- Salz aus Lithium- und Oxid-Ionen
- Molekül aus Kohlenstoff-Atomen und Wasserstoff-Atomen

C2 Entscheide und begründe, ob es sich bei den Stoffen mit folgenden chemischen Formeln um Metalle, Salze oder Moleküle handelt.
$(Cu^{2+})(Cl^{-})_2$ K H_2O_2 C_2H_6 Fe

D1 Die Abbildung zeigt die Kugelwolkenmodelle einiger Atome. Um welche Atome handelt es sich? Begründe deine Aussage.

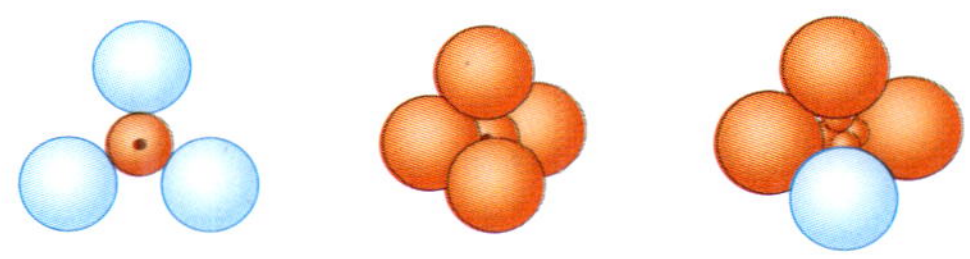

D2 Fasse die Aspekte des Atombaus zusammen, die im Kugelwolkenmodell dargestellt werden.

D3 Zeichne die Kugelwolkenmodelle für ein Magnesium-Atom, ein Sauerstoff-Atom und ein Fluor-Atom.

	Ich kann ...	prima	ganz gut	mit Hilfe	lies nach auf Seite
A	den Aufbau von Stoffen anhand der Grundbausteine der Materie und den dazwischen wirkenden Anziehungskräften unterscheiden.	13 – 10	9 – 5	4 – 0	54 – 57
B	Salze, Metalle und molekular aufgebaute Stoffe anhand ihrer Eigenschaften unterscheiden.	9 – 7	6 – 3	2 – 0	60 – 71
C	die chemische Formelsprache anwenden und deuten.	11 – 9	8 – 4	3 – 0	66 – 67, 71
D	das Kugelwolkenmodell anwenden.	15 – 10	9 – 5	4 – 0	140 – 143

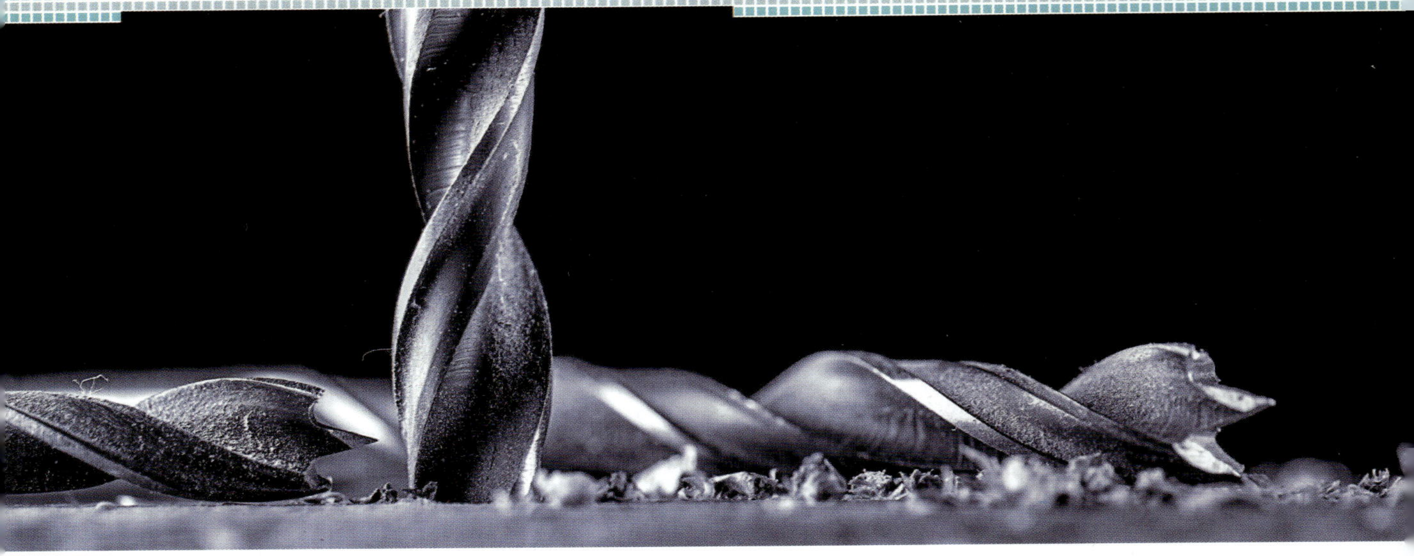

7.1 Die Metallbindung

Metalle erkennt man oft an ihrem metallischen Glanz. Sie besitzen jedoch noch weitere Eigenschaften, mithilfe derer man sie identifizieren kann. Welche Eigenschaften sind das und worin liegt deren Ursache?

V1 Die Wärmeleitfähigkeit

Wer seinen Metalllöffel in einem heißen Getränk stehen lässt, stellt fest, dass dieser schneller heiß wird als ein Plastiklöffel. Welches Material leitet die Wärme am besten?

DURCHFÜHRUNG

Nimm je einen Löffel aus Holz, Metall, Glas und Plastik. Klebe auf der Innenseite jedes Löffels einen Reißnagel mit möglichst der gleichen Menge Butter fest. Stelle die Löffel mit dem Stiel so in ein Becherglas, dass die Butter nicht über der Glasöffnung ist. Fülle das Becherglas mit kochendem Wasser.

Achtung! Berühre die Löffel erst, wenn sie abgekühlt sind.

AUSWERTUNG

a) Ordne die verschiedenen Materialien nach ihrer Wärmeleitfähigkeit. Beobachte dazu, in welcher Reihenfolge die Reißnägel herunterfallen.

b) Begründe die gute Wärmeleitfähigkeit des Materials mit der höchsten Wärmeleitfähigkeit. Nutze das schwingende Kugelpendel als Modell für die Erklärung (**B1**).

c) Notiere Beispiele, welche Materialien du aufgrund deiner Beobachtung in verschiedenen Alltagssituationen empfehlen würdest.

Hinweis: Alltagssituationen könnten z. B. Essen einer heißen Suppe, Warmhalten eines Tees, Wäschebügeln, Anbraten von Gemüse etc. sein.

d) Erkläre die Notwendigkeit, dass die verwendeten Löffel für die Untersuchung der Wärmeleitfähigkeit möglichst ähnlich gebaut sein sollten.

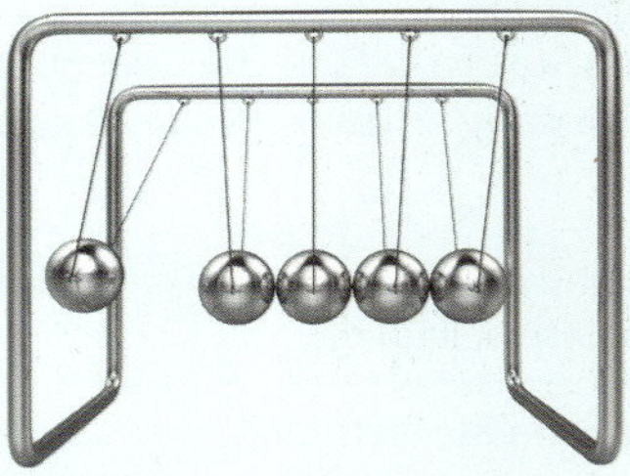

B1 Schwingendes Kugelpendel

V2 Die elektrische Leitfähigkeit

Um den Menschen vor einem Stromschlag zu schützen, werden die Stromdrähte in einem Stromkabel mit Isoliermaterial umwickelt. Doch welches Material im Inneren des Kabels leitet den elektrischen Strom? Leiten die Kabel immer gleich gut, egal ob sie in der Wüste oder im Polargebiet verlegt sind?

DURCHFÜHRUNG

2.1 Prüfe die elektrische Leitfähigkeit verschiedener Materialien: Kupfer, Zink, Holz, Aluminium, Glas, Kunststoff, Eisen, Stahl. Verwende dazu den Versuchsaufbau aus **B3**.

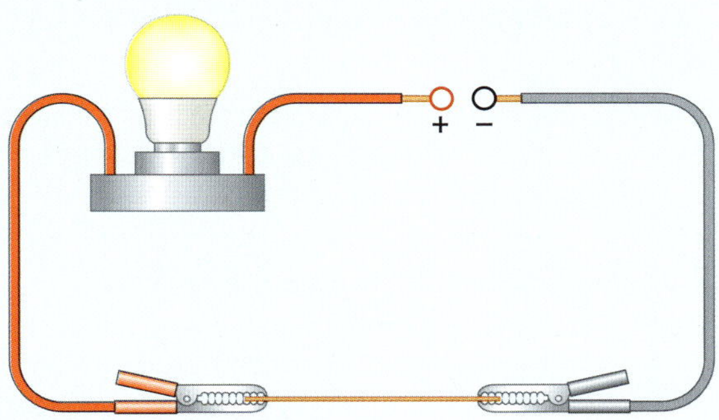

B2 Versuchsaufbau zu **V2.1**

2.2 Spanne einen Eisendraht zwischen die Klemmen ein. Lege eine geringe Spannung an, sodass das Glühlämpchen gerade leuchtet. Erhitze mit dem Brenner und beobachte das Lämpchen. Besprühe dann den eingespannten Draht mit einem Kältespray und beobachte das Lämpchen erneut.

2.3 Wiederhole den Versuch mit einem Kupferdraht.

AUSWERTUNG

a) Skizziere deinen Versuchsaufbau zu 2.1 und 2.2 und beschrifte die einzelnen Bauteile des Versuchsaufbaus.

b) Ordne die untersuchten Materialien aus 2.1 nach ihrer Fähigkeit, den elektrischen Strom zu leiten. Nenne das Kriterium, nach dem du geordnet hast.

c) Beschreibe die Veränderung im Leuchtverhalten des Lämpchens beim Erhitzen und Abkühlen. Stelle eine Beziehung zwischen Temperatur und elektrischer Leitfähigkeit her.

d) Erkläre den Zusammenhang zwischen der Temperatur und der elektrischen Leitfähigkeit der Metalle auf Teilchenebene.

e) Überprüfe deine Antwort aus d) mithilfe der Animation unter dem QR-/Mediencode und passe deine Antwort ggf. an. 05511-37

Der Aufbau der Metalle

Die Eigenschaften der Metalle, wie gute Verformbarkeit und Leitfähigkeit von Wärme und elektrischem Strom sind aus dem Alltag bekannt. Wie lassen sich diese Eigenschaften auf Teilchenebene erklären?

In einem Stück Metall befinden sich die Metall-Atome in einem engen, regelmäßigen Gitter nebeneinander. Metall-Atome geben leicht Elektronen ab. Im **Metallgitter** bilden sich daher Metall-Kationen, die man **Atomrümpfe** nennt. Alle Gitterplätze sind von den Atomrümpfen der gleichen Atomsorte besetzt.

Nach außen sind die Metalle aber ungeladen. Die Valenzelektronen der einzelnen Metall-Atome können keinem bestimmten Atomrumpf mehr zugeordnet werden und bewegen sich frei zwischen den Atomrümpfen. Die frei beweglichen Elektronen im Metallgitter nennt man **Elektronengas** (**B3**).

> Metalle sind aus positiv geladenen, regelmäßig angeordneten Atomrümpfen und einem Elektronengas aus frei beweglichen Elektronen aufgebaut.

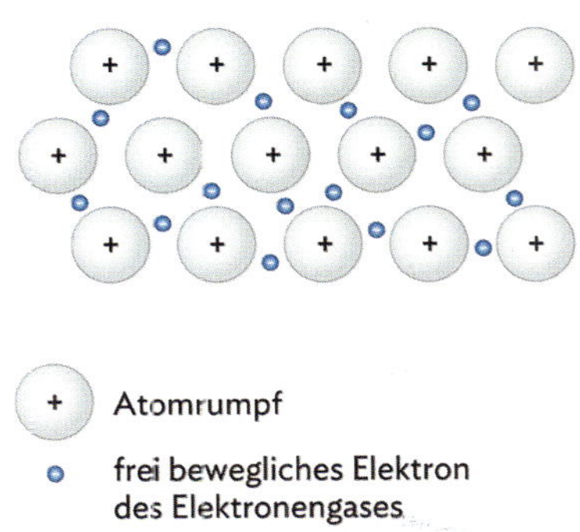

B3 Elektronengasmodell zur Darstellung der Metallbindung

Die Metallbindung

Die Atomrümpfe können die Gitterplätze zwar nicht verlassen, haben aber trotzdem gewisse Bewegungsmöglichkeiten. Bei Raumtemperatur schwingen die Atomrümpfe leicht an ihren Gitterplätzen. Eigentlich müssten sich die gleich geladenen Atomrümpfe gegenseitig abstoßen. Das ist wegen des Elektronengases zwischen den Atomrümpfen aber nicht der Fall. Zwischen den Atomrümpfen und den Elektronen wirken starke Anziehungskräfte. Diese Anziehungskräfte sind die Ursache für die **Metallbindung**.

Die Anziehungskräfte zwischen den positiv geladenen Atomrümpfen und dem Elektronengas halten das Metallgitter zusammen. Dieser Zusammenhalt der Teilchen im Metallgitter wird als Metallbindung bezeichnet.

Info

Es gibt viele Berufe, in denen Metalle verarbeitet werden. Dazu ist auch eine genaue Kenntnis der Eigenschaften der verschiedenen Materialien nötig! Informiere dich auf S. 236!

Erklärung der Eigenschaften von Metallen mit dem Elektronengasmodell

Das Elektronengasmodell ist eine Hilfe zum Verständnis typischer Eigenschaften von Metallen wie der Wärmeleitfähigkeit, der elektrischen Leitfähigkeit und der Verformbarkeit.

Wärmeleitfähigkeit:

Beim Erhitzen eines Metalls führt man dem Metallgitter Wärmeenergie zu. Die positiv geladenen Atomrümpfe beginnen, stärker an ihren Gitterplätzen zu schwingen und die Geschwindigkeit der Elektronen nimmt zu. Dabei stoßen die schwingenden Atomrümpfe die Elektronen immer wieder an, was zu einer zusätzlichen Beschleunigung führt.

Die frei beweglichen Elektronen wiederum geben diese Energie an Atomrümpfe des Metallgitters ab, die weiter von der Erwärmungsquelle entfernt liegen. Dieser Prozess setzt sich durch das gesamte Metallgitter fort und das ganze Metall erwärmt sich (**V1**).

Elektrische Leitfähigkeit:

Für die elektrische Leitfähigkeit ist die Elektronenbewegung in einem Metallgitter verantwortlich. Für die Qualität der Leitfähigkeit ist neben der Temperatur auch die Metallsorte entscheidend (**B4**).

Legt man elektrische Spannung an, so werden die Bewegungen der negativ geladenen Elektronen gerichtet. Die negativen Elektronen werden vom Elektronenmangel am Pluspol angezogen. Wenn der Stromkreis geschlossen ist, gelangen neue Elektronen über den Minuspol in das Metallgitter und werden ebenfalls vom Pluspol angezogen (**B5**).

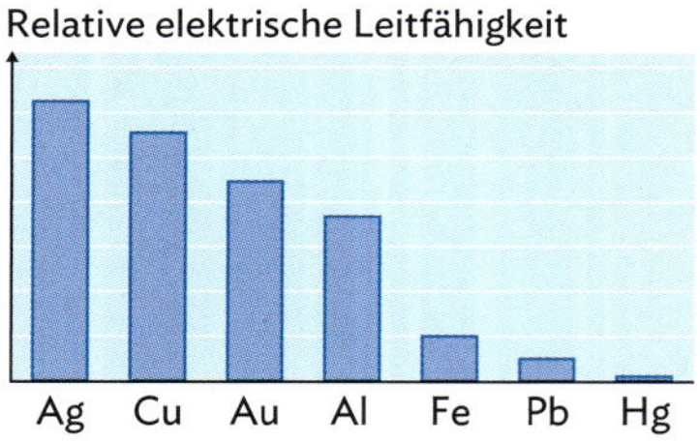

B4 Relative elektrische Leitfähigkeit einiger Metalle im Vergleich

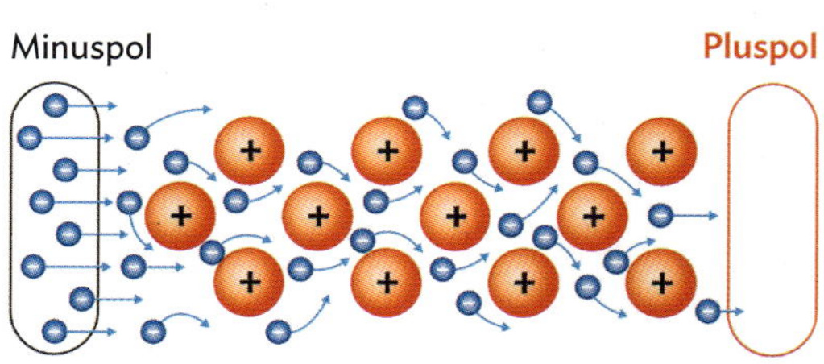

B5 Bewegung der Elektronen durch ein Metall bei angelegter Spannung

Wird ein Metall stark erhitzt, bewegen sich zwar die Elektronen schneller, aber auch die Atomrümpfe schwingen stärker auf ihren Plätzen. Dadurch wird die Bewegung der Elektronen gestört und die elektrische Leitfähigkeit nimmt ab (**V2**).

Umgekehrt ist es bei Kälte. Die Bewegung der Atomrümpfe wird langsamer, die Elektronen können ungehindert vom Minuspol zum Pluspol fließen, die elektrische Leitfähigkeit nimmt zu.

Mechanische Verformbarkeit (Duktilität):

Die metallische Bindung ist auch die Ursache für die Verformbarkeit von Metallen. Beim Hämmern oder Schmieden werden die Atomrümpfe über das gesamte Metall aneinander vorbeigeschoben (**B6**).

Da sich zwischen den Atomrümpfen das freibewegliche Elektronengas befindet, stoßen sich die Atomrümpfe auch in der neuen Anordnung nicht ab und das Metallstück bleibt als Ganzes erhalten.

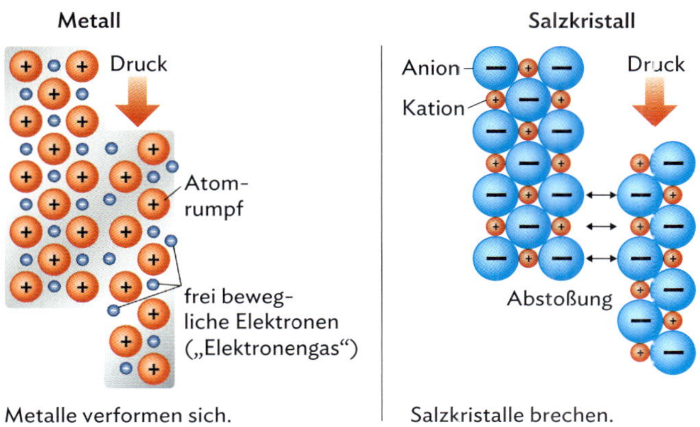

B6 Modelldarstellung zur Druckeinwirkung auf ein Stück Metall (links) und auf einen Salzkristall (rechts)

AUFGABEN

A1 Begründe die Ab- bzw. Zunahme der elektrischen Leitfähigkeit von Metallen bei hohen bzw. niedrigen Temperaturen auf Teilchenebene.

A2 Begründe die Verwendung von Kunststoffgriffen bei Kochtöpfen und erkläre dies auf Teilchenebene.

A3 Vergleiche und erkläre die Folgen, die die Einwirkung von Kraft auf ein Stück Metall und auf einen Salzkristall hat. Beziehe dich dabei auf die Darstellung in **B6**.

A4 Das Elektronengasmodell wird üblicherweise im Kern-Hülle-Modell gezeigt. Begründe, weshalb für die Darstellung nicht das Energiestufen- oder Kugelwolkenmodell genutzt wird.

A5 Mithilfe des Atommodells von DALTON kann die Wärmeleitfähigkeit der Metalle bereits vereinfacht erklärt werden, nicht aber die elektrische Leitfähigkeit. Erläutere die Grenzen des Atommodells von DALTON und die Erweiterungen des Kern-Hülle-Modells in Bezug auf beide Leitfähigkeiten.

A6 Du hast bereits einige Modelle kennengelernt. Notiere sie in einer Tabelle und ergänze die chemischen Sachverhalte und Phänomene, die die jeweiligen Modelle erklären können.

FACHBEGRIFFE

Metallgitter, Atomrumpf, Elektronengas, Metallbindung

7.2 Die Bindung in Molekülen

Heutzutage sind über 100 Millionen chemische Verbindungen bekannt. Ein Großteil davon sind molekulare Stoffe, die eine enorme Vielfalt aufweisen. Dazu zählen beispielsweie so unterschiedliche Stoffe wie Wasser, Zucker oder Öl.
Diesen ist gemeinsam, dass sie aus Molekülen aufgebaut sind, die aus miteinander verbundenen Atomen bestehen. Was hält die Atome im Molekül zusammen?

M1 Die Bindung in einem Wasserstoff-Molekül

Die Edelgaskonfiguration ist besonders stabil. Wie können Atome diesen energetisch günstigen Zustand erreichen?

Mithilfe einer Modellvorstellung kannst du den Weg dorthin beispielhaft nachvollziehen.

DURCHFÜHRUNG

Arbeite mit einem Partner. Jeder von euch stellt ein Wasserstoff-Atom dar. Ein Tennisball in der Hand steht für ein Elektron.

Überlegt euch, wie jeder von euch an zwei Elektronen/Tennisbälle gelangen könnte und stellt eure Ideen modellhaft dar.

Hinweis: Die Edelgaskonfiguration bedeutet, dass die höchste Energiestufe mit acht Elektronen besetzt ist. Die erste Periode bildet eine Ausnahme, da hier zwei Elektronen für eine voll besetzte höchste Energiestufe ausreichen.

AUSWERTUNG

a) Beschreibe den chemischen Aufbau eines Wasserstoff-Atoms.

b) Definiere den Begriff „Edelgaskonfiguration“.

c) Beschreibe den möglichen chemischen Aufbau eines Wasserstoff-Moleküls.

d) Vergleiche den Aufbau deines Wasserstoff-Moleküls mit den Modellen anderer Gruppen. Gehe insbesondere auf Vor- und Nachteile der entsprechenden Ideen ein.

B1 Ein Tennisball steht stellvertretend für ein Elektron

M2 Das Kugelwolkenmodell

Das Kugelwolkenmodell ist bereits bekannt. Mit dessen Hilfe lässt sich der Aufbau von Atomen und auch Molekülen veranschaulichen.

DURCHFÜHRUNG

Zeichne das Kugelwolkenmodell zweier einzelner Wasserstoff-Atome.

Überlege, wie ein Wasserstoff-Molekül im Kugelwolkenmodell aussehen würde und zeichne es.

AUSWERTUNG

a) Beschreibe das Kugelwolkenmodell eines Wasserstoff-Atoms.

b) Du hast mit deinem Partner ein Wasserstoff-Molekül mithilfe von Tennisbällen dargestellt. Übertrage dieses Tennisballmodell des Wasserstoff-Moleküls auf das Kugelwolkenmodell.

c) Vergleiche dein Kugelwolkenmodell mit der Zeichnung deines Nachbarn. Diskutiert die Unterschiede und Gemeinsamkeiten.

Das Wasserstoff-Molekül

Moleküle bestehen aus zwei oder mehreren miteinander verbundenen Atomen. Was hält die Atome in einem Molekül zusammen?

Im Wasserstoff-Atom befindet sich in der Atomhülle ein einziges Elektron, das zugleich das Valenzelektron ist. Um die stabile Edelgaskonfiguration zu erreichen, wird ein zweites Elektron benötigt. Die Wasserstoff-Atome im Wasserstoff-Molekül verwenden ihre beiden Elektronen gemeinsam (**M2**).

Jedes Wasserstoff-Atom hat im Kugelwolkenmodell eine einfach besetzte Kugelwolke, in der sich ein Elektron befindet. Bei der Bildung des Wasserstoff-Moleküls überlappen und durchdringen sich die beiden Kugelwolken der Wasserstoff-Atome und bilden eine gemeinsame, vollbesetzte Kugelwolke (**B2**).

B2 Darstellung eines Wasserstoff-Moleküls im Kugelwolkenmodell

Es kommt zur elektrostatischen Anziehung zwischen dem Elektron des einen Wasserstoff-Atoms und dem Proton des anderen Wasserstoff-Atoms. Bei diesem Vorgang wird Energie frei und das gebildete Wasserstoff-Molekül hat eine niedrigere innere Energie, wodurch es stabiler ist als die einzelnen Wasserstoff-Atome (**B3**, Punkt B). Den Energieunterschied zwischen den einzelnen Wasserstoff-Atomen (**B3**, Punkt C) und dem Wasserstoff-Molekül bezeichnet man als **Bindungsenergie**. Bei einer weiteren Annäherung der Atome käme es zu einer Abstoßung zwischen den positiv geladenen Atomkernen (**B3**, Punkt A). Dies wäre auch energetisch ungünstig. Der Abstand, bei dem die zwei Atome im Molekül ein gemeinsames Energieminimum erreichen, wird als Bindungslänge bezeichnet.

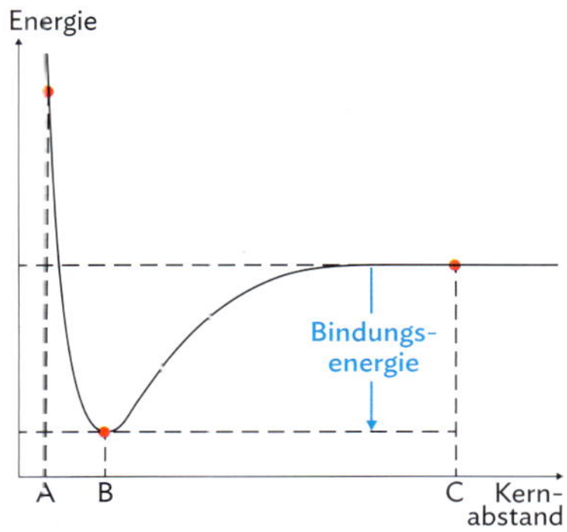

B3 Energiediagramm der Bindung im Wasserstoff-Molekül

Elektronenpaarbindung in Molekülen

Bei der Bildung eines Moleküls überlappen und durchdringen sich zwei einfach besetzte Kugelwolken und verschmelzen miteinander. Zwei Elektronen besetzen eine gemeinsame Kugelwolke. Man bezeichnet sie dann als **bindendes Elektronenpaar**. Zwischen den Atomen liegt eine **Elektronenpaarbindung**, auch **Atombindung** genannt, vor. Moleküle erreichen über den Zusammenhalt durch Elektronenpaarbindungen die stabile Edelgaskonfiguration.

Die Elektronenpaarbindung in Molekülen entsteht durch Überlappung der einfach besetzten Kugelwolken der Atome. Durch die bindenden Elektronenpaare erreichen die Atome die stabile Edelgaskonfiguration.

Atome haben aber nicht nur einfach besetzte Kugelwolken. Fluor-Atome besitzen beispielsweise sieben Valenzelektronen. Damit sind drei der vier Kugelwolken mit je zwei Elektronen voll besetzt und können keine Bindung mehr eingehen. Das sind **nichtbindende Elektronenpaare**. Die einfach besetzten Kugelwolken bilden die Elektronenpaarbindung im Fluor-Molekül (**B4**).

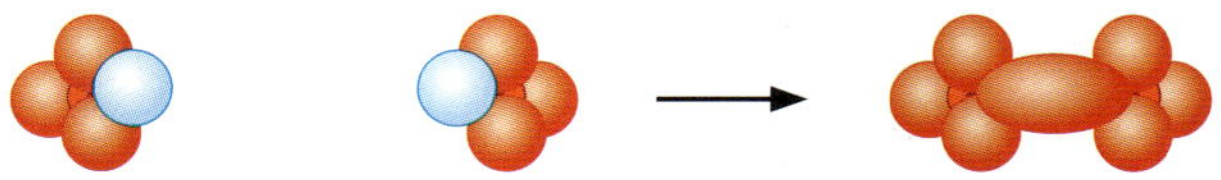

B4 Bildung eines Fluor-Moleküls, dargestellt mithilfe des Kugelwolkenmodells

Elektronenpaare, die nicht an einer Bindung beteiligt sind, nennt man nichtbindende Elektronenpaare.

Das Modell lässt sich auf alle Moleküle übertragen. Im Wasser-Molekül beispielsweise bilden sich zwischen den einfach besetzten Kugelwolken des Sauerstoff-Atoms und den einfach besetzten Kugelwolken von zwei Wasserstoff-Atomen zwei doppelt besetzte Kugelwolken, die bindenden Elektronenpaare. Die beiden weiteren vollbesetzten Kugelwolken am Sauerstoff-Atom sind nichtbindende Elektronenpaare. (**B5**)

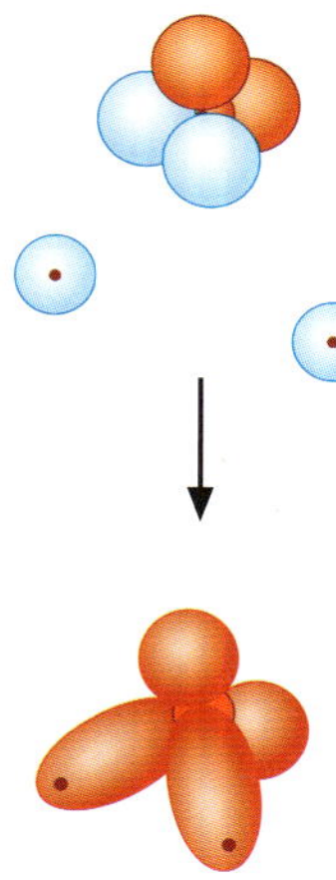

B5 Bildung eines Wasser-Moleküls, dargestellt mithilfe des Kugelwolkenmodells

Mehrfachbindung

Die Bildung von Mehrfachbindungen erfolgt nach dem gleichen Prinzip: Bei der Verteilung der sechs Außenelektronen des Sauerstoff-Atoms auf vier Kugelwolken sind je zwei Kugelwolken doppelt und zwei Kugelwolken einfach mit Elektronen besetzt. Im Sauerstoff-Molekül durchdringen sich jeweils zwei einfach besetzte Kugelwolken und es bilden sich zwei doppelt besetzte Kugelwolken (**B6**). Zwischen den Sauerstoff-Atomen im Sauerstoff-Molekül liegt eine **Doppelbindung** vor. Nach dem gleichen Prinzip entstehen auch **Dreifachbindungen**, beispielsweise beim Stickstoff-Molekül.

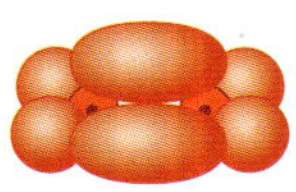

B6 Kugelwolkenmodell eines Sauerstoff-Moleküls

Valenzstrichformel

Die Verknüpfung zwischen Atomen kann unterschiedlich dargestellt werden. Mit einer Valenzstrichformel geschieht dies sehr deutlich und übersichtlich (**B7**). Dafür wird das Atom als Elementsymbol geschrieben, die Elektronenpaare als Striche. Je nach Position stehen sie für bindende oder nichtbindende Elektronenpaare.

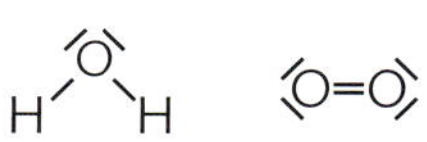

B7 Valenzstrichformel eines Wasser-Moleküls und eines Sauerstoff-Moleküls

FM Valenzstrichformel aufstellen

Die Darstellungsweise geht auf einen Vorschlag von GILBERT LEWIS aus dem Jahr 1961 zurück. Für das Atom steht das Elementsymbol, einzelne Elektronen werden als Punkte, Elektronenpaare als Striche geschrieben. Dabei werden nichtbindende Elektronenpaare um das Elementsymbol herum, bindende Elektronenpaare zwischen die Elementsymbole geschrieben.

So geht's

1. Notiere die Elementsymbole der Atome des Moleküls in der Elektronenschreibweise. Leite dazu aus der Stellung der Elemente im PSE die Anzahl der Valenzelektronen der Atome ab. Setze für die ersten vier Valenzelektronen jeweils einen Punkt über, unter, rechts und links neben das Elementsymbol und für die weiteren Valenzelektronen befolge folgende Regel: Setze den 5. Punkt neben den oberen Punkt, den 6. unter den rechten Punkt, den 7. neben den unteren Punkt und den 8. unter den linken Punkt.
2. In einem stabilen Molekül bildet modellhaft jedes Valenzelektron mit einem zweiten Valenzelektron ein bindendes bzw. nichtbindendes Elektronenpaar. Ordne dafür die Elementsymbole so an, dass jeder einzeln stehende Punkt einem anderen einzeln stehenden Punkt gegenüber liegt. Das Element, das die meisten Bindungen eingehen kann, steht dabei als Zentralatom in der Mitte.
3. Verbinde die Punkte zwischen den Elementsymbolen zu bindenden Elektronenpaaren in rot und die Punkte an einem Elementsymbol zu nichtbindenden Elektronenpaaren in blau.
4. Prüfe, ob jedes Atom im Molekül Edelgaskonfiguration hat. Dazu müssen insgesamt acht (bei Wasserstoff zwei) Elektronen um ein Elementsymbol herum angeordnet sein. Die Elektronen bindender Elektronenpaare werden jeweils beiden an der Bindung beteiligten Atomen zugerechnet.

	Ammoniak NH_3
1.	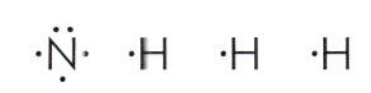
2.	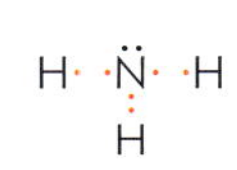
3.	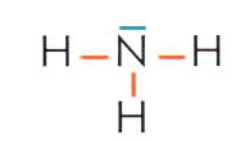
4.	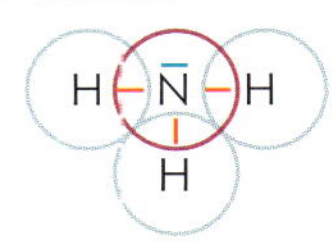

AUFGABEN

A1 Definiere den Begriff „Elektronenpaarbindung“.

A2 Skizziere das Kugelwolkenmodell für die Moleküle N_2, CH_4 und CO_2.

A3 Partnerarbeit:

A: Zeichne ein Kugelwolkenmodell eines Moleküls deiner Wahl.
B: Tausche dann das Blatt mit deinem Partner bestimme dessen Molekülformel und beschreibe die Bindung.

A4 a) Zeichne schrittweise die Valenzstrichformeln für folgende Moleküle: HCl, H_2O, N_2, CS_2
b) Recherchiere die Namen der Verbindungen.

FACHBEGRIFFE

Bindungsenergie, bindende Elektronenpaare, Elektronenpaarbindung, Atombindung, nichtbindenden Elektronenpaare, Doppelbindung, Dreifachbindung, Valenzstrichformel

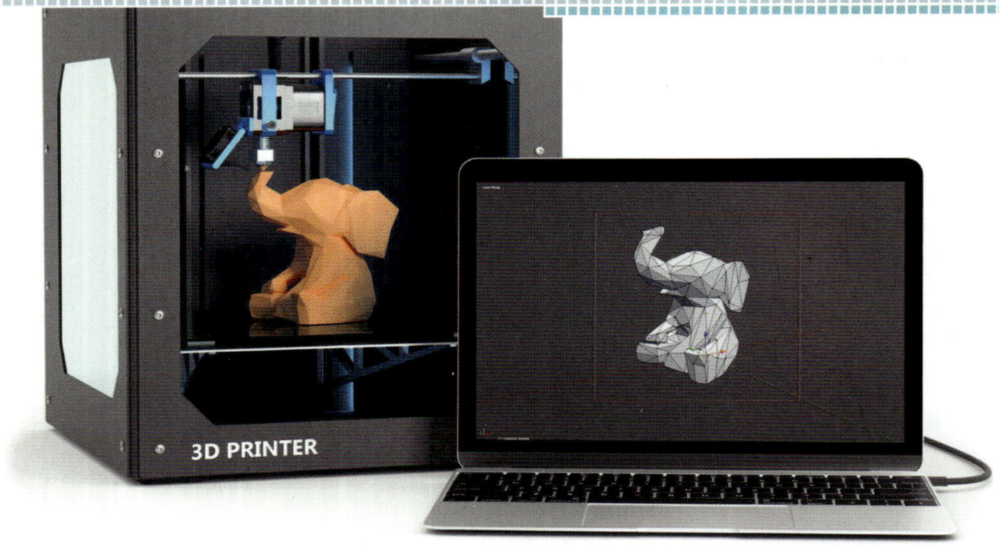

7.3 Der räumliche Bau von Molekülen

Eine Zeichnung bildet die Wirklichkeit nur zweidimensional ab. Eine Skulptur ist realer, denn sie zeigt drei Dimensionen. Bei einem Molekül ist es ähnlich: Die Formel auf dem Papier gibt es nur zweidimensional, ein Molekül ist aber dreidimensional. Wie kann man seine räumliche Struktur mithilfe von verschiedenen Modellen darstellen?

M1 Das Knetmodell

Mit dem Knetmodell lassen sich Moleküle gut dreidimensional darstellen und so der räumliche Bau betrachten.

DURCHFÜHRUNG

Zeichne die Valenzstrichformeln der Moleküle HCl, CO_2, CH_2O und CH_4 und bestimme so die Anzahl der bindenden Elektronenpaare.

Baue aus Knete und Holzstäbchen (**B1**) die Moleküle nach. Nutze die Valenzstrichformel als Vorlage. Dabei werden die Atome in ihren typischen Farben dargestellt, die Holzstäbchen symbolisieren bindende Elektronenpaare.

Ordne die Holzstäbchen (bzw. Einfach- und Doppelbindungen) so an, dass sie den größtmöglichen Abstand zueinander haben. Berücksichtige, dass die Kugeln des Modells im Raum angeordnet werden. Behandle Einfach- und Doppelbindungen jeweils als eine Einheit.

AUSWERTUNG

a) Vergleiche deine Modelle mit denen deiner Mitschülerinnen und Mitschüler und diskutiere jeweils, ob sie die vorgegebenen Anforderungen erfüllen.

b) Vergleiche für jedes Molekül die Valenzstrichformel mit dem Knetmodell.

c) Überlege dir den Grund dafür, dass die Holzstäbchen den größtmöglichen Abstand zueinander aufweisen sollen.

B1 Material für ein Methan-Molekülmodell

M2 Modellversuch mit Luftballons

Welche Rolle spielen nichtbindende Elektronenpaare bei der räumlichen Anordnung der Atome eines Moleküls?

DURCHFÜHRUNG

Zeichne die Valenzstrichformeln der Moleküle CH_4, NH_3 und H_2O und bestimme so die Anzahl der bindenden und nichtbindenden Elektronenpaare, die vom Zentralatom (C, N bzw. O) ausgehen.

Stelle die bindenden und nichtbindenden (freien) Elektronenpaare, die vom Zentralatom ausgehen, durch verschiedenfarbige Ballons dar. Kleine rote Luftballons symbolisieren die bindenden Elektronenpaare und größere blaue Luftballons die nichtbindenden Elektronenpaare. Halte diese Ballons am Knoten fest. Deine Finger symbolisieren das Zentralatom (C, N bzw. O) des Moleküls.

Ordne mit deiner freien Hand die Luftballons so um deine Finger an, dass sie den größtmöglichen Abstand zueinander haben.

AUSWERTUNG

a) Beschreibe die räumliche Anordnung der Elektronenpaare um die Zentralatome bei den von dir erstellten Modellen.

b) Den Winkel zwischen den Bindungen eines Atoms zu zwei Nachbaratomen nennt man Bindungswinkel. Er beträgt 109,5° bei CH_4, 107° bei NH_3 und 104,5° bei H_2O. Begründe die abnehmenden Bindungswinkel in diesen Molekülen mithilfe des Luftballonmodells.

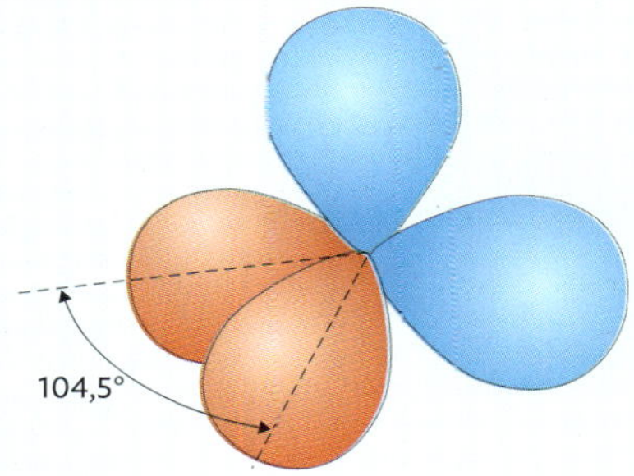

B2 Beispiel der Anordnung der bindenden und nichtbindenden Elektronenpaare am zentralen Atom im Luftballonmodell

M3 Molview

Molview ist eine kostenlose Software, die Moleküle modellhaft in zwei- und dreidimensionaler Form darstellen kann.

DURCHFÜHRUNG

Nutze den QR-/Mediencode, um die Software Molview zu starten und direkt zur Aufgabe zu gelangen.

05511-38

AUSWERTUNG

a) Beschreibe die zwei Darstellungen des Moleküls.

b) Welches Molekül wird dargestellt?

c) Zeichne die Valenzstrichformel eines Methan-Moleküls mithilfe der Software.

d) Stelle die zwei- und dreidimensionalen Modelle der Moleküle CO_2 und H_2O mithilfe der Software dar. Gib hierzu jeweils den Namen der Moleküle ins Suchfeld ein.

e) Baue die Moleküle aus **d)** mithilfe eines Molekülbaukastens.

f) Modelle veranschaulichen chemische Aspekte und helfen, diese besser zu verstehen. Doch jedes Modell hat seine Grenzen. Setze dich kritisch mit dem Programm Molview auseinander.

Erörtere hierzu die Vorzüge und die Grenzen des Programms.

g) Diskutiert in Kleingruppen die Vor- und Nachteile von Molview im Vergleich zur Arbeit mit dem Molekülbaukasten.

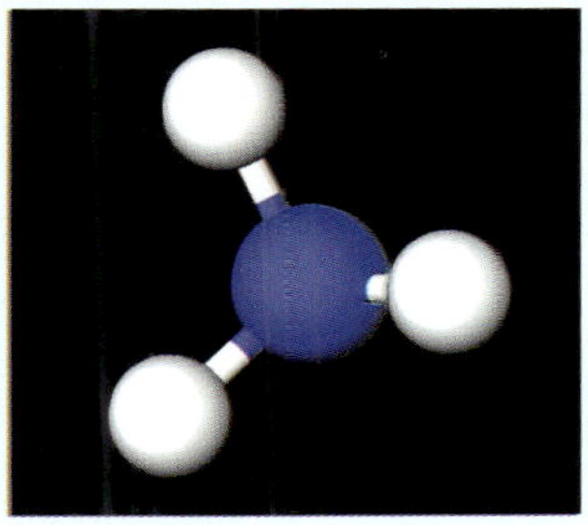

B3 3D-Molekül in Molview

Das Elektronenpaarabstoßungsmodell (EPA-Modell)

Im Methan-Molekül mit der Molekülformel CH_4 liegen vier bindende Elektronenpaare vor, die das zentrale Kohlenstoff-Atom mit je einem Wasserstoff-Atom verbinden (**M1**, **B4**).

Diese Elektronenpaare nehmen den größtmöglichen Abstand zueinander ein, da sie sich aufgrund ihrer negativen Ladungen gegenseitig abstoßen. Darauf basiert das **Elektronenpaarabstoßungsmodell** (**EPA-Modell**).

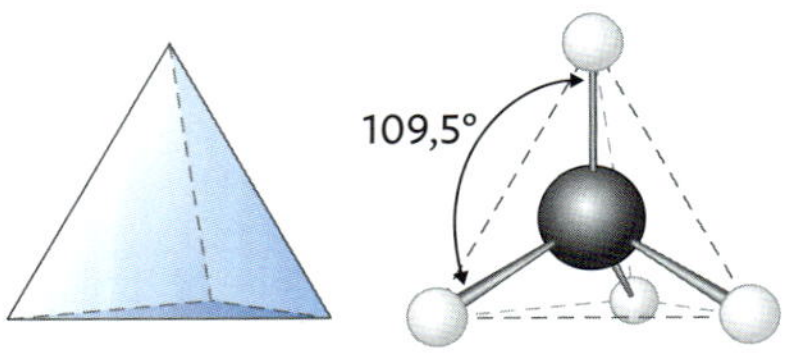

B4 Geometrischer Körper eines Tetraeders und Tetraederstruktur des Methan-Moleküls im Kugelstabmodell

> Nach dem Elektronenpaarabstoßungsmodell (EPA-Modell) nehmen alle Elektronenpaare am Zentralatom den größtmöglichen Abstand zueinander ein.

Dadurch bilden die vier Wasserstoff-Atome des Methan-Moleküls die Ecken eines **Tetraeders**. Dies ist eine geometrische Form, welche aus vier gleichseitigen Dreiecken besteht und in deren Zentrum das Kohlenstoff-Atom ist. Der H-C-H-**Bindungswinkel** beträgt jeweils 109,5° (**B4**). Er wird auch als **Tetraederwinkel** bezeichnet.

Mehrfachbindungen im EPA-Modell

Beim Formaldehyd-Molekül (HCHO, **B5** Mitte) ist das Kohlenstoff-Atom im Zentrum. Dieses ist über eine Doppelbindung mit dem Sauerstoff-Atom und über je eine Einfachbindung mit den beiden Wasserstoff-Atomen verbunden (**M1**). Doppelbindungen haben nur einen geringfügig größeren Platzbedarf als Einfachbindungen und werden daher formal wie Einfachbindungen behandelt.

> Im EPA-Modell werden Mehrfachbindungen formal wie Einfachbindungen behandelt.

Info
Synonym trigonal: dreieckig
Synonym planar: eben
Synonym linear: gerade

Diese „drei" Bindungen ordnen sich zueinander im größtmöglichen Abstand an und bilden die Form eines gleichseitigen Dreiecks mit einem H-C-O-Bindungswinkel von 120°. Man spricht von einer **trigonal planaren** Struktur. Im Kohlenstoffdioxid-Molekül verbinden zwei Doppelbindungen das zentrale Kohlenstoff-Atom mit den zwei Sauerstoff-Atomen (**M1**). Bei einem maximalen Abstand der Doppelbindungen liegt ein O-C-O-Bindungswinkel von 180° und somit ein **linearer** Bau vor (**B5**).

Beispielmolekül	Methan-Molekül	Formaldehyd-Molekül	Kohlenstoffdioxid-Molekül
Valenzstrichformel	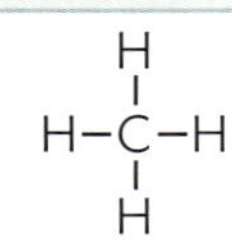	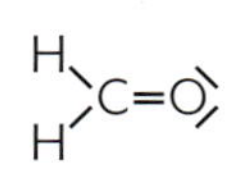	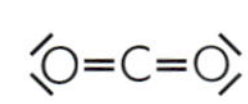
Kugelstabmodell mit Bindungswinkel	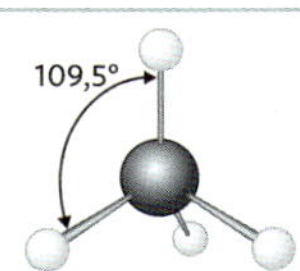 109,5°	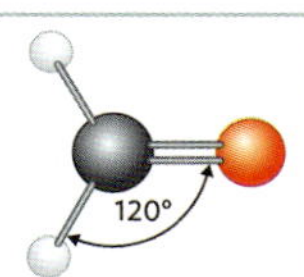 120°	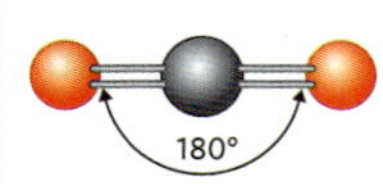 180°
Strukturbezeichnung	tetraedrisch	trigonal planar	linear

B5 Räumlicher Bau von Molekülen ohne freie Elektronenpaare am Zentralatom

Raumbedarf der nichtbindenden Elektronenpaare

Das Stickstoff-Atom im Ammoniak-Molekül NH_3 ist über drei bindende Elektronenpaare mit je einem Wasserstoff-Atom verbunden und besitzt ein nichtbindendes Elektronenpaar. Bei vier Elektronenpaaren würde man eine Tetraederstruktur mit einem H-N-H-Bindungswinkel von 109,5° erwarten. Der tatsächliche Bindungswinkel ist mit 107° allerdings kleiner. Das nichtbindende Elektronenpaar nimmt einen größeren Raum als die bindenden Elektronenpaare ein und drückt die bindenden Elektronenpaare dadurch zusammen.

Die bindenden Elektronenpaare rücken näher zusammen und die Struktur ist **pyramidal** (**B6**). Das Wasser-Molekül H_2O hat am zentralen Sauerstoff-Atom zwei bindende und zwei nichtbindende Elektronenpaare. Durch den größeren Platzbedarf der nichtbindenden Elektronenpaare liegt hier mit 104,5° ein kleinerer Bindungswinkel als beim NH_3-Molekül mit einem nichtbindenden Elektronenpaar vor. Das Wasser-Molekül ist **gewinkelt** (**B6**).

Im EPA-Modell haben nichtbindende Elektronenpaare einen größeren Raumbedarf als bindende Elektronenpaare. Daraus resultieren leichte Abweichungen im Bindungswinkel.

Die nichtbindenden Elektronenpaare nehmen mehr Platz ein, da sie hauptsächlich der Anziehung eines einzigen Kerns unterliegen und die Elektronen daher eine größere Bewegungsfreiheit haben.

Beispielmolekül	Ammoniak-Molekül	Wasser-Molekül
Valenzstrichformel	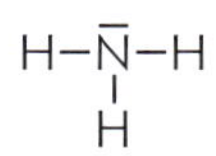	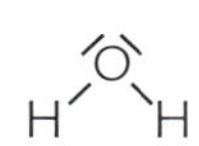
Kugelstabmodell mit Bindungswinkel	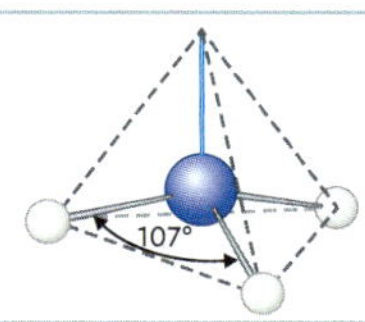	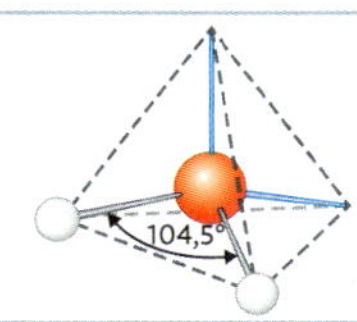
Strukturbezeichnung	pyramidal	gewinkelt

B6 Räumlicher Bau von Molekülen mit freien Elektronenpaaren am Zentralatom

AUFGABEN

A1 Schreibe einen „Spickzettel", auf dem die wichtigsten Regeln zum EPA-Modell vermerkt sind.

A2 Beschreibe den räumlichen Bau des Fluorwasserstoff-Moleküls (HF) unter Berücksichtigung der nichtbindenden Elektronenpaare.

A3 Entscheide begründet, ob Kohlenstoffdisulfid (CS_2) oder Tetrafluormethan (CF_4) den größeren Bindungswinkel aufweist.

A4 a) Zeichne die Valenzstrichformel folgender Moleküle: BF_3, OF_2 und PCl_3.

b) Beschreibe ausgehend von den Valenzstrichformeln den räumlichen Bau der Moleküle.

FACHBEGRIFFE

Elektronenpaarabstoßungsmodell (EPA-Modell), Tetraeder, Bindungswinkel, Tetraederwinkel, trigonal planar, linear, pyramidal, gewinkelt

7.4 Die polare Atombindung

Tauziehen ist eine Form des Kräftemessens. Dabei geht es darum, die Mitte des Seils stärker auf eine Seite zu ziehen. Wer kräftiger zieht, gewinnt. Bei gleich starken Mannschaften verharrt die Mitte des Seils mehr oder weniger auf der Stelle. Auch bei Molekülen gibt es ein „Kräftemessen" zwischen den Atomen. Wer wird hierbei wohl gewinnen?

M1 Die polare Atombindung – ein „Verhaltensexperiment"

In einem Molekül sind zwei Atome durch ein Elektronenpaar oder mehrere Elektronenpaare miteinander verbunden. Was passiert, wenn eines dieser Atome die Elektronen in der Bindung stärker anzieht?

DURCHFÜHRUNG

Stellt in der Klasse folgende Situationen nach:

1.1 Zwei gleich starke Schüler/-innen stellen sich einander gegenüber. Sie halten mit beiden Händen jeweils das Ende eines Seils fest, müssen auf ihrer Position stehen bleiben und dürfen das Seil nicht loslassen. Beide versuchen, das Seil zu sich zu ziehen.

1.2 Stellt diese Situation erneut nach, dieses Mal sollten die beiden Kontrahenten jedoch ungleich stark sein.

AUSWERTUNG

a) Übertrage die nachgestellten Szenen auf die Situation zwischen den Atomen des Wasserstoff-Moleküls und des Chlorwasserstoff-Moleküls. Erkläre mit chemischen Fachbegriffen, welche Rolle die Schüler/-innen und das Seil dabei übernommen haben.

b) Bindungselektronen zwischen zwei Atomen können stärker zu einem der Atome verschoben sein. Leite die Auswirkungen auf das Molekül ab, das aus diesen Atomen aufgebaut ist. Denke dabei auch daran, dass der Atomkern positiv geladen ist.

c) Beschreibe, wie die Situation zwischen den Atomen im Wasser-Molekül mit einer vergleichbaren Anordnung in der Klasse nachgestellt werden kann.

Die unpolare und die polare Atombindung

Wie das Seil beim Tauziehen mit gleich starken oder unterschiedlich starken Teams (**M1**) werden die Bindungselektronen einer Bindung gleich oder unterschiedlich stark von den Atomen angezogen.

Um eine Voraussage über die Anziehung von Bindungselektronen treffen zu können, legte der Chemiker LINUS PAULING Werte fest, die als Maß für die Stärke der Anziehung herangezogen werden können (**B1**). Er bezeichnete sie als **Elektronegativität** (**EN**). Je größer der Wert der Elektronegativität, desto stärker wirkt die Anziehung auf die Elektronen. So hat das Fluor-Atom mit EN = 4,0 die höchste, während das Lithium-Atom mit EN = 1,0 eine niedrige Elektronegativität hat.

> Die Elektronegativität ist ein Maß für die Stärke eines Atoms, in einem Molekül bindende Elektronenpaare an sich zu ziehen.

H 2,1							He –
Li 1,0	Be 1,5	B 2,0	C 2,5	N 3,0	O 3,5	F 4,0	Ne –
Na 0,9	Mg 1,2	Al 1,5	Si 1,8	P 2,1	S 2,5	Cl 3,0	Ar –
K 0,8	Ca 1,0	Ga 1,6	Ge 1,8	As 2,0	Se 2,4	Br 2,8	Kr –
Rb 0,8	Sr 1,0	In 1,7	Sn 1,8	Sb 1,9	Te 1,9	I 2,5	Xe –
Cs 0,7	Ba 0,9	Tl 1,8	Pb 1,8	Bi 1,9	Po 2,0	At 2,2	Rn –
Fr 0,7	Ra 0,9						

B1 Elektronegativitätswerte nach PAULING

Info
Die Werte für die Elektronegativität findest du auch im PSE hinten im Buchdeckel! Dort stehen sie unten rechts neben dem Elementsymbol.

Das Wasserstoff-Molekül besteht aus zwei Atomen desselben Elements (EN (H) = 2,1) mit einem bindenden Elektronenpaar. Zwischen den beiden gleichartigen Atomkernen ist die negative Ladung der Bindungselektronen **symmetrisch** verteilt. Die Elektronenpaarbindung ist **unpolar** (**B2**).

In einem Chlorwasserstoff-Molekül HCl sind zwei Atome verschiedener Elemente (EN (H) = 2,1; EN (Cl) = 3,0) miteinander verbunden. Das Chlor-Atom zieht das gemeinsame Elektronenpaar stärker an. Als Folge ist das bindende Elektronenpaar zum Chlor-Atom hin verlagert (**B2**). Es entsteht ein negativer **Ladungsschwerpunkt** auf der Seite des Chlor-Atoms und ein positiver Ladungsschwerpunkt auf der Seite des Wasserstoff-Atoms. Diese Art der Bindung bezeichnet man als **polare** Atombindung.

Da die Ladungsverschiebungen keiner „ganzen Ladung" wie bei den Ionen entsprechen, werden die Ladungsschwerpunkte als **Partialladungen** bezeichnet, also Teilladungen. In der Valenzstrichformel wird die Partialladung mit dem griechischen Buchstaben delta δ und der Art der Ladung gekennzeichnet. Dabei steht δ^- (sprich: delta minus) für eine negative Partialladung und δ^+ (sprich: delta plus) für eine positive Partialladung (**B2**).

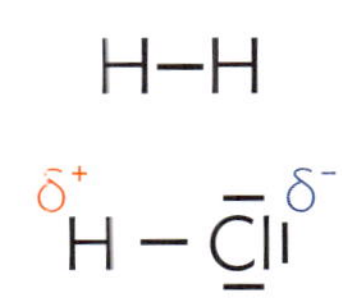

B2 unpolares Wasserstoff-Molekül und polares Chlorwasserstoff-Molekül

> Bei einer unpolaren Elektronenpaarbindung sind die Bindungselektronen symmetrisch verteilt. Bei einer polaren Elektronenpaarbindung sind die Bindungselektronen zu einem Atom hin verschoben. Dadurch entstehen Partialladungen (δ^+ und δ^-) im Molekül.

Die Elektronegativitätsdifferenz

Die Differenz zwischen den Elektronegativitäten zweier Bindungspartner ist die **Elektronegativitätsdifferenz ΔEN**. Vereinfacht kann man die Art der Bindung wie folgt abschätzen (vgl. **FM** S. 167):

$\Delta EN \leq 0{,}4 \longrightarrow$ unpolare Bindung (z. B. Wasserstoff-Molekül)

EN (H)	2,1
EN (H)	2,1
ΔEN	0,0

$\Delta EN > 0{,}4 \longrightarrow$ polare Bindung (z. B. Chlorwasserstoff-Molekül)

EN (Cl)	3,0
EN (H)	2,1
ΔEN	0,9

> Je größer die Elektronegativitätsdifferenz zwischen zwei miteinander verbundenen Atomen ist, desto polarer die Bindung.

Info
Ist die Elektronegativitätsdifferenz sehr groß, werden die Elektronen vom elektropositiveren (in der Regel das Metall-Atom) an das elektronegativere Atom (in der Regel das Nichtmetall-Atom) abgegeben. Es entstehen Ionen. Als Richtwert kann man eine ΔEN > 1,7 annehmen.

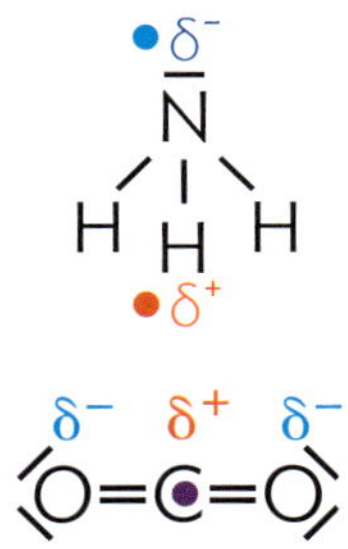

- positiver Ladungsschwerpunkt
- negativer Ladungsschwerpunkt
- Ladungsschwerpunkte fallen zusammen

B3 Verteilung der Ladungsschwerpunkte im Ammoniak-Molekül und im Kohlenstoffdioxid-Molekül

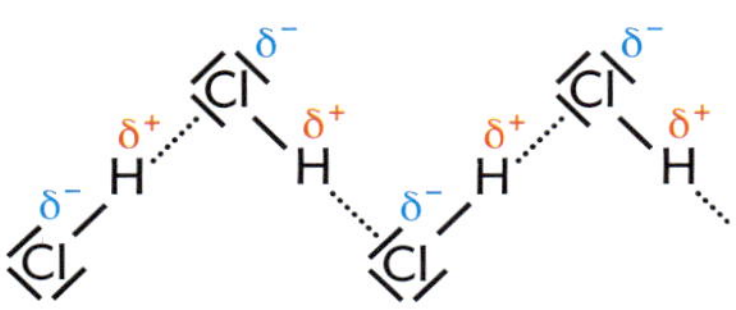

B4 Anziehende Wechselwirkungen zwischen permanenten Dipolen am Beispiel Chlorwasserstoff

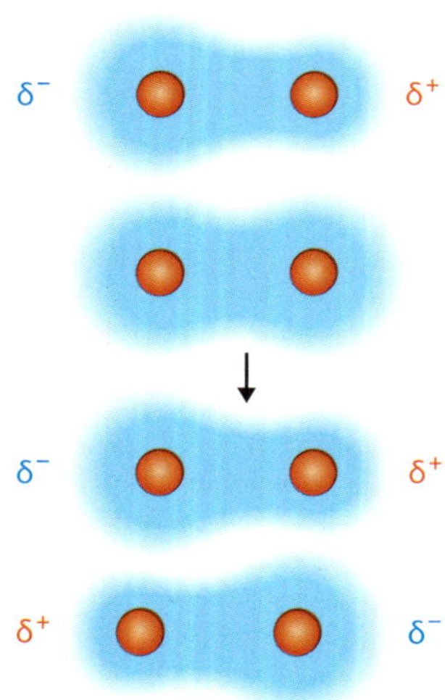

B5 London-Dispersionskräfte zwischen Wasserstoff-Molekülen

Permanente Dipole

Im Ammoniak-Molekül bilden die drei N-H-Bindungen einen Winkel von 107 Grad. Durch die Partialladung der Atome treten ein negativer Ladungsschwerpunkt beim Stickstoff-Atom und ein positiver Ladungsschwerpunkt am Wasserstoff-Atom auf (**B3**). Es liegt ein **permanenter Dipol** vor.

Bei mehratomigen Molekülen kann es vorkommen, dass die Ladungsschwerpunkte zusammenfallen. Im Kohlenstoffdioxid-Molekül ist die C-O-Bindung polar. Durch den linearen Bau des Moleküls sind die negativen Partialladungen aber symmetrisch um die positive Partialladung am zentralen Kohlenstoff-Atom angeordnet. Die Ladungsschwerpunkte fallen zusammen (**B3**). Das Kohlenstoffdioxid-Molekül ist daher kein Dipol.

Ein Molekül liegt als permanenter Dipol vor, wenn das Molekül eine polare Atombindung aufweist und die Ladungsschwerpunkte nicht zusammenfallen.

Dipol-Dipol-Wechselwirkung

Die Dipoleigenschaften eines Moleküls haben große Auswirkungen auf die Stoffeigenschaften. Beispielsweise besitzen das Sauerstoff-Molekül O_2 und das Chlorwasserstoff-Molekül HCl vergleichbare Molekülmassen. Sauerstoff siedet bei −183 °C, Chlorwasserstoff jedoch erst bei −85 °C. Das Chlorwasserstoff-Molekül liegt aufgrund seiner polaren Atombindung als permanenter Dipol vor. Die positive Partialladung und die negative Partialladung zwischen zwei Molekülen ziehen sich gegenseitig an (**B4**). Zwischenmolekulare **Dipol-Dipol-Wechselwirkungen** halten die Moleküle zusammen. Daher benötigt man mehr Energie, um die Wechselwirkungen zu überwinden. Die Siedetemperatur liegt dementsprechend deutlich höher.

Je stärker die Dipol-Dipol-Wechselwirkungen zwischen den Molekülen, desto höher sind die Schmelz- und Siedetemperaturen der Stoffe.

London-Dispersionskräfte

Wasserstoff-Moleküle sind keine Dipole. Dennoch existieren schwache Wechselwirkungen zwischen den Molekülen. Dies liegt daran, dass die Elektronen der Atomhülle in ständiger Bewegung sind und sich nicht immer gleichmäßig verteilen. Dadurch können sich in einem Bereich des Moleküls zufällig mehr Elektronen aufhalten, während woanders Elektronenmangel herrscht. Diese kurzfristige, ungleiche Verteilung führt dazu, dass ein unpolares Molekül vorübergehend (Fachbegriff: temporär) als Dipol mit verschiedenen Partialladungen vorliegt. Einen solchen Dipol bezeichnet man als **temporären Dipol**. Ein temporärer Dipol kann bei einem Nachbarmolekül zu einer Verschiebung der Elektronen führen. Es liegt dann als **induzierter Dipol** vor (**B5**). Die Anziehungskräfte zwischen unpolaren Molekülen oder Atomen werden **London-Dispersionskräfte** genannt.

London-Dispersionskräfte sind die anziehenden Wechselwirkungen zwischen temporären Dipolen. Die Wechselwirkungen zwischen temporären Dipolen sind schwächer als die Dipol-Dipol-Wechselwirkungen zwischen permanenten Dipolen.

FM Die Dipoleigenschaften eines Moleküls ableiten

Die Dipoleigenschaften von Molekülen bestimmen maßgeblich deren physikalische und chemische Eigenschaften. Mithilfe der Elektronegativität und der räumlichen Struktur kann der Grad der Polarität vorausgesagt werden. Hierzu benötigt man die Elektronegativitätswerte EN aus dem PSE (siehe hinten im Buchdeckel).

So geht's

1. Stelle die Valenzstrichformel für das Molekül auf, dessen Polarität du untersuchen möchtest.
2. Bestimme nun alle unterschiedlichen Bindungen, die in deinem Molekül vorhanden sind.
3. Schlage für jedes Atom dieser Bindungen die Elektronegativitätswerte im Periodensystem nach und bestimme jeweils die Elektronegativitätsdifferenz ΔEN. Es gilt:

   $\Delta EN \leq 0{,}4 \longrightarrow$ unpolare Bindung

   $\Delta EN > 0{,}4 \longrightarrow$ polare Bindung

   Hinweis: Ziehe bei der Berechnung immer den kleineren Wert vom größeren Wert ab.
4. Schreibe bei polaren Bindungen jeweils über das Atom mit der niedrigeren Elektronegativität δ^+. Das Atom mit der höheren Elektronegativität kennzeichnest du mit einem δ^-. Unpolare Elektronenpaarbindungen werden nicht beschriftet.
5. Die Valenzstrichformel gibt die zu untersuchende Verbindung nur zweidimensional wieder. Überführe die Valenzstrichformel des Moleküls in eine dreidimensionale Form, indem du die Regeln des EPA-Modells berücksichtigst (vgl. S. 162).
6. Ergänze in der dreidimensionalen Form die positiven (●) und negativen (●) Ladungsschwerpunkte.

   Beispiel 1: Alle Fluor-Atome ziehen gleich stark an den Bindungen in die Ecken des Tetraeders. Die Ladungsschwerpunkte fallen zusammen (●) und das Molekül liegt in seiner Gesamtheit nicht als permanenter Dipol vor.

   Beispiel 2: Im Fluormethan-Molekül sind die Partialladungen δ^+/δ^- räumlich getrennt. Es handelt sich deshalb bei der C-F-Bindung um eine polare Elektronenpaarbindung und bei Fluormethan um einen permanenten Dipol.

	Beispiel 1: Tetrafluormethan (CF_4)	Beispiel 2: Fluormethan (CH_3F)
1.	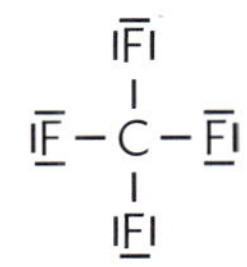	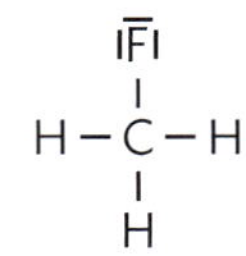
2.	C – F-Bindung	C – H-Bindung C – F-Bindung
3.	ΔEN(C – F) = 4 – 2,5 = 1,5 ⟶ polar	ΔEN(C – H) = 2,5 – 2,1 = 0,4 ⟶ unpolar ΔEN(C – F) = 4,0 – 2,5 = 1,5 ⟶ polar
4.	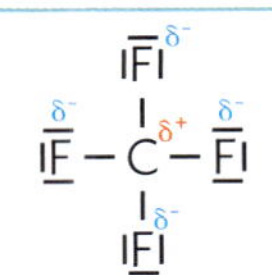	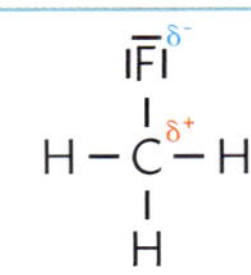
5.		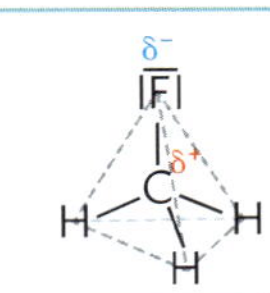
6.	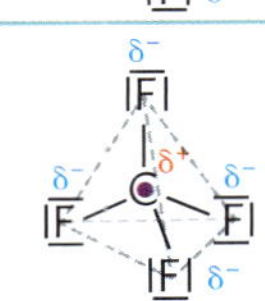	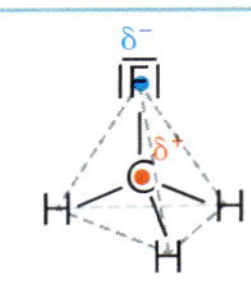

AUFGABEN

A1 Entscheide, ob folgende Bindungen polar oder unpolar sind und kennzeichne die Teilladungen: H – H, C – H, N – H, F – H, P – O.

A2 Beschreibe und erkläre die Veränderung der Elektronegativitätswerte im PSE innerhalb einer Periode und innerhalb einer Hauptgruppe.

A3 Begründe das Fehlen der Elektronegativitätswerte der Hauptgruppe VIII.

A4 Die Schmelztemperaturen nehmen bei den Elementen der Hauptgruppe VII von oben nach unten hin zu. Erkläre diesen Sachverhalt.

FACHBEGRIFFE

symmetrisch, unpolar, Ladungsschwerpunkt, Partialladung δ^-/δ^+, Dipol, polar, Elektronegativität (EN), Elektronegativitätsdifferenz (ΔEN), permanenter Dipol, Dipol-Dipol-Wechselwirkungen, temporärer Dipol, induzierter Dipol, London-Dispersionskräfte

7.5 Wasser – ein ganz besonderer Stoff

Wenn Wasser flüssig ist, trinken wir es und baden darin. Wenn Wasser siedet, nutzen wir es zum Essenkochen. Wenn Wasser fest ist, laufen wir Schlittschuh darauf, während die Fische unter der Eisdecke weiterschwimmen. Wasser ist für uns im Alltag ganz gewöhnlich. Warum ist Wasser dennoch ein ganz „ungewöhnlicher" Stoff mit ganz besonderen Eigenschaften?

V1 Dem Wasser auf der Spur

G3

Bei einigen chemischen Versuchen wird Heptan (C_7H_{16}) als Lösemittel eingesetzt. Die Stoffe Wasser und Heptan sind optisch kaum zu unterscheiden. Ein Wasser-Molekül weist im Gegensatz zu einem Heptan-Molekül allerdings zwei unterschiedliche Ladungsschwerpunkte auf. Wie kann man dies experimentell nachweisen?

DURCHFÜHRUNG

1.1 Fülle eine Bürette mit destilliertem Wasser. Reibe einen aufgeblasenen Luftballon an einem Wolltuch, so dass sich dieser elektrisch auflädt. Lass einen Wasserstrahl aus der Bürette fließen und halte den Luftballon neben den Strahl.

1.2 Wiederhole den Versuch mit Heptan.

AUSWERTUNG

a) Beschreibe deine Beobachtungen aus **V1.1** und **V1.2**.

b) Zeichne die Valenzstrichformeln des Wasser- und des Heptan-Moleküls. Kennzeichne in den Valenzstrichformeln die jeweiligen Ladungsschwerpunkte und entscheide, ob es sich beim Molekül um einen Dipol handelt oder nicht.

c) Der Luftballon wird durch das Reiben am Wollpulli elektrisch negativ aufgeladen. Überlege dir, wie sich die Wasser-Moleküle in der Nähe des Luftballons verhalten würden und erstelle eine Skizze zur Erklärung der Beobachtung aus **V1.1**. Vergleiche mit der Beobachtung bei **V1.2**.

V2 Tropfen stapeln

Ein Wasserläufer geht auf dem Wasser nicht unter. Woran liegt das?

DURCHFÜHRUNG

2.1 Tropfe mit einer Pipette solange vorsichtig Wasser auf eine Münze, bis es überläuft. Zähle die Anzahl der Tropfen.

2.2 Wiederhole den Versuch und gib in das Wasser zuvor einen Tropfen Spülmittel hinein.

AUSWERTUNG

a) Notiere die jeweilige Anzahl der Tropfen und beschreibe die Form des Wassers auf der Münze.

b) Vergleiche die Beobachtungen von **V2.1** und **V2.2** und begründe die Unterschiede.

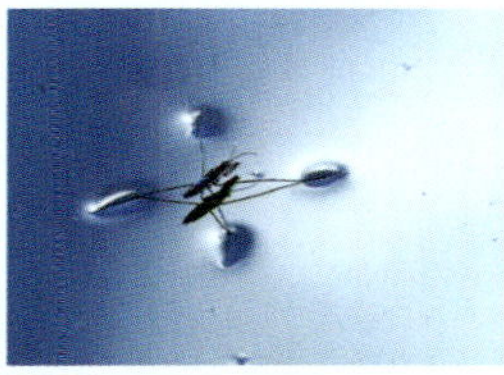

B1 Wasserläufer

Elektrische Ladungen im Wasser-Molekül?

Bringt man in die Nähe eines dünnen Wasserstrahls einen durch Reiben elektrisch negativ geladenen Luftballon, so wird das Wasser von diesem abgelenkt (**V1**). Tragen Wasser-Moleküle also eine positive Ladung?

Das Wasser-Molekül ist nach außen elektrisch neutral. Die Ursache für die Ablenkung des Wasserstrahls liegt in der Polarität des Wasser-Moleküls. Das Sauerstoff-Atom zieht die gemeinsamen Elektronenpaare in der Atombindung zu den beiden Wasserstoff-Atomen näher an sich, wodurch sich positive und negative Partialladungen im Wasser-Molekül ergeben. Das Wasser-Molekül ist also ein Dipol.

Im Wasserstrahl ziehen sich die Moleküle aufgrund ihrer Dipoleigenschaft gegenseitig an, sind aber ungeordnet. Nähert man dem Strahl einen negativ geladenen Ballon, richten sich die Moleküle so aus, dass sie mit ihrem positiven Ladungsschwerpunkt zum Ballon zeigen. Der Strahl wird vom Ballon angezogen (**B2**).

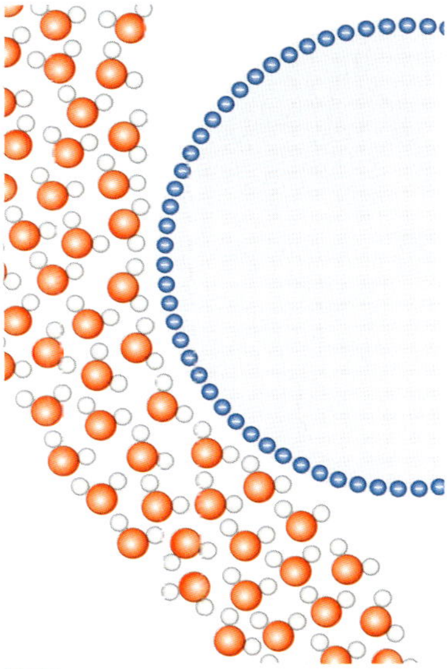

B2 Ablenkung eines Wasserstrahls durch einen geladenen Luftballon im Modell

Wasserstoffbrücken

Die Beobachtungen deuten darauf hin, dass die Wechselwirkungen zwischen den Wasser-Molekülen von besonderer Art und Stärke sein müssen. Die O – H-Bindung ist aufgrund der hohen Elektronegativitätsdifferenz von $\Delta EN(O-H) = 1{,}4$ stark polar.

Durch die zwei nichtbindenden Elektronenpaare am Sauerstoff-Atom ist dieses stark negativ **polarisiert** und kann besonders gut mit dem stark polarisierten Wasserstoff-Atom eines Nachbarmoleküls wechselwirken. Diese Anziehungskräfte nennt man **Wasserstoffbrücken**. Sie sind in **B3** als gestrichelte Linie gekennzeichnet.

--- Wasserstoffbrücken
— bindende Elektronenpaare
— nichtbindende Elektronenpaare

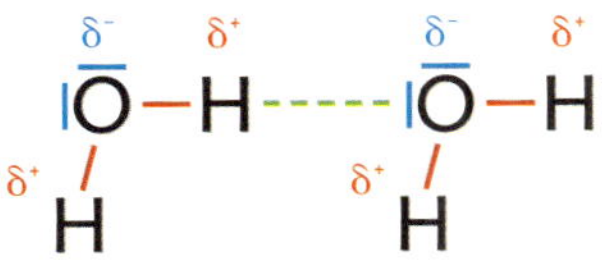

B3 Bildung von Wasserstoffbrücken

Als Wasserstoffbrücke bezeichnet man die zwischenmolekulare Wechselwirkung zwischen einem Wasserstoff-Atom mit positiver Partialladung und einem nichtbindenden Elektronenpaar des Sauerstoff-Atoms mit negativer Partialladung eines benachbarten Moleküls. Im Vergleich zu anderen zwischenmolekularen Wechselwirkungen sind Wasserstoffbrücken sehr stark.

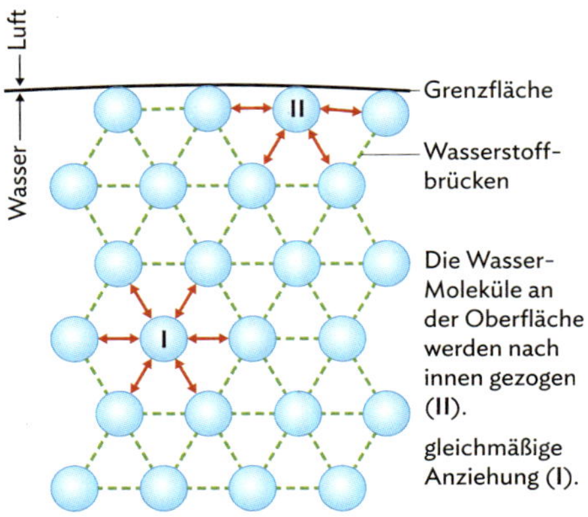

B4 Ausbildung der Oberflächenspannung

Die Oberflächenspannung

Wasser hat bei Raumtemperatur eine elastische Oberfläche. So wölbt es sich über einen Glasrand hinaus oder bildet eine Kuppel auf einer Münze (**V2**). Dies ist auf die Wasserstoffbrücken zurückzuführen, die zwischen den Wasser-Molekülen ein Netzwerk ausbilden (**B4 I**). Innerhalb einer Wasserportion ziehen sich die Wasser-Moleküle gleichmäßig in alle Richtungen an. An der Oberfläche werden die Wasser-Moleküle aber nur nach innen gezogen (**B4 II**). Es entsteht eine ins Flüssigkeitsinnere gerichtete Kraft, die **Oberflächenspannung**. Mit den Luft-Molekülen sind die Wechselwirkungen im Vergleich zu den Wasserstoffbrücken gering.

Die Oberflächenspannung ist die Folge der Ausbildung von Wasserstoffbrücken zwischen Wasser-Molekülen. Die Oberfläche einer Wasserportion wird dadurch minimal.

Manche Stoffe, wie beispielsweise Seife, zerstören die Oberflächenspannung. Die Seifen-Moleküle lagern sich zwischen die Wasser-Moleküle und verhindern so die Ausbildung von Wasserstoffbrücken.

Info

Wasserstoffbrücken bilden sich nicht nur zwischen Wasser-Molekülen aus. Grundsätzlich sind sie auch zwischen partiell positiv geladenen Wasserstoff-Atomen, die an ein stark elektronegatives Atom (N, O, F) gebunden sind, und einem nichtbindenden Elektronenpaar eines anderen partiell stark negativ geladenen Atoms (N, O, F) eines anderen Moleküls möglich.

Die Siedetemperatur von Wasser

Auch mit der Siedetemperatur fällt Wasser wieder aus der Reihe. Während die Siedetemperaturen der Wasserstoffverbindungen der Hauptgruppe VI unterhalb der Gefriertemperatur liegen, siedet Wasser bei 100 °C. Bevor Wasser in den gasförmigen Aggregatzustand übergehen kann, müssen die Wasserstoffbrücken zwischen den Wasser-Molekülen getrennt werden. Da diese Wechselwirkungen im Vergleich zu anderen zwischenmolekularen Wechselwirkungen sehr hoch sind, ist dafür viel Energie in Form von Wärme nötig. Die Siedetemperatur von Wasser ist daher ungewöhnlich hoch.

Die Siedetemperatur des Wassers liegt höher als bei ähnlich aufgebauten Molekülen, da die Wasserstoffbrücken zunächst dauerhaft getrennt werden müssen. Hierfür ist viel Energie in Form von Wärme nötig.

Die Schmelztemperatur von Wasser

Auch die Schmelztemperatur des Wassers fällt aus der Reihe. Sie liegt bei 0 °C und ist damit deutlich höher als die Schmelztemperaturen der Wasserstoffverbindungen der Hauptgruppe VI. Grund sind auch hier die Wasserstoffbrücken zwischen Wasser-Molekülen, die beim Schmelzen teilweise überwunden werden müssen.

Aufgrund der wirkenden Wasserstoffbrücken zwischen den Wasser-Molekülen ist die Schmelztemperatur von Wasser besonders hoch.

EK Die Dichteanomalie des Wassers

Grundsätzlich gilt für Wasser dasselbe wie für andere Stoffe: Mit steigender Temperatur dehnt sich ein Stoff aufgrund der zunehmenden Teilchenbewegung aus und seine Dichte nimmt ab. Beim Abkühlen zeigt Wasser jedoch eine ungewöhnliche Eigenschaft.

Kühlt man eine Portion Wasser von Raumtemperatur auf 4 °C ab, verringert sich das Volumen der Wasserportion zunächst. Dabei nimmt die Dichte zu. Beim Gefrieren dehnt sich das Wasser dann wieder aus und die Dichte nimmt ab. Als Folge schwimmt Eis auf flüssigem Wasser.

Diese Besonderheit wird auch Dichteanomalie des Wassers genannt. Normalerweise bilden die Teilchen in einem Feststoffverband ein eng gepacktes, regelmäßiges Gitter. Beim Erstarren von Wasser wird die maximale Anzahl der möglichen Wasserstoffbrücken zwischen den Wasser-Molekülen erreicht. Dadurch bilden die Wasser-Moleküle im Eis ein symmetrisches, weitmaschiges Gitter.

Auf dieser Anordnung beruht auch die sechseckige Symmetrie von Eiskristallen. Die großen Hohlräume im Eiskristall (**B5**) bewirken die geringere Dichte und das größere Volumen einer Portion Wasser im Vergleich zu derselben Wasserportion bei Raumtemperatur.

Wenn Eis schmilzt, bricht das Kristallgitter zusammen und die Anzahl der Hohlräume nimmt ab. Als Folge steigt die Dichte zunächst. Ab einer Temperatur von 4 °C dehnt sich das Wasser wegen der schnelleren Teilchenbewegung wieder aus und die Dichte nimmt ab, wie bei anderen Stoffen auch.

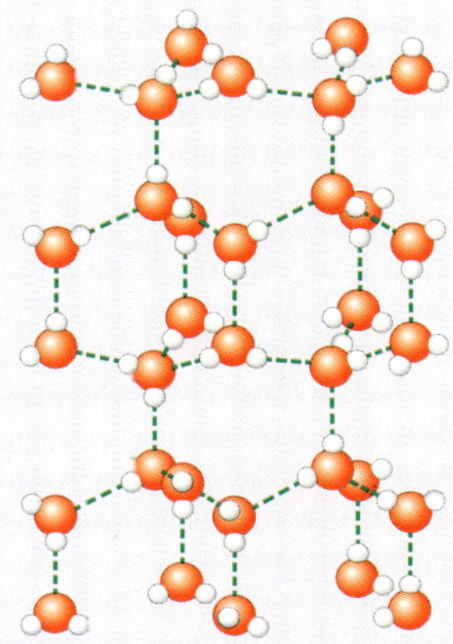

B5 Anordnung der Wasser-Moleküle im Eiskristall

Wechselwirkungen im Vergleich

Wechselwirkungen wirken zwischen den Molekülen, Bindungen halten Atome und Ionen zusammen. In der Tabelle **B6** sind Wechselwirkungen und Bindungen in ihrer jeweiligen Stärke gegenübergestellt.

Bindungen	Ionenbindung	600 – 2000 kJ/mol
	Elektronenpaarbindung	150 – 1000 kJ/mol
	Metallbindung	100 – 500 kJ/mol
Wechselwirkungen	Wasserstoffbrücken	10 – 100 kJ/mol
	Dipol-Dipol-Wechselwirkungen (permanente Dipole)	5 – 10 kJ/mol
	London-Dispersionskräfte (temporäre Dipole)	0,1 – 6 kJ/mol

B6 Energien verschiedener Bindungsarten und Wechselwirkungen im Vergleich

AUFGABEN

A1 Die Oberflächenspannung von Wasser ist deutlich höher als die von Heptan. Erkläre den Unterschied unter Berücksichtigung der Wechselwirkungen zwischen den Molekülen.

A2 Informiere dich über Organismen, die die „Wasserhaut" als Lebensraum nutzen. Beschreibe mögliche Folgen für die Organismen für den Fall, dass es die Oberflächenspannung von Wasser nicht gäbe.

A3 *Aufgabe zum Exkurs:* Erläutere die „Dichteanomalie des Wassers" in eigenen Worten.

FACHBEGRIFFE

Polarität, Wasserstoffbrücke, Oberflächenspannung

Es ist nicht alles Gold, was glänzt – Legierungen

In ihrer Freizeit spielen viele Menschen ein Instrument. Blechblasinstrumente, wie Tuba, Saxophon oder Trompete, stechen bei Orchesteraufführungen durch ihren goldenen Glanz hervor. Aus Gold können die Instrumente nicht gefertigt sein, da sie sonst sehr teuer wären. Stattdessen werden solche Blasinstrumente z. B. aus Messing hergestellt, einem eigentlich schon seit mehr als 2 000 Jahren bekannten Material, welches aus Kupfer und Zink zusammengesetzt ist. Es handelt sich um eine Legierung. Was genau versteht man unter Legierungen und wozu werden sie verwendet?

Legierungen erhält man, wenn man verschiedene Metallsorten schmilzt und miteinander mischt. Die Atome eines Metalls sind in einer regelmäßigen Struktur, dem Metallgitter, angeordnet. Diese Struktur wird durch den Einbau der Fremdatome gestört, wodurch die Legierung andere Eigenschaften aufweist als die reinen Metalle.

Dies ist sogar erwünscht: In der Regel besitzen Legierungen zwar eine niedrigere Schmelztemperatur als die reinen Metalle, dafür aber auch bessere mechanische Eigenschaften. Im Falle des Messings wirkt der Kupferanteil sogar antibakteriell.

Legierungen werden mit einer Legierungsformel bezeichnet. Vorne steht das Hauptmetall, daran schließen sich die Beigaben mit ihren Prozentzahlen an. Das für Musikinstrumente verwendete Messing hat z. B. die Formel CuZn15, d. h. es besteht zu 85 % aus Kupfer und zu 15 % aus Zink.

B1 Blechblasinstrumente werden typischerweise aus Messing hergestellt.

Neben Messing zählen Bronze (Kupfer, Zinn), Neusilber (Kupfer, Nickel, Zink) und Amalgam (Quecksilber, Gold, Silber, Zink u. a.) zu den bekanntesten Legierungen (**B2**).

Name	Bestandteile	Eigenschaften	Verwendung
Messing	Kupfer, Zink	Mechanisch stabil und antibakteriell	Schmuck, Kult- und Kunstgegenstände, Armaturen, Musikinstrumente
Bronze	Kupfer, Zinn	Korrosionsbeständig, hohe Festigkeit	Glocken, Kunstgegenstände, Musikinstrumente
Neusilber	Kupfer, Nickel, Zink	Korrosionsbeständig, hart, silbernes Aussehen	Besteck, Musikinstrumente, Schmuck
Amalgam	Quecksilber, Silber, Gold, Zink, Zinn	Kostengünstig, widerstandsfähig, leicht zu verarbeiten, unempfindlich gegenüber Feuchtigkeit	Zahnfüllung, Goldgewinnung, früher: Spiegel

B2 Bestandteile, Eigenschaften und Verwendung bekannter Legierungen. Das Hauptmetall wird unter den Bestandteilen jeweils zuerst aufgeführt.

AUFGABEN

A1 Manchmal spricht man bei Legierungen von „festen Lösungen“. Bewerte diesen scheinbaren Widerspruch.

A2 Nitinol ist eine Formgedächtnislegierung. Recherchiere notwendige Informationen und erkläre die Bedeutung dieses Begriffs.

A3 Recherchiere die Zusammensetzung von Stahlbeton und begründe, ob es sich um eine Legierung handelt.

Wie Geckos an Wänden und Glasscheiben haften

Geckos laufen an glatten Wänden hoch und haften kopfüber an Glasscheiben. Im Gegensatz zu Fliegen, die ein klebriges Sekret absondern, hinterlassen Geckos keinerlei Spuren. Wie gelingt es dem Gecko, ohne Kleber so stark zu haften und dabei immer saubere Füße zu behalten? Kann die Chemie dieses unglaubliche Phänomen erklären?

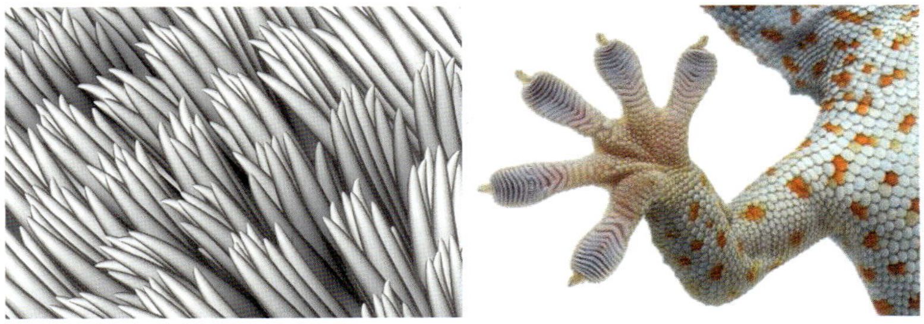

B1 Hafthaare des Geckofußes, links stark vergrößert

Betrachtet man Geckofüße genauer, erkennt man, dass diese aus kleinen Flächen bestehen, die wiederum aus sehr dicht nebeneinander sitzenden, ultrafeinen Härchen zusammengesetzt sind. Diese Härchen sind sehr klein: Sie sind weniger als ein Zehntel so dick wie ein menschliches Haar. Dennoch trennt sich jedes dieser Härchen an seiner Spitze noch in 100 weitere spatelförmigen Blättchen auf, die jeweils nur eine Breite und Länge von 200 Nanometern und eine Dicke von 15 Nanometern besitzen. Diese winzigen Härchen sind für die Haftung des Geckos entscheidend, denn sie ermöglichen eine sehr große Kontaktfläche des Geckofußes mit jeder noch so glatten Oberfläche (**B1**).

Auch eine glatte Oberfläche sieht unter dem Mikroskop wie ein Gebirge mit vielen Hügeln und Tälern aus (**B2**). Drückt man zwei dieser Oberflächen gegeneinander, so berühren sich nur die Spitzen der Hügel und die Kontaktfläche ist sehr gering. Bei einem Geckofuß tritt dieses Problem nicht auf: Die feinen Härchen können diese Unebenheiten perfekt ausfüllen und dadurch eine sehr große Kontaktoberfläche erzeugen.

Wie kann man nun die Haftung an dieser Kontaktoberfläche erklären? Durch die rein zufällige Bewegung von Elektronen entstehen temporäre Dipole, die zwischen den Molekülen auf der Oberfläche und den Molekülen in den Härchen des Geckofußes London-Dispersionskräfte erzeugen. Obwohl diese Wechselwirkungen vergleichsweise schwach sind, summieren sie sich aufgrund der großen Kontaktoberfläche so stark auf, dass der Gecko auch kopfüber daran haften bleibt.

Nutzt man die relativ schwachen London-Dispersionskräfte zwischen temporären Dipolen richtig, können diese große Lasten tragen.

So haben Bioniker und Bionikerinnen nach dem Vorbild des Geckofußes bereits eine Folie entwickelt, die ohne die Verwendung von Klebstoff unglaubliche zehn Kilogramm pro Quadratzentimeter tragen kann. Dabei verwendeten die Wissenschaftler und Wissenschaftlerinnen Nanoröhrchen aus Kohlenstoff. Diese sind extrem reißfest und bilden sehr gut LONDON-DISPERSIONS-KRÄFTE mit verschiedensten Materialien aus. Ein DIN A5 kleines Stück Folie reicht bereits aus, um ein Mittelklasseauto in der Luft zu halten.

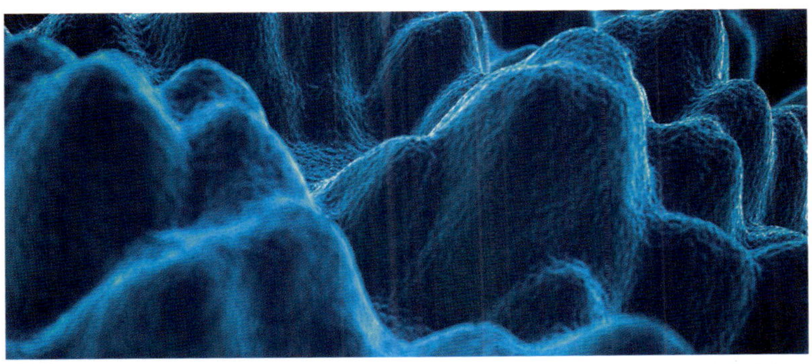

B2 Mikroskopische Aufnahme einer Glasfläche

AUFGABE

A1 Erläutere in eigenen Worten, wie es dem Gecko möglich ist, auch auf einer glatten Wand nach oben zu laufen.

A2 Erkläre mithilfe von Internetrecherchen, dass a) der Gecko seinen Fuß ohne Kraftanstrengung wieder vom Untergrund lösen kann und b) kein Schmutz an den Füßen des Geckos haften bleibt.

Zum Üben und Weiterdenken

A1 Zeichne ein Metallgitter aus vier Magnesium-Atomen auf Teilchenebene. Beschreibe den Zusammenhalt des Metallgitters.

A2 Erhitzt man Metalle, so nimmt die elektrische Leitfähigkeit ab. Begründe diesen Sachverhalt.

A3 Goldene Schmuckstücke sind häufig mit einer Zahl wie 585 oder 333 gestempelt. Diese Zahlen sind ein Hinweis auf Legierungen aus Gold und mindestens einem anderen Metall. Informiere dich im Internet über Goldlegierungen und erläutere die Bedeutung dieser Zahlen. Stelle den Aufbau einer Legierung mit dem Elektronengasmodell dar.

A4 Vergleiche den Aufbau der Teilchen von Sauerstoffgas und Argongas und begründe die Unterschiede.

A5 Begründe die Anzahl bindender Elektronenpaare, die Atome aus der Abbildung in Molekülen typischerweise ausbilden.

Bindungsart	Atom	Molekül
Einfachbindung	|F·	|F–F|
Doppelbindung	|O·	⟨O=O⟩
Dreifachbindung	|N·	|N≡N|

A6 Zeichne die Valenzstrichformeln folgender Verbindungen und recherchiere den jeweiligen Namen:
$CHCl_3$, H_2CO, CO_2, $SiCl_4$, C_2H_2

A7 Zeichne in die Valenzstrichformeln von **A6** die Teilladungen ein, die sich aus der Elektronegativität ergeben. Welche Moleküle sind Dipole? Ordne nach der Stärke ihrer Dipole.

A8 In jedem Beispiel haben sich auf der rechten Seite Fehler eingeschlichen. Berichtige diese.

PH_3	H-P-H I H
	NH_3
C_2N_2	N = C - C = N

A9 Mithilfe des EPA-Modells kann man die räumliche Struktur von Verbindungen vorhersagen. Nenne für jede abgebildete Struktur ein passendes Beispiel.

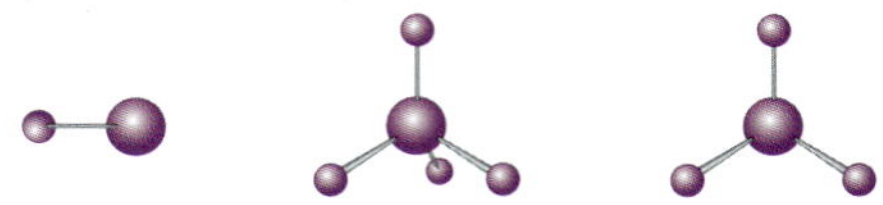

A10 Erkläre die mögliche Hilfe durch das Verwenden von Spülmittel im Cartoon.

A11 Ammoniak-Moleküle (Molekülformel: NH_3) bilden untereinander Wasserstoffbrücken aus. Zwischen Kohlenstoffdioxid-Molekülen und zwischen Methan-Molekülen werden keine Wasserstoffbrücken ausgebildet. Begründe das unterschiedliche Verhalten.

A12 Entscheide, ob es sich bei einer Bindung zwischen den folgenden Elementen um unpolare oder polare Elektronenpaarbindungen oder um Ionenbindungen handelt:
Cl und Cl, K und Cl, C und S, H und I.

A13 Zeichne jeweils die Valenzstrichformel für die Moleküle von Bromwasserstoff, Sauerstoffdifluorid und Ethen (C_2H_4). Zeige, dass die Edelgasregel bei jedem Atom eingehalten wird. Gehe dabei wie auf S. 159 vor. Beschreibe auch den räumlichen Bau der Moleküle und gib jeweils die Molekülformel an.

M1 Die polare Atombindung – eine Simulation

Woher weiß man, wie stark ein Atom im Wettbewerb um die Bindungselektronen ist? Messdaten haben eine Skala von 0 – 4 ergeben, mit der man das Maß, das gemeinsame Elektronenpaar an sich ziehen zu können, ausdrücken kann. Dieses Maß wird Elektronegativität (EN) genannt. Die entsprechenden Elektronegativitätswerte kannst du dem PSE (hinterer Bucheinband) entnehmen.

Die Atombindung und den Einfluss der Elektronegativität kann man in einer Simulation genauer betrachten. Öffne die Simulation mithilfe des QR-/Mediencodes.

05511-39

A1 Spiele die Simulation für ein Sauerstoff-Molekül durch. Stelle sie möglichst passend für ein Sauerstoff-Molekül ein und mache dich mit den einzelnen Ansichtsoptionen vertraut. Beschreibe die Bindung im Sauerstoff-Molekül und beziehe dich dabei auf verschiedene Ansichten in der Simulation.

A2 Stelle nun das Molekül HCl dar. Vergleiche die Bindung im HCl-Molekül mit der im Sauerstoff-Molekül.

A3 Stelle mit der Simulation die Moleküle H_2O und CO_2 dar. Vergleiche die Moleküle miteinander und gehe dabei auch auf die Auswirkungen des räumlichen Baus ein.

A4 Formuliere eine mögliche Definition des Begriffes „Teilladung".

A5 Formuliere den allgemeinen Zusammenhang zwischen der Elektronendichte und den Teilladungen.

A6 Die Simulation ist ein Modell für die Atombindung. Verfasse für die Macher der Simulation ein kurzes Feedback.

M2 Die übervolle Tonne

B1 Im Winter quillt die Regentonne über.

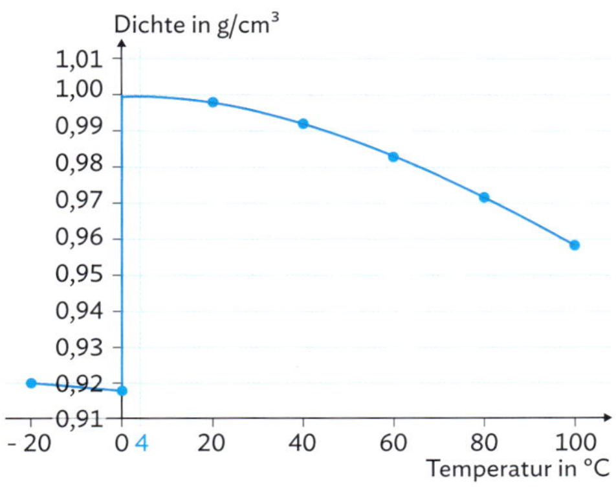

B2 Dichte von Wasser in Abhängigkeit von der Temperatur

A1 Beschreibe die Dichte von Wasser in Abhängigkeit von der Temperatur (**B2**).

A2 Stelle eine Vermutung darüber auf, ob das Wasser der Tonne (**B1**) überläuft, wenn die Außentemperaturen wieder steigen.

A3 Zeichne wenige Wasser-Moleküle innerhalb der Eisschicht und innerhalb der flüssigen Phase mit Valenzstrichformeln. Gehe dabei auf die Anordnung der Wasser-Moleküle ein und berücksichtige die Wasserstoffbrücken.

A4 Erkläre, warum man im Winter Regentonnen und Wasserrohre entleeren sollte.

A5 Begründe folgende Phänomene:
a) Ein Eiswürfel schwimmt auf Wasser.
b) Eine Pfütze friert im Winter von oben nach unten zu.
c) Fische können in den unteren Wasserschichten eines Sees überwintern.

Alles im Blick

Metallbindung

Metalle sind aus **positiv** geladenen, regelmäßig angeordneten **Atomrümpfen** und einem **Elektronengas** aus frei beweglichen Elektronen aufgebaut.

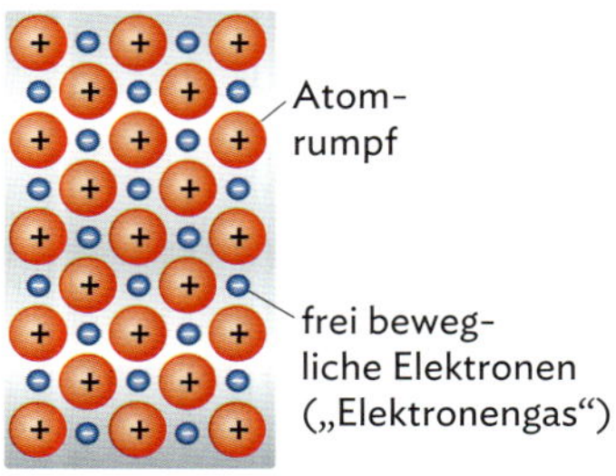

Die Anziehungskräfte zwischen den positiv geladenen Atomrümpfen und dem Elektronengas halten das Metallgitter zusammen. Dieser **Zusammenhalt** der Teilchen im Metallgitter wird als **Metallbindung** bezeichnet.

Einige **Eigenschaften** der Metalle (Wärmeleitfähigkeit, elektrische Leitfähigkeit, Verformbarkeit) lassen sich mithilfe der Metallbindung erklären.

Elektronenpaarbindung

Die **Elektronenpaarbindung** in Molekülen entsteht durch **Überlappung** der **einfach besetzten Kugelwolken** der Atome. Durch die bindenden Elektronenpaare erreichen die Atome die stabile **Edelgaskonfiguration**.

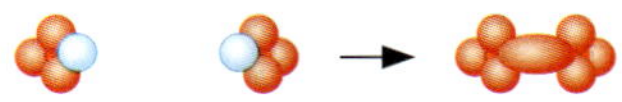

Nach diesem Prinzip können sich auch **Mehrfachbindungen** (Doppel- und Dreifachbindung) ausbilden.

Elektronenpaare, die nicht an einer Bindung beteiligt sind, nennt man **nichtbindende Elektronenpaare**.

Valenzstrichformel

Mit der Valenzstrichformel kann die Verknüpfung von Atomen übersichtlich dargestellt werden. Für das Atom steht das Elementsymbol, einzelne Elektronen werden als Punkte und Elektronenpaare als Striche geschrieben. Dabei werden nichtbindende Elektronenpaare um das Elementsymbol herum, bindende Elektronenpaare zwischen die Elementsymbole geschrieben.

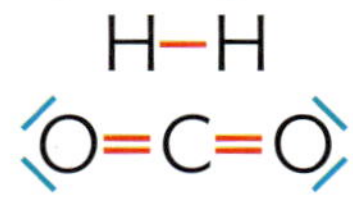

Das Elektronenpaarabstoßungsmodell (EPA-Modell)

Mithilfe des **Elektronenpaarabstoßungsmodells (EPA-Modell)** lässt sich der **räumliche Bau** von Molekülen bestimmen.

Nach dem EPA-Modell nehmen alle Elektronenpaare den größtmöglichen Abstand zueinander ein. Mehrfachbindungen werden formal wie Einfachbindungen behandelt. Nichtbindende Elektronenpaare haben einen größeren Raumbedarf als bindende Elektronenpaare. Daraus resultieren leichte Abweichungen im Bindungswinkel.

Elektronegativität

Elektronegativität ist ein Maß für die Stärke eines Atoms, in einem Molekül bindende Elektronenpaare an sich zu ziehen.

Je größer die **Elektronegativitätsdifferenz** zwischen zwei miteinander verbundenen Atomen ist, desto polarer ist die Bindung.

Polare und unpolare Elektronenpaarbindung

Bei einer **unpolaren** Elektronenpaarbindung sind die Bindungselektronen symmetrisch verteilt.

Bei einer **polaren** Elektronenpaarbindung sind die Bindungselektronen zu einem Atom hin verschoben. Dadurch entstehen positive (δ^+) und negative (δ^-) **Partialladungen** im Molekül.

Wechselwirkungen

Moleküle ziehen sich untereinander durch Wechselwirkungen verschiedener Stärke an. Zwischen unpolaren Molekülen wirken die schwachen London-Dispersionskräfte, zwischen Dipol-Molekülen die stärkeren Dipol-Dipol-Wechselwirkungen. Die starke Wechselwirkung zwischen einem Wasserstoff-Atom mit positiver Partialladung und einem nicht-bindenden Elektronenpaar eines Sauerstoff-Atoms eines benachbarten Moleküls mit negativer Partialladung nennt man **Wasserstoffbrücke**.

Ziel erreicht?

Hast du das Ziel dieses Kapitels erreicht? Bearbeite die Aufgaben auf dem Arbeitsblatt (unter QR-/Medien-Code). Vergleiche deine Antworten mit den Lösungen auf Seite 215. Bewerte dich mithilfe der untenstehenden Tabelle und lies falls nötig auf den angegebenen Seiten nochmal nach.

05511-40

STECKBRIEF

Silber

- **Elementsymbol:** Ag
- **stabiles Ion:** Ag^+
- **Eigenschaften:**
  gut verformbar
  metallischer Glanz
  leitet den elektr. Strom

A1 Zeichne ein Metallgitter bestehend aus Silber-Atomen.

A2 Im Steckbrief sind einige Stoffeigenschaften genannt. Nenne diejenigen, die du mit der Metallbindung erklären kannst und erläutere diese.

A3 Es soll ein Steckbrief für Gold erstellt werden. Begründe, ob sich die Stoffeigenschaften von denen von Silber unterscheiden werden.

B1 Zeichne die Valenzstrichformel eines Methan-Moleküls CH_4 und eines Ammoniak-Moleküls NH_3. Kennzeichne bindende und nichtbindende Elektronenpaare farbig. Begründe, dass bei beiden Molekülen die Edelgasregel eingehalten wird.

B2 Erkläre das Zustandekommen der Elektronenpaarbindung mithilfe des Kugelwolkenmodells.

B3 Leite den räumlichen Bau eines Methan-Moleküls und eines Ammoniak-Moleküls her und begründe diesen jeweils.

C1 Entscheide begründet, ob die folgenden Bindungen polar sind: H – Br, C – S, O – H.

C2 Zwischen mehreren Methan-Molekülen existieren Anziehungskräfte. Nenne den entsprechenden Namen und erkläre das Zustandekommen dieser Wechselwirkung.

C3 Entscheide und begründe, ob ein dünner Strahl des giftigen Lösemittel Tetrachlormethan (CCl_4) von einem elektrisch aufgeladenen Luftballon abgelenkt wird.

D1 Wasser hat eine höhere Siedetemperatur als viele andere molekular aufgebaute Stoffe. Begründe dies auf Teilchenebene.

D2 Ein Trinkbecher lässt sich bis zu einer bestimmten Höhe über den Rand hinaus mit Wasser füllen. Erkläre dieses Phänomen und beschreibe, wodurch der Becher schließlich zum Überlaufen gebracht wird.

	Ich kann …	lies nach auf Seite
A	den Aufbau von Metallen erklären und deren Stoffeigenschaften mithilfe der Metallbindung begründen.	152 – 155
B	Valenzstrichformeln zeichnen und den räumlichen Bau von Molekülen herleiten.	157 – 163
C	polare und unpolare Bindungen ermitteln sowie Anziehungskräfte zwischen Molekülen erkennen und erklären.	164 – 167, 169
D	die Bezeichnung „Wasser – ein besonderer Stoff“ begründen.	168 – 171

8 Organische Verbindungsklassen und ihre Eigenschaften

Startklar?

1. Schätze dich selbst ein. Wie gut sind deine Kenntnisse in den Bereichen A bis D? Kreuze auf dem Arbeitsblatt (unter QR-/Mediencode) die entsprechenden Kästchen unten in der Tabelle an.

05511-41

2. Hast du dich richtig eingeschätzt? Bearbeite die untenstehenden Aufgaben. Vergleiche deine Antworten mit den Lösungen auf Seite 216 und kreise die erreichte Punktzahl in der Tabelle auf dem Arbeitsblatt ein. Vergleiche mit deiner Selbsteinschätzung.

A1 Zeichne das Kugelwolkenmodell für das Wasser-, das Kohlenstoffdioxid- und das Methan-Molekül.

B1 Zeichne den räumlichen Bau folgender Moleküle in der Valenzstrichformel: O_2, CO_2, H_2S, CH_4, NH_3

B2 Überprüfe, welche der Valenzstrichformeln nach dem Elektronenpaarabstoßungsmodell richtig sind und begründe deine Aussage.

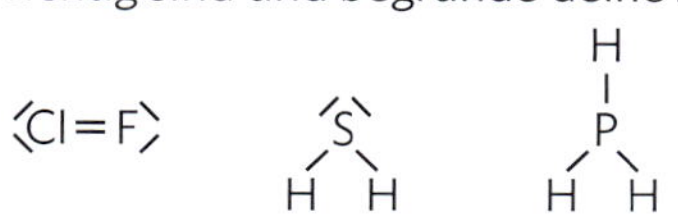

B3 Begründe den unterschiedlichen Bau der dreiatomigen Moleküle Wasser und Kohlenstoffdioxid.

C1 Die Verbindungen mit folgenden Molekülformeln sind gegeben: H_2, Br_2, HBr, HF und CF_4

a) Bestimme mit Hilfe der Elektronegativität die Moleküle mit einer polaren Atombindung.

b) Kennzeichne vorhandene Partialladungen auf dem Arbeitsblatt und bestimme die Moleküle mit einem Dipol.

c) Bestimme für jeden der fünf Stoffe die Wechselwirkungen, die sich zwischen den jeweiligen Molekülen dieser Stoffe bilden und erkläre jeweils, wie sie zustande kommen.

C2 Wasser ist bei Raumtemperatur flüssig, Diwasserstoffsulfid ist gasförmig. Erkläre diesen Unterschied.

C3 Skizziere die Valenzstrichformeln zweier Fluorwasserstoff-Moleküle und zeichne eine Wasserstoffbrücke zwischen ihnen ein.

D1 Wasser ist ein farbloser, geruchloser Stoff, der bei 100 °C siedet.

a) Gib an, welche der Eigenschaften experimentell oder mit den Sinnesorganen ermittelt werden können.

b) Gib an, welche der Eigenschaften sich mit den Dipoleigenschaften des Wasser-Moleküls erklären lassen.

D2 Das Wasser-Molekül H_2O und das Methan-Molekül CH_4 haben in etwa dieselbe Molekülmasse. Wasser siedet bei 100 °C, Methan bei -162 °C. Begründe den Unterschied in den Siedetemperaturen auf Teilchenebene.

	Ich kann ...	prima	ganz gut	mit Hilfe	lies nach auf Seite
A	mit dem Kugelwolkenmodell arbeiten.	6 – 5	4 – 2	1 – 0	140 – 143, 158
B	den räumlichen Bau von Molekülen bestimmen.	12 – 9	8 – 4	3 – 0	160 – 163
C	die Dipoleigenschaften eines Moleküls ermitteln und daraus die Wechselwirkungen zwischen den Molekülen ableiten.	17 – 12	11 – 6	5 – 0	164 – 167
D	anhand der zwischenmolekularen Wechselwirkungen Stoffeigenschaften vorhersagen.	8 – 6	5 – 3	2 – 0	166 – 171

8.1 Organische Verbindungen

Immer häufiger wird vieles mit dem Begriff „organisch“ beworben. Nicht nur im Bioladen, auch im Supermarkt gibt es „organische“ Lebensmittel, „organischen“ Blumendünger und auch Kleidung aus „rein organischen“ Materialien. Was ist in diesen Fällen mit dem Begriff gemeint? Und was versteht man in den Naturwissenschaften unter „organischer Chemie“?

M1 Der Beginn der organischen Chemie

Um das Jahr 1807 prägte der schwedische Chemiker JÖNS JAKOB BERZELIUS erstmals den Begriff „organische Chemie“. Organisch waren nach BERZELIUS alle Stoffe, die von Pflanzen oder Tieren stammen, also beispielsweise Blut, Urin und Holz. Sie kommen aus der belebten Natur und zu ihrer Herstellung war seiner Meinung nach die geheimnisvolle Lebenskraft „vis vitalis“ nötig. Alle anderen Stoffe wie z. B. Steine, Luft und Salz stammen aus der unbelebten Natur und wurden als anorganische Stoffe bezeichnet.

Am 22. Februar 1828 schrieb der damals erst 27-jährige FRIEDRICH WÖHLER an BERZELIUS: *„Ich kann Harnstoff machen, ohne dazu Nieren oder überhaupt ein Thier, sey es Mensch oder Hund, nöthig zu haben. ... Vielleicht erinnern Sie sich noch der Versuche, die ich in der glücklichen Zeit, als ich noch bei Ihnen arbeitete, anstellte, wo ich fand, daß immer, wenn man Cyansäure mit Ammoniak zu verbinden sucht, eine krystallisirte Substanz entsteht, ... Das cyansaure Ammoniak ist Harnstoff.“*

WÖHLER war es gelungen, aus anorganischen Stoffen den organischen Stoff Harnstoff herzustellen. Damit war die Vis-Vitalis-Theorie entkräftet. Noch heute unterscheidet man aufgrund dieser historischen Bezüge die organische von der anorganischen Chemie.

Dabei geht man vereinfacht davon aus, dass organische Moleküle Kohlenstoff-Atome enthalten, anorganische Moleküle nicht. Ausnahmen sind elementarer Kohlenstoff C und dessen Verbrennungsprodukte Kohlenstoffdioxid CO_2 und Kohlenstoffmonooxid CO. Ebensowenig zählt das Kohlensäure-Molekül H_2CO_3 zu den organischen Molekülen.

AUSWERTUNG

a) Formuliere eine Definition der organischen Chemie nach BERZELIUS und WÖHLER.

b) Ordne folgende Stoffe den organischen oder den anorganischen Stoffen zu: Methan, Wasser, Formaldehyd, Natriummonochlorid, Heptan.

Organische Verbindungen

Organische Stoffe basieren auf dem Element Kohlenstoff. Jeder kennt den schwarzen, „verkohlten" Toast, der ungenießbar wird und zerbröselt, wenn man mal nicht aufgepasst hat (**B1**). Auch wenn man andere organische Stoffe wie Mehl oder Zucker erhitzt, erkennt man ein schwarzes Reaktionsprodukt. Dies weist auf das Vorhandensein von gebundenen Kohlenstoff-Atomen in all diesen organischen Stoffen hin. Meistens sind organische Moleküle aus Kohlenstoff- und Wasserstoff-Atomen aufgebaut, es können aber auch andere Atomsorten wie Sauerstoff, Schwefel oder Stickstoff vorkommen. Einige dieser Kohlenwasserstoffe wie Methan und die homologe Reihe der Alkane wurden schon in Kapitel 5 bei den Verbrennungen besprochen (vgl. S. 104ff.).

Organische Verbindungen spielen in lebenden Organismen eine sehr große Rolle. Früher dachte man sogar, dass nur Lebewesen in der Lage wären, organische Verbindungen herzustellen. FRIEDRICH WÖHLER hat dies widerlegt, indem er als erster die organische Verbindung Harnstoff im Labor herstellte (**M1**). Heute werden viele organische Verbindungen großtechnisch hergestellt.

B1 Eine „verkohlte" Scheibe Toast

Verzweigte und unverzweigte Kohlenwasserstoff-Moleküle

Die Anzahl der organischen Verbindungen auf der Erde übertrifft die der anorganischen Verbindungen um ein Vielfaches. Diese Vielfalt liegt an der Fähigkeit des Kohlenstoff-Atoms mit den vier Valenzelektronen auf der höchsten Energiestufe vier stabile Elektronenpaarbindungen einzugehen. Somit können lange Kohlenstoff-Atom-Ketten und auch unterschiedliche Verzweigungen entstehen. Bei einem **unverzweigten** Molekül sind alle Kohlenstoff-Atome in einer geraden Linie verknüpft, bei einem **verzweigten** Molekül können sich die Kohlenstoff-Atome auch in mehreren Seitenketten anordnen (**B2**).

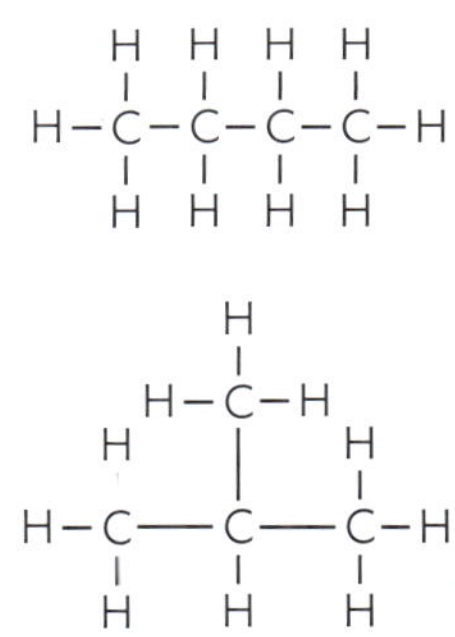

B2 Darstellung der Bindungen in einem unverzweigten (oben) und verzweigten (unten) Butan-Molekül

Einfach- und Doppelbindungen

Zusätzlich kann das Kohlenstoff-Atom nicht nur Einfachbindungen ausbilden (vgl. S. 104), es können auch mehrere bindende Elektronenpaare zwischen zwei Kohlenstoff-Atomen existieren. Das einfachste Beispiel dafür ist Ethen. Ethan hat die Summenformel C_2H_6, Ethen C_2H_4. Vergleicht man die Strukturen der zwei Moleküle (**B3**), kann man die **Doppelbindung** zwischen den zwei Kohlenstoff-Atomen gut erkennen. In einer Doppelbindung werden die Elektronen auf engem Raum zusammengehalten, sie können nicht den größtmöglichen Abstand zueinander einnehmen. Dadurch ist diese Art der Bindung sehr energiereich und damit instabiler. Das macht man sich auch zunutze, wenn man das Vorliegen einer Doppelbindung nachweisen möchte (vgl. **FM** Nachweis der C-C-Mehrfachbindung mit der Bromwasserprobe S. 183). Atomgruppen, wie die C-C-Doppelbindung, nennt man **funktionelle Gruppen**. Sie bestimmen maßgeblich die Eigenschaften und das Reaktionsverhalten der organischen Verbindungen.

> Die funktionelle Gruppe ist eine Atomgruppe in einer Verbindung. Sie ist für bestimmte Eigenschaften bzw. Reaktionsverhalten verantwortlich. Sie kann durch Nachweis-Methoden identifiziert werden.

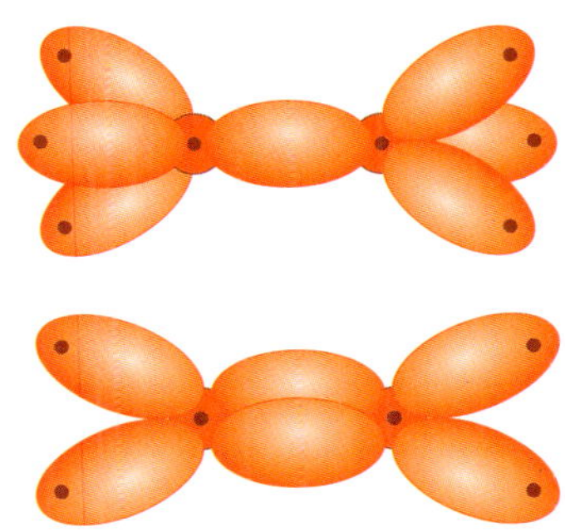

B3 Kugelwolkenmodelle des Ethan- (oben) und des Ethen-Moleküls (unten)

Die homologe Reihe der Alkene

Ethen ist nicht der einzige Stoff mit einer Doppelbindung. Verbindungen, die aus Kohlenstoff- und Wasserstoff-Atomen bestehen und mindestens eine Doppelbindung zwischen zwei Kohlenstoff-Atomen besitzen, sind **Alkene**. Ebenso wie bei den Alkanen gibt es hier eine Vielzahl von Verbindungen, die in der **homologen Reihe der Alkene** zusammengefasst sind (**B4**).

Benennung	Halbstrukturformel
Ethen	$CH_2{=}CH_2$
Propen	$CH_2{=}CH{-}CH_3$
Buten	$CH_2{=}CH{-}CH_2{-}CH_3$
Penten	$CH_2{=}CH{-}CH_2{-}CH_2{-}CH_3$
Hexen	$CH_2{=}CH{-}CH_2{-}CH_2{-}CH_2{-}CH_3$

B4 Homologe Reihe der Alkene

Info
Es gibt auch Moleküle, die eine Dreifachbindung zwischen zwei Kohlenstoff-Atomen aufweisen. Man nennt die Verbindungen Alkine. Doppel- und Dreifachbindungen fasst man unter dem Begriff Mehrfachbindungen zusammen.

C_5H_{12}
Summenformel (Molekülformel)

$CH_3{-}CH_2{-}CH_2{-}CH_2{-}CH_3$
oder
$CH_3{-}(CH_2)_3{-}CH_3$
Halbstrukturformel

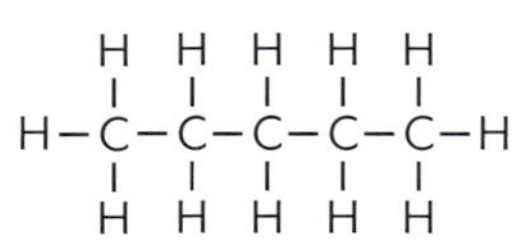

Strukturformel (Valenzstrichformel)

B5 Verschiedene Formeldarstellungen des Pentan-Moleküls

Ihre Namen leiten sich von den Alkanen mit gleicher Anzahl an Kohlenstoff-Atomen ab, die Molekülnamen enden auf -en. Durch die Doppelbindung können sie jeweils zwei Wasserstoff-Atome weniger als die entsprechenden Alkan-Moleküle binden.

Alkene besitzen eine Doppelbindung zwischen zwei Kohlenstoff-Atomen. Sie bilden die homologe Reihe der Alkene mit der allgemeinen Summenformel C_nH_{2n}.

Gesättigte und ungesättigte Verbindungen

Wenn in einem Kohlenwasserstoff-Molekül mindestens eine Mehrfachbindung (vgl. Info) zwischen Kohlenstoff-Atomen enthalten ist, wird die entsprechende chemische Verbindung als **ungesättigte Verbindung** bezeichnet. Da Alkane keine Mehrfachbindungen haben, werden sie im Gegensatz dazu als **gesättigte Verbindungen** bezeichnet.

Darstellung von organischen Molekülen

Um in der Vielfalt der organischen Verbindungen den Überblick zu behalten, haben sich gewisse Darstellungsformen durchgesetzt. So werden in der Molekülformel häufig die funktionellen Gruppen separat geschrieben. Dies wird als **Summenformel** bezeichnet (**B5**, oben). Bei der Valenzstrichformel liegt der Fokus auf der Struktur des Moleküls, der Verknüpfung der Kohlenstoff-Atome und der Position der funktionellen Gruppe. Dies wird als **Strukturformel** bezeichnet (**B5**, unten). Eine verkürzte Schreibweise, in der einzelne Atomgruppen in der Strukturformel zusammengefasst werden, ist die **Halbstrukturformel**. Im Vergleich zur Strukturformel ist sie schneller zu zeichnen und spart Platz. Hierbei werden bestimmte Atomgruppen eines Moleküls zusammengefasst, indem die Wasserstoff-Atome zum Kohlenstoff-Atom geschrieben werden (**B5**, Mitte). Es können auch ganze Kohlenstoff-Atom-Ketten zusammengefasst werden.

AUFGABEN

A1 Zeichne die Strukturformel eines Pentan- und eines Heptan-Moleküls.

A2 Stelle das Octan-Molekül in der Summen-, Halbstruktur- und Strukturformel dar.

A3 Entscheide begründet, ob es sich bei den folgenden Molekülen um Alkane oder Alkene handelt. Sortiere die Moleküle aus, die nicht zu den beiden Stoffklassen passen: C_3H_6, C_5H_8, C_4H_{10}, C_7H_{14}, C_5H_{12}, $C_{12}H_{24}$, $C_{15}H_{28}$.

A4 *Aufgabe zum Exkurs:* Überlege dir Gründe dafür, dass trotz Begasung Bananen unreif verkauft werden.

A5 Stelle die ersten drei Vertreter der Alkene als Struktur- und Summenformel dar.

A6 Recherchiere die Bedeutung des Begriffs „organisch“ in „organische Lebensmittel“, „organischer Biodünger“ und „Kleidung aus rein organischen Materialien“. Vergleiche mit der Bedeutung in „organische Chemie“.

FACHBEGRIFFE

organischer Stoff, Summenformel, Strukturformel, Halbstrukturformel, unverzweigt, verzweigt, Doppelbindung, funktionelle Gruppe, Alkene, homologe Reihe der Alkene, ungesättigte Verbindung, gesättigte Verbindung

FM Nachweis der C-C-Mehrfachbindung mit der Bromwasserprobe

Alkene sind reaktiver als die Alkane vergleichbarer Kohlenstoff-Atom-Kettenlänge. Man kann sie daher mithilfe von typischen Reaktionen unterscheiden. Beispielsweise reagieren Alkene wegen ihrer Mehrfachbindung viel schneller mit Brom. Für den Nachweis der Mehrfachbindung führt man eine Bromierung mit Bromwasser durch.

Bromwasser hat einen charakteristischen orangeroten Farbton. Gibt man zu einem Alken Bromwasser hinzu, entfärbt sich das Bromwasser allmählich.

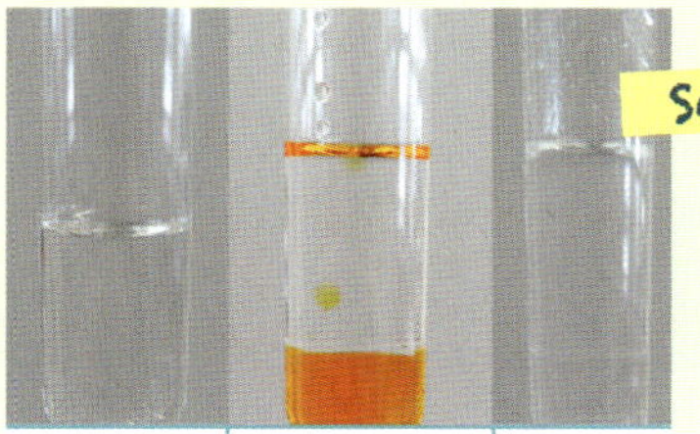

Hexen	Bromwasser und Hexen vor dem Schütteln	nach dem Schütteln

B6 Bromierung von Hexen

So geht's

1. In ein Reagenzglas wird die zu prüfende Substanz gegeben.
   *Das Reagenzglas wird mit etwas farblosem Hexen gefüllt (**B6** links).*
2. Im Abzug wird die Substanz mit ein paar Tropfen Bromwasser versetzt. Das Reagenzglas wird mit einem Stopfen verschlossen.
   *Das orange-braune Bromwasser sinkt nach unten und es bilden sich zwei Phasen aus (**B6** Mitte).*
3. Das Gemisch wird vorsichtig geschüttelt.
   *Durch das Schütteln entsteht ein oranges Gemisch. Dieses entfärbt sich bis zur Farblosigkeit (**B6** rechts). Hexen hat also mindestens eine C-C-Mehrfachbindung.*

EK Ethen als Pflanzenhormon

Vielleicht ist dir auch schon einmal aufgefallen, dass reife Früchte, wenn sie nebeneinander liegen, noch schneller reifen? Bananen reifen, wie auch Tomaten, Pfirsiche und andere Früchte, nämlich nach dem Ernten noch nach. Verantwortlich dafür ist Ethen. Es dient in der Natur als pflanzliches Hormon. Es ist unter anderem für alle Alterungsprozesse in der Pflanze verantwortlich. So lässt es im Herbst das Laub braun werden oder bewirkt, dass die Früchte reifen. Reife Früchte geben es ebenfalls ab und sorgen so dafür, dass die Früchte einer Pflanze möglichst gleichzeitig reifen. Diesen Umstand nutzt man in der Lebensmittelindustrie bei Früchten mit langen Transportwegen aus. Sie werden unreif geerntet und, bevor sie in den Handel kommen, mit einem Reifungsgas behandelt. Doch aufgepasst! Lässt man mehrere Früchte zuhause nebeneinander liegen werden die Früchte schnell überreif. Das gleiche passiert bei der Aufbewahrung in einer Tüte, aus der das Ethen nicht entweichen kann. Dieses Wissen kann man geschickt bei der Lagerung von Obst und Gemüse ausnutzen. Probiere es doch einfach mal aus! Kaufe drei unreife Bananen. Bewahre eine offen auf, eine in einer luftdichten Tüte und die dritte in einer luftdichten Tüte mit einer reifen Tomate. Vergleiche, wie schnell die Bananen reifen.

B7 Bananen mit unterschiedlichem Reifungsgrad

Ethen kann aber auch als Warnsignal funktionieren: Akazien produzieren beispielsweise ein Gift, wenn sie angefressen werden und verströmen gleichzeitig Ethen. Dann produzieren auch Akazien in der Nähe, die noch nicht angefressen wurden, bereits vorsorglich Gift. So kann man Giraffen dabei beobachten, wie sie immer nur kurz an einer Gruppe von Akazienbäumen fressen und dann wieder weiterziehen.

8.2 Sauerstoffhaltige Verbindungen

Pflanzliche und tierische Fette, Geschmacksstoffe in Früchten, ätherische Öle. Die Vielfalt der organischen Verbindungen ist riesig. Viele dieser organischen Verbindungen sind nicht nur aus Kohlenstoff- und Wasserstoff-Atomen aufgebaut. Andere Atomsorten erhöhen die Vielfalt der organischen Verbindungen weiter. Die wichtigste Rolle spielt dabei Sauerstoff. Doch wie sind diese Verbindungen genau aufgebaut?

M1 Molekülmodelle

Mit dem Molekülbaukasten können sauerstoffhaltige Moleküle im Modell gebaut werden.

DURCHFÜHRUNG

1.1 Baue mithilfe des Molekülbaukastens alle möglichen Moleküle aus drei Kohlenstoff-Atomen und einem Sauerstoff-Atom. Die Anzahl der Wasserstoff-Atome kann variieren. Doppelbindungen zwischen zwei Kohlenstoff-Atomen sind nicht erlaubt.

1.2 Für den Bau eines Modells stehen drei Kohlenstoff-Atome, zwei Sauerstoff-Atome und sechs Wasserstoff-Atome zur Verfügung. Die Sauerstoff-Atome sollen über das gleiche Kohlenstoff-Atom verknüpft sein.

AUSWERTUNG

a) Zeichne die Modelle aus **M1.1** und **M1.2** als Strukturformel und notiere dazu die entsprechende Summenformel.

b) Vergleiche zwei deiner Modelle. Notiere Gemeinsamkeiten und Unterschiede. Überprüfe an einem dritten Modell, ob die Gemeinsamkeiten der ersten beiden Modelle auch auf das dritte Modell zutreffen. Nenne die Unterschiede. Verfahre so für all deine Modelle.

B1 Modellbaukasten

LV2 Sauerstoffhaltige Verbindungen im Haushalt

G3

Mit Hilfe von Iod kann man viele organische Verbindungen, die Sauerstoff enthalten, identifizieren.

DURCHFÜHRUNG

1 mL der folgenden Flüssigkeiten wird in je ein Reagenzglas gegeben:
Wasser, Waschbenzin (Alkangemisch), Nagellackentferner, Spiritus (oder ein sonstiges alkoholhaltiges Getränk), helles Speiseöl und Essigessenz. In jedes Reagenzglas wird ein Iodkristall gegeben. Die Reagenzgläser werden gut geschüttelt und die einsetzende Färbung beobachtet.

AUSWERTUNG

a) Sortiere die Lösungen nach ihrer unterschiedlichen Färbung.

b) Bestimme die Färbung, die die Anwesenheit von Sauerstoff in einer Verbindung anzeigt. Nutze dein Vorwissen über den Aufbau dir bekannter Verbindungen.

Hinweis: Da das Wasser-Molekül auch ein Sauerstoff-Atom enthält, kommt es bei wasserhaltigen Stoffgemischen zu einem positiven Nachweis. Da aber Iod schlecht in Wasser löslich ist, ist die Färbung kaum merkbar.

Kohlenwasserstoffe und Sauerstoff

Schon im alten Ägypten machte man aus Wein Essig, indem man ihn offen stehen ließ. Heutzutage weiß man, dass Bakterien dabei den im Wein enthaltenen Trinkalkohol Ethanol zur Essigsäure, der Ethansäure, umsetzen. Der Wortstamm Ethan- deutet darauf hin, dass die Moleküle von Ethanol und Ethansäure aus zwei Kohlenstoff-Atomen aufgebaut sind (**M1**). Wie unterscheidet sich der weitere Aufbau der Moleküle?

In organischen Verbindungen kommen nicht nur Kohlenstoff-Atome und Wasserstoff-Atome, sondern auch Atome anderer Elemente vor. Eine wichtige Rolle spielt das Sauerstoff-Atom (**LV2**). Es kann zwei Elektronenpaarbindungen eingehen. Hierdurch ergibt sich eine größere Vielfalt im Aufbau der organischen Verbindungen. Je nachdem, wie das Sauerstoff-Atom verknüpft ist, lassen sich die Verbindungen in verschiedene Stoffklassen einteilen, von denen im Folgenden die homologen Reihen der Alkanole, Alkanale und Alkansäuren vorgestellt werden. Die spezifischen Nachweise zu den Stoffklassen sind in der Fachmethode auf S. 187 aufgeführt.

Alkanole

Im Sprachgebrauch meint man mit dem Begriff „Alkohol" immer den Trinkalkohol Ethanol. Andere Stoffe, wie das giftige Methanol werden in der Chemie ebenfalls als Alkohole bezeichnet. Es werden die Stoffe als Alkohole bezeichnet, die als funktionelle Gruppe die **Hydroxy-Gruppe –OH** haben (**B3**). Im Namen ist die Endung für die Hydroxy-Gruppe **-ol**. Die Alkanole leiten sich im Wortstamm von den Alkanen ab und bilden die **homologe Reihe der Alkanole** (**B2**). Die allgemeine Summenformel lautet $C_nH_{2n+1}OH$.

Benennung	Halbstrukturformel
Methanol	CH_3-OH
Ethanol	CH_3-CH_2-OH
Propanol	CH_3-CH_2-CH_2-OH
Butanol	CH_3-CH_2-CH_2-CH_2-OH

B2 Homologe Reihe der Alkanole

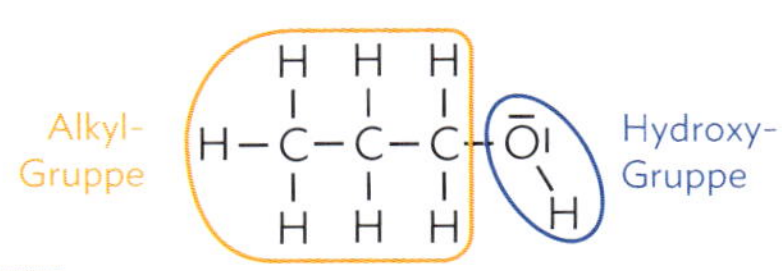

B3 Strukturformel des Propanol-Moleküls

Alkanole besitzen als funktionelle Gruppe die Hydroxy-Gruppe –OH. Der Name endet auf -ol. Die homologe Reihe der Alkanole hat die allgemeine Summenformel $C_nH_{2n+1}OH$.

Alkyl-Gruppen

Den Teil des Moleküls, der nur aus miteinander verbundenen Kohlenstoff- und Wasserstoff-Atomen besteht, nennt man **Alkyl-Gruppe** (**B3**, **B4**, **B6**). In den Summenformeln der sauerstoffhaltigen organischen Verbindungen wird sie durch den Teil C_nH_{2n+1}- repräsentiert.

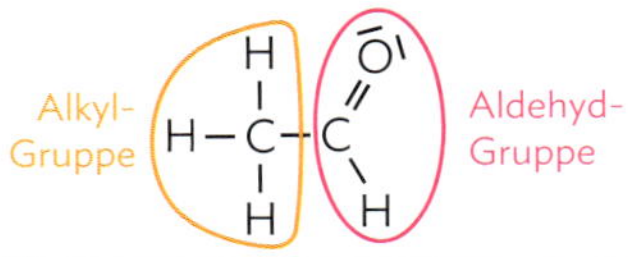

B4 Strukturformel des Ethanal-Moleküls

Alkanale

Bei den **Alkanalen** ist das Sauerstoff-Atom über eine Doppelbindung an das Kohlenstoff-Atom gebunden (**B4**). An dem Kohlenstoff-Atom, das mit dem Sauerstoff-Atom verbunden ist, ist außer der Alkyl-Gruppe nur noch ein Wasserstoff-Atom gebunden. Damit dies deutlich wird, schreibt man in der Summenformel **-CHO**. Diese funktionelle Gruppe wird als **Aldehyd-Gruppe** bezeichnet (**B4**). Der Name Aldehyd kommt aus dem lateinischen und bedeutet **al**coholus **dehyd**rogenatus – dehydrierter Alkohol oder Alkohol, dem Wasserstoff entzogen wurde.

Die Endung der Alkanale ist **-al** und ihre allgemeine Summenformel lautet $\mathbf{C_nH_{2n+1}CHO}$. Die Alkanale leiten sich im Wortstamm von den Alkanen ab. Sie bilden ebenfalls eine homologe Reihe, die **homologe Reihe der Alkanale** (**B5**). Methanal und Ethanal sind zwei wichtige Vertreter dieser homologen Reihe. Methanal ist auch als Formaldehyd bekannt und wird beispielsweise zum Konservieren von biologischen Präparaten verwendet oder zur Herstellung von Kunststoffen. Ethanal (auch Acetaldehyd) ist ein wichtiger Ausgangsstoff in der chemischen Industrie, entsteht aber auch beim Rauchen und ist, ebenso wie Formaldehyd, giftig.

Benennung	Summenformel
Methanal	HCHO
Ethanal	CH_3CHO
Propanal	C_2H_5CHO
Butanal	C_3H_7CHO

B5 Homologe Reihe der Alkanale

Alkanale besitzen als funktionelle Gruppe die Aldehydgruppe –CHO und enden auf -al. Die homologe Reihe der Alkanale hat die allgemeine Summenformel $C_nH_{2n+1}CHO$.

Info

Beachte bei der allgemeinen Summenformel der Alkansäuren, dass ein Kohlenstoff-Atom schon in der funktionellen Gruppe COOH enthalten ist. Deshalb muss im allgemeinen Teil ein C abgezogen werden. Butansäure ist der 4. Vertreter der Reihe, die Formel ist aber C_3H_7COOH. Bei den Alkanalen gilt dies ebenfalls.

Alkansäuren

Chemisch betrachtet handelt es sich bei Speiseessig um eine Lösung von Ethansäure in Wasser. Da Ethansäure im Essig vorkommt, wird sie auch Essigsäure genannt. Die Ethansäure ist ein Vertreter der **homologen Reihe der Alkansäuren**. Die funktionelle Gruppe der Alkansäuren ist die **Carboxy-Gruppe -COOH** (**B6**). Die allgemeine Summenformel ist $\mathbf{C_nH_{2n+1}COOH}$ (**B7**). Verbindungen mit einer Carboxy-Gruppe gehören allgemein zu den **Carbonsäuren**.

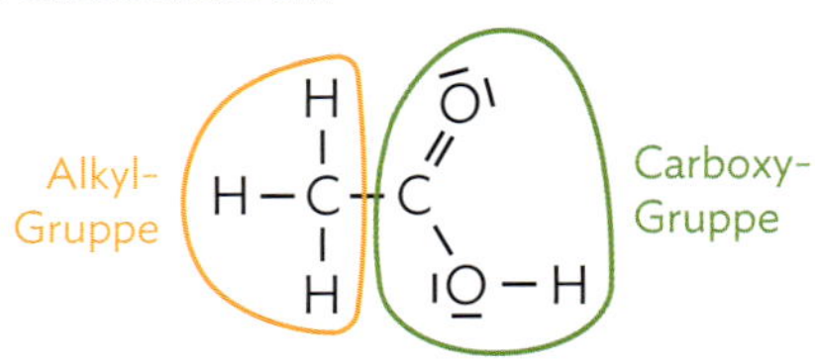

B6 Strukturformel des Ethansäure-Moleküls

Benennung	Summenformel
Methansäure	HCOOH
Ethansäure	CH_3COOH
Propansäure	C_2H_5COOH
Butansäure	C_3H_7COOH

B7 Homologe Reihe der Alkansäuren

Alkansäuren besitzen als funktionelle Gruppe die Carboxy-Gruppe –COOH. Die homologe Reihe der Alkansäuren hat die allgemeine Summenformel $C_nH_{2n+1}COOH$.

FM

Sauerstoffhaltige Kohlenwasserstoffe nachweisen

G3

„Bitte pusten!“ Forscherinnen und Forscher arbeiten aktuell daran, wie man bestimmte organische Moleküle im Atem nachweisen kann. So könnte man beispielsweise Lungenkrebs über Formaldehyd im Atem nachweisen. Nachweisreaktionen sind in vielen weiteren Situationen (vgl. Übersicht Chemische Berufe S. 236) nützlich!

Wie kann man im Labor herausfinden, welche verschiedenen Stoffklassen der sauerstoffhaltigen Kohlenwasserstoffe vorliegen?

So geht's

Nachweis von Alkanolen

Für den Nachweis der Hydroxy-Gruppe wird der **Cerammoniumnitrattest** durchgeführt.

Fülle in ein Reagenzglas 1 – 2 cm der zu untersuchenden Flüssigkeit und gib ein paar Tropfen gelber Cerammoniumnitratlösung dazu. Bei der Anwesenheit einer Hydroxy-Gruppe findet in der zu untersuchenden Flüssigkeit eine Farbveränderung nach rot statt (**B8**).

B8 Vergleichslösung (links) und Probelösung mit Alkanol (rechts) mit Cerammoniumnitratlösung

Nachweis von Alkanalen

Ein spezifischer Nachweis für die Aldehyd-Gruppe ist die **Fehling-Probe**.

So geht's

Für die Fehling-Probe benötigt man zwei Reagenzien. Es werden die Fehling I–Lösung und die Fehling II–Lösung zu gleichen Teilen miteinander vermischt. Es bildet sich eine tiefblaue Lösung. Die zu untersuchende Lösung wird nun mit wenigen Millilitern dieser tiefblauen Lösung versetzt und vorsichtig erwärmt. Eine Rotfärbung zeigt die Anwesenheit von Alkanalen an (**B9**).

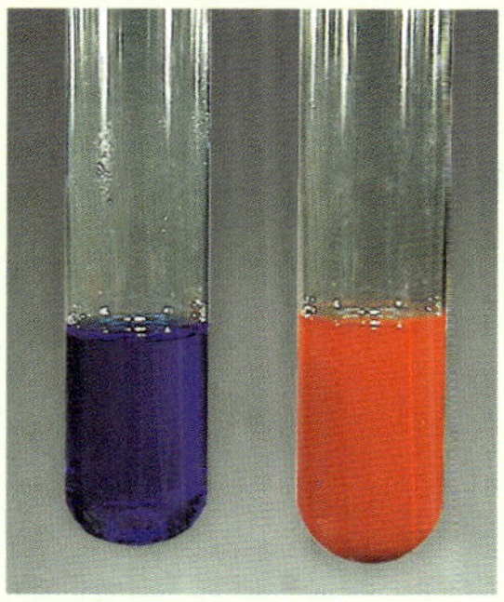

B9 Tiefblaues Fehling-Reagenz (links) und ziegelrot gefärbte Probelösung mit Alkanal (rechts)

Nachweis von Alkansäuren

Die Carboxy-Gruppe wird mit einem Indikator nachgewiesen. Indikatoren sind Farbstoffe, die im sauren, neutralen oder basischen Milieu ihre Farbe verändern. Carbonsäuren sorgen für ein saures Milieu, ein Indikator zeigt bei Anwesenheit von Carbonsäuren seine saure Färbung. Bei Universalindikator und Indikatorpapier wäre dies beispielsweise rot.

AUFGABEN

A1 Erstelle eine Tabelle für alle bisher besprochenen homologen Reihen mit folgendem Inhalt: Name der homologen Reihe, Name der funktionellen Gruppe, Struktur der funktionellen Gruppe und allgemeine Summenformel. Gib außerdem jeweils einen Vertreter in Strukturformelschreibweise an.

A2 Zeichne die Moleküle Propanal und Propansäure als Strukturformeln.

FACHBEGRIFFE

Hydroxy-Gruppe, homologe Reihe der Alkanole, Alkyl-Gruppe, Aldehyd-Gruppe, homologe Reihe der Alkanale, homologe Reihe der Alkansäuren, Carboxy-Gruppe, Carbonsäure

8.3 Schmelz- und Siedetemperaturen organischer Verbindungen

Eine Familie möchte sich ein neues Auto kaufen. Zur Auswahl stehen ein Benziner, ein Diesel und ein Auto mit Gasantrieb. Alle drei Kraftstoffe können aus Erdöl gewonnen werden. Wie funktioniert das und wie unterscheiden sich die Kraftstoffe?

M1 Erdöl – ein kostbarer Rohstoff

Erdöl ist ein wichtiger Rohstoff und aus dem Alltag nicht mehr wegzudenken. Dabei begegnet einem Erdöl allerdings häufig in stark verarbeiteter Form. Damit Erdöl nutzbar wird, muss es erst aufbereitet werden. Für die fraktionierte Destillation wird das Rohöl auf etwa 400 °C erhitzt, bis es gasförmig wird, und von unten in die Kolonne eingeleitet. Dadurch wird das Stoffgemisch Erdöl in verschiedene Stoffgemische, sogenannte Fraktionen, aufgetrennt. Diese werden dann noch weiter aufgereinigt und verarbeitet. So wird aus der Schwerbenzinfraktion Benzin gewonnen und aus der Gasfraktion Flüssiggas für Feuerzeuge.

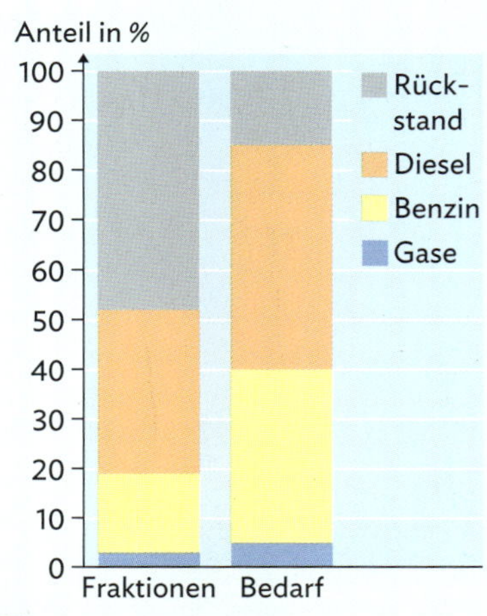

B1 Gemittelte Anteile anfallender Rohölfraktionen und deren chemischer Bedarf

AUSWERTUNG

a) Betrachte den Film unter dem QR-/Mediencode. 05511-46

b) Skizziere mit den Informationen aus Text und Film ein Schema zur fraktionierten Destillation.

c) Vergleiche die fraktionierte Destillation mit der gewöhnlichen Destillation (vgl. S. 41). Nenne Gemeinsamkeiten und Unterschiede.

d) Beschreibe anhand von **B1** eine Problematik des Verbrennungsmotors. Nenne mindestens zwei Möglichkeiten, mit dem dargestellten Problem umzugehen.

V2 Bestimmung der Siedetemperatur

G3

Wasser siedet bei 100 °C, Öl kann deutlich heißer werden.

DURCHFÜHRUNG

Baue den Versuch nach nebenstehender Versuchsapparatur (**B2**) im Abzug auf. In das Becherglas wird Sonnenblumenöl gefüllt und auf einem Heizrührer unter Verwendung eines Magnetrührers erhitzt. In das Öl wird ein Reagenzglas mit der zu untersuchenden Flüssigkeit (Octan bzw. Ethanol) und einem Thermometer gehalten. Erhitze nacheinander die Flüssigkeiten in dem Ölbad auf 150 °C.
Stoppe das Erhitzen, wenn die zu prüfende Flüssigkeit begonnen hat zu sieden.

2.1 Bestimme die Siedetemperatur von Octan.

2.2 Bestimme die Siedetemperatur von Ethanol.

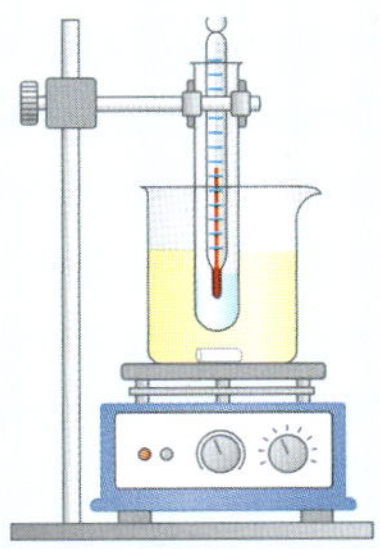

B2 Bestimmung der Siedetemperatur

AUSWERTUNG

a) Lies die Temperatur alle 30 Sekunden ab, bis die Flüssigkeiten jeweils zu sieden begonnen haben und notiere die Werte in einer Tabelle. Erstelle aus den Werten je ein Diagramm.

b) Überprüfe, ob die gemessenen Siedetemperaturen von Octan und Ethanol mit der Literatur übereinstimmen und begründe eventuelle Abweichungen.

c) Pentan siedet bei 36 °C, Nonan bei 151 °C. Ordne Octan in diese Reihe ein und erkläre die Reihenfolge der Siedetemperaturen auf Teilchenebene.

d) *iso*-Octan ist ein verzweigtes Alkan mit der Summenformel C_8H_{18}, das bereits bei 99 °C siedet. Vergleiche die Siedetemperaturen beider Octan-Erscheinungsformen und stelle eine Hypothese zu den unterschiedlichen Siedetemperaturen auf.

e) Ethan siedet bei -89 °C. Vergleiche die Siedetemperatur von Ethan mit der Siedetemperatur von Ethanol und erkläre die Unterschiede auf Teilchenebene.

Schmelz- und Siedetemperaturen der Alkane

Propan ist das Gas, das den Gaskocher brennen lässt, Octan ist ein Bestandteil der Flüssigkeit Benzin, und Kerzenwachs besteht zu einem großen Teil aus Kohlenwasserstoffen mit mehr als 20 Kohlenstoff-Atomen (**B3**). Trotz der unterschiedlichen Aggregatzustände sind sie alle Vertreter der homologen Reihe der Alkane. Was bewirkt also den Unterschied in diesen ähnlichen Verbindungen?

Betrachtet man die Schmelz- und Siedetemperaturen der verschiedenen Alkane in **B4**, erkennt man, dass mit zunehmender Länge der Alkyl-Gruppe die Schmelz- und Siedetemperaturen steigen. Bis Butan sind die Alkane bei Raumtemperatur gasförmig, von Pentan bis Hexadecan flüssig und ab Heptadecan fest.

B3 Verschiedene Vertreter der Alkane: Feuerzeuggas aus Propan und Butan und Kerzen aus Paraffin

Alkan	Summenformel	SmT. in °C	SdT. in °C
Methan	CH_4	-182,5	-161,5
Butan	C_4H_{10}	-138,4	-0,5
Pentan	C_5H_{12}	-130	36
Hexadecan	$C_{16}H_{34}$	18	287
Heptadecan	$C_{17}H_{36}$	22	302
Eicosan	$C_{20}H_{42}$	37	343

B4 Schmelz- und Siedetemperaturen verschiedener Alkane

Mit zunehmender Länge der Alkyl-Gruppe nehmen auch die Wechselwirkungen zwischen den Molekülen zu. Wegen der geringen Unterschiede in der Elektronegativität zwischen den Kohlenstoff-Atomen und den Wasserstoff-Atomen sind Alkan-Moleküle unpolar. Zwischen den Molekülen wir-

Heptan
Siedetemperatur: 98 °C

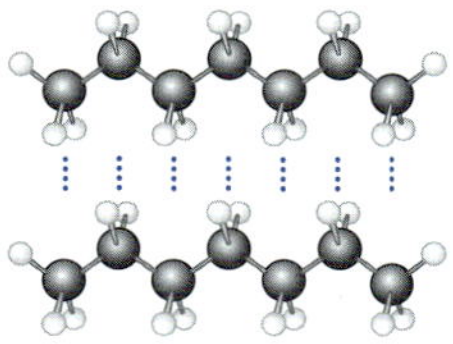

Dodecan
Siedetemperatur: 216 °C

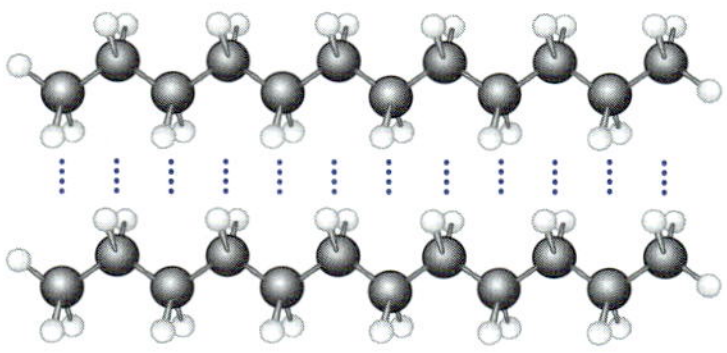

B5 Auswirkungen der Moleküloberfläche auf die Höhe der Anziehungskräfte

ken daher nur die schwachen London-Dispersionskräfte. Die Stärke dieser Wechselwirkungen hängt von den Möglichkeiten der Bildung von temporären und induzierten Dipolen ab. Je länger ein Alkan-Molekül ist, desto größer ist seine Oberfläche und desto mehr temporäre und induzierte Dipole können entstehen. Somit ziehen sich Moleküle mit einer größeren Oberfläche stärker an als Moleküle mit einer kleineren Oberfläche (**B5**).

Bei verzweigten Alkanen ist die Oberfläche im Gegensatz zu unverzweigten Molekülen mit gleich vielen Kohlenstoff-Atomen kleiner. Zudem können sich verzweigte Alkan-Moleküle nicht so gut aneinanderlagern. Daher wirken bei verzweigten Alkan-Molekülen schwächere London-Dispersionskräfte als bei den entsprechenden unverzweigten Alkan-Molekülen (**V2**).

> Die London-Dispersionskräfte zwischen den Molekülen nehmen mit steigender Molekül-Oberfläche zu. Unverzweigte Moleküle haben eine größere Oberfläche als verzweigte Moleküle.

Dies gilt auch für die Moleküle anderer organischer Verbindungsklassen: Je länger die Alkyl-Gruppe, desto stärker die London-Dispersionkräfte. Ist die Alkyl-Gruppe verzweigt, sind die London-Dispersionskräfte schwächer als bei den entsprechenden Molekülen mit unverzweigten Alkyl-Gruppen.

Einfluss gebundener Sauerstoff-Atome auf Schmelz- und Siedetemperatur

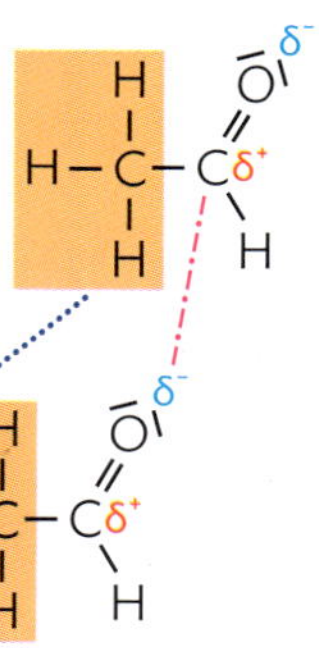

B6 Dipol-Dipol-Wechselwirkungen und London-Dispersionskräfte zwischen zwei Ethanal-Molekülen

Auch bei anderen organischen Verbindungen kommt es zu unterschiedlich starken Wechselwirkungen zwischen den Molekülen. Dabei betrachtet man vor allem das Sauerstoff-Atom, da es aufgrund seiner hohen Elektronegativität die Moleküle polarisiert.
Bei den Alkanalen (**B6**) gibt es am gebundenen Sauerstoff-Atom aufgrund der hohen Elektronegativitätsdifferenz zum Kohlenstoff-Atom dauerhafte Partialladungen. Neben den London-Dispersionskräften der Alkyl-Gruppen wirken hier also zusätzlich die stärkeren Dipol-Dipol-Wechselwirkungen.
Bei den Alkanolen ist der Unterschied zu dem Alkan mit der gleichen Anzahl an Kohlenstoff-Atomen sehr ausgeprägt: Vergleicht man die Siedetemperatur von Methan (-161,5 °C, **B4**) mit der von Methanol (65 °C, **B7**), so stellt man einen deutlichen Unterschied von 226 °C fest. Auch die Schmelztemperaturen unterscheiden sich deutlich.

Alkanol	Summenformel	SmT. in °C	SdT. in °C
Methanol	CH_3OH	-98	65
Ethanol	C_2H_5OH	-114,5	78
Butanol	C_4H_9OH	-98	118
Hexanol	$C_6H_{13}OH$	-45	147

B7 Schmelz- und Siedetemperaturen verschiedener Alkanole

Dies liegt am permanenten Dipol der Hydroxy-Gruppe. Die Sauerstoff- und Wasserstoff-Atome der Hydroxy-Gruppe bilden Wasserstoffbrücken zu benachbarten Molekülen aus (**B8**).

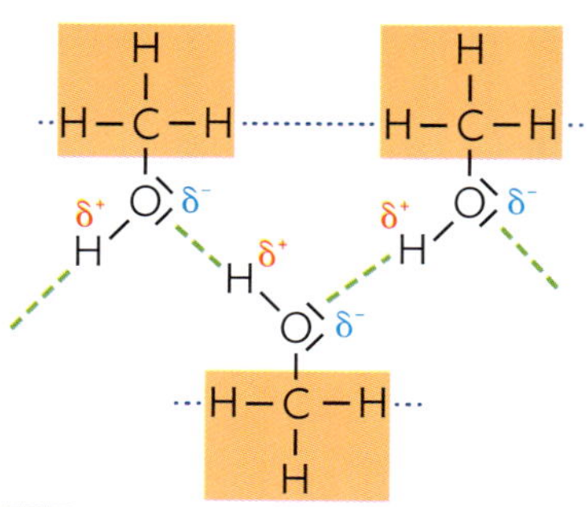

B8 Wasserstoffbrücken und London-Dispersionskräfte zwischen Methanol-Molekülen

Bei gleicher Länge der Alkyl-Gruppe von Alkan- und Alkanol-Molekülen wirken gleich starke London-Dispersionskräfte. Da das Methanol-Molekül zusätzlich Wasserstoffbrücken ausbilden kann und diese deutlich stärker sind als die London-Dispersionskräfte, unterscheiden sich die Schmelz- und Siedetemperaturen zwischen dem Alkan und dem entsprechenden Alkanol entsprechend stark.

Alkansäure-Moleküle können an der funktionellen Gruppe sogar zwei Wasserstoffbrücken ausbilden, da an dem Kohlenstoff-Atom mit der Hydroxy-Gruppe ein weiteres Sauerstoff-Atom gebunden ist. Dieses bringt weitere Partialladungen in das Molekül, sodass sich mehrere Wasserstoffbrücken ausbilden können (**B9**). Dadurch sind die Schmelz- und Siedetemperaturen der Alkansäure im Vergleich zu denen der Alkane bzw. Alkanole mit gleicher Alkyl-Gruppen-Länge im Molekül nochmals deutlich erhöht.

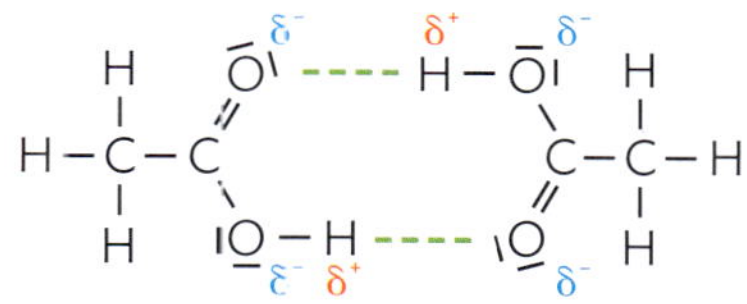

B9 Wasserstoffbrücken zwischen zwei Alkansäure-Molekülen

Bei den sauerstoffhaltigen funktionellen Gruppen kommt es neben den London-Dispersionskräften zu Dipol-Dipol-Wechselwirkungen und Wasserstoffbrücken, die die Schmelz- und Siedetemperaturen erhöhen.

Der Einfluss der Alkyl-Gruppe

Vergleicht man die Schmelz- bzw. die Siedetemperaturen der Vertreter der homologen Reihe der Alkane mit denen der entsprechenden sauerstoffhaltigen Kohlenwasserstoffen (d. h. diejenigen mit derselben Anzahl an Kohlenstoff-Atomen), fällt auf, dass die Differenz zwischen den Schmelz- bzw. den Siedetemperaturen immer geringer wird. Bei den Alkanolen beispielsweise beträgt der Abstand in der Siedetemperatur zwischen Methan und Methanol 226 °C. Bei Heptadecan und Heptadecanol beträgt er nur noch 6 °C. Dies liegt daran, dass die Länge der Alkyl-Gruppe innerhalb der homologen Reihen zunimmt und damit der Einfluss der Hydroxy-Gruppe auf die Stoffeigenschaften abnimmt (**B10**).

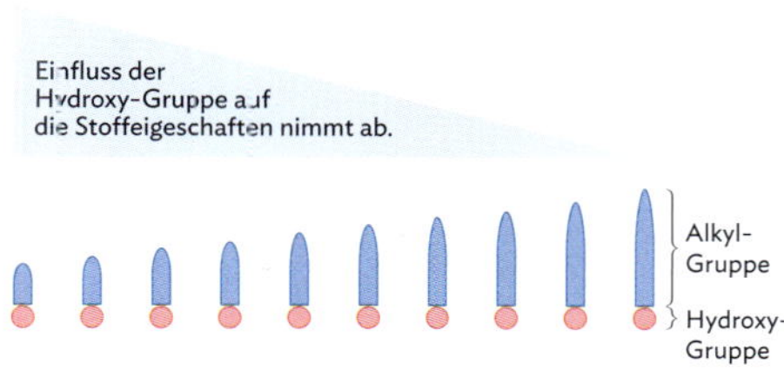

B10 Der Einfluss der Hydroxy-Gruppe auf die Eigenschaften der sauerstoffhaltigen Kohlenwasserstoffverbindungen nimmt mit zunehmender Länge der Alkyl-Gruppe ab.

Dieser Zusammenhang gilt für alle sauerstoffhaltigen Kohlenwasserstoffe. Mit zunehmender Länge der Alkyl-Gruppe steigen die London-Dispersionskräfte an, während der Einfluss der polaren funktionellen Gruppe abnimmt.

Je größer der Einfluss der funktionellen Gruppen im Vergleich zur Alkyl-Gruppe in sauerstoffhaltigen Kohlenwasserstoffen ist, desto mehr beeinflusst die funktionelle Gruppe die Stoffeigenschaften.

AUFGABEN

A1 a) Recherchiere die Siedetemperaturen der Alkane und der Alkansäuren. Erstelle eine Tabelle mit den Siedetemperaturen bis jeweils zum 10. Vertreter der beiden homologen Reihen.
b) Trage die Siedetemperaturen in ein gemeinsames Liniendiagramm ein. Vergleiche die Siedetemperaturkurven und erkläre die Unterschiede auf Teilchenebene.
c) Stelle eine begründete Hypothese darüber auf, ob sich die zwei Siedetemperaturkurven nur immer weiter annähern oder sich schneiden würden.

A2 Pommes kommen knusprig und appetitlich gebräunt aus der Friteuse. Dafür verantwortlich ist die sogenannte Maillard-Reaktion: die organischen Moleküle der Nahrung werden in verschiedene Produkte umgewandelt, die vom Menschen als „Röstaroma" wahrgenommen werden. Diese Reaktion findet bei etwa 140 °C statt. Begründe auf Teilchenebene, weshalb knusprige Pommes in Frittierfett, einem Stoffgemisch aus langkettigen organischen Verbindungen, und nicht in Wasser zubereitet werden.

FACHBEGRIFFE

Siede- und Schmelztemperaturen organischer Verbindungen

8.4 Löslichkeiten organischer Verbindungen

Liest man den Beipackzettel von Arzneimitteln wie beispielsweise Hustensaft durch, so wird dort neben den Wirkstoffen wie Thymian oder Spitzwegerich auch Alkohol aufgeführt. Es ist nachweislich bekannt, dass Alkohol eine schädigende Wirkung auf den Körper hat. Wieso wird Alkohol trotzdem regelmäßig in Medikamenten eingesetzt?

V1 Kräuter- und Frucht-Auszüge

G3

Hustensäfte enthalten oft Auszüge aus Kräutern oder Früchten und ätherische Öle. Doch wie gelangen diese in das Medikament?

DURCHFÜHRUNG

Führe folgende Experimentierreihe durch:

Setze jeweils drei Reagenzgläser mit je 10 mL Spiritus an (RG1, RG2, RG3). Füge zu RG1 5 mL Sonnenblumenöl, zu RG2 ein Stück einer Orangenschale und zu RG3 zwei Blätter Basilikum hinzu.

Setze dann jeweils jeweils drei Reagenzgläser mit je 10 mL Wasser an (RG4, RG5, RG6). Füge zu RG4 5 mL Sonnenblumenöl, zu RG5 ein Stück einer Orangenschale und zu RG6 zwei Blätter Basilikum hinzu.

Verschließe die Reagenzgläser jeweils mit einem Stopfen und schüttle sie.

AUSWERTUNG

a) Beschreibe die Beobachtungen in den Reagenzgläsern. (Hinweis: Es kann einige Zeit dauern, bis eine Veränderung in den Reagenzgläsern RG2, RG3, RG5, RG6 sichtbar wird.)

b) Erstelle ein vollständiges Protokoll zu deiner Versuchsreihe.

c) Beantworte mithilfe deiner Versuchsergebnisse die Eingangsfrage auf Stoffebene.

Info

Chemisch betrachtet gibt es verschiedene Alkohole. In der Alltagssprache verwendet man den Begriff „Alkohol", um alkoholische Getränke zu beschreiben. Chemisch gesehen sind sie jedoch ein Stoffgemisch. Sie enthalten immer das Alkanol Ethanol. Auch in Medikamenten wird Ethanol verwendet. Spiritus enthält ebenfalls Ethanol. Dieser wird jedoch vergällt und ist somit nicht trinkbar.

V2 Löslichkeiten von Haushaltsmitteln

G3

Im Jugendtreff sind die Tische mit Filzstiften verschmiert und sollen renoviert werden. Mit welchem Haushaltsmittel lässt sich die Schrift von einem Permanent-Marker am besten entfernen?

DURCHFÜHRUNG

2.1 Drei Reagenzgläser werden jeweils 5 cm hoch mit Wasser, Waschbenzin und Spiritus (vgl. Info, S. 192) befüllt. Auf drei Folienstreifen wird mit einem Permanentmarker das Wort „Permanent" geschrieben. Die Folien werden in jeweils eine Flüssigkeit getaucht.

2.2 Die Versuchsreihe wird mit einem nicht-permanenten Schreiber wiederholt.

AUSWERTUNG

a) Notiere deine Ergebnisse aus **V2.1** und **V2.2** in einer Tabelle. Halte darin fest, ob das Lösemittel gut, mäßig, oder gar nicht geeignet ist, um den permanenten oder nicht-permanenten Schreiber zu lösen.

b) Gib zu den Stoffen jeweils die Summenformel und die Strukturformel an. Gehe bei Waschbenzin von Octan aus.

c) Erläutere einen möglichen Zusammenhang zwischen der Löslichkeit des Permanentmarkers und der Struktur der Lösemittel.

Lösemittel

Der Fettfleck auf der Hose, die Schmiererei auf dem Küchentisch, der danebengegangene Farbklecks; es gibt viele Situationen, in denen Wasser alleine nicht weiterhilft. Wenn auch der Griff zur Seife nicht mehr ausreicht, gibt es zahlreiche Spezialmittel, die zum Einsatz kommen können. Häufig werden diese Eigenschaften von Stoffen auch absichtlich genutzt. Nagellack bleibt auch beim Händewaschen auf den Nägeln, und Ethanol wird für Auszüge aus Kräutern und Früchten benutzt (**V1**). Worauf beruhen die unterschiedlichen Löslichkeiten von Stoffen?

Stoffe, die andere Stoffe gut lösen können, werden allgemein **Lösemittel** genannt. Ein homogenes Gemisch aus einer Flüssigkeit und mindestens einem weiteren Stoff wird als **Lösung** bezeichnet.

Viele Stoffe sind in Wasser löslich. Auf der Teilchenebene betrachtet ist das Wasser-Molekül polar mit unterschiedlichen Ladungsschwerpunkten. Die Partialladungen interagieren gut mit anderen Partialladungen. Deshalb wechselwirken beispielsweise polare Ethanal-Moleküle oder die Ionen im Natriummonochlorid-Kristall mit den Wasser-Molekülen (**B1**). Durch die Wechselwirkungen bleiben die unterschiedlichen Teilchen nahe beieinander und bilden auf der Stoffebene eine homogene Lösung.

Der Stoff Hexan mischt sich nicht mit Wasser. Das Hexan-Molekül ist unpolar, es wird daher von den Partialladungen des Wasser-Moleküls kaum angezogen. Über die London-Dispersionskräfte kann Hexan aber mit unpolaren Molekülen wechselwirken (**B2**). Dies gilt für alle unpolaren Moleküle und so lassen sich Stoffe aus unpolaren Molekülen gut ineinander lösen.

Beim Löseverhalten gilt der Grundsatz: Ähnliches löst sich in Ähnlichem. Zwei Stoffe aus unpolaren Molekülen lösen sich ineinander und zwei Stoffe aus polaren Molekülen ebenfalls. Ein Stoff aus polaren Molekülen löst sich nur schlecht in einem aus unpolaren Molekülen und umgekehrt.

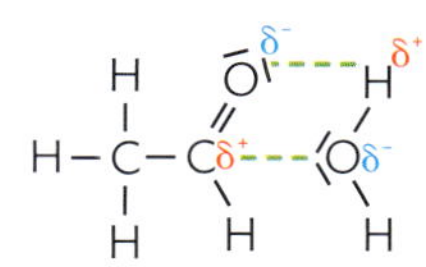

B1 Polarität und Wechselwirkung von einem Ethanal-Molekül und einem Wasser-Molekül

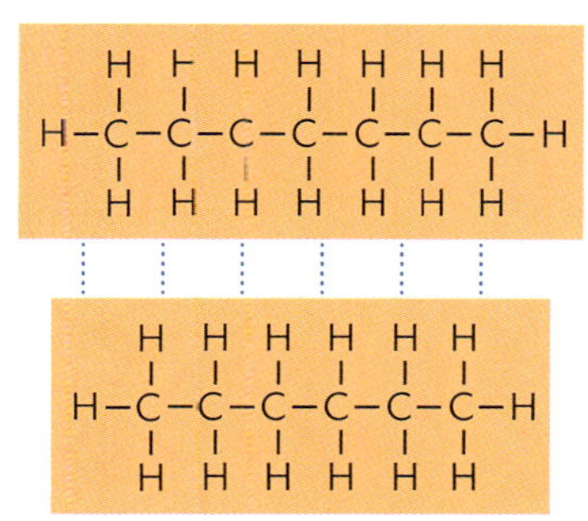

B2 Wechselwirkung zwischen einem Hexan- und einem Heptan-Molekül

Wie Öl und Wasser

Bereits den Menschen in der Antike ist aufgefallen, dass sich Öl und Wasser nicht gut vermischen (**V2**). So bezeichnet man wasserlösliche Stoffe als **hydrophil**, „wasserliebend" (gr. hydro = Wasser, philos = liebend). Stoffe, die sich nicht in Wasser lösen, bezeichnet man als **hydrophob** (gr. phobos = Furcht). Stoffe, die sich gut in Stoffen lösen, die aus unpolaren Verbindungen aufgebaut sind, werden **lipophil** (griech. lipos = Fett) genannt. Stoffe, die sich nicht gut in Stoffen aus unpolaren Verbindungen lösen, werden dementsprechend **lipophob** genannt.

Info

Neben Wasser kann auch Alkohol als Lösemittel für hydrophile Stoffe genutzt werden.

Neben Fetten können auch Öle und Benzin als Lösemittel für lipophile Stoffe genutzt werden.

Hydrophile Stoffe lösen sich gut in Wasser und anderen aus polaren Molekülen aufgebauten Stoffen, hydrophobe dagegen schlecht. Lipophile Stoffe lösen sich gut in Fett und anderen aus unpolaren Molekülen aufgebauten Stoffen, lipophobe aber schlecht.

Die Alles-Könner

Es gibt auch Moleküle, die sowohl einen unpolaren als auch einen polaren Anteil besitzen (**V1, V2**). Beim Ethanol-Molekül ist der Kohlenwasserstoff-Anteil unpolar und die Hydroxy-Gruppe polar (**B3**). Dadurch kann es sowohl mit unpolaren als auch polaren Molekülen wechselwirken. Ein Stoff, der sich sowohl hydrophil als auch lipophil verhält, wird als **amphiphil** (griech. amphi = auf beiden Seiten) bezeichnet.

Amphiphile Stoffe haben sowohl polare als auch unpolare Anteile im Molekül. Daher lösen sie sich sowohl in Lösemitteln aus polaren als auch in Lösemitteln aus unpolaren Molekülen.

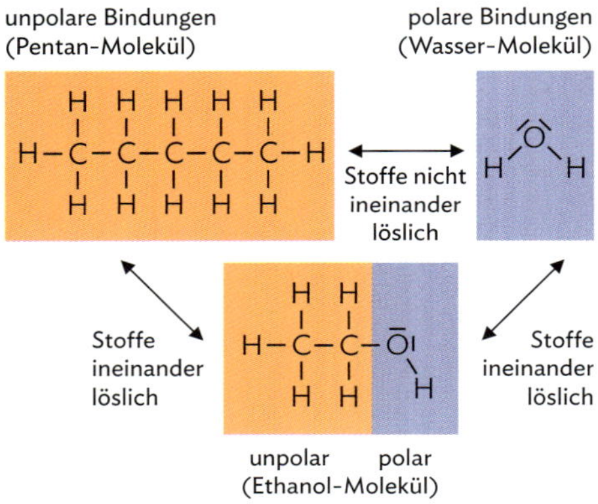

B3 Struktur-Eigenschaftsbeziehung bei der Löslichkeit von Ethanol (vgl. Gegenstandsbereiche der Chemie S. 238)

Die Löslichkeiten der Vertreter der homologen Reihen

Permanent-Marker lassen sich nicht einfach wegwischen - zumindest nicht mit Wasser. Da es sich bei der Flüssigkeit im Permanent-Marker um ein Gemisch aus Verbindungen aus unpolaren Molekülen handelt, kann man diese mit einem Lösemittel, das aus unpolaren Molekülen besteht, oder mit einem Lösemittel, das sowohl einen polaren als auch unpolaren Anteil im Molekül aufweist, entfernen. Im Haushalt wäre dazu Waschbenzin oder Spiritus geeignet (**V2**). Waschbenzin besteht hauptsächlich aus langkettigen, unpolaren Alkan-Molekülen. Sie wechselwirken mit unpolaren Molekülen wie Hexan- oder Octan-Molekülen. Diese Stoffe sind lipophil und können deshalb den ebenfalls lipophilen Permanent-Marker lösen.

Alkanol-Moleküle haben eine unpolare Alkyl-Gruppe und eine polare Hydroxy-Gruppe. Methanol löst sich nur in Wasser, Ethanol und Propanol sind amphiphil. Ab Butanol trifft dies nicht mehr zu. Es lässt sich zwar mit Lösemitteln aus unpolaren Molekülen mischen, aber nur sehr begrenzt mit Wasser. Ab Heptanol sind die Alkanole so gut wie überhaupt nicht mehr in Wasser löslich. Die Hydrophilie der Stoffe nimmt innerhalb der homologen Reihe ab, da der Einfluss der unpolaren Alkyl-Gruppe den der polaren Hydroxy-Gruppe überwiegt.

Bei den Alkanalen verhält es sich ähnlich wie bei den Alkanolen. Sie sind alle in Lösemitteln aus unpolaren Molekülen löslich. Die Aldehyd-Gruppe ist polar aufgebaut und kann dadurch mit dem Wasserstoff-Atom eines Wasser-Moleküls wechselwirken. Auch hier nimmt die Hydrophilie mit zunehmender Länge der unpolaren Alkyl-Gruppe ab. Methanal und Ethanal lassen sich auch in Wasser lösen, Propanal hingegen nicht mehr vollständig.

Da bei den Alkansäure-Molekülen die Carboxy-Gruppe zwei Partialladungen trägt, ist die Methansäure gut in Wasser löslich und schlecht in Lösemitteln aus unpolaren Molekülen. Ethansäure ist sowohl in Wasser löslich als auch in Lösemitteln aus unpolaren Molekülen, sie ist amphiphil. Ab der Pentansäure sind die Alkansäuren quasi wasserunlöslich.

Die Lipophilie nimmt in der homologen Reihe der Alkanole, Alkanale und Alkansäuren stetig zu. Die Hydrophilie nimmt ab, da der Einfluss der polaren funktionellen Gruppe im Vergleich zur länger werdenden unpolaren Alkyl-Gruppe immer geringer wird. Einige Vertreter aus den homologen Reihen sind amphiphil.

Lösemittel und Lösungen im Alltag

Lösemittel und Lösungen finden vielseitige Verwendung im Alltag. Farbstoffe sind häufig Feststoffe, die aus unpolaren Molekülen aufgebaut sind. Sie werden in flüchtigen Lösemitteln aus unpolaren Molekülen gelöst. So sind sie gleichmäßig aufzutragen und bilden nach dem Verdampfen des Lösemittels eine wasserabweisende Schicht. Im Hustensaft liegen sowohl polare als auch unpolare Wirkstoff-Moleküle vor. Deshalb sind viele Hustensäfte auf Ethanol-Basis gemischt, um sich die Amphiphilie des Ethanols zunutze zu machen (**V1**). Ähnlich ist es auch beim Parfüm, hier werden die duftenden ätherischen Öle in Ethanol gelöst. Der im Haushalt verwendete Essig ist eine Lösung in Wasser und enthält ca. 5 % Essigsäure. Je nach Herstellung und Ausgangsmaterial sind noch weitere Stoffe gelöst, in Aceto Balsamico beispielsweise dunkle Gerbstoffe (**B4**). Kaffee und Tee sind ebenfalls wässrige Lösungen. Beim Aufbrühen mit heißem Wasser werden die hydrophilen Stoffe im Wasser gelöst.

B4 Tomate-Mozzarella mit Aceto Balsamico und Basilikum

AUFGABEN

A1 Stelle eine begründete Vermutung über die Löslichkeit der Alkene auf.

A2 Erstelle jeweils eine Tabelle für die homologe Reihe der Alkanole, Alkanale und Alkansäuren, in der du die Löslichkeit der ersten zehn Vertreter angibst.

A3 Überlege dir weitere Beispiele für Gebrauchsgegenstände aus dem Alltag, in denen Lösemittel bzw. Lösungen benutzt werden.

A4 Kräuteröle werden häufig mit hellem Sonnenblumenöl und frischen Kräutern angesetzt. Nach einigen Wochen ist das Kräuteröl dunkler geworden und hat den Geschmack der Kräuter angenommen. Erläutere den Vorgang auf Teilchenebene.

A5 Hausaufgabenexperiment: Fülle untenstehende Tabelle für die folgenden Stoffe aus, indem du die Löslichkeit in Wasser und Speiseöl testest: Salz, Zucker, Spülmittel, Süßstofftabletten, Butter, Honig und Waschmittel. Teste fünf weitere Substanzen aus der Küche. Teile dann die Stoffe in hydrophil, lipophil und amphiphil ein.

Stoff	löslich in Wasser	löslich in Öl

FACHBEGRIFFE

Lösemittel, Lösung, hydrophil, hydrophob, lipophil, lipophob, amphiphil

Katerfrühstück – Giftigkeit von Ethanol und seinen Abbauprodukten

Bei übermäßigem Genuss von alkoholischen Getränken kann es zu unangenehmen Nebenwirkungen wie Kopfschmerzen, Übelkeit oder Schwindel kommen. Was ist die Ursache dieser Symptome, die auch als „Kater“ bekannt sind?

Der Abbau des Trinkalkohols Ethanol findet in der Leber statt. Dabei wird Ethanol mithilfe des Enzyms Alkohol-Dehydrogenase (ADH) zu Ethanal (Acetaldehyd) abgebaut (**B2**). Ethanal ist wie Ethanol ein Zellgift und beeinflusst die Informationsübertragung im zentralen Nervensystem. Zudem hat es eine schädigende Wirkung auf Leber und Herz und ist als krebserregend eingestuft.

Acetaldehyd wird anschließend durch das Enzym Aldehyd-Dehydrogenase (ALDH) zu Ethansäure (Essigsäure) umgewandelt (**B2**). Essigsäure ist unter anderem mitverantwortlich für den üblen Geruch der „Fahne“, da sie mit Ethanol über die Atemluft abgegeben wird. Essigsäure wird nun mithilfe von Sauerstoff zu Kohlenstoffdioxid und Wasser umgesetzt.

Bei diesen Abbaureaktionen von Ethanol in der Leber handelt es sich um chemische Reaktionen. Hierbei wird Ethanol im Körper über die Zwischenprodukte Acetaldehyd und Essigsäure zu Kohlenstoffdioxid und Wasser umgesetzt. Für diese Prozesse benötigt der Körper viel Wasser.

Der Wasserentzug mit den darin gelösten Vitaminen und Mineralstoffen ist die hauptsächliche Ursache für die Kopfschmerzen und das Durstgefühl am nächsten Tag.

B1 „Kater“ nach übermäßigem Alkoholgenuss

Auch spielen in alkoholischen Getränken weitere Stoffe wie Fuselöle und die Fuselalkohole Methanol, Propanol und Butanol eine Rolle. Sie kommen meist durch die Fasslagerung in die Spirituose und dienen als zusätzliche Farbstoff- und Geschmacksträger.

Um den Elektrolytverlust wieder auszugleichen, wächst am nächsten Morgen das Verlangen nach salzhaltigen Speisen.

Der „Kater“ ist also nach übermäßigem Alkoholgenuss sowohl das Ergebnis von Ethanol selbst als auch das Ergebnis seiner Abbauprodukte.

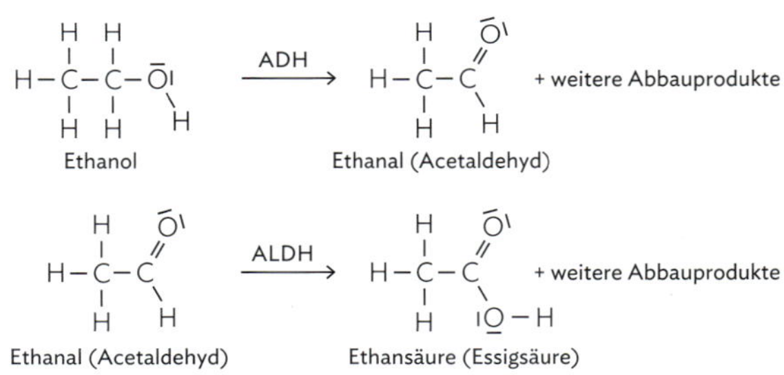

B2 Alkoholabbau in der Leber

AUFGABEN

A1 Recherchiere die kurz- und langfristigen Folgen übermäßigen Alkoholkonsums.

A2 Enzyme sind spezielle Katalysatoren. Sie sind an allen Lebensvorgängen beteiligt. Sie sorgen dafür, dass Stoffwechselprozesse in Menschen, Tieren, Pflanzen und Mikroorganismen ablaufen können. Nimm ein Stück Weißbrot und kaue es so lange wie möglich. Notiere deine Beobachtung. Recherchiere, welches Enzym für deine Beobachtung verantwortlich ist.

Formaldehyd – gesundheitsschädlich, aber vielseitig verwendbar

Shisha-Shops schießen wie Pilze aus der Erde und neben der klassischen Shisha-Pfeife findet auch die E-Shisha vor allem unter Jugendlichen immer mehr Fans. Die E-Shisha ist eine Variante der E-Zigarette und funktioniert ganz ähnlich. Ist das „Rauchen" einer E-Shisha ungefährlich?

B1 Aufbau einer E-Shisha

In E-Shishas verdampft ein „Liquid". Die Basis dieser Flüssigkeit bilden in der Regel die beiden Alkohole Propan-1,2-diol und Propan-1,2,3-triol (Glycerin). Sie werden dann mit den verschiedensten, meist süßlichen Aromastoffen angereichert, die die Geschmacksrichtung des Liquids bestimmen.

Beim Verdampfen des Liquids entsteht ein Aerosol und es bildet sich – je nach Temperatur der Heizwendel – auch Formaldehyd. **Formaldehyd** ist der Trivialname für den Aldehyd **Methanal HCHO**. Es ist ein farbloses, stechend riechendes Gas, das sich sehr leicht in Wasser löst. Methanal ist giftig. Zudem kann es Allergien auslösen und die Augen und Atemwege stark reizen. Im Jahr 2004 stufte die Weltgesundheitsorganisation WHO Methanal als krebserregend für den Menschen ein. Aufgrund dieser Giftigkeit gelten besondere, gesetzlich festgelegte Höchstkonzentrationen für Räume. In Wohnräumen darf die Konzentration 0,1 ppm (parts per million) nicht überschreiten, was schon durch den Rauch von drei „normalen" Zigaretten der Fall ist.

Beim Rauchen einer E-Shisha entsteht ein Gehalt an Formaldehyd, der bis zu 15-mal höher ist als beim Rauchen einer üblichen Zigarette!

Formaldehyd bildet sich aber auch bei den verschiedensten unvollständigen Verbrennungsprozessen, so ist es z. B. in Autoabgasen enthalten. Problematisch war früher auch die Verwendung von formaldehydhaltigen Kunstharzen als Bindemittel bei der Herstellung von einigen Spanplatten, die aus Holzresten hergestellt wurden. Dabei entwich immer etwas Formaldehyd aus den Spanplatten, sodass die Schadstoffbelastung in einem Raum hoch sein konnte. Bei Kosmetika ist Formaldehyd als Konservierungsmittel bis zu einer Höchstkonzentration von 0,2 % zugelassen.

Die wässrige Lösung von Formaldehyd wird **Formalin** genannt und diente früher als Konservierungsmittel für biologische Präparate.

Nachweisen kann man Formaldehyd mit einem empfindlichen Aldehydnachweis, z. B. mit der Fehling-Probe oder dem Schiffs-Reagenz (fuchsinschweflige Säure). Dieses farblose Nachweismittel färbt sich in Anwesenheit von Aldehyden violett (**B2**).

B2 Nachweis von Aldehyden mit Schiffs-Reagenz

AUFGABE

A1 Skizziere eine mögliche Apparatur zum Nachweis von Methanal im Zigarettenrauch und beschrifte sie.

A2 Begründe die gute Löslichkeit von Methanal in Wasser.

A3 Fertige eine Mind Map zur Verwendung von Formaldehyd an.

Zum Üben und Weiterdenken

A1 Zeichne die Strukturformel der Alkane Propan, Pentan und Octan und gib die jeweilige Summenformel an.

A2 Gib die Summenformel für Pentadecan (15 C-Atome) und Octadecan (18 C-Atome) an.

A3 Benenne die folgenden Moleküle und ordne sie den organischen Verbindungsklassen zu: C_2H_5OH, C_3H_7COOH, C_5H_{10}, C_6H_{12}, C_2H_5CHO

A4 Im Labor sind die Etiketten der Gefäße mit Octan und Octen unleserlich geworden. Beschreibe einen Versuch, mit dem man herausfinden könnte, in welchem Gefäß sich welche Flüssigkeit befindet.

A5 Manche Tomatensorten, wie zum Beispiel die Kirschtomate, können sehr lange gelagert werden, ohne dabei überreif zu werden. Das funktioniert auch in einem fast geschlossenen Gefäß. Überlege dir Ursachen für diese Besonderheit.

A6 Vergleiche die abgebildeten Strukturformeln und ordne die entsprechenden Stoffe begründet nach aufsteigender Siedetemperatur.

A7 Erkläre, dass Essigsäure eine höhere Schmelztemperatur hat als Ethanol.

A8 Im Sommer werden häufig Getränke ins Eisfach gelegt, damit sie schneller kühlen. Wenn man eine so gekühlte Bierflasche vergisst, friert sie ein, eine Wodkaflasche jedoch nicht. Erkläre diesen Umstand.

A9 In einem Labor befinden sich drei Flaschen ohne Etikett, die jeweils mit einer farblosen Flüssigkeit gefüllt sind. Man weiß, dass es sich bei den Chemikalien um
a) Pentan, Ethanol und Ethanal bzw.
b) Hexen, Hexansäure und Hexan handelt.
Plane für beide Fälle eine Versuchsreihe, mit der der Inhalt den Flaschen eindeutig zugewiesen werden kann. Beschreibe das experimentelle Vorgehen und die Beobachtungen, die du für beide Versuchsreihen erwartest. (gestufte Hilfen unter QR-/Mediencode)

05511-42

A10 a) Ordne folgende Stoffe nach der Hydrophilie und begründe deine Reihenfolge auf Teilchenebene: Essigsäure, Ethanol, Ethanal.
b) Ordne folgende Stoffe nach der Lipophilie und begründe deine Reihenfolge auf Teilchenebene: Methansäure, Propanol, Heptanal.

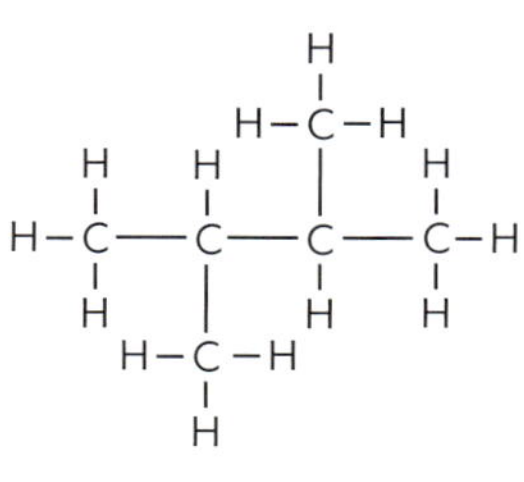

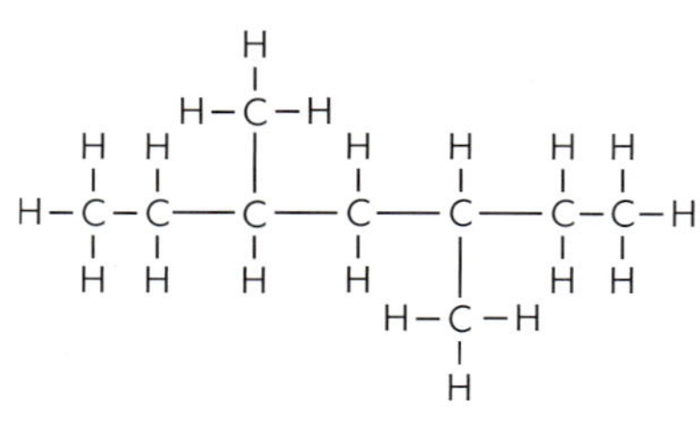

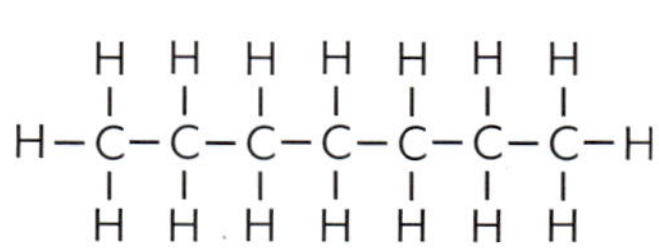

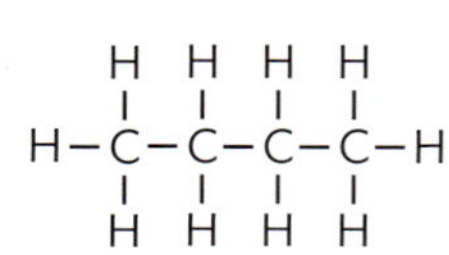

M1 Viskosität

Eine weitere Stoffeigenschaft von Flüssigkeiten ist die Viskosität, auch Zähflüssigkeit genannt. Je größer die zwischenmolekularen Anziehungskräfte zwischen den Molekülen sind, desto schwerer gleiten sie aneinander vorbei. Dies wird auf der Stoffebene dadurch sichtbar, dass die Flüssigkeiten viskoser - zähflüssiger - werden. In der homologen Reihe der Alkane sind die Anziehungskräfte zwischen den Molekülen ab Heptadecan so stark, dass die darauf folgenden Alkane fest sind.

A1 Flüssiger Honig ist ein hochviskoser Stoff. Überlege dir weitere Beispiel, wo dir im Alltag viskose Stoffe begegnen.

A2 Unter dem QR-/Mediencode findest du ein Video zur Viskosität von Wasser und Öl. Schreibe einen Text, wie du den Film als Erklärvideo vertonen könntest.

05511-43

A3 Mit einem Viskosimeter (**B1**) können Stoffe auf ihre Viskosität getestet werden. Die Rohre sind mit verschiedenen Flüssigkeiten gefüllt. Wird das Viskosimeter umgedreht, fallen die Stahlkugeln unterschiedlich schnell herab.

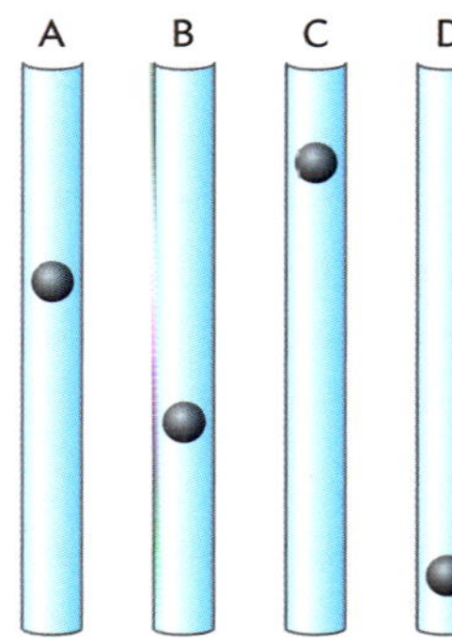

B1 Viskosimeter

Ordne begründet die folgenden Stoffe den Rohren A-D zu: Methanol, Butanol, Butansäure, Decan.

M2 Hausaufgabenexperiment: Schwarz = Schwarz!?

Ist schwarzer Filzstift wirklich schwarz? Häufig wird die schwarze Farbe durch ein Gemisch aus verschiedenen Pigmenten erzielt.

Dies kann man mit der Trennmethode Chromatografie zeigen. Dabei wird das zu untersuchende Stoffgemisch auf ein Trägermaterial aufgetragen und dann in ein Lösemittel gestellt. Das Wasser fließt entlang des Filterpapiers nach oben und nimmt die verschiedenen wasserlöslichen Bestandteile mit. Die einzelnen Komponenten wechselwirken unterschiedlich stark mit dem Filterpapier und dem Wasser und wandern dadurch unterschiedlich schnell. So werden die einzelnen Komponenten aufgetrennt.

Unter dem QR-/Mediencode findest du eine Animation zur Chromatografie eines Filzstiftes.

05511-44

Suche dir zuhause einen wasserlöslichen Marker, einen Permanent-Marker und einen Kaffeefilter oder Löschpapier zusammen. Schneide das Papier in ein rechteckiges Stück, das du gerade in eine Tasse stellen kannst. Markiere wie in der Animation einen Bleistiftstrich am unteren Ende und ziehe ihn jeweils zur Hälfte mit den beiden Markern nach. Stelle das vorbereitete Papier in ein Glas, das mit etwas Wasser gefüllt ist, und beobachte.

A1 Erkläre dein Versuchsergebnis. Beziehe dabei auch die Animation mit ein.

A2 Überlege dir für den permanenten Schreiber ein geeignetes Lösemittel.

Alles im Blick

Organische Verbindungen

Organische Verbindungen sind aus Kohlenstoff- und Wasserstoff-Atomen aufgebaut. Sie können auch andere Atomsorten, wie Sauerstoff-, Stickstoff- oder Schwefel-Atome enthalten. Sie werden in **homologen** Reihen zusammengefasst. Die Verbindungen innerhalb der homologen Reihe haben einen ähnlichen Aufbau und ähnliche Eigenschaften.

Funktionelle Gruppe

Eine funktionelle Gruppe ist eine Gruppe von Atomen in einem Molekül, die für bestimmte Eigenschaften verantwortlich ist.

Alkane

Alkane sind Verbindungen, die nur aus Kohlenstoff- und Wasserstoff-Atomen bestehen. Die Kohlenstoff-Atome sind über **Einfachbindungen** verknüpft. Sie haben die allgemeine Summenformel $\mathbf{C_nH_{2n+2}}$.

Bsp.: Pentan

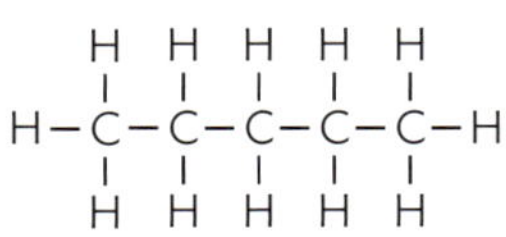

Alkanale

Alkanale haben als funktionelle Gruppe eine **CHO-Gruppe**. Sie wird **Aldehyd-Gruppe** genannt. Die allgemeine Summenformel lautet $\mathbf{C_nH_{2n+1}CHO}$.

Bsp.: Ethanal

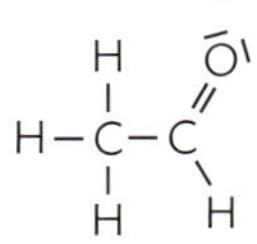

Alkene

Alkene sind ebenfalls Verbindungen, die nur aus Kohlenstoff- und Wasserstoff-Atomen bestehen. Alkene besitzen eine **Doppelbindung** zwischen zwei Kohlenstoff-Atomen.
Die allgemeine Summenformel der Alkene ist $\mathbf{C_nH_{2n}}$.

Bsp.: Buten

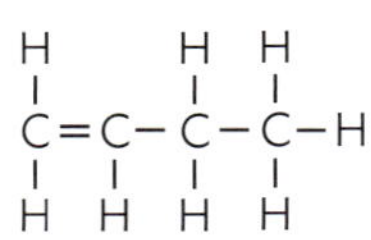

Alkanole

Bei Alkanolen ist zum vergleichbaren Alkan ein Wasserstoff-Atom durch eine **OH-Gruppe**, eine **Hydroxy-Gruppe**, ersetzt. Die allgemeine Summenformel ist $\mathbf{C_nH_{2n+1}OH}$.

Bsp.: Propanol

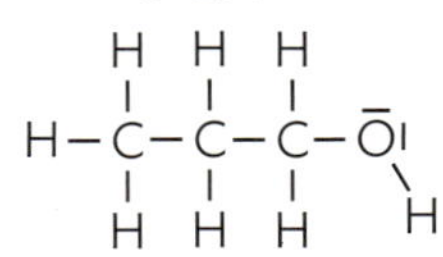

Alkansäuren

Alkansäuren haben eine **COOH-Gruppe**, sie wird **Carboxy-Gruppe** genannt. Die allgemeine Summenformel ist $\mathbf{C_nH_{2n+1}COOH}$.

Bsp.: Ethansäure

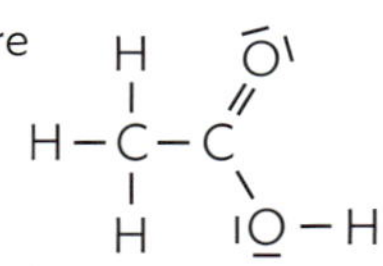

Eigenschaften organischer Verbindungen

Die Länge der Alkyl-Gruppe und die funktionellen Gruppen beeinflussen die Eigenschaften der Verbindungen. Die Schmelz- und Siedetemperaturen steigen innerhalb der homologen Reihe mit zunehmender Länge der Alkyl-Gruppe.
Je länger die Alkyl-Gruppe im Molekül, desto stärker die London-Dispersionskräfte und desto höher die Schmelz- und Siedetemperaturen.
Hydrophile (lipophobe) Stoffe lösen sich gut in Wasser und **lipophile (hydrophobe)** Stoffe lösen sich gut in Fett. **Amphiphile** Stoffe sind sowohl hydrophil als auch lipophil. Sie lösen sich sowohl in Lösemitteln aus unpolaren als auch in Lösemitteln aus polaren Molekülen.
Die Lipophilie nimmt in den homologen Reihen mit zunehmender Länge der unpolaren Alkyl-Gruppe stetig zu, da der Einfluss der unpolaren Alkyl-Gruppe mit zunehmender Kettenlänge zunimmt. Einige Vertreter aus den homologen Reihen sind amphiphil.

Nachweismethoden

Vertreter der einzelnen Stoffklassen lassen sich über ihre funktionelle Gruppe nachweisen. Die funktionellen Gruppen gehen spezifische Reaktionen ein. Damit lässt sich feststellen, ob in der untersuchten Probe Stoffe mit der funktionellen Gruppe enthalten sind. Genaue Beschreibungen der Nachweisreaktionen findest du auf S. 183 und S. 187.

Ziel erreicht?

Hast du das Ziel dieses Kapitels erreicht? Bearbeite die Aufgaben auf dem Arbeitsblatt (unter QR-/Mediencode). Vergleiche deine Antworten mit den Lösungen auf Seite 217. Bewerte dich mithilfe der untenstehenden Tabelle und lies falls nötig auf den angegebenen Seiten nochmal nach

05511-45

A1 Ordne die folgenden Siedetemperaturen den Stoffen Hexen, Buten, Hepten und Propen zu.

-47,7 °C; 63 °C; -6,2 °C; 93,6 °C

A2 Alkene lassen sich mit der Bromwasser-Probe nachweisen. Beschreibe die Durchführung der Nachweisreaktion und nenne die entscheidende funktionelle Gruppe.

B1 Zeichne ein Alkanol, Alkanal und eine Alkansäure mit vier Kohlenstoff-Atomen in Strukturformelschreibweise.

B2 Die meisten organischen Verbindungen sind farblose Flüssigkeiten. Im Labor soll ein Gemisch auf die Zusammensetzung der Inhaltsstoffe überprüft werden. Gib den Nachweis für die folgenden drei Stoffklassen an:

- Alkansäure
- Alkanol
- Aldehyd

C1 Erkläre die stetige Zunahme der Siedetemperaturen innerhalb einer homologen Reihe auf Teilchenebene.

C2 Nenne jeweils den Stoff mit der höheren Siedetemperatur und begründe deine Antwort auf Teilchenebene

a) Ethanol oder Butanol

b) Propen oder Propansäure

D1 Wasserfester Edding soll von einer Glasscheibe entfernt werden. Begründe, welche der folgenden Stoffe dafür geeignet ist.
Wasser, Hexan, Methanol, Octanal

D2 Begründe auf Teilchenebene, dass Adipinsäure (Hexandisäure, Abbildung unten) in Wasser besser löslich ist als Hexansäure.

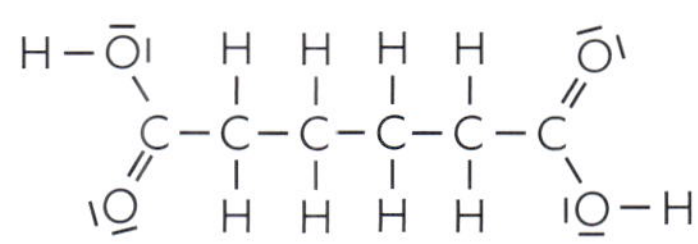

D3 Zucker ist eine sehr gut wasserlösliche organische Verbindung. Stelle Hypothesen über den Aufbau des Zucker-Moleküls auf.

	Ich kann ...	lies nach auf Seite
A	Alkane und Alkene benennen und unterscheiden.	104, 180 – 183
B	organische Verbindungen anhand ihrer funktionellen Gruppen klassifizieren und nachweisen.	182, 184 – 187
C	den Zusammenhang zwischen der Siedetemperatur und der Molekülstruktur bei organischen Verbindungen erklären.	188 – 191
D	anhand von der Molekülstruktur die Löslichkeit organischer Verbindungen ableiten.	192 – 195

Anhang

QR-/Mediencodes

Die **Mediencodes** (**05511-XY**) kannst du unter www.ccbuchner.de/medien im Suchfeld eingeben, um an das jeweils angegebene Material zu gelangen. Alternativ findest du auf den entsprechenden Seiten im Buch passende QR-Codes, die du direkt mit deinem Smartphone einscannen kannst.

Aufgabe	Lösung	Punkte
A1	B: Gasbrenner, C: Tiegelzange	/ 2
A2	Dreifuß, Drahtnetz, Becherglas, Wärmequelle (Heizplatte/Gasbrenner), Feuerzeug/ Streichhölzer, Thermometer	/ 3
B1	Fragestellung, Hypothese, Chemikalienliste und Laborgeräte, Durchführung, Beobachtung, Erklärung	/ 3
B2	a) Fragestellung / Aufgabe, b) Beobachtung, c) Durchführung	/ 3
C1	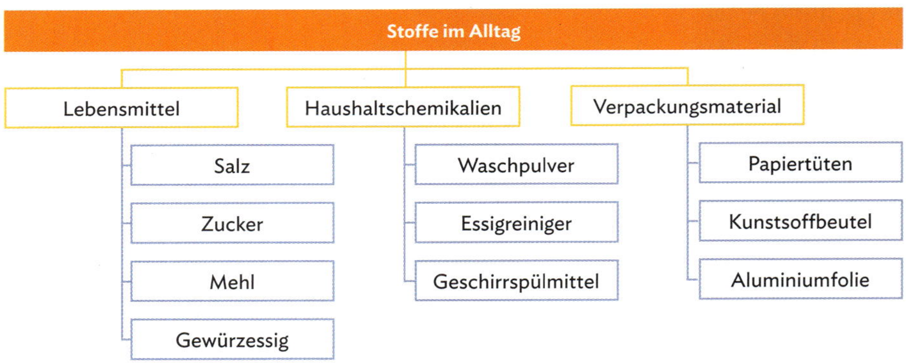	/ 5

Aufgabe	Lösung
A1	Die Identifizierung erfolgt anhand der Löslichkeit, Geschmacksproben sind nicht erlaubt. Zerkleinerte Tafelkreide und Gips lösen sich schlecht in Wasser, während sich Puderzucker gut löst.
A2	Kochsalz: kristallin, weiß, Wasser: farblos, flüssig; Trinkalkohol: brennbar, flüssig, Siedetemperatur 78 °C, Sauerstoff: farblos, gasförmig
B1	a) fest: Körper der Kerze, flüssig: in der Wachspfütze um den Docht herum und in den Dochtfasern, gasförmig: um den Docht herum, Flamme b) fest flüssig gasförmig 
B2	a) gasförmig; b) flüssig, c) gasförmig, d) fest
B3	Die Geschmacks- und Farbteilchen verteilen sich schneller, da sich die Teilchen umso schneller bewegen, je höher die Temperatur ist.
C1	klarer Apfelsaft: homogene Lösung; trüber Apfelsaft: heterogene Suspension
C2	Destillation, unterschiedliche Siedetemperaturen
D1	In der Ausatemluft ist Kohlenstoffdioxid enthalten. Beim Einblasen des Gases in Kalkwasser bildet sich ein weißer Feststoff, der in Wasser unlöslich ist. Diesen sieht man als weiße Trübung.
D2	a) In einer mit Wasser gefüllten Glaswanne befindet sich ein umgestülpter Glastrichter, unter dem ein Bündel Wasserpest ist. Die Pflanze wird von der Seite belichtet. Gas, das die Pflanze bildet, wird aus dem Trichter in ein wassergefülltes Reagenzglas, das mit der Öffnung nach unten zeigt, geleitet. b) Welches Gas wird von Pflanzen gebildet? oder: Bilden sich auch bei ausgeschalteter Taschenlampe Gasblasen? oder: Wie viel Gas wird in einer Minute gebildet? oder... c) Es handelt sich um Sauerstoffgas. Zum Nachweis wird ein glimmender Holzspan in das gasgefüllte Reagenzglas getaucht. Der Glimmspan flammt auf.

LÖSUNGEN ZU „STARTKLAR?“

Aufgabe	Lösung	Punkte
A1	z. B. Siedetemperatur, Schmelztemperatur, Dichte, elektrische Leitfähigkeit, Löslichkeit in Wasser/Benzin	/ 4
A2	Verhalten bei Erhitzen unterscheidet sich: Zucker schmilzt schneller, süßlicher Geruch, Salz erst bei ca. 800 °C; Verhalten der Lösungen unterscheidet sich: eine Salzwasserlösung ist elektrisch leitend, eine Zuckerwasserlösung nicht	/ 4
A3	Brausepulver: Stoffgemisch (Zucker, Zitronensäure, Natron) Salzwasser: Stoffgemisch (Lösung: Wasser, Salz) Eiswasser: Reinstoff (unterschiedliche Aggregatzustände) Messing: Stoffgemisch (Legierung: Kupfer, Zink) Kupfer: Reinstoff Zucker: Reinstoff	/ 4
B1	a) 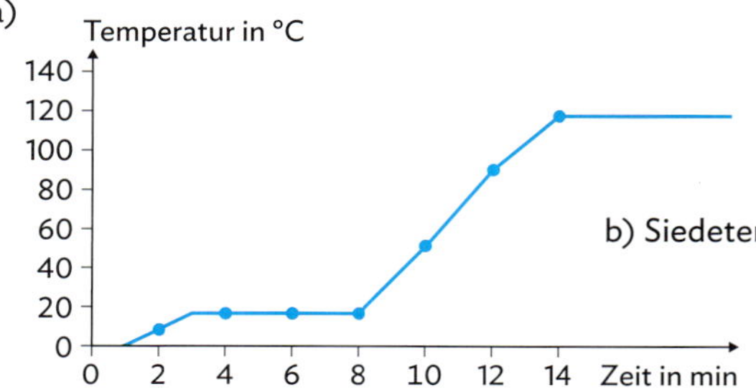 b) Siedetemperatur: 118 °C	/ 2 / 1
C1	▪ richtig ▪ falsch: Grundlage beim Destillieren sind die unterschiedlichen Siedetemperaturen verschiedener Reinstoffe.	/ 3
D1	A: geordnete Struktur, starker Zusammenhalt zwischen den Teilchen ⟶ Aggregatzustand fest, kaum Bewegung der Teilchen B: weniger geordnete Struktur, mäßiger Zusammenhalt zwischen den Teilchen ⟶ Aggregatzustand flüssig, stärkere Bewegung der Teilchen C: ungeordnete Struktur, loser Zusammenhalt der Teilchen ⟶ Aggregatzustand gasförmig, starke Bewegung der Teilchen	/3
D2	Stoffebene: In der Luft befindet sich Wasserdampf. Durch Abkühlung an den kalten Brillengläsern kondensiert der Wasserdampf und wird zu flüssigem Wasser. Teilchenebene: Die Wasser-Teilchen bewegen sich in der Raumluft. Wenn die Temperatur in der Nähe der kalten Brillengläser sinkt, sinkt die Beweglichkeit der Wasser-Teilchen. Sie rücken dadurch näher zusammen und gehen aus dem ungeordneten gasförmigen Zustand in den stärker geordneten flüssigen Aggregatzustand über.	/3
D3	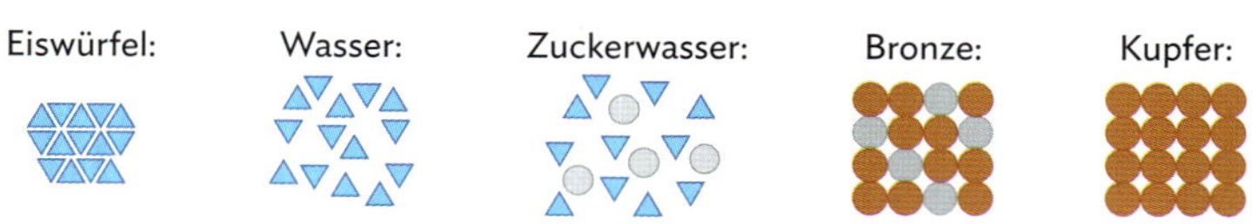	/5
D4	▪ Ein Modell zeigt einen Teilausschnitt der Wirklichkeit. ▪ Ein Modell macht Unsichtbares sichtbar. ▪ Ein Modell unterscheidet sich von der Wirklichkeit meist in Form, Farbe, Material und Größe.	/3

Aufgabe	Lösung
A1	Metalle: Lithium, Calcium, Barium, Magnesium, Eisen; Nichtmetalle: Wasserstoff, Kohlenstoff, Phosphor, Sauerstoff, Schwefel, Chlor, Brom, Argon, Xenon
B1	Metallgitter: Na und Na (Metall-Atome) Ionengitter: Al und Cl (1(Al^{3+}) + 3(Cl^-), (Al^{3+})(Cl^-)$_3$, Metall-Kation und Nichtmetall-Anion) Moleküle: H und F (HF, Nichtmetall-Atom + Nichtmetall-Atom) N und O (N_2O_3, Nichtmetall-Atom + Nichtmetall-Atom)
B2	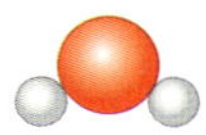 Wasser: gerichtete Anziehungskräfte zwischen den Wasserstoff-Atomen und dem Sauerstoff-Atom 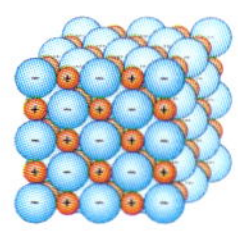 Kochsalz: ungerichtete Anziehungskräfte zwischen positiv geladenen Natrium-Kationen und negativ geladenen Chlorid-Anionen  Kupfer: ungerichtete Anziehungskräfte zwischen Kupfer-Atomen
C1	Typische Eigenschaften von ... ... Metallen: metallischer Glanz, mechanische Verformbarkeit, Wärme- und elektrische Leitfähigkeit ... Salzen: kristallin, spröde, häufig in Wasser löslich, in Wasser gelöst und als Schmelze elektrisch leitfähig ... molekular aufgebauten Stoffen: meistens geringe Dichte, niedrige Schmelz- und Siedetemperatur, bei Raumtemperatur flüssig oder gasförmig, keine elektrische Leitfähigkeit
C2	Hält man die Grillzange über das Feuer, erhitzt sich die Metallspitze. Durch die Wärme bewegen sich die außenliegenden Atome stärker, stoßen aneinander und übertragen so die Energie an ihre nächsten Nachbarn. Auf diese Weise wird die Wärme über das gesamte Metallgitter weitergeleitet. Der Holzgriff hingegen leitet die Wärme nicht weiter und schützt so die Finger.
C3	▪ falsch: Salze sind weiß oder farbig. ▪ falsch: Alle Salze bestehen aus Ionengittern mit positiv geladenen Kationen und negativ geladenen Anionen. ▪ falsch: Die hohe Schmelztemperatur von Salzen kommt von der gegenseitigen Anziehung der Ionen. ▪ richtig
C4	Salz: 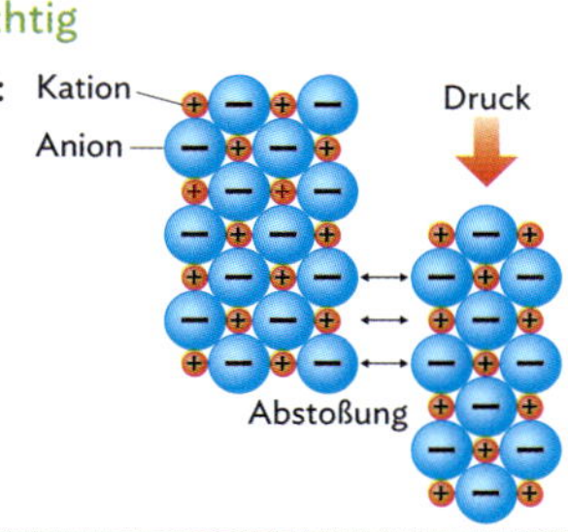 Metall: 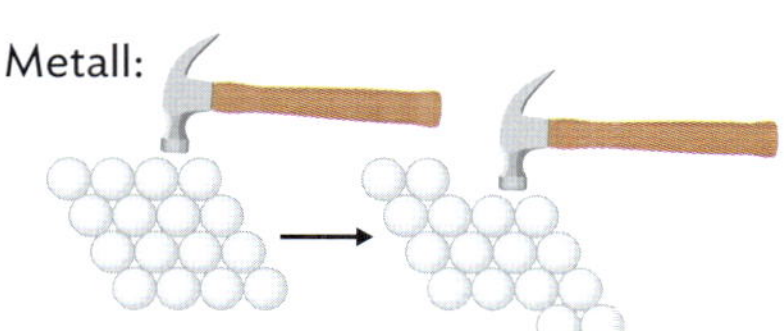
D1	Salzkristalle enthalten je nach Größe unterschiedlich viele Ionen. Um nicht von jedem Salzkristall die genaue Ionenanzahl bestimmen und riesige Zahlen in den Formeln angeben zu müssen, verwendet man für Salze sogenannte Verhältnisformeln. Sie geben das Verhältnis der Ionen im Ionengitter an. Sie sagen nichts über die tatsächliche Anzahl der Ionen im Kristall aus. Im Gegensatz dazu geben Molekülformeln die genaue Anzahl aller Atome eines Moleküls an.
D2	▪ (Mg^{2+})(O^{2-}) ▪ (Na^+)(F^-) ▪ HF ▪ CS_2

Aufgabe	Lösung	Punkte

A1

Stoffebene:
Das feste Wachsstück schmilz zunächst (wird flüssig) und verdampft dann (wird gasförmig).

Teilchenebene:

Je wärmer das Wachs wird,
... desto ungeordneter werden die Teilchen.
... desto schneller werden die Teilchen.
... desto größer wird der Abstand zwischen den Teilchen.
... desto schwächer wirken die Anziehungskräfte zwischen den Teilchen.

/ 9

A2

a) Die Wasserteilchen gehen vom flüssigen in den gasförmigen Zustand über, verdampfen also, während die Zucker-Teilchen zurückbleiben. / 2

b) Die Lösung wird süßer, da sich die Konzentration des Zuckers in der Lösung erhöht.
oder: Die Lösung wird süßer, da im Vergleich viel mehr Zucker-Teilchen auf weniger Wasser-Teilchen kommen. / 2

B1

Kenneigenschaft	Zucker	Kochsalz
farblose Kristalle	X	X
wasserlöslich	X	X
schmilzt beim Erwärmen im Reagenzglas	X	–

/ 6

B2

Beide Lösungen werden eingedampft. Beim Zuckerwasser bleibt der Zucker zurück, während das Wasser ohne Rückstände verdampft.
Geräte: Gasbrenner, Dreifuss mit Drahtnetz, Abdampfschale

/ 6

C1

Die Eisenspäne werden mit einem Magneten abgetrennt. Zum verbleibenden Sand-Zucker-Gemisch wird Wasser gegeben, bis sich der Zucker vollständig gelöst hat. Dann kann man Sand und Zuckerwasser mit einem Filter trennen. Das Zuckerwasser wird eingedampft, bis nur noch Zucker übrig ist.

/ 4

C2

Die Reinstoffe Kochsalz und Eisen können nicht mit einem Trennverfahren weiter aufgetrennt werden.
Das Stoffgemisch Zuckerwasser besteht aus Zucker und Wasser und kann durch Eindampfen getrennt werden.
Das Stoffgemisch Kaffeepulver besteht aus wasserlöslichen und wasserunlöslichen Bestandteilen und kann durch Extraktion mit Wasser getrennt werden.

/ 6

D1

a) A: H_2S, B: SO_2, C: HCl, D: Cl_2
b) A: Diwasserstoffsulfid, B: Schwefeldioxid, C: Wasserstoffchlorid, D: Chlor

/ 8

D2

Kohlenstoffdioxid: ; Schwefeltrioxid: 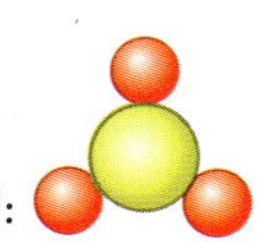

Wasserstoff: ; Wasser: 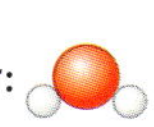

/ 4

Aufgabe	Lösung
A1	a) Ja, da bei Gärung der neue Stoff Alkohol entsteht. b) Nein, da das Stoffgemisch wieder getrennt werden kann. c) Ja, es entsteht ein neuer Stoff, der die Milch sauer werden lässt (Milchsäure). d) Nein, die Butter ändert nur den Aggregatzustand. e) Ja, es entsteht der neue Stoff Karamell. f) Nein, da das Stoffgemisch wieder getrennt werden kann.
A2	Es liegt zunächst ein Stoffgemisch aus den Reinstoffen Eisen in Form von Eisenspänen und Schwefel in Form von Schwefelpulver vor. Nach dem Erhitzen liegt ein Reinstoff mit neuen Stoffeigenschaften vor, eine Verbindung aus den Elementen Eisen und Schwefel.
B1	Beide Reaktionen finden im offenen System statt, es ist also ein Stoffaustausch mit der Umgebung möglich. Bei der brennenden Kerze nimmt die Masse ab, da aus Wachs gasförmiges Kohlenstoffdioxid und Wasserdampf entstehen. Da diese in die Luft abgegeben werden, werden sie nicht mitgewogen. Bei der Verbrennung von Eisenwolle reagiert das Eisen mit dem Sauerstoff aus der Luft zur Verbindung Eisenoxid. Der Sauerstoff aus der Luft wird als gasförmiges Edukt nicht mitgewogen, als Teil des festen Produkts schon.
B2	Der Satz vom Erhalt der Masse sagt aus, dass sich die Gesamtmasse bei chemischen Reaktionen nicht ändert. Auf Teilchenebene bedeutet das, dass die Zahl der Atome auf Edukt- und auf Produktseite gleich sein muss, wie es hier der Fall ist.
C1	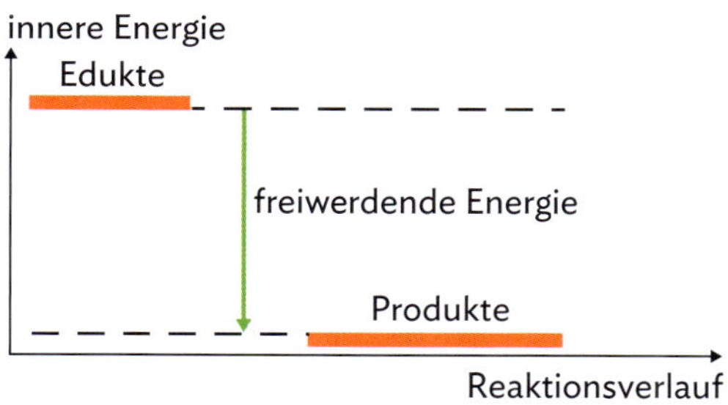 Energiediagramm einer exothermen Reaktion. 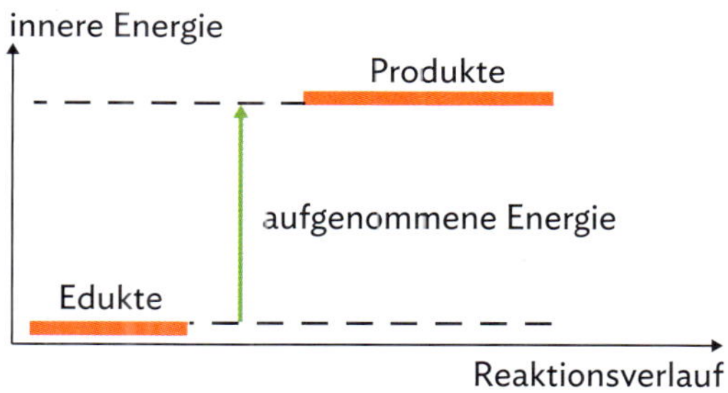 Energiediagramm einer endothermen Reaktion.
D1	Katalysatoren sind Stoffe, die einen anderen Reaktionsweg mit geringerer Aktivierungsenergie ermöglichen. Sie liegen nach der Reaktion unverändert vor.
D2	a) Am Platinblech richten sich Wasserstoff-Moleküle und Sauerstoff-Moleküle günstig zueinander aus. Dadurch wird die Aktivierungsenergie so stark herabgesetzt, dass die Raumtemperatur zur Aktivierung der Reaktion ausreicht und sich das Wasserstoffgas entzündet. b) 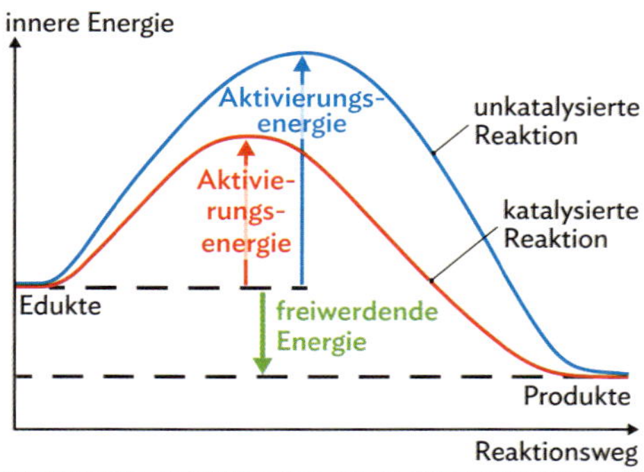

LÖSUNGEN ZU „STARTKLAR?“

<table>
<tr><th>Aufgabe</th><th>Lösung</th><th>Punkte</th></tr>
<tr><td>A1</td><td>Das Gas wird in eine frische Kalkwasserlösung eingeleitet. Wenn sich diese durch einen weißen Niederschlag trübt, ist Kohlenstoffdioxid nachgewiesen.</td><td>/ 3</td></tr>
<tr><td>A2</td><td>Glimmspanprobe:
Das Gas wird in einem Reagenzglas aufgefangen und ein glimmender Span hineingehalten. Glüht er auf, ist das Gas Sauerstoff.</td><td>/ 2</td></tr>
<tr><td>B1</td><td>A: NH_3 = Ammoniak
B: CO_2 = Kohlenstoffdioxid
C: CO = Kohlenstoffmonooxid</td><td>/ 6</td></tr>
<tr><td>C1</td><td>Es ist ein neuer Stoff mit neuen Eigenschaften entstanden (Farbänderung).
Er glüht auch nach dem Erhitzen weiter (Energiebeteiligung).</td><td>/ 2</td></tr>
<tr><td>C2</td><td>a) Kohlenstoff (s) + Sauerstoff(g) ⟶ Kohlenstoffdioxid (g) I exotherm

b)
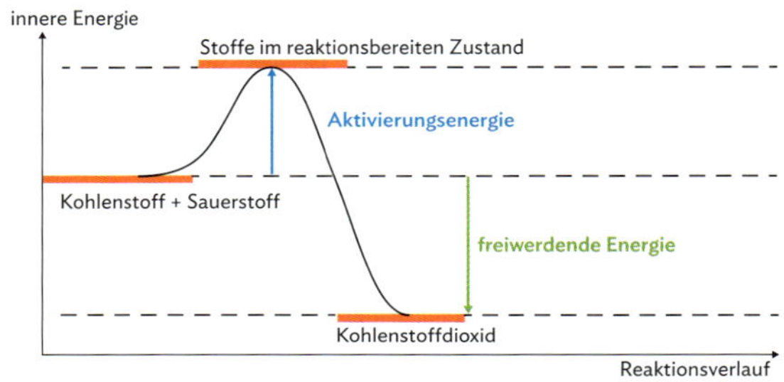

c)

C + O_2 ⟶ CO_2</td><td>/ 2
/ 6
/ 2</td></tr>
<tr><td>D1</td><td>a)
- Braunstein ist ein schwarz-braunes Pulver und liegt nach der Reaktion unverändert vor.
- Nach Zugabe von Braunstein startet die Reaktion sofort. Da jetzt die Umgebungstemperatur zur Aktivierung ausreicht, hat der Einsatz von Braunstein die Aktivierungsenergie gesenkt.
⟶ Braunstein wirkt als Katalysator

b) $2\ H_2O_2 \xrightarrow{\text{Braunstein}} 2\ H_2O + O_2$

c) Wasser kann mit Watesmo-Papier nachgewiesen werden.</td><td>/ 4
/ 5
/ 1</td></tr>
</table>

Aufgabe	Lösung
A1	CO_2: Nachweis mit der Kalkwasserprobe; H_2O: Kaltes Becherglas über die Flamme halten und mit Watesmo den Beschlag testen.
A2	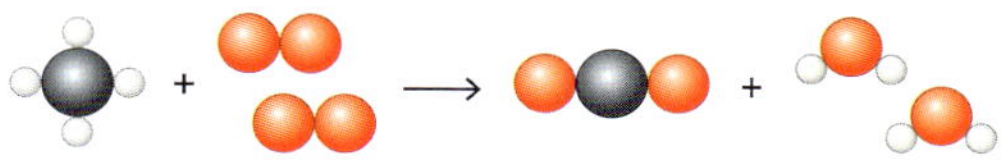
B1	Bei einer gelben Flamme steht nicht ausreichend Sauerstoff zur Verfügung. Es entsteht bei einer unvollständigen Verbrennung Ruß.
B2	Mögliche Lösungen: Abgaskatalysator: Die schädlichen Abgase, wie Kohlenstoffmonooxid, werden an einem katalytischen Metall mithilfe von Luftsauerstoff in weniger schädliche Abgase, wie Kohlenstoffdioxid, umgewandelt.
C1	Richtig sind die Aussagen: Wird die Teilchenzahl erhöht, steigt auch die Masse. Wird die Masse verdoppelt, verdoppelt sich auch das Volumen.
C2	H_2O: 18 g/mol; C_2H_6: 30 g/mol; $C_6H_{12}O_6$: 180 g/mol
C3	Stoffmenge: n, mol; molare Masse: M, g/mol; Masse: m, g
D1	Beispiellösung: Kohlenstoffdioxid ist in der Luft und wird von Pflanzen aufgenommen und zu organischen Verbindungen, wie Zucker, umgewandelt. Diese organischen Verbindungen werden von Tieren aufgenommen und zu eigenen organischen Verbindungen umgebaut.
D2	Biogas, Holzpellets, Erdgas, Heizöl, Braunkohle. Bei Biogas und Holzpellets ist die Kohlenstoffdioxidbilanz Null, wobei Biogas den besseren Brennwert hat. Bei den anderen verschlechtert sich nach der Reihe die Kohlenstoffdioxidbilanz.
D3	Pro: z.B. nachwachsender Rohstoff, kostengünstig, CO_2-neutral, Standort überall vorhanden Contra: z.B. aufwändiges Abernten der Algen, Aufbereitung des Biogases ⟶ Diese Litfaßsäulen sind ein möglicher Baustein für die zukünftige Energieversorgung.

Aufgabe	Lösung	Punkte

A1

Stoffebene: die Waage
Teilchenebene: Moleküle auf den Waagschalen, Formelgleichungen
Bewertung: Hier werden Stoff- und Teilchenebene vermischt. Dadurch erhält man den falschen Eindruck, dass man einzelne Moleküle wiegen kann, um so auf die Anzahlverhältnisse in der Formelgleichung zu kommen.

/ 3

A2

Teilchenmodell:

flüssig gasförmig

DALTON-Modell:

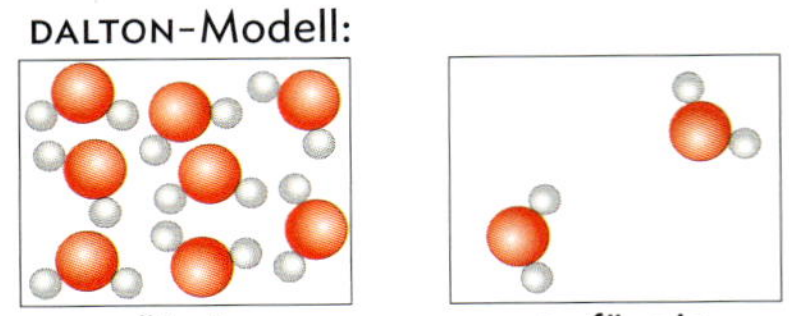

flüssig gasförmig

Das Teilchenmodell ist besser für die Darstellung des Aggregatzustands geeignet, da sich schnell viele Teilchen zeichnen lassen. Die wesentliche Information, der Abstand der Teilchen ist gut zu erkennen, es gibt keine überflüssigen Informationen.

/ 6

A3

Teilchenmodell, z. B.: 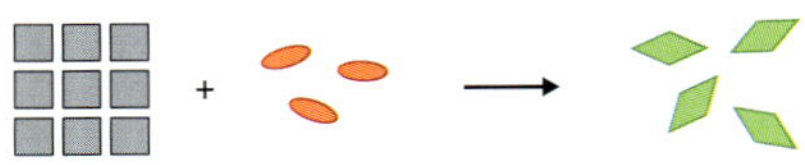

DALTON-Modell: 

Das DALTON-Modell ist besser für die Darstellung von chemischen Reaktionen geeignet, da man die Anzahl und die Sorte der reagierenden Atome erkennen kann. Daraus lässt sich die Formelgleichung ableiten.

/ 6

B1

Die Edukte haben im Vergleich zu den Produkten einen höheren Energiegehalt. Das bedeutet, dass bei der Reaktion insgesamt Energie frei wird, man spricht von einer exothermen Reaktion.
Durch die Zufuhr von Aktivierungsenergie werden die Teilchen in den energiereichsten und daher reaktionsbereiten Zustand überführt.

/ 3

B2

Alle Stoffe enthalten einen gewissen Betrag an Energie, der als innere Energie der Stoffe bezeichnet wird.

/ 1

C1

Aussage	richtig	falsch
Kupfer ist ein Element, das nur aus Kupfer-Atomen besteht.	X	
Das Element Schwefel ist ein gelber Feststoff.	X	
Schwefeldioxid ist ein Element.		X (Schwefeldioxid ist eine Verbindung.)
Kohlenstoff-Atome sind schwarz.		X (Kohlenstoff- Atome haben keine Farbe.)

/ 6

D1

Hauptgruppen sind die (acht) Spalten, die von oben nach unten gehen. Alle Elemente einer Hauptgruppe gehören zu einer Elementfamilie mit ähnlichen Eigenschaften. Perioden sind die (sieben) Zeilen im Periodensystem der Elemente. Sie sind von links nach rechts angeordnet.

/ 2

D2

Das Element Chlor steht in der siebten Hauptgruppe in der dritten Periode.

/ 2

D3

Fluor, Brom, Iod, Astat oder Tenness.

/ 1

Aufgabe	Lösung

A1

a) Stickstoff-Atom, da sieben Protonen und sieben Elektronen gezeigt sind.
Fluor-Atom, da zwei Energiestufen und sieben Valenzelektronen gezeigt sind.
Sauerstoff-Atom, da ein Kugelwolkenmodell gezeigt ist, bei dem zwei Kugelwolken der zweiten Periode doppelt besetzt und zwei Kugelwolken einfach besetzt sind.

b) 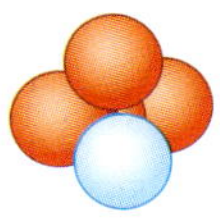

A2

Aspekt	Kern-Hülle-Modell	Energiestufenmodell	Kugelwolkenmodell
Anzahl der Protonen	ja	nein	nein
Anzahl der Elektronen	ja	ja	ja
Energiegehalt der Elektronen	nein	ja	ja
Anzahl der Valenzelektronen	nein	ja	ja

B1

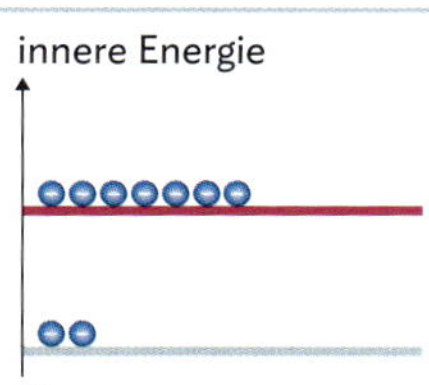

Fluor

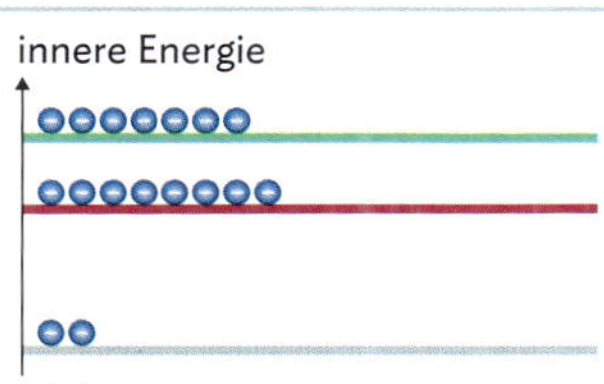

Chlor

B2

a) K und Ge b) Li und F bzw. K und Ge c) H und Li d) K und Ge e) F und Cl

C1

Atomsorte	Anzahl Protonen	Anzahl Elektronen	Anzahl Neutronen
P	15	15	16
Mg	12	12	12
B	5	5	6
H	1	1	0

LÖSUNGEN ZU „STARTKLAR?“

<table>
<tr><th>Aufgabe</th><th>Lösung</th><th>Punkte</th></tr>
<tr><td>A1</td><td>Aluminium und Brom: Ionengitter, da eine Verbindung aus Metall und Nichtmetall
Wasserstoff und Chlor: Molekül, da eine Verbindung aus Nichtmetall und Nichtmetall
Schwefel und Sauerstoff: Molekül, da eine Verbindung aus Nichtmetall und Nichtmetall
Calcium: Metallgitter, da Calcium ein Metall ist</td><td>/ 4</td></tr>
<tr><td>A2</td><td>
<table>
<tr><th>Platin</th><th>Kochsalz</th><th>Ammoniak</th></tr>
<tr><td>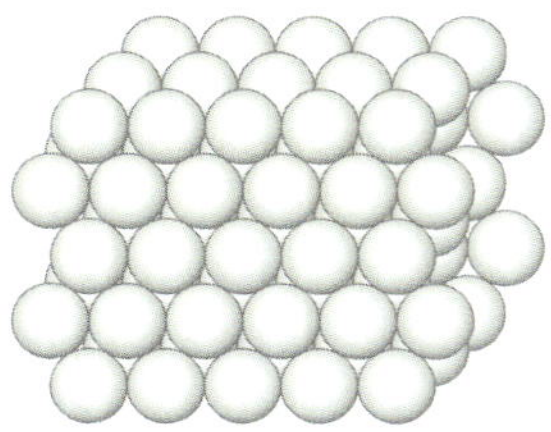</td><td>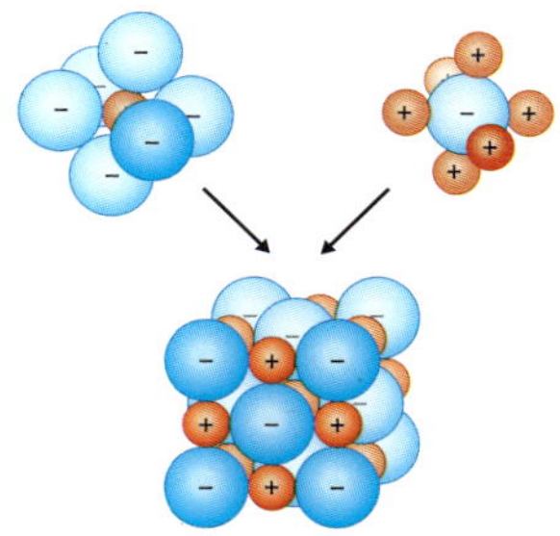</td><td>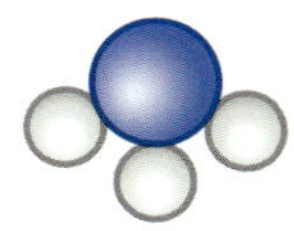</td></tr>
<tr><td>Metallbindung</td><td>Ionenbindung</td><td>Molekülbindung</td></tr>
<tr><td>Zwischen den ungeladenen Metall-Atomen bestehen ungerichtete Anziehungskräfte. Es entsteht ein Metallgitter.</td><td>Zwischen Metall-Kationen und Nichtmetall-Anionen wirken ungerichtete Anziehungskräfte. Es entstehen Ionengitter.</td><td>Zwischen Nichtmetall-Atomen wirken gerichtete Anziehungskräfte. Sie wirken nur in eine bestimmte Raumrichtung. Es entstehen Moleküle.</td></tr>
</table>
</td><td>/ 9</td></tr>
<tr><td>B1</td><td>Elektrische Leitfähigkeit: Metalle als Feststoff elektrisch leitfähig, Salze als wässrige Lösungen, Moleküle nicht
Schmelz- und Siedetemperaturen: bei Metallen und Salzen allgemein höher, bei Molekülen niedriger
Verformbarkeit: Salze sind unter Druck brüchig, Metalle verformbar</td><td>/ 9</td></tr>
<tr><td>C1</td><td>5 Al, 2 S, Br_2, $(Mg^{2+})_3(N^{3-})_2$, $(Li^+)_2(O^{2-})$, C_nH_{2n+2}</td><td>/ 6</td></tr>
<tr><td>C2</td><td>$(Cu^{2+})(Cl^-)_2$: Salz, Metall + Nichtmetall
K, Fe: Metall, da nur Metall
H_2O_2, C_2H_6: Moleküle, da Nichtmetall + Nichtmetall</td><td>/ 5</td></tr>
<tr><td>D1</td><td>Bor: 2. Periode, 3 einfach besetzte Kugelwolken entspricht 3 Valenzelektronen
Neon: 2. Periode, 4 doppelt besetzte Kugelwolken entspricht 8 Valenzelektronen
Chlor: 3. Periode, 3 doppelt und eine einfach besetzte Kugelwolke entspricht 7 Valenzelektronen</td><td>/ 9</td></tr>
<tr><td>D2</td><td>Das Kugelwolkenmodell stellt den Bau der höchsten Energiestufe dar. Dabei werden die Valenzelektronen in bis zu vier Kugelwolken aufgeteilt, die sie zunächst einzeln und dann doppelt besetzen.
Die tieferen Energiestufen können bis zur dritten Periode mit angezeigt werden.</td><td>/ 3</td></tr>
<tr><td>D3</td><td>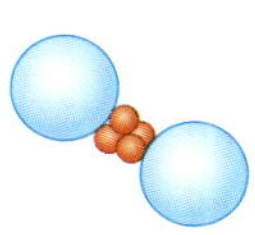
Magnesium-Atom
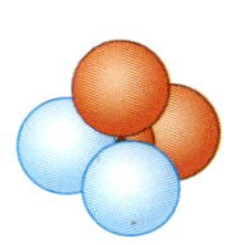
Sauerstoff-Atom

Fluor-Atom</td><td>/ 3</td></tr>
</table>

Aufgabe	Lösung
A1	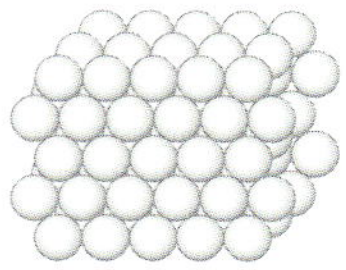
A2	Mit der Metallbindung lassen sich die gute Verformbarkeit und die elektrische Leitfähigkeit erklären. Metalle werden durch die Anziehungskräfte zwischen den positiv geladenen Atomrümpfen und dem Elektronengas zusammengehalten. Bei der elektrischen Leitfähigkeit wird das Elektronengas gezielt vom Pluspol angezogen. Bei der Verformbarkeit werden zwar die Atomrümpfe verschoben, aber weiterhin von dem sie umgebenden Elektronengas angezogen, so dass es nicht wie bei Salzen zu einer Abstoßung kommt. Der metallische Glanz lässt sich mit dem Elektronengasmodell/der Metallbindung nicht ausreichend erklären.
A3	Die beschriebenen Stoffeigenschaften sind allgemein typisch für die Metalle. Gold hat also ähnliche Stoffeigenschaften wie Silber.
B1	Die Edelgasregel wird bei beiden Molekülen eingehalten. Den Wasserstoff-Atomen sind jeweils zwei Elektronen zugeordnet, das entspricht der Edelgaskonfiguration von Helium. Dem Kohlenstoff- und Stickstoff-Atom sind jeweils acht Elektronen zugeordnet, das entspricht der Edelgaskonfiguration von Neon. 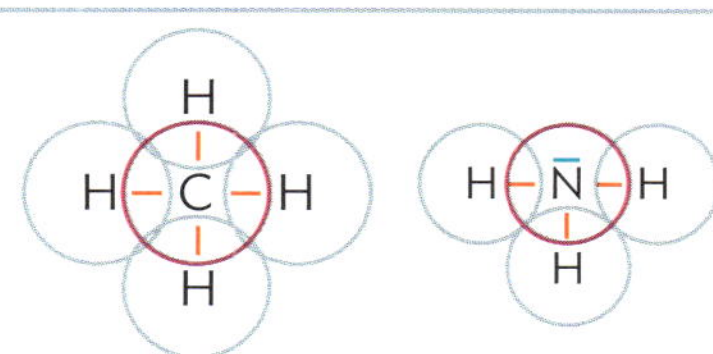
B2	Die Elektronenpaarbindung entsteht durch das Überlappen der einfach besetzten Kugelwolken bei Molekülen. Dadurch entstehen bindende Elektronenpaare, die die Atome der Moleküle zusammenhalten.
B3	Beim Methan-Molekül sind um das zentrale Kohlenstoff-Atom vier Bindungen angeordnet, damit ergibt sich nach dem EPA-Modell ein Tetraeder. Beim Ammoniak-Molekül sind um das zentrale Stickstoff-Atom drei Bindungen und ein freies Elektronenpaar angeordnet. Damit ergibt sich im Prinzip ebenfalls ein Tetraeder, der aufgrund des freien Elektronenpaars pyramidal angeordnet ist.
C1	H – Br: EN (H) = 2,1; EN (Br)= 2,8; mit ΔEN= 0,7 ist die Bindung polar. C – S: EN (C) = 2,5; EN (S) = 2,5; mit ΔEN= 0 ist die Bindung unpolar. O – H: EN (O) = 3,5; EN (H) = 2,1; mit ΔEN= 1,4 ist die Bindung polar.
C2	Zwischen den unpolaren Methan-Molekülen herrschen London-Dispersionskräfte. Diese kommen zustande, wenn sich bei einem Molekül durch Elektronenverschiebungen ein spontaner Dipol bildet und dieser dann weitere Dipole induziert.
C3	Bei Tetrachlormethan ist zwar die C – Cl Bindung polar mit einer Elektronegativitätsdifferenz von 0,5, durch den tetraedrischen Aufbau fallen die Ladungsschwerpunkte aber zusammen und das Molekül ist unpolar. Somit wird das Lösemittel nicht vom elektrisch aufgeladenen Luftballon abgelenkt.
D1	Wasser kann im Gegensatz zu vielen anderen molekularen Stoffen pro Molekül zwei Wasserstoffbrücken ausbilden. Wasserstoffbrücken sind starke zwischenmolekulare Wechselwirkungen und es wird viel Energie benötigt, um diese zu überwinden. Das zeigt sich in der hohen Siedetemperatur von Wasser.
D2	Moleküle werden an der Oberfläche nach innen gezogen, sodass sich die Wasseroberfläche wölbt. Erst wenn die Schwerkraft größer ist als die nach innen wirkenden Kräfte, läuft das Wasser über den Becherrand. Das kann durch einen einzigen Tropfen ausgelöst werden.

LÖSUNGEN ZU „STARTKLAR?“

Aufgabe	Lösung	Punkte
A1	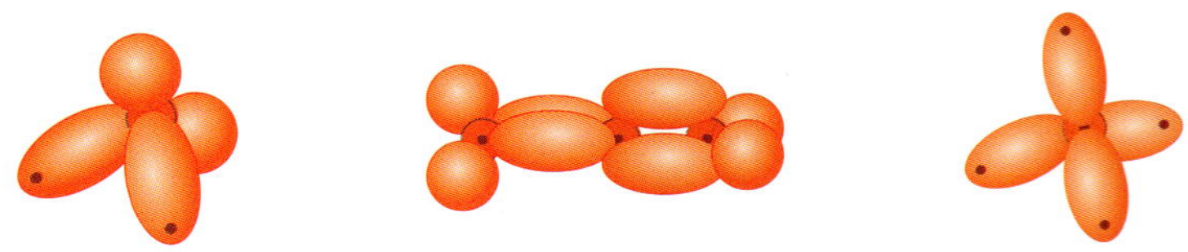	/ 6
B1	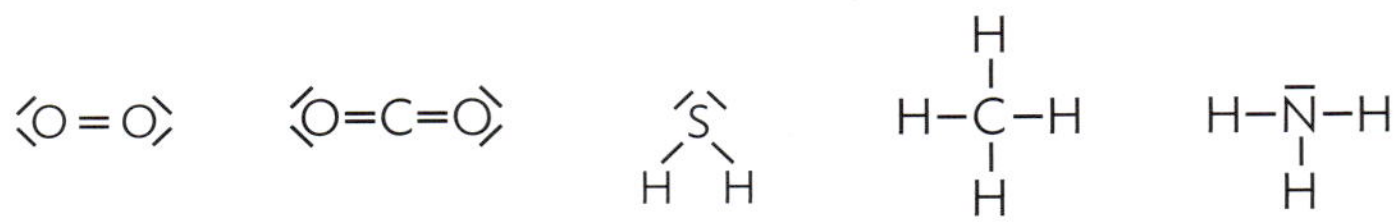	/ 5
B2	Korrekt ist nur die Formel von H_2S. Zwischen Chlor und Fluor kann nur eine Einfachbindung ausgebildet werden, da beide Atome jeweils sieben Valenzelektronen haben. Bei PH_3 fehlt ein nichtbindendes Elektronenpaar am Phosphor-Atom. Somit ist der Bau pyramidal und nicht planar.	/ 3
B3	Im Wasser-Molekül sind zwei Bindungen und zwei nichtbindende Elektronenpaare um das Zentral-Atom angeordnet. Dadurch ergibt sich nach dem EPA-Modell prinzipiell ein Tetraeder und damit eine gewinkelte Struktur. Da beim Kohlenstoffdioxid-Molekül die zwei Sauerstoff-Atome mit Doppelbindungen mit dem Kohlenstoff-Atom verbunden sind, ergibt eine lineare Struktur den größtmöglichen Abstand zwischen den Elektronenpaaren.	/ 4
C1	a) H – H: $\Delta EN = 0$; Br – Br: $\Delta EN = 0$; H – Br: $\Delta EN = 0{,}7$; H – F: $\Delta EN = 1{,}9$; C – F: $\Delta EN = 1{,}5$ Die Moleküle HBr, HF und CF_4 haben polare Atombindungen.	/ 3
	b) 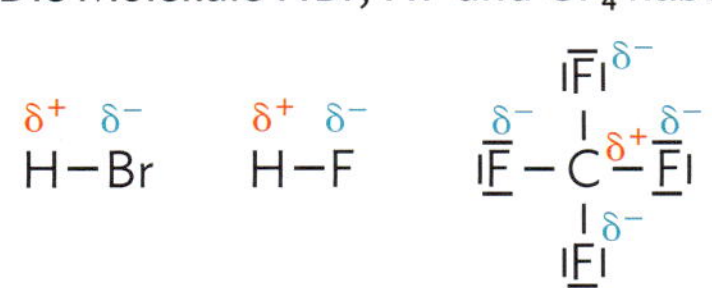 Dipol — Dipol — kein Dipol, Ladungsschwerpunkte fallen zusammen	/ 5
	c) H_2, Br_2, CF_4: London-Dispersionskräfte; durch kurzfristige, zufällige unterschiedliche Verteilung der Elektronen kommt es zu temporären Dipolen, die sich untereinander anziehen HBr: Dipol-Dipol-Wechselwirkung; die permanenten Dipole ziehen sich gegenseitig an. HF: Wasserstoffbrücken; da auch Fluor wie Sauerstoff Wasserstoffbrücken ausbilden kann.	/ 5
C2	Bei H_2O wirken Wasserstoffbrücken, bei H_2S nur Dipol-Dipol-Wechselwirkungen. Wasserstoffbrücken sind stärker, deshalb ist Wasser bei Zimmertemperatur flüssig und H_2S ist gasförmig.	/ 2
C3		/ 2
D1	a) Experimentell: Siedetemperatur 100 °C Mit den Sinnesorganen: farblos, geruchlos	/ 4
	b) Siedetemperatur	/ 2
D2	Die O – H-Bindung im Wasser-Molekül ist aufgrund der hohen Elektronegativitätsdifferenz von $\Delta EN(O-H) = 1{,}4$ stark polar. Wasser-Moleküle können	/ 2

	Wasserstoffbrücken ausbilden. Die C − H-Bindungen im Methan-Molekül sind mit der Elektronegativitätsdifferenz von ΔEN(C − H) = 0,4 unpolar. Außerdem ist das Methan-Molekül symmetrisch aufgebaut. Methan-Moleküle können nur London-Dispersionskräfte ausbilden. Je stärker die Wechselwirkung, desto höher die Siedetemperatur. Da die Wasserstoffbrücken zwischen den Wasser-Molekülen deutlich stärker sind als die London-Dispersionskräfte zwischen den Methan-Molekülen, liegt die Siedetemperatur von Wasser deutlich höher als die von Methan.

Aufgabe	Lösung
A1	-47,7 °C = Propen; -6,2 °C = Buten; 63 °C = Hexen; 93,6 °C = Hepten
A2	Bei der Bromwasserprobe wird die zu prüfende Substanz (meist farblos) mit orangefarbenen Bromwasser versetzt. Durch Schütteln werden die beiden Flüssigkeiten vermischt. ist die Probe positiv, ist das Bromwasser nach kurzer Zeit entfärbt. Durch die Bromwasser-Probe wird die C − C-Doppelbindung nachgewiesen.
B1	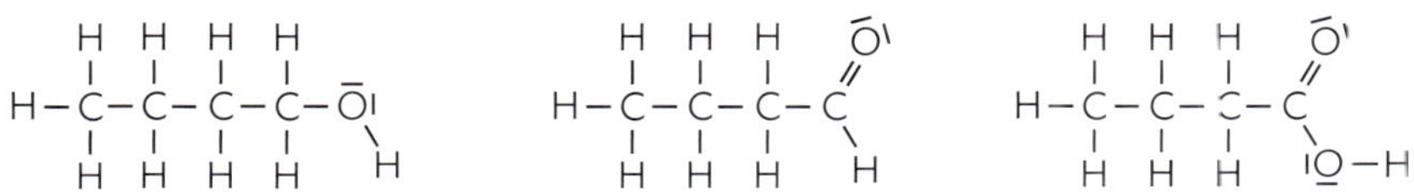
B2	Die Alkansäure wird mit einem Indikator, wie zum Beispiel Bromthymolblau, nachgewiesen. Bei der Anwesenheit einer Säure färbt sich dieser von grün nach gelb. Das Aldehyd wird durch die Fehlingprobe nachgewiesen. Bei Anwesenheit von einem Aldehyd färbt sich die blaue Fehling-Lösung beim Erwärmen rot. Das Alkanol wird durch den Cerammoniumnitrattest nachgewiesen. Die Cerammoniumnitratlösung färbt sich in Anwesenheit von Alkanolen von gelb nach rot.
C1	In einer homologen Reihe unterscheiden sich die Moleküle der direkt aufeinanderfolgenden Glieder der homologen Reihe jeweils um eine CH_2-Gruppe. Je größer die Moleküle sind, desto größer ist die Oberfläche und desto mehr Möglichkeiten zur Ausbildung von temporären und induzierten Dipolen gibt es. Die Folge sind stärkere London-Dispersionskräfte. Je länger eine Alkyl-Gruppe ist, bzw. je größer die Oberfläche des Moleküls, desto mehr Energie wird deshalb benötigt, um die Anziehungskräfte zu überwinden und desto höher ist die Siedetemperatur.
C2	a) Butanol hat die höhere Siedetemperatur, da es eine größere Oberfläche hat und somit die London-Dispersionskräfte stärker sind. b) Propansäure, da durch die Carboxy-Gruppe Partialladungen vorhanden sind und somit Wasserstoffbrücken vorhanden sind.
D1	Ein wasserfester Edding ist ein hydrophober bzw. lipophiler Stoff. Hexan und Octanal sind als Lösemittel geeignet. Sie sind beide aus unpolaren Molekülen aufgebaute Stoffe, ebenso wie der wasserfeste Edding.
D2	Beim Hexansäure-Molekül überwiegt der Einfluss der unpolaren Alkyl-Gruppe gegebenüber der einen polaren Carboxy-Gruppe. Das Adipinsäure-Molekül hat zwei Carboxy-Gruppen. Somit überwiegen die polaren Eigenschaften der funktionellen Gruppen gegenüber der Alkyl-Gruppe, weshalb sich der Stoff auch besser im Wasser löst. Die Adipinsäure ist also hydrophiler als die Hexansäure.
D3	Das Zucker-Molekül muss Kohlenstoff-Atome und Wasserstoff-Atome enthalten, da es sich laut der Aufgabe bei Zucker um eine organische Verbindung handelt. Es muss polare funktionelle Gruppen haben, damit es sich in Wasser lösen kann. Es könnte also über Hydroxy-Gruppen, Aldehyd-Gruppen oder Carboxy-Gruppen verfügen.

GHS – Das neue international gültige System zur Bezeichnung von Gefahrstoffen

Es gibt viele verschiedene Länder auf der Welt, die alle mit Gefahrstoffen arbeiten und mit diesen untereinander Handel treiben. Um weltweit sichere Handhabung, Transport und Entsorgung zu gewährleisten, wurde das global gültige GHS-System ins Leben gerufen. Es hat die zuvor in der EU gültigen Risiko- und Sicherheitssätze, kurz R- und S-Sätze, abgelöst.
Inzwischen sind die GHS-Angaben auf allen Chemikalienverpackungen, die in den Verkauf gebracht werden, Pflicht, egal ob es Reinstoffe sind oder ob es sich um Stoffgemische handelt.
Eine Pflicht zur Umettiketierung existiert nicht. Es dürfen jedoch nicht beide Systeme auf ein und derselben Verpackung verwendet werden.
Die Gefahrstoffkennzeichnungen erfolgen über Piktogramme, ein Signalwort sowie über H- und P-Sätze, die über die Gefahren (Hazards) und Sicherheitsmaßnahmen (Precautions) Auskunft geben, wobei letztere ebenfalls über Piktogramme erfolgen können.

Piktogramme

GHS 1
Instabile explosive Stoffe und Gemische
Explosive Stoffe/Gemische und Erzeugnisse mit Explosivstoff
Selbstzersetzliche Stoffe und Gemische
Organische Peroxide

GHS 2
Entzündbare Gase/Aerosole/Flüssigkeiten/Feststoffe
Selbstzersetzliche Stoffe und Gemische
Pyrophore Flüssigkeiten/Feststoffe
Selbsterhitzungsfähige Stoffe und Gemische
Stoffe und Gemische, die bei Berührung mit Wasser entzündbare Gase abgeben
Organische Peroxide

GHS 3
Oxidierende Gase/Flüssigkeiten/Feststoffe

GHS 4
Gase unter Druck: verdichtete Gase/verflüssigte Gase/tiefgekühlt verflüssigte Gase/gelöste Gase

GHS 5
Auf Metalle korrosiv wirkend
Hautätzend
Schwere Augenschädigung

GHS 6
Akute Toxizität (oral, dermal, inhalativ)

GHS 7
Akute Toxizität (oral, dermal, inhalativ)
Reizung der Haut
Augenreizung
Sensibilisierung der Haut
Spezifische Zielorgan-Toxizität (einmalige Exposition)
Atemwegsreizung
Narkotisierende Wirkungen

GHS 8
Sensibilisierung der Atemwege
Keimzellmutagenität
Karzinogenität
Reproduktionstoxizität
Spezifische Zielorgan-Toxizität (einmalige Exposition)
Spezifische Zielorgan-Toxizität (wiederholte Exposition)
Aspirationsgefahr

GHS 9
Gewässergefährdend
— akut gewässergefährdend
— chronisch gewässergefährdend

Die oben angegebenen Piktogramme werden mit Signalwörtern unterstützt, die eine relative Abstufung der von dem Stoff/der Mixtur ausgehenden Gefahr angeben sollen. Diese Wörter können jedoch auch ohne Piktogramm auftauchen:

Achtung warnt vor weniger schwerwiegenden Gefahrenkategorien, z. B. gesundheitsschädlich.
Gefahr warnt vor schwerwiegenden Gefahrenkategorien, z. B. giftig.

Hazard-Statements (H-Sätze)

Die Gefahrsätze besitzen einen Code, der bereits bei den R- und S-Sätzen Verwendung fand. So sind jegliche H-Sätze mit dem Buchstaben H und einer dreistelligen Nummer versehen, wobei die erste Ziffer den Typ der Gefahr angibt. Sätze, die mit H2 beginnen, beziehen sich somit auf physikalische Gefahren (Explosionen, Feuergefahr etc.), Sätze, die mit H3 beginnen, auf gesundheitliche Gefahren (giftig, krebserregend etc.) und Sätze, die mit H4 beginnen, bezeichnen Umweltgefahren. Kombinationen der H-Sätze werden durch ein Plus-Zeichen angegeben (z. B. H312+H332).

Precautionary-Statements (P-Sätze)

Ähnlich wie bei den Hazard-Statements findet sich auch hier ein dreistelliger Code. Die erste Ziffer gibt dabei an, um was für einen Typ dieser Sicherheitssätze es sich handelt.
Beginnend mit P1(Allgemeines) sind generelle Angaben, beginnend mit P2(Prävention) sind Sätze, die Vorbeugung und Vermeidung von Gefahren beschreiben. P3(Reaktion)-Sätze beschreiben Vorgehensweisen, wie auf bestehende Gefahren zu reagieren ist (Metallbrände mit Sand löschen). P4(Aufbewahrung)-Sätze bezeichnen Maßnahmen zur sicheren Lagerung und P5(Entsorgung)-Sätze beschreiben Maßnahmen zur Entsorgung.

Entsorgung

A: Ausguss
Ungefährliche und wasserlösliche Stoffe dürfen über den Ausguss dem Abwasser zugeführt werden. Feststoffe wie Zucker sollten zuvor in Wasser gelöst werden.

R: Restmüll
Unproblematische und ungefährliche Feststoffe werden im Restmüll entsorgt.

G1: Gefäß für saure und basische Lösungen
In diesem Gefäß werden saure und basische Lösungen gesammelt. Bevor der Behälter voll ist, muss der Inhalt von der Lehrkraft neutralisiert werden.

G2: Gefäß für giftige anorganische Stoffe
Gifte und umweltschädliche Chemikalien, z. B. Schwermetallsalze und deren Lösungen, werden in Gefäß 2 gesammelt.

G3: Gefäß für halogenfreie organische Stoffe
In diesem Gefäß werden wasserlösliche und wasserunlösliche organische Stoffe gesammelt, die keine Halogene enthalten.

G4: Gefäß für halogenhaltige organische Stoffe
Organische Verbindungen, die Halogene enthalten, werden in Gefäß 4 bis zur endgültigen Entsorgung durch ein Unternehmen aufbewahrt.

H200-Reihe: Physikalische Gefahren

H200 Instabil, explosiv.
H201 Explosiv, Gefahr der Massenexplosion.
H202 Explosiv; große Gefahr durch Splitter, Spreng- und Wurfstücke.
H203 Explosiv; Gefahr durch Feuer, Luftdruck oder Splitter, Spreng- und Wurfstücke.
H204 Gefahr durch Feuer oder Splitter, Spreng- und Wurfstücke.
H205 Gefahr der Massenexplosion bei Feuer.
H206 Gefahr durch Feuer, Druckstoß oder Sprengstücke; erhöhte Explosionsgefahr, wenn das Desensibilisierungsmittel reduziert wird
H207 Gefahr durch Feuer oder Sprengstücke; erhöhte Explosionsgefahr, wenn das Desensibilisierungsmittel reduziert wird
H208 Gefahr durch Feuer; erhöhte Explosionsgefahr, wenn das Desensibilisierungsmittel reduziert wird
H220 Extrem entzündbares Gas.
H221 Entzündbares Gas.
H222 Extrem entzündbares Aerosol.
H223 Entzündbares Aerosol.
H224 Flüssigkeit und Dampf extrem entzündbar.
H225 Flüssigkeit und Dampf leicht entzündbar.
H226 Flüssigkeit und Dampf entzündbar.
H228 Entzündbarer Feststoff.
H229 Behälter steht unter Druck: kann bei Erwärmung bersten.
H230 Kann auch in Abwesenheit von Luft explosionsartig reagieren.
H231 Kann auch in Abwesenheit von Luft bei erhöhtem Druck und/oder erhöhter Temperatur explosionsartig reagieren.
H240 Erwärmung kann Explosion verursachen.
H241 Erwärmung kann Brand oder Explosion verursachen.
H242 Erwärmung kann Brand verursachen.
H250 Entzündet sich in Berührung mit Luft von selbst.
H251 Selbsterhitzungsfähig; kann in Brand geraten.
H252 In großen Mengen selbsterhitzungsfähig; kann in Brand geraten.
H260 In Berührung mit Wasser entstehen entzündbare Gase, die sich spontan entzünden können.
H261 In Berührung mit Wasser entstehen entzündbare Gase.
H270 Kann Brand verursachen oder verstärken; Oxidationsmittel.
H271 Kann Brand oder Explosion verursachen; starkes Oxidationsmittel.
H272 Kann Brand verstärken; Oxidationsmittel.
H280 Enthält Gas unter Druck; kann bei Erwärmung explodieren.
H281 Enthält tiefgekühltes Gas; kann Kälteverbrennungen oder -verletzungen verursachen.
H290 Kann gegenüber Metallen korrosiv sein.

H300-Reihe: Gesundheitsgefahren

H300 Lebensgefahr bei Verschlucken.
H301 Giftig bei Verschlucken.
H302 Gesundheitsschädlich bei Verschlucken.
H304 Kann bei Verschlucken und Eindringen in die Atemwege tödlich sein.
H310 Lebensgefahr bei Hautkontakt.
H311 Giftig bei Hautkontakt.
H312 Gesundheitsschädlich bei Hautkontakt.
H314 Verursacht schwere Verätzungen der Haut und schwere Augenschäden.
H315 Verursacht Hautreizungen.
H317 Kann allergische Hautreaktionen verursachen.
H318 Verursacht schwere Augenschäden.
H319 Verursacht schwere Augenreizung.
H330 Lebensgefahr bei Einatmen.
H331 Giftig bei Einatmen.
H332 Gesundheitsschädlich bei Einatmen.
H334 Kann bei Einatmen Allergie, asthmaartige Symptome oder Atembeschwerden verursachen.
H335 Kann die Atemwege reizen.
H336 Kann Schläfrigkeit und Benommenheit verursachen.
H340 Kann genetische Defekte verursachen <Expositionsweg angeben, sofern schlüssig belegt ist, dass diese Gefahr bei einem anderen Expositionsweg besteht>.
H341 Kann vermutlich genetische Defekte verursachen <Expositionsweg angeben, sofern schlüssig belegt ist, dass diese Gefahr bei keinem anderen Expositionsweg besteht>.
H350 Kann Krebs erzeugen <Expositionsweg angeben, sofern schlüssig belegt ist, dass diese Gefahr bei keinem anderen Expositionsweg besteht>.
H350i Kann bei Einatmen Krebs erzeugen.
H351 Kann vermutlich Krebs erzeugen <Expositionsweg angeben, sofern schlüssig belegt ist, dass diese Gefahr bei keinem anderen Expositionsweg besteht>.
H360 Kann die Fruchtbarkeit beeinträchtigen oder das Kind im Mutterleib schädigen <konkrete Wirkung angeben, sofern bekannt><Expositionsweg angeben, sofern schlüssig belegt ist, dass die Gefahr bei keinem anderen Expositionsweg besteht>.
H360F Kann die Fruchtbarkeit beeinträchtigen.
H360D Kann das Kind im Mutterleib schädigen.
H360FD Kann die Fruchtbarkeit beeinträchtigen. Kann das Kind im Mutterleib schädigen.
H360Fd Kann die Fruchtbarkeit beeinträchtigen. Kann vermutlich das Kind im Mutterleib schädigen
H360Df Kann das Kind im Mutterleib schädigen. Kann vermutlich die Fruchtbarkeit beeinträchtigen.
H361 Kann vermutlich die Fruchtbarkeit beeinträchtigen oder das Kind im Mutterleib schädigen <konkrete Wirkung angeben sofern bekannt> <Expositionsweg angeben, sofern schlüssig belegt ist, dass die Gefahr- bei keinem anderen Expositionsweg besteht>.
H361f Kann vermutlich die Fruchtbarkeit beeinträchtigen.
H361d Kann vermutlich das Kind im Mutterleib schädigen.
H361fd Kann vermutlich die Fruchtbarkeit beeinträchtigen, kann vermutlich das Kind im Mutterleib schädigen
H362 Kann Säuglinge über die Muttermilch schädigen.
H370 Schädigt die Organe <oder alle betroffenen Organe nennen, sofern bekannt><Expositionsweg angeben, sofern schlüssig belegt ist, dass diese Gefahr bei keinem anderen Expositionsweg besteht>.
H37 Kann die Organe schädigen <oder alle betroffenen Organe nennen, sofern bekannt> <Expositionsweg angeben, sofern schlüssig belegt ist, dass diese Gefahr bei keinem anderen Expositionsweg besteht>.
H372 Schädigt die Organe <alle betroffenen Organe nennen> bei längerer oder wiederholter Exposition <Expositionsweg angeben, wenn schlüssig belegt ist, dass diese Gefahr bei keinem anderen Expositionsweg besteht>.
H373 Kann die Organe schädigen <alle betroffenen Organe nennen, sofern bekannt> bei längerer oder wiederholter Exposition <Expositionsweg angeben, wenn schlüssig belegt ist, dass diese Gefahr bei keinem anderen Expositionsweg besteht>.
H300+H310 Lebensgefahr bei Verschlucken oder Hautkontakt
H300+H330 Lebensgefahr bei Verschlucken oder Einatmen
H310+H330 Lebensgefahr bei Hautkontakt oder Einatmen
H300+H310+H330 Lebensgefahr bei Verschlucken, Hautkontakt oder Einatmen
H301+H311 Giftig bei Verschlucken oder Hautkontakt
H301+H331 Giftig bei Verschlucken oder Einatmen
H311+H331 Giftig bei Hautkontakt oder Einatmen
H301+H311+H331 Giftig bei Verschlucken, Hautkontakt oder Einatmen
H302+H312 Gesundheitsschädlich bei Verschlucken oder Hautkontakt
H302+H332 Gesundheitsschädlich bei Verschlucken oder Einatmen
H312+H332 Gesundheitsschädlich bei Hautkontakt oder Einatmen

H302+H312 +H332 Gesundheitsschädlich bei Verschlucken, Hautkontakt oder Einatmen

H400-Reihe: Umweltgefahren

H400 Sehr giftig für Wasserorganismen.
H410 Sehr giftig für Wasserorganismen mit langfristiger Wirkung.
H411 Giftig für Wasserorganismen, mit langfristiger Wirkung.
H412 Schädlich für Wasserorganismen, mit langfristiger Wirkung.
H413 Kann für Wasserorganismen schädlich sein, mit langfristiger Wirkung.
H420 Schädigt die öffentliche Gesundheit und die Umwelt durch Ozonabbau in der äußeren Atmosphäre.

P 100-Reihe: Allgemeines

P101 Ist ärztlicher Rat erforderlich, Verpackung oder Kennzeichnungsetikett bereithalten.
P102 Darf nicht in die Hände von Kindern gelangen.
P103 Vor Gebrauch Kennzeichnungsetikett lesen.

P 200-Reihe: Prävention

P201 Vor Gebrauch besondere Anweisungen einholen.
P202 Vor Gebrauch alle Sicherheitshinweise lesen und verstehen.
P210 Von Hitze, heißen Oberflächen, Funken, offenen Flammen und anderen Zündquellen fernhalten. Nicht rauchen.
P211 Nicht gegen offene Flamme oder andere Zündquelle sprühen.
P220 Von Kleidung und anderen brennbaren Materialien fernhalten.
P221 Mischen mit brennbaren Stoffen /... unbedingt verhindern. (Gestrichen mit der 8. ATP)
P222 Keinen Kontakt mit Luft zulassen.
P223 Keinen Kontakt mit Wasser zulassen.
P230 Feucht halten mit ...
P231 Inhalt unter inertem Gas /... handhaben und aufbewahren.
P232 Vor Feuchtigkeit schützen.
P233 Behälter dicht verschlossen halten.
P234 Nur im Originalbehälter aufbewahren.
P235 Kühl halten.
P240 Behälter und zu befüllende Anlage erden.
P241 Explosionsgeschützte elektrische Betriebsmittel / Lüftungsanlagen / Beleuchtung / ... verwenden.
P242 Nur funken freies Werkzeug verwenden.
P243 Maßnahmen gegen elektrostatische Entladungen treffen.
P244 Ventile und Ausrüstungsteile öl- und fettfrei halten.
P250 Nicht schleifen / stoßen /... / reiben.
P251 Nicht durchstechen oder verbrennen, auch nicht nach Gebrauch.
P260 Staub / Rauch / Gas / Nebel / Dampf / Aerosol nicht einatmen.
P261 Einatmen von Staub / Rauch / Gas / Nebel / Dampf / Aerosol vermeiden.
P262 Nicht in die Augen, auf die Haut oder auf die Kleidung gelangen lassen.
P263 Berührung während der Schwangerschaft und der Stillzeit vermeiden.
P264 Nach Gebrauch ... gründlich waschen.
P270 Bei Gebrauch nicht essen, trinken oder rauchen.
P271 Nur im Freien oder in gut belüfteten Räumen verwenden.
P272 Kontaminierte Arbeitskleidung nicht außerhalb des Arbeitsplatzes tragen.
P273 Freisetzung in die Umwelt vermeiden.
P280 Schutzhandschuhe / Schutzkleidung / Augenschutz / Gesichtsschutz tragen.
P282 Schutzhandschuhe mit Kälteisolierung und zusätzlich Gesichtsschild oder Augenschutz tragen.
P283 Schwer entflammbare / flammhemmende Kleidung tragen.
P284 [Bei unzureichender Belüftung] Atemschutz tragen.
P231 + P232 Unter inertem Gas handhaben. Vor Feuchtigkeit schützen.
P235 + P410 Kühl halten. Vor Sonnenbestrahlung schützen.

P 300-Reihe: Reaktion

P301 BEI VERSCHLUCKEN:
P302 BEI BERÜHRUNG MIT DER HAUT:
P303 BEI BERÜHRUNG MIT DER HAUT (oder dem Haar):
P304 BEI EINATMEN:
P305 BEI KONTAKT MIT DEN AUGEN:
P306 BEI KONTAMINIERTER KLEIDUNG:
P308 BEI EXPOSITION ODER FALLS BETROFFEN:
P310 Sofort GIFTINFORMATIONSZENTRUM / Arzt ... anrufen.
P311 GIFTINFORMATIONSZENTRUM / Arzt ... anrufen.
P312 Bei Unwohlsein GIFTINFORMATIONSZENTRUM / Arzt ... anrufen.
P313 Ärztlichen Rat einholen / ärztliche Hilfe hinzuziehen.
P314 Bei Unwohlsein ärztlichen Rat einholen / ärztliche Hilfe hinzuziehen.
P315 Sofort ärztlichen Rat einholen / ärztliche Hilfe hinzuziehen.
P320 Besondere Behandlung dringend erforderlich (siehe ... auf diesem Kennzeichnungsetikett).
P321 Besondere Behandlung (siehe ... auf diesem Kennzeichnungsetikett).
P330 Mund ausspülen.
P331 KEIN Erbrechen herbeiführen.
P332 Bei Hautreizung:
P333 Bei Hautreizung oder -ausschlag:
P334 In kaltes Wasser tauchen / nassen Verband anlegen.
P335 Lose Partikel von der Haut abbürsten.
P336 Vereiste Bereiche mit lauwarmem Wasser auftauen. Betroffenen Bereich nicht reiben.
P337 Bei anhaltender Augenreizung:
P338 Eventuell vorhandene Kontaktlinsen nach Möglichkeit entfernen. Weiter ausspülen.
P340 Die Person an die frische Luft bringen und für ungehinderte Atmung sorgen.
P342 Bei Symptomen der Atemwege:
P351 Einige Minuten lang behutsam mit Wasser ausspülen.
P352 Mit viel Wasser / ... waschen.
P353 Haut mit Wasser abwaschen [oder duschen].
P360 Kontaminierte Kleidung und Haut sofort mit viel Wasser abwaschen und danach Kleidung ausziehen.
P361 Alle kontaminierten Kleidungsstücke sofort ausziehen.
P362 Kontaminierte Kleidung ausziehen.
P363 Kontaminierte Kleidung vor erneutem Tragen waschen.
P364 Und vor erneutem Tragen waschen.
P370 Bei Brand
P371 Bei Großbrand und großen Mengen:
P372 Explosionsgefahr.
P373 KEINE Brandbekämpfung, wenn das Feuer explosive Stoffe / Gemische / Erzeugnisse erreicht.
P374 Brandbekämpfung mit üblichen Vorsichtsmaßnahmen aus angemessener Entfernung.
P375 Wegen Explosionsgefahr Brand aus der Entfernung bekämpfen.
P376 Undichtigkeit beseitigen, wenn gefahrlos möglich.
P377 Brand von ausströmendem Gas: Nicht löschen, bis Undichtigkeit gefahrlos beseitigt werden kann.
P378 ... zum Löschen verwenden.
P380 Umgebung räumen.
P381 Bei Undichtigkeit alle Zündquellen entfernen.
P390 Verschüttete Mengen aufnehmen, um Materialschäden zu vermeiden.
P391 Verschüttete Mengen aufnehmen.
P301 + P310 BEI VERSCHLUCKEN: Sofort GIFTINFOMATIONSZENTRUM / Arzt ... anrufen.
P301 + P312 BEI VERSCHLUCKEN: Bei Unwohlsein GIFTINFORMATIONSZENTRUM / Arzt ... anrufen.
P301 + P330 + P331 BEI VERSCHLUCKEN: Mund ausspülen. KEIN Erbrechen herbeiführen.
P302 + P334 BEI KONTAKT MIT DER HAUT: In kaltes Wasser tauchen / nassen Verband anlegen.
P302 + P335 + P334 BEI BERÜHRUNG MIT DER HAUT Lose Partikel von der Haut abbürsten. In kaltes Wasser tauchen [oder nassen Verband anlegen].
P302 + P352 BEI KONTAKT MIT DER HAUT: Mit viel Wasser / ... waschen.
P303 + P361 + P353 BEI KONTAKT MIT DER HAUT (oder dem Haar): Alle kontaminierten Kleidungsstücke sofort ausziehen. Haut mit Wasser abwaschen oder duschen.
P304 + P312 BEI EINATMEN: Bei Unwohl-

sein GIFTINFORMATIONSZENTRUM oder Arzt anrufen.

P304 + P340 BEI EINATMEN: Die Person an die frische Luft bringen und für ungehinderte Atmung sorgen.

P305 + P351 + P338 BEI KONTAKT MIT DEN AUGEN: Einige Minuten lang behutsam mit Wasser spülen. Vorhandene Kontaktlinsen nach Möglichkeit entfernen. Weiter spülen.

P306 + P360 BEI KONTAKT MIT DER KLEIDUNG: Kontaminierte Kleidung und Haut sofort mit viel Wasser abwaschen und danach Kleidung ausziehen.

P308 + P311 Bei Exposition oder falls betroffen: GIFTINFORMATIONSZENTRUM / Arzt ... anrufen.

P308 + P313 Bei Exposition oder falls betroffen: Ärztlichen Rat einholen / ärztliche Hilfe hinzuziehen.

P332 + P313 Bei Hautreizung: Ärztlichen Rat einholen / ärztliche Hilfe hinzuziehen.

P333 + P313 Bei Hautreizung oder -ausschlag: Ärztlichen Rat einholen / ärztliche Hilfe hinzuziehen.

P335 + P334 Lose Partikel von der Haut abbürsten. In kaltes Wasser tauchen / nassen Verband anlegen.

P336 + P315 Vereiste Bereiche mit lauwarmem Wasser auftauen. Betroffenen Bereich nicht reiben. Sofort ärztlichen Rat einholen/ärztliche Hilfe hinzuziehen.

P337 + P313 Bei anhaltender Augenreizung: Ärztlichen Rat einholen / ärztliche Hilfe hinzuziehen.

P342 + P311 Bei Symptomen der Atemwege: GIFTINFORMATIONSZENTRUM / Arzt ... anrufen.

P361 + P364 Alle kontaminierten Kleidungsstücke sofort ausziehen und vor erneutem Tragen waschen.

P362 + P364 Kontaminierte Kleidung ausziehen und vor erneutem Tragen waschen.

P370 + P376 Bei Brand: Undichtigkeit beseitigen, wenn gefahrlos möglich.

P370 + P378 Bei Brand: ... zum Löschen verwenden.

P370 + P380 Bei Brand: Umgebung räumen.

P370 + P380 + P375 Bei Brand: Umgebung räumen. Wegen Explosionsgefahr Brand aus der Entfernung bekämpfen.

P370 + P372 + P380 + P373 Bei Brand: Explosionsgefahr. Umgebung räumen. KEINE Brandbekämpfung, wenn das Feuer explosive Stoffe/Gemische/Erzeugnisse erreicht.

P370 + P380 + P375 + P378 Bei Brand: Umgebung räumen. Wegen Explosionsgefahr Brand aus der Entfernung bekämpfen. [... zum Löschen ... verwenden.]

P371 + P380 + P375 Bei Großbrand und großen Mengen: Umgebung räumen. Wegen Explosionsgefahr Brand aus der Entfernung bekämpfen.

P 400-Reihe: Aufbewahrung

P401 ... aufbewahren.

P402 An einem trockenen Ort aufbewahren.

P403 An einem gut belüfteten Ort aufbewahren.

P404 In einem geschlossenen Behälter aufbewahren.

P405 Unter Verschluss aufbewahren.

P406 In korrosionsbeständigem /... Behälter mit korrosionsbeständiger Innenauskleidung aufbewahren.

P407 Luftspalt zwischen Stapeln / Paletten lassen.

P410 Vor Sonnenbestrahlung schützen.

P411 Bei Temperaturen nicht über ... °C / ... aufbewahren.

P412 Nicht Temperaturen über 50 °C aussetzen.

P413 Schüttgut in Mengen von mehr als ... kg bei Temperaturen nicht über ... °C aufbewahren

P420 Getrennt aufbewahren.

P422 Inhalt in / unter ... aufbewahren

P402 + P404 In einem geschlossenen Behälter an einem trockenen Ort aufbewahren.

P403 + P233 An einem gut belüfteten Ort aufbewahren. Behälter dicht verschlossen halten.

P403 + P235 An einem gut belüfteten Ort aufbewahren. Kühl halten.

P410 + P403 Vor Sonnenbestrahlung geschützt an einem gut belüfteten Ort aufbewahren.

P410 + P412 Vor Sonnenbestrahlung schützen. Nicht Temperaturen über 50 °C aussetzen.

P411 + P235 Kühl und bei Temperaturen von nicht mehr als ... °C aufbewahren.

P 500-Reihe: Entsorgung

P501 Inhalt / Behälter ... zuführen.

P502 Informationen zur Wiederverwendung/Wiederverwertung beim Hersteller/Lieferanten erfragen.

Aceton (Nagellackentferner), **C_3H_6O** GEFAHR
H225, H319, H336
P210, P240, P305+351+338, P403+233

Aktivkohle, **C**
(kein Gefahrstoff nach GHS)

Aluminium, kompakt, **Al**
(kein Gefahrstoff nach GHS)

Bariumchlorid (Bariumdichlorid), **$BaCl_2$** GEFAHR G2
H301, H332
P301+P310

Braunstein, siehe Mangandioxid

Butan, **C_4H_{10}** GEFAHR
H220, H280
P210, P377, P381, P403
(° Reste vorsichtig im Abzug abfackeln)

Calciumcarbonat (Calciummonocarbonat), **$CaCO_3$**
(kein Gefahrstoff nach GHS)

Calciumhydroxidlösung, (Calciummono-hydroxidlösung), w = 0,17 %
$Ca(OH)_2$
(kein Gefahrstoff nach GHS)

Calciumsulfat (Calciummonosulfat), **$CaSO_4$**
(kein Gefahrstoff nach GHS)

Cerammoniumnitrat GEFAHR G3
H272, H302, H314
P280, P301+330+331, P305+351+338, P308+310

Chlor, **Cl_2** GEFAHR
H270, H280, H315, H319,
H330, H335, H400
EUH071
(* in Natronlauge einleiten)
P220, P244, P260, P273, P280, P403, P405,
P302+P352, P352+P313, P370+P376,
P304+P340+P315, P305+P351+P338+P315

Citronensäure Monohydrat, **$C_6H_8O_7 \cdot H_2O$** ACHTUNG
H319
P280, P337+P313, P305+P351+P338

Diiodpentaoxid, **I_2O_5** GEFAHR G2
H272, H314
P210, P280, P302+P352, P305+P351+P338

Eisen, kompakt, **Fe**
(kein Gefahrstoff nach GHS)

Eisen, Späne, **Fe** ACHTUNG
H228, H251
P210, P260, P370+P378

Essigsäure (Essigessenz), **CH_3COOH** GEFAHR
H226, H314
P210, P280, P301+330+331, P303+361+353,
P305+351+338

Ethanol (Spiritus), **C_2H_5OH** GEFAHR G3
H225, H319
P210, P240, P305+P351+P338,
P403+P223

Feuerzeugbenzin GEFAHR G3
H225, H304, H315, H336, H411
P101, P102, P210, P243, P260, P262, P273,
P301+P310, P331, P403

Gips, siehe Calciumsulfat

Glycerin, **$C_3H_5(OH)_3$**
(kein Gefahrstoff nach GHS)

Heptan, n-, **C_7H_{16}** GEFAHR G3
H225, H304, H315, H336, H410
P210, P240, P273, P301+330+331,
P302+352+403+233

Hex-1-en (Hexen), **C_6H_{12}** GEFAHR G3
H225, H304
P210, P243, P280, P301+310, P331, P403+233

Iod, **I_2** ACHTUNG
H312+H332, H315, H319,
H335, H372, H400
(* in Natriumthiosulfatlösung einleiten)
P273, P302+P352,
P305+P351+P338, P314

Kaliumaluminiumsulfat (Kaliummonoaluminiumdisulfat),
$KAl(SO_4)_2$
(kein Gefahrstoff nach GHS)

Kaliumbromid (Kaliummonobromid), **KBr** ACHTUNG
H319
P305+P351+P338

Kaliumchlorid (Kaliummonochlorid), **KCl**
(kein Gefahrstoff nach GHS)

Kaliumnitrat (Kaliummononitrat), **KNO_3** ACHTUNG
H272
P210, P221

Kaliumnatriumtartratlösung (Fehling II) GEFAHR
H290, H314
P280, P308+P310, P303+P361+P353, P305+P351+P338
(* auf alkalischen pH-Wert achten)

Kaliumpermanganat (Kaliummonopermanganat), **$KMnO_4$** GEFAHR G2
H272, H302, H314, H361d, H373, H410
P210, P220, P280, P301+P330+P331, P303+P361+P353, P305+P351+P338, P310

Kalkwasser, siehe Calciumhydroxidlösung

Kohlenstoff, **C**
(kein Gefahrstoff nach GHS)

Kohlenstoffdioxid, **CO_2** ACHTUNG
H280
P403

Kupferdichlorid, **$CuCl_2$**, *Kupfermonochlorid,* **CuCl** GEFAHR G2
H302+H312, H315, H318, H410
P273, P280, P305+P351+P338

Kupfer, kompakt, **Cu**
(kein Gefahrstoff nach GHS)

Kupfersulfat (Kupfermonosulfat, Fehling I), Pentahydrat, **$CuSO_4 \cdot 5\,H_2O$** GEFAHR G2
H302, H315, H319, H410
P273, P302+P352, P305+P351+P338

Kupfersulfat (Kupfermonosulfat), wasserfrei, **$CuSO_4$** GEFAHR G2
H302, H318, H410
P273, P280, P301+P312, P305+P351+P338, P330

Lithiumbromid (Lithiummonobromid), **LiBr** ACHTUNG
H302, H315, H317, H319
P280, P305+P351+P338

Lithiumchlorid (Lithiummonochlorid), **LiCl** ACHTUNG
H302, H315, H319
P302+P352, P305+P351+P338

Mangandioxid, **MnO_2** GEFAHR G4
H302+H332, H373
P314

Methan, **CH_4** GEFAHR
H220, H280
P210, P377, P381, P403
(° Reste vorsichtig im Abzug abfackeln)

Natriumbromid (Natriummonobromid), **NaBr**
(kein Gefahrstoff nach GHS)

Natriumchlorid (Natriummonochlorid), **NaCl**
(kein Gefahrstoff nach GHS)

Natriumhydrogencarbonat, **$NaHCO_3$**
(kein Gefahrstoff nach GHS)

Natron, siehe Natriumhydrogencarbonat

Nonan, n-, **C_9H_{20}** GEFAHR G3
H226, H304, H315, H336, H410
P210, P273, P301+P310, P304+P340+P312, P331, P391

Octan, n- (Waschbenzin), **C_8H_{18}** GEFAHR G3
H225, H304, H315, H336, H410
P210, P273, P301+330+331, P302+352

Pentan, n-, **C_5H_{12}** GEFAHR G3
H225, H304, H336, H411, EUH066
P273, P301+P310, P331, P403+P235

Platin, **Pt**
(kein Gefahrstoff nach GHS)

Propan, **C_3H_8** GEFAHR
H220, H280
P210, P377, P381, P403
(° Reste vorsichtig im Abzug abfackeln)

Puderzucker, siehe Saccharose

Saccharose, **$C_{12}H_{22}O_{11}$**
(kein Gefahrstoff nach GHS)

Salzsäure (konz.), **HCl**
H290, H314, H335
P260, P280, P303+P361+P353,
P304+P340+P310, P305+P351+P338

GEFAHR G1

Sauerstoff, **O_2**
H270, H280
P220, P244, P370+P376, P403

GEFAHR

Schwefelsäure, c = 0,1 mol/L, **H_2SO_4**
H290

Wasserstoff, **H_2**
H220, H280
P210, P377, P381, P403

GEFAHR

Wasserstoffperoxid-Lösung,
w ≦ 3 %, **H_2O_2**
(kein Gefahrstoff nach GHS)

Zink, kompakt, **Zn**
(kein Gefahrstoff nach GHS)

Zinkiodid (Zinkdiiodid), **ZnI_2**
H314, H410
P273, P280, P302+P352,
P305+P351+P338, P310, P501

GEFAHR G2

Die Daten sind überwiegend den Angaben der Datenbank von D-GISS entnommen. Grundsätzlich sind die P-Sätze der Kategorien „dringend empfohlen" und „empfohlen" angegeben. Bei einigen Stoffen waren keine P-Sätze verfügbar. Sollten Herstellerangaben vorliegen, sind diese vorzuziehen.

Haftungshinweis: Die Chemikalienliste wurde sorgfältig geprüft. Da sich Verordnungen zur Kennzeichnung ändern und Fehler nie ganz ausgeschlossen werden können, übernehmen der Verlag und die Autorinnen und Autoren keine Haftung für Folgen veralteter oder fehlerhafter Einträge.

* gesonderte Entsorgung notwendig

A

absolute Atommasse: Die absolute Atommasse wird mit dem Massenspektrometer bestimmt und wird in der Einheit u angegeben.

absolute Molekülmasse: Addiert man alle im Molekül vorkommenden absoluten Atommassen, so erhält man die absolute Molekülmasse in u.

Aggregatzustand: Der Aggregatzustand gibt an, ob ein Stoff fest, flüssig oder gasförmig vorliegt. Symbole: s (fest), l (flüssig), g (gasförmig)

Aktivierungsenergie: Die Aktivierungsenergie ist die Energie, die notwendig ist, um eine chemische Reaktion in Gang zu bringen.

Aldehyd-Gruppe: Die Aldehyd-Gruppe (-CHO) ist die funktionelle Gruppe der Alkanale. Ein Sauerstoff-Atom ist über eine Doppelbindung und ein Wasserstoff-Atom ist über eine Einfachbindung an ein endständiges Kohlenstoff-Atom gebunden ist.

Alkan: Alkane sind Verbindungen, die nur aus Kohlenstoff- und Wasserstoff-Atomen bestehen. Die Kohlenstoff-Atome sind über Einfachbindungen verknüpft.

Alkanal: Ein Kohlenwasserstoff-Molekül mit einer Aldehyd-Gruppe (-CHO).

Alkanol: Ein Kohlenwasserstoff-Molekül mit einer Hydroxy-Gruppe (-OH).

Alkansäure: Ein Kohlenwasserstoff-Molekül mit einer Carboxy-Gruppe (-COOH).

Alken: Ein Kohlenwasserstoff-Molekül mit mindestens einer Doppelbindung zwischen zwei Kohlenstoff-Atomen.

Analyse: Die Analyse ist die Zerlegung einer chemischen Verbindung in die Elemente.

Anion: Ein Anion ist ein negativ geladenes Ion (Beispiel: Chlorid-Anion Cl^-).

Atom: Ein Atom ist das kleinste Teilchen eines Elements. Die Elektronen bilden die Atomhülle, die Protonen und Neutronen den Atomkern. Die Protonenanzahl definiert die Atomart.

atomare Masseneinheit u: Die Atommasse ist die Masse eines Atoms und wird in der Masseneinheit u angegeben. Man kann den Zahlenwert der mittleren Atommasse in u aus dem Periodensystem der Elemente ablesen.

Atomhülle: Die Atomhülle ist der Bereich des Atoms um den Atomkern, der die Elektronen eines Atoms enthält. Sie ist nahezu masselos und durch die Elektronen der negativ geladene Bereich des Atoms.

Atomkern: Der Atomkern ist das positiv geladene Zentrum eines Atoms, das die Nukleonen, d. h. die Protonen und die Neutronen, enthält und den überwiegenden Teil der Masse des Atoms ausmacht.

Atommodell nach DALTON: Das Atommodell von DALTON ist ein Modell, bei dem davon ausgegangen wird, dass jeder Stoff aus identischen, kleinen, nicht weiter teilbaren Kugeln besteht, welche Atome genannt werden.

B

Bindigkeit: Die Bindigkeit beschreibt die Anzahl an Bindungen, die ein Atom eingehen kann.

Bindungswinkel: Der Winkel zwischen drei Atomen und den zwei Elektronenpaarbindungen wird als Bindungswinkel bezeichnet. Ein wichtiger Winkel ist der Tetraederwinkel einer Kohlenstoffverbindung mit 109,4°.

Branddreieck: Im Branddreieck sind die Bedingungen zum Entstehen eines Brandes wiedergegeben: Brennstoff, Zündtemperatur, Sauerstoff.

Brennwert: Der Brennwert steht für die bei einer Verbrennung frei werdende Energie.

Bromwasserprobe: Mit der Bromwasserprobe wird die C-C-Mehrfachbindung nachgewiesen.

C

Carboxy-Gruppe: Die Carboxy-Gruppe (-COOH) ist die funktionelle Gruppe der Alkansäuren. An das Kohlenstoff-Atom mit der Doppelbindung zum Sauerstoff-Atom ist noch eine Hydroxy-Gruppe gebunden.

chemische Reaktion: Eine chemische Reaktion ist ein Vorgang, bei dem aus Stoffen neue Stoffe mit anderen Eigenschaften entstehen. Die Ausgangsstoffe einer chemischen Reaktion nennt man Edukte, die Endstoffe Produkte. Jede chemische Reaktion ist von einer Energieumwandlung begleitet.

D

Destillation: Die Destillation ist ein Trennverfahren, bei dem Stoffe aufgrund ihrer unterschiedlichen Siedetemperatur getrennt werden.

Dichteanomalie: Die Dichteanomalie des Wassers beschreibt das Phänomen, dass Wasser im Gegensatz zu anderen Stoffen seine höchste Dichte bei 4°C hat. Dadurch hat Eis eine geringere Dichte als flüssiges Wasser und schwimmt oben.

Dipol: In einem permanenten Dipol-Molekül liegt mindestens eine polare Bindung vor und die Ladungsschwerpunkte im Molekül fallen nicht zusammen. Ein temporärer Dipol entsteht kurzzeitig durch zufällige Elektronenbewegung.

Dipol-Dipol-Wechselwirkungen: Die mittelstarke zwischenmolekulare Wechselwirkung zwischen permanenten Dipolen.

E

Edelgase: Die Edelgase (Helium He, Neon Ne, Argon Ar, Krypton Kr, Xenon Xe und Radon Rn) bilden eine Elementfamilie mit ähnlichen Eigenschaften. Sie sind die reaktionsträgsten Elemente des Periodensystems und stehen in der achten Hauptgruppe. Ihre Atome haben Edelgaskonfiguration.

Edelgaskonfiguration: Als Edelgaskonfiguration wird die Elektronenkonfiguration der Edelgas-Atome bezeichnet. Diese Konfiguration erreichen Teilchen, wenn sie acht Elektronen in der höchsten Energiestufe haben. (Ausnahme: Wasserstoff-Atome erreichen Helium-Konfiguration mit zwei Elektronen.)

Edelgasregel: Das Bestreben der Atome, durch Aufnahme oder Abgabe von Elektronen die Edelgaskonfiguration zu erreichen, nennt man Edelgasregel.

Edukt: Ein Edukt ist ein Ausgangsstoff bei einer chemischen Reaktion und steht in einer Formelgleichung links vom Reaktionspfeil.

elektrische Leitfähigkeit: Stoffeigenschaft: Damit ein Stoff elektrisch leitfähig ist, müssen bewegliche Ladungsträger wie Ionen oder Elektronen vorhanden sein.

Elektron: Elektronen sind negativ geladene Elementarteilchen. Sie sind Bausteine der Atome und bilden die Atomhülle. Symbol: e^-

Elektronegativität: Die Elektronegativität ist ein Maß für die Stärke eines Atoms, in einem Molekül bindende Elektronenpaare an sich zu ziehen.

Elektronenkonfiguration: Die Verteilung der Elektronen auf den Energiestufen bezeichnet man als Elektronenkonfiguration.

Elektronenpaarabstoßungsmodell: (EPA-Modell): Nach dem EPA-Modell nehmen alle Elektronenpaare am Zentralatom den größtmöglichen Abstand zueinander ein, da sie sich gegenseitig abstoßen.

Elektronenpaarbindung: Eine Elektronenpaarbindung liegt vor, wenn zwei Atome in einem Molekül über ein gemeinsames Elektronenpaar miteinander verbunden sind. Dabei trägt jedes Atom je ein Valenzelektron zum gemeinsamen Elektronenpaar bei.

Element: Chemische Elemente sind Reinstoffe, die nicht mehr in andere Reinstoffe zerlegt werden können. Ein Element besteht aus Atomen der gleichen Art, d. h. aus Atomen mit derselben Protonenanzahl im Kern.

Elementarteilchen: Teilchen, die kleiner als Atome sind, nennt man Elementarteilchen. Dazu gehören die Bausteine der Atome: Protonen, Neutronen und Elektronen.

Elementfamilie: Eine Elementfamilie besteht aus Elementen, die ähnliche Eigenschaften haben, ähnlich mit anderen Stoffen reagieren und ähnliche Verbindungen bilden. Elementfamilien stehen in der Regel in einer Hauptgruppe des Periodensystems.

Element-Molekül: Ein Molekül, dass nur aus einer Atomsorte besteht.

Elementsymbol: Ein Elementsymbol ist ein vom lateinischen oder griechischem Namen eines Stoffs abgeleiteter Buchstabe (oder mehrere Buchstaben), der die Atome eines Elements repräsentiert.

endotherm: Eine chemische Reaktion, bei der ständig Energie aus der Umgebung zugeführt werden muss, bezeichnet man als endotherm.

Energiediagramm: Ein Energiediagramm gibt den energetischen Verlauf einer Reaktion wieder.

Energiestufenmodell: Das Energiestufenmodell ist ein Modell der Atomhülle. Nach dem Modell befinden sich die Elektronen eines Atoms gemäß ihrem Energiegehalt auf sieben unterschiedlichen Energiestufen.

Energieträger: Als Energieträger bezeichnet man alle Stoffe, deren innere Energie nutzbar gemacht werden kann.

erstarren: Als Erstarren bezeichnet man den Übergang eines Stoffes vom flüssigen in den festen Aggregatzustand.

exotherm: Eine chemische Reaktion, bei der Energie an die Umgebung abgegeben wird, bezeichnet man als exotherm.

Explosion: Unter Explosion versteht man eine heftige Verbrennunsgreaktion bei der neben großer Hitze auch ein großer Druck entsteht.

Explosionsbereich: Der Explosionsbereich gibt das Mischungsverhältnis von Brennstoff zu Sauerstoff an, bei dem es zu einer Explosion kommen kann.

Extraktion: Die Extraktion ist ein Trennverfahren, das auf der unterschiedlichen Löslichkeit von Stoffen in einem Lösemittel beruht. Die gut löslichen Reinstoffe lassen sich mit diesem Lösemittel aus dem Gemisch extrahieren (herauslösen), die schlecht löslichen bleiben zurück.

F

Filtration: Die Filtration ist ein Trennverfahren, bei dem die Trennung der Reinstoffe einer Suspension auf deren unterschiedlichen Partikelgrößen beruht.

Formel: Chemische Formeln sind Kurzschreibweisen für Stoffe bzw. für die kleinsten Teilchen oder Einheiten, aus denen diese Stoffe bestehen. Es gibt verschiedene Arten von Formeln, beispielsweise Verhältnisformeln und Molekülformeln.

Formelgleichung: Die Formelgleichung gibt an, welche Teilchen in welchem kleinstmöglichen Teilchenanzahlverhältnis miteinander reagieren bzw. entstehen. (Beispiel: $CH_4 + 2\ O_2 \longrightarrow CO_2 + 2\ H_2O$ bedeutet: Ein Methan-Molekül und zwei Sauerstoff-Moleküle reagieren miteinander zu einem Kohlenstoffdioxid-Molekül und zwei Wasser-Molekülen).

funktionelle Gruppe: Die funktionelle Gruppe ist eine Atomgruppe im Molekül, die für bestimmte Eigenschaften verantwortlich ist.

G

gerichtete Anziehungskräfte: Atome verbinden sich durch gerichtete Anziehungskräfte zu Molekülen.

gesättigte Verbindung: Eine organische Verbindung, die nur Einfachbindung beinhaltet, wird als gesättigt bezeichnet.

geschlossenes System: Ein geschlossenes System ist ein System, das nur Energie, aber keine Stoffe mit der Umgebung austauschen kann.

Geschmack: Stoffeigenschaft

Gesetz von der Erhaltung der Masse: Bei chemischen Reaktionen im geschlossenen System bleibt die Gesamtmasse unverändert. Die Masse der Edukte entspricht der Masse der Produkte.

Glimmspanprobe: Die Glimmspanprobe ist der Nachweis für elementaren Sauerstoff. Dabei wird ein glühender Glimmspan in ein Gas gehalten. Flammt der Span wieder auf, ist der Nachweis positiv.

H

Hauptgruppe: Die Elemente einer Elementfamilie stehen im PSE untereinandner und bilden eine Hauptgruppe.

heterogen: Stoffgemische, deren Bestandteile man mit dem Auge oder Mikroskop unterscheiden kann, heißen heterogen (uneinheitlich).

homogen: Stoffgemische, deren Bestandteile auch mit dem Mikroskop nicht unterscheidbar sind, heißen homogen (einheitlich).

homologe Reihe: In einer homologen Reihe sind organische Moleküle mit ähnlichem Aufbau und ähnlichem chemischen Verhalten zusammengefasst. Jedes Mitglied der homologen Reihe unterscheidet sich vom darauffolgenden um genau eine CH_2-Gruppe. Beispiele sind die homologe Reihe der Alkane oder Alkanole.

hydrophil: Hydrophile Stoffe sind Stoffe, die sich gut in Wasser lösen (Beispiel: Ethanol).

hydrophob: Hydrophobe Stoffe sind Stoffe, die sich nicht in Wasser lösen (Beispiel: Heptan).

Hydroxy-Gruppe: Die Hydroxy-Gruppe (-OH) ist die funktionelle Gruppe der Alkanole. Sie ist über eine Elektronenpaarbindung an ein Kohlenstoff-Atom gebunden.

I

Index: Der Index (tiefgestellte Ziffer) hinter einem Elementsymbol gibt an, wie viele Atome dieser Atomart in einem Molekül enthalten sind. Z. B. enthält das Wasser-Molekül (H_2O) zwei Wasserstoff- und ein Sauerstoff-Atom. Die Indizes bei den Verhältnisformeln von Salzen geben Auskunft über das Anzahlverhältnis von Kationen zu Anionen im Ionengitter. Dinatriummonosulfid ($(Na^+)_2(S^{2-})$) enthält beispielsweise doppelt so viele Natrium-Kationen wie Sulfid-Anionen.
Der Index 1 wird in Molekül- und Verhältnisformeln nicht geschrieben.

innere Energie: Als innere Energie bezeichnet man die Energie, die in den Stoffen gespeichert ist. Sie kann bei chemischen Reaktionen abgegeben oder aufgenommen werden.

Ion: Ionen sind elektrisch geladene Atome (Atom-Ionen) oder Moleküle (Molekül-Ionen).

Ionengitter: In einem Ionengitter sind die Kationen und Anionen regelmäßig in einem dreidimensionalen Gitter angeordnet.

Ionisierung: Als Ionisierung bezeichnet man den Vorgang, ein Elektron aus einem Atom zu entfernen. Dabei entstehen Kationen.

Ionisierungsenergie: Die Ionisierungsenergie ist die Energie, die aufgewendet werden muss, um ein Elektron aus einem Atom zu entfernen.

Isolator: Ein Isolator ist ein Stoff, der nicht elektrisch leitfähig ist.

K

Kalkwasserprobe: Die Kalkwasserprobe ist der Nachweis von Kohlenstoffdioxid. Dabei wird ein Gas in frisches Kalkwasser eingeleitet. Trübt sich dieses, ist der Nachweis positiv.

Katalysator: Ein Katalysator beschleunigt eine chemische Reaktion oder macht sie überhaupt erst möglich. In Anwesenheit eines Katalysators findet der Stoffumsatz über einen anderen Reaktionsweg statt, bei dem weniger Aktivierungsenergie aufgebracht werden muss. Nach der Reaktion liegt der Katalysator wieder unverändert vor.

Katalyse: Als Katalyse bezeichnet man eine katalysierte chemische Reaktion.

Kation: Ein Kation ist ein positiv geladenes Ion (Beispiel: Natrium-Kation Na^+)

Kern-Hülle-Modell: Nach dem Kern-Hülle-Modell besteht ein Atom aus einem sehr kleinen Atomkern, in dem die gesamte positive Ladung und nahezu die gesamte Masse des Atoms (Protonen und Neutronen) konzentriert sind, und aus einer im Vergleich dazu viel (ca. 10 000-mal) größeren Hülle, in der sich die negative Ladung (Elektronen) befindet.

Kernladungszahl: Die Kernladungszahl entspricht der Zahl der Protonen in einem Atomkern. Sie ist für ein Element immer gleich. Im Periodensystem sind die Elemente nach steigender Kernladungszahl angeordnet. Sie wird daher auch Ordnungszahl genannt.

Knallgasprobe: Die Knallgasprobe ist der Nachweis von elementarem Wasserstoff. Dabei wird eine Flamme vorsichtig dem Gas genähert. Gibt es den charakteristischen Knall, so ist der Nachweis positiv.

Koeffizient: Der Koeffizient gibt in der Formelgleichung die jeweilige Anzahl an Atomen, Molekülen oder Ionen an. Er bezieht sich immer auf das gesamte Teilchen.

Kohlenstoffdioxidbilanz: Die Kohlenstoffdioxidbilanz eines Energieträgers gibt an, wie viel Kohlenstoffdioxid dieser insgesamt freisetzt.

Kohlenstoffkreislauf: Der Kohlenstoffkreislauf fasst den Weg der Kohlenstoff-Atome zusammen, den diese durch Lebewesen, Atmosphäre, Boden und Wasser zurücklegen.

kondensieren: Als Kondensieren bezeichnet man den Übergang eines Stoffes vom gasförmigen in den flüssigen Aggregatzustand.

Kristall: Ein Kristall ist ein Festkörper mit gleichmäßigen Grenzflächen. Die Teilchen in einem Kristall sind in einem regelmäßigen räumlichen Gitter angeordnet. Bei den Teilchen kann es sich um Ionen (z. B. in Natriummonochlorid), Atome (z. B. in Diamant) oder Moleküle (z. B. in Zucker) handeln.

Kugelwolkenmodell: Nach dem Kugelwolkenmodell bewegen sich die Elektronen nicht frei in der Atomhülle, sondern halten sich in kugelförmigen Aufenthaltsräumen auf, den Kugelwolken.

L

Legierung: Eine Legierung ist ein homogenes Stoffgemisch, bei dem der Haupt- und der Nebenbestandteil im festen Aggregatzustand vorliegen, z. B. Bronze (Kupfer und Zinn) und Messing (Kupfer und Zink).

lipophil: Lipophile Stoffe lösen sich in Stoffen mit unpolaren Molekülen, z. B. in Fett (Beispiel: Heptan).

lipophob: Lipophobe Stoffe lösen sich nicht in Stoffen mit unpolaren Molekülen wie beispielsweise in Fett (Beispiel: Wasser).

Löschmittel: Löschmittel ist der Überbegriff für alle Mittel und Stoffe, die einen Brand löschen können, wie Löschschaum, Sand oder eine Löschdecke.

Löslichkeit: Stoffeigenschaft: Die Löslichkeit beschreibt, ob ein Stoff sich in Wasser oder anderen aus polaren Molekülen aufgebauten Stoffen löst (hydrophil, lipophob) oder ob er sich in Fett oder anderen aus unpolaren Molekülen aufgebauten Stoffen löst (lipophil, hydrophob). Es gibt auch Stoffe, die sich in beiden Arten von Lösemitteln lösen (amphiphil).

London-Dispersionskräfte: Die schwache zwischenmolekulare Wechselwirkung zwischen temporären und induzierten Dipolen.

M

Magnetscheiden: Das Magnetscheiden ist ein Trennverfahren, bei dem die Stoffe aufgrund ihrer unterschiedlichen Magnetisierbarkeit getrennt werden.

Metall: Metalle sind eine Stoffklasse mit typisch metallischem Glanz, die elektrisch leitfähig und mechanisch verformbar sind. Metalle sind aus Atomen aufgebaut.

Metallbindung: Die Anziehungskräfte zwischen den positiv geladenen Atomrümpfen und dem Elektronengas halten das Metallgitter zusammen.

Metallgitter: Ein Metallgitter ist ein regelmäßiges, dreidimensionales Gitter, dessen Gitterplätze mit Metall-Atomen besetzt sind.

Modell: Modelle sind Hilfen zur Darstellung und Veranschaulichung von Dingen und Prozessen aus der Wirklichkeit. Modelle bilden die Wirklichkeit nie vollständig ab.

molare Masse: Die molare Masse M ist die Masse von einem Mol eines Stoffes. Sie wird in der Einheit g/mol angegeben. Bei Elementen ist der Zahlenwert der molaren Masse gleich dem Zahlenwert der Atommasse, bei Verbindungen ergibt sich der Zahlenwert der molaren Masse durch Addition der einzelnen Atommassen der gebundenen Atome. (Beispiel: Die molare Masse von Wasser ist $M(H_2O) = (1 + 1 + 16)$ g/mol = 18 g/mol.)

Molekül: Ein Molekül ist ein Atomverband aus zwei oder mehr Atomen. Die Atome in einem Molekül sind durch gerichtete Anziehungskräfte verbunden. Der Atomverband besteht bei Elementen aus gleichartigen (z. B. H_2), bei Verbindungen aus verschiedenartigen Atomen (z. B. HCl).

Molekülformel: Die Molekülformel beschreibt die genaue atomare Zusammensetzung eines Moleküls, z. B. H_2, O_2, H_2O. Bei Kohlenwasserstoff-Molekülen nennt man sie häufig Summenformel.

N

Neutron: Neutronen sind ungeladene Elementarteilchen. Sie sind Bausteine der Atome und bilden zusammen mit den Protonen den Atomkern. Ein Neutron hat die gleiche Masse (1 u) wie ein Proton. Symbol: n.

Nichtmetall: Nichtmetalle sind Elemente, die keine metallischen Eigenschaften haben. Sie können fest (Kohlenstoff), gasförmig (Sauerstoff) oder flüssig (Brom) sein. Nichtmetalle sind im Periodensystem auf der rechten Seite aufgeführt.

Nukleonen: Nukleonen ist der Oberbegriff für Protonen und Neutronen. Sie sind die Elementarteilchen im Atomkern.

O

Oberflächenspannung: Die Oberflächenspannung ist die Folge der Ausbildung von Wasserstoffbrücken zwischen Wasser-Molekülen. Die Oberfläche einer Wasserportion wird dadurch minimal und weist elastische Eigenschaften auf.

offenes System: Ein offenes System ist ein System, dass Stoffe und Energie mit der Umgebung austauschen kann.

Ordnungssystem der Atome und Ionen: Als „Bausteine der Materie" sind alle Atome und Ionen im Ordnungssystem der Atome und Ionen zusammengefasst.

Ordnungszahl: Die Ordnungszahl entspricht der Zahl der Protonen in einem Atomkern. Sie ist für ein Element immer gleich. Im Periodensystem sind die Elemente nach steigender Ordnungszahl angeordnet.

organische Verbindung: Eine Verbindung, die hauptsächlich aus Kohlenstoff- und Wasserstoff-Atomen besteht. Fremdatome wie Sauerstoff und Stickstoff können enthalten sein.

P

Partialladung: Sind die Elektronen in einem Molekül verschoben, spricht man von einer Partialladung.

Periode: Elemente, die im PSE nebeneinander stehen, bilden eine Periode.

Periodensystem der Elemente (PSE): Das PSE ist ein Ordnungssystem, in dem die Elementsymbole aller Elemente aufgelistet und jeweils mit Angaben zur Atommasse (in u) und zur Kernladungszahl versehen sind. Links im PSE befinden sich die Metalle, rechts die Nichtmetalle.

Polarität: In einem Molekül kann es über Elektronegativitätsunterschiede zu einer Verschiebung der Elektronendichte kommen. Sind die Elektronen gleichmäßig verteilt, ist das Molekül unpolar, sind die Elektronen in einen Bereich verschoben, ist es polar.

Produkt: Ein Produkt wird in einer chemischen Reaktion gebildet und steht in der Formelgleichung rechts vom Reaktionspfeil.

Proton: Das Proton ist ein positiv geladenes Elementarteilchen und Baustein des Atomkerns. Ein Proton hat die Masse 1 u. Symbol: p^+.

R

räumlicher Bau: Durch die gegenseitige Abstoßung der Elektronenpaarbindungen haben Moleküle je nach Anzahl und Art der Bindungen einen bestimmten räumlichen Bau. Häufige Formen sind tetraedrisch, trigonal planar, linear, pyramidal oder gewinkelt.

reaktionsbereiter Zustand: Stoffe werden durch das Zuführen von Aktivierungsenergie in den reaktionsbereiten Zustand versetzt.

Reaktionspfeil: Der Reaktionspfeil ist ein Symbol, das die Stoffumwandlung bei einer chemischen Reaktion repräsentiert. Der Reaktionspfeil wird von links nach rechts gezeichnet und symbolisiert somit die Umwandlung der links davon stehenden Edukte in die rechts von ihm stehenden Produkte.

Reinstoff: Ein Reinstoff ist ein Stoff, der durch Trennverfahren nicht weiter zerlegt werden kann. Reinstoffe haben bei gleichen Bedingungen bestimmte Stoffeigenschaften (z. B. konstante Schmelz- und Siedetemperatur). Die Reinheit eines Reinstoffes kann man an seiner gleichbleibenden Siede- oder Schmelztemperatur erkennen.

relative Atommasse: Die relative Atommasse bezieht sich auf die Masse des Wasserstoffatoms, die von DALTON willkürlich auf 1 gesetzt wurde, und hat keine Einheit.

resublimieren: Als Resublimieren bezeichnet man den direkten Übergang eines Stoffes vom gasförmigen in den festen Aggregatzustand.

reversible Reaktion: Eine chemische Reaktion, die auch wieder rückgängig gemacht werden kann, bezeichnet man als reversibel. Irreversible Reaktionen können nicht umgekehrt werden.

S

Salze: Salze bestehen aus Kationen und Anionen. Diese können einfach oder mehrfach elektrisch geladen sein. Das Anzahlverhältnis der Ionen in einem Salz ist durch die Verhältnisformel gegeben. Salze sind aufgrund dieses Anzahlverhältnisses nach außen elektrisch ungeladen. Salze sind meistens hart, spröde, in Wasser löslich und gelöst oder als Schmelze elektrisch leitfähig.

schmelzen: Als Schmelzen bezeichnet man den Übergang eines Stoffes vom festen in den flüssigen Aggregatzustand.

Schmelztemperatur: Temperatur, bei der ein Reinstoff vom festen in den flüssigen Aggregatzustand übergeht.

sieden: Als Sieden bezeichnet man den Übergang vom flüssigen in den gasförmigen Aggregatzustand.

Siedetemperatur: Temperatur, bei der ein Reinstoff vom flüssigen in den gasförmigen Aggregatzustand übergeht.

stöchiometrisches Rechnen: Bei stöchiometrischen Berechnungen können die Massen der an einer vollständig verlaufenden Reaktion beteiligten Stoffe berechnet werden. Dies ist mithilfe der Formelgleichung möglich, da die Symbole und Formeln quantitative Zusammenhänge zwischen den reagierenden Teilchen enthalten.

stoffbezogenes Ordnungssystem der Elemente: Im stoffbezogenen Ordnungssystem der Elemente ist zu jedem Element ein Foto des Stoffes abgebildet sowie die Stoffeigenschaften Dichte, Siedetemperatur und Schmelztemperatur notiert.

Stoff: In der Chemie bezeichnet man ein Material als Stoff. Aus einem Stoff können verschiedene Gegenstände hergestellt werden. So kann man z. B. aus Kupfer Münzen, Folien, Drähte oder Gefäße herstellen. Stoffe können in Reinstoffe und Stoffgemische unterteilt werden. Jeder Reinstoff hat für ihn charakteristische Stoffeigenschaften.

Stoffebene: Auf der Stoffebene beschreibt man alles mit den Sinnen Wahrnehmbare, z. B. Beobachtungen an Stoffen und Reaktionen.

Stoffeigenschaft: Stoffeigenschaften beschreiben charakteristische Merkmale von Stoffen. Sie können mit den Sinnen erfasst (z. B. Farbe, Geruch, Härte, Sprödigkeit, Aggregatzustand bei Raumtemperatur) oder experimentell gemessen werden (z. B. Dichte, Schmelztemperatur).

Stoffgemisch: Gemische bestehen aus mindestens zwei Reinstoffen und damit zwei Teilchensorten. Ihre Eigenschaften sind vom Mischungsverhältnis der Komponenten abhängig. Beispiele sind Lösungen, Rauch, Emulsionen etc.

Stoffmenge: Die Stoffmenge n ist eine Grundgröße mit der Einheit mol. Eine Stoffportion der Stoffmenge n = 1 mol enthält $6{,}022 \cdot 10^{23}$ Teilchen.

Stoffumwandlung: Die Stoffumwandlung ist ein Kennzeichen einer chemischen Reaktion. Edukte wandeln sich in Produkte um.

sublimieren: Als Sublimieren bezeichnet man den direkten Übergang eines Stoffes vom festen in den gasförmigen Aggregatzustand.

Summenformel: vgl. Molekülformel

Synthese: Unter Synthese versteht man die Bildung eines Stoffes aus den Elementen.

Strukturformel: vgl. Valenzstrichformel

T

Teilchenebene: Unter der Teilchenebene versteht man die Erklärung der Stoffe durch die Vorstellung der Existenz von Teilchen und Teilchenverbänden. Die Eigenschaften eines Stoffs werden bestimmt durch die Art, die Anordnung und den Zusammenhalt der Teilchen. Chemische Reaktionen werden durch die Vorstellung von der Umordnung und Veränderung von Teilchen und Teilchenverbänden erklärt.

Teilchenmodell: Das Teilchenmodell ist ein Gedankenmodell, mit dem sich Beobachtungen der Stoffebene auf der Teilchenebene erklären lassen.

Trennverfahren: Stoffgemische werden aufgrund der unterschiedlichen

Stoffeigenschaften der Reinstoffe getrennt, z. B. durch Filtrieren (Teilchengröße), Destillieren (Siedetemperatur) oder Extrahieren (Löslichkeit).

U

ungerichtete Anziehungskräfte: Atome und Ionen verbinden sich durch ungerichtete Anziehungskräfte zu Metallgittern und Ionengittern.

ungesättigte Verbindung: Eine organische Verbindung, die mindestens eine Mehrfachbindung beinhaltet, wird als ungesättigt bezeichnet.

V

Valenzelektronen: Die Elektronen in der höchsten Energiestufe eines Atoms nennt man Valenzelektronen, oder auch Außenelektronen.

Valenzstrichformel: Eine Formelschreibweise von Molekülen, bei der der räumliche Bau und die Verteilung der Valenzelektronen wiedergegeben werden. Bei Kohlenwasserstoff-Molekülen nennt man sie häufig Strukturformel.

Verbindung: Eine Verbindung ist ein Reinstoff, der sich durch chemische Reaktionen in Elemente zerlegen lässt.

Verbindungsmolekül: Ein Verbindungs-Molekül besteht aus mindestens zwei Atomsorten.

Verbrennung: Verbrennungen sind exotherme chemische Reaktionen mit Sauerstoff, bei denen Energie, z. B. in Form von Wärme oder Licht, freiwird. Voraussetzungen für eine Verbrennung sind Brennstoff, Zündtemperatur und Sauerstoff. Bei einer vollständigen Verbrennung entstehen als Produkte nur Kohlenstoffdioxid und Wasser. Bei einer unvollständigen Verbrennung unter Sauerstoffmangel entstehen zusätzlich auch Ruß (C) und Kohlenstoffmonooxid.

Verhältnisformel: Die Verhältnisformel beschreibt das Anzahlverhältnis der Ionen zueinander in einem Salzkristall.

W

Wasserstoffbrücken: Wasserstoffbrücken sind starke zwischenmolekulare Wechselwirkungen zwischen einem positiv polarisierten Wasserstoff-Atom und einem nichtbindenden Elektronenpaar eines stark negativ polarisierten Atoms (z. B. Sauerstoff-Atom) eines benachbarten Moleküls.

Wortgleichung: In einer Wortgleichung werden keine Formeln und Koeffizienten, sondern nur die Namen der Edukte und der Produkte einer Reaktion, verbunden durch den Reaktionspfeil, angegeben und die Aggregatzustände der beteiligten Stoffe durch Symbole in Klammern eingefügt.

Z

Zerteilungsgrad: Der Zerteilungsgrad eines Brennstoffes bestimmt die Heftigkeit der Verbrennungsreaktion bzw. Explosion.

STICHWORTVERZEICHNIS

BILDNACHWEIS

123RF / Ralf Maassen – S. 26; AdobeStock / abcmedia – S. 114; - / Africa Studio – S. 196; - / attilanova – S. 80; - / Richard Carey – S. 121; - / Stanislav Chub – S. 5, 124; - / fineart-collection – S. 15; - / fotofuerst – S. 192; - / fotografci – S. 61; - / fotomek – S. 160; - / Ihor95 – S. 69; - / kalpis – S. 11; - / Kanusommer – S. 14; - / Kellerkind – S. 11; - / Alexandr Mitiuc – S. 106; - / Neissl – S. 73; - / PictureArt – S. 38; - / PILL Mediendesign – S. 3, 24; - / Pixelwolf2 – S. 189; - / Hafiez Razali – S. 156; - / ruslan_khismatov – S. 152; - / SciePro – S. 173; - / Sergey Surkov – S. 119; - / sveta – S. 54; - / VRD – S. 60; Claudia Bohrmann-Linde, Wuppertal – S. 27 (2), 28, 160, 175, 187; Anke Domrose, Meerbusch – S. 22; dpa Picture-Alliance / AP, Murray Becker – S. 43; Dreamstime / Isselee – S. 173; Fotolia / alonesdj – S. 5, 100; - / focusfinder – S. 169; - / Hayati Kayhan – S. 61; - / matteo – S. 37; - / nito – S. 189; - / Salixcaprea – S. 28; - / Gerhard Seybert – S. 121; - / Thaut Images – S. 90; - / Vista Photo – S. 30; Getty Images Plus / iStockphoto, 9chai – S. 37; - / iStockphoto, amnachphoto – S. 45; - / iStockphoto, AnatolyM – S. 238; - / iStockphoto, Annasunny – S. 126; - / iStockphoto, ArX0nt – S. 37; - / iStockphoto, Avoslo – S. 3, 10; - / iStockphoto, Bebenjy – S. 182; - / iStockphoto, bizoo_n – S. 188; - / iStockphoto, Michael Burrell – S. 136; - / iStockphoto, by-studio – S. 102; - / iStockphoto, ChoochartSansong – S. 50; - / iStockphoto, chris_29 – S. 45; - / iStockphoto, coddy – S. 238; - / iStockphoto, Dafinchi – S. 68; - / iStockphoto, ddggg – S. 37; - / iStockphoto, debbiehelbing – S. 195; - / iStockphoto, dolunay_sar zu – S. 60; - / iStockphoto, dragonnano – S. 42; - / iStockphoto, Eduardo_Queiroz – S. 94; - / iStockphoto, exopixel – S. 181; - / iStockphoto, FedBu – S. 168; - / iStockphoto, fotyma – S. 60; - / iStockphoto, gargantiopa – S. 156; - / iStockphoto, ginosphotos – S. 114; - / iStockphoto, herraez – S. 239; - / iStockphoto, humonia – S. 72; - / iStockphoto, IPGGutenbergUKLtd – S. 38; - / iStockphoto, JackF – S. 73; - / iStockphoto, kabVisio – S. 34; - / iStockphoto, Evgeny Karandaev – S. 37; - / iStockphoto, koosen – S. 60; - / iStockphoto, ktsimage – S. 140; - / iStockphoto, Kurgu128 – S. 197; - / iStockphoto, KvitaJan – S. 6, 150; - / iStockphoto, LeePeers – S. 94; - / iStockphoto, Lukasok – S.60; / iStockphoto, javi martin – S. 130; - / iStockphoto, Migrenart – S. 11; - / iStockphoto, mihtiander – S. 53; - / iStockphoto, Catalina-Gabriela Molnar – S. 184; - / iStockphoto, monkeybusinessimages – S. 12, 172; - / iStockphoto, Pavel Naumov – S. 55; - / iStockphoto, Nenov – S. 63 (2); - / iStockphoto, nito100 – S. 118; - / iStockphoto, Paket – S. 239; - / iStockphoto, petrroudny – S. 17; - / iStockphoto, Picsfive – S. 60; - / iStockphoto, Pict Rider – S. 7, 178; - / iStockphoto, Poike – S. 38; - / iStockphoto, pulsar75 – S. 180; - / iStockphoto, ra3rn – S. 88; - / iStockphoto, Rawpixel – S. 164; - / iStockphoto, repOrter – S. 239; - / iStockphoto, Viktoria Ruban – S. 28; - / iStockphoto, SARMDY – S. 4, 48; - / iStockphoto, scanrail – S. 37; - / iStockphoto, Serg_Velusceac – S. 238; - / iStockphoto, SerrNovic – S. 4, 78; - / iStockphoto, st_lux – S. 17; - / iStockphoto, uleiber – S. 108; - / iStockphoto, ulkan – S. 60; Ernst Hollweck, Stephanskirchen – S. 86 (3); images-of-elements.com/pse/ - Vorsatz, S. 50, 51, 52; iStockphoto / dra_schwartz – S. 16; - / xenotar – S. 145; Hans-Jürgen Jäger, Kaiserslautern – S. 16, 17; Anne-Kathrin Klaus, Würzburg – S. 55; Thomas Kohn, Tettnang – S. 75; Simone Kröger, Münster – S. 28; Klaus-Dieter Krüger, Friedland – S. 18 (2), 27 (2), 81 (3), 86, 105, 132 (6), 182, 184, 187, 197; Mauritius Images / Alamy Stock Photo, Nerthuz – S. 63, 152; Klaus Schneiderhan, Aulendorf-Blönried – S. 36 (2), 37; Peter Schwarz, Bobingen – S. 39; Shutterstock / Pressmaster – S. 234/235; Statistisches Bundesamt, Wiesbaden – S. 115; www.wikimedia.org / CC0 – S. 137 (2)

Chemische Berufe

Es gibt einige Berufe im Bereich der Chemie, die mit Mittlerer Reife erlernt werden können. Wenn du besonders Spaß an dieser Naturwissenschaft hast, informiere dich hier!

Chemielaborant bzw. Chemielaborantin

Zu den Arbeiten eines Chemielaboranten bzw. einer Chemielaborantin gehört das Untersuchen von Stoffen und Produkten chemischer Reaktionen. Im Laufe der dreieinhalbjährigen Ausbildung wird erlernt, wie man chemische Prozesse prüft und optimiert. Messungen, die dabei durchzuführen sind, führen Chemielaboranten und -laborantinnen in der Regel selbstständig durch und protokollieren diese, meist digital. Der verantwortungsvolle Umgang mit Gefahrstoffen und die zuverlässige Einhaltung von Sicherheits-, Gesundheits- und Umweltrichtlinien stellen Grundvoraussetzungen für die Ergreifung dieses Berufes dar.

Arbeitsfeld:

- Chemische und pharmazeutische Industrie
- Farb- und Lackindustrie
- Nahrungsmittel- und Kosmetikindustrie
- Naturwissenschaftliche und medizinische Institute von Hochschulen
- Umweltämter

Produktionsfachkraft Chemie

Während der zweijährigen Ausbildung lernen Auszubildende das Mischen von z. B. Düngemitteln oder Farben. Die Produktionsfachkraft ist für die Steuerung der automatisierten Anlagen und das im Auge behalten der Messinstrumente verantwortlich. Durch das Abgleichen von Ist- und Sollwert kann der Prozess maschinell gesteuert werden. Zu den weiteren Aufgaben gehört die Probenentnahme und -analyse im Labor sowie die Verpackung und Lagerung der Endprodukte und das Warten der Anlagen.

Arbeitsfeld:

- Chemische und pharmazeutische Industrie
- Hersteller von Farben und Lacken

Chemiejungwerker bzw. Chemiejungwerkerin

In der zweijährigen Ausbildung arbeiten Auszubildende bei chemischen und physikalisch-chemischen Laboruntersuchungen und Versuchsreihen mit. Zu den Tätigkeiten gehören vor allem die Vorbereitung von Versuchsaufbauten und die Überwachung von Versuchsabläufen. Außerdem werden Auswertungen von Experimenten vorbereitet. Meist führen sie Routineuntersuchungen durch, welche Sicherheit im Umgang mit Laborgeräten wie z. B. Pipetten und Zentrifugen sowie deren Reinhaltung erfordern.

Arbeitsfeld:

- Unternehmen der chemischen und pharmazeutischen Industrie
- Hersteller von Farben und Lacken

Chemisch-technischer Assistent bzw. chemisch-technische Assistentin

Das Planen von Versuchen inklusive Auswahl benötigter Chemikalien sowie des passenden Versuchsaufbaus gehören zu den Aufgaben von chemisch-technischen Assistenten und Assistentinnen. Proben für die Analysen werden aus der Umwelt oder der industriellen Produktion genommen. Die Versuchsdurchführung wird selbstständig überwacht und digital protokolliert. Auch das Testen der Eigenschaften neuartiger Materialien in mehrstufigen Versuchsreihen gehört zu den Tätigkeiten. Weiterhin gehört das Herstellen von Stoffgemischen sowie das Entwickeln und Optimieren von Syntheseverfahren zu den Tätigkeiten. Im Laufe der meist zweijährigen Ausbildung wird auch das Warten von Laborgeräten, die Überwachung des Lagerbestands und die fachgerechte Entsorgung von Gefahrstoffen erlernt.

Arbeitsfeld:

- Chemische, pharmazeutische und Kunststoffindustrie
- Unterschiedliche Branchen, die auf die chemische Prüfung durch sie entstandener Produkte angewiesen sind, z. B. Sondermüllentsorgung
- Medizinische und naturwissenschaftliche Untersuchungslabors
- Forschungseinrichtungen

Chemikant bzw. Chemikantin

Zu den Aufgaben eines Chemikanten bzw. einer Chemikantin gehört das Herstellen von Grundchemikalien, wie Farben, Lacken, Kunststoffen sowie Wasch- und Reinigungsmitteln. Dazu müssen automatisierte Anlagen und Fertigungsstraßen gesteuert werden. Zu den Tätigkeitsfeldern gehört das Abmessen und Abfüllen von Rohstoffen für Produktionsanlagen und die Überwachung des am Anschluss ablaufenden Fertigungsprozesses. Zur Qualitätsprüfung werden während der Abläufe regelmäßig Stichproben entnommen und Messungen durchgeführt. Daten werden protokolliert und die Verpackung der fertigen Produkte wird überwacht. Zum Umfang der dreieinhalbjährigen Ausbildung gehört das Sicherstellen des betrieblichen Umweltschutzes und das Warten und Reparieren von Produktionsanlagen.

Arbeitsfeld:

- Chemische und pharmazeutische Industrie
- Hersteller von Farben und Lacken
- Unternehmen der Kunststoff verarbeitenden Industrie

Gegenstandsbereiche der Chemie

Stoff-Teilchen-Konzept

Stoffe und ihre Eigenschaften lassen sich beobachten und messen. Grundlage zur Erklärung aller erfahrbaren Phänomene der Stoffebene ist die Vorstellung, dass alle Stoffe aus kleinen Teilchen und Teilchenverbänden aufgebaut sind. Gedanklich und sprachlich muss immer konsequent zwischen beiden Ebenen unterschieden werden.

	Metalle	molekular aufgebaute Stoffe	Salze
Stoffebene	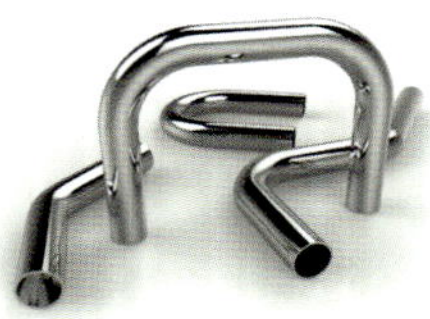		
	Metallgitter aus Metall-Atomen	Moleküle aus Nichtmetall-Atomen	Ionengitter aus Metall-Kationen und Nichtmetall-Anionen
Teilchenebene	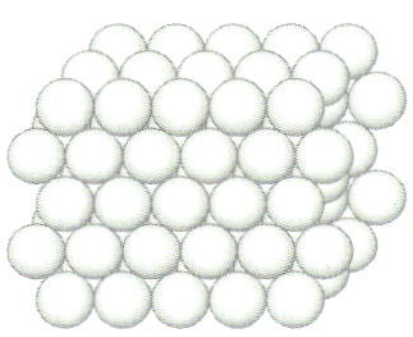	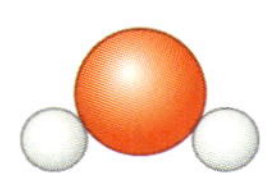	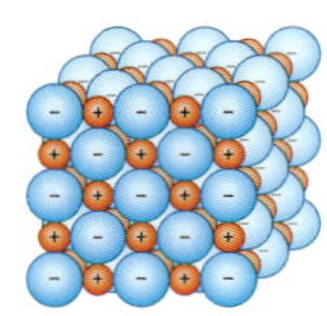

Chemische Reaktion

Bei chemischen Reaktionen findet ein Stoffumsatz statt. Aus Edukten entstehen Produkte mit anderen Eigenschaften. Die Gesamtmasse aller beteiligten Stoffe ändert sich während einer chemischen Reaktion nicht.

Wortgleichung: Methan (g) + Sauerstoff (g) ⟶ Kohlenstoffdioxid (g) + Wasser (l)

Formelgleichung: $CH_4 + 2\,O_2 \longrightarrow CO_2 + 2\,H_2O$

Teilchenebene:

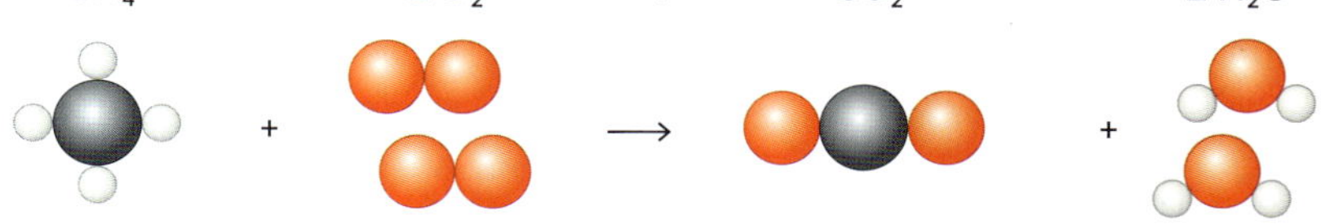

Struktur-Eigenschafts-Konzept

Art, Anordnung und Wechselwirkung der Teilchen bestimmen die Eigenschaften eines Stoffes.

Beispiel: **Ein Salzkristall zerbricht bei Krafteinwirkung.**

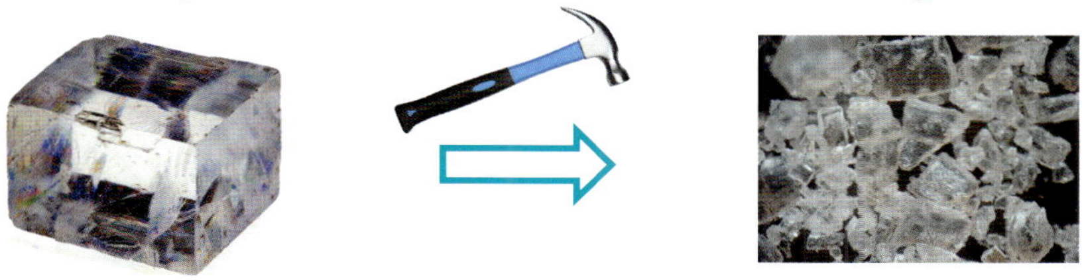

Gleichnamig geladene Ionen gelangen nebeneinander und stoßen sich ab.

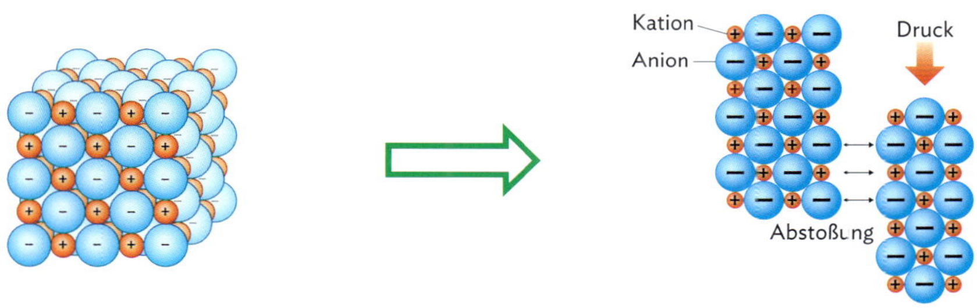

Energetische Betrachtung bei Stoffumwandlungen

Alle chemischen Reaktionen sind mit einem Energieumsatz verbunden. Die energetische Betrachtung chemischer Reaktionen liefert Aussagen darüber, ob und in welchem Ausmaß eine chemische Reaktion prinzipiell abläuft. Eine Reaktion kann exotherm (unter Energieabgabe) oder endotherm (unter Energieaufnahme) verlaufen.

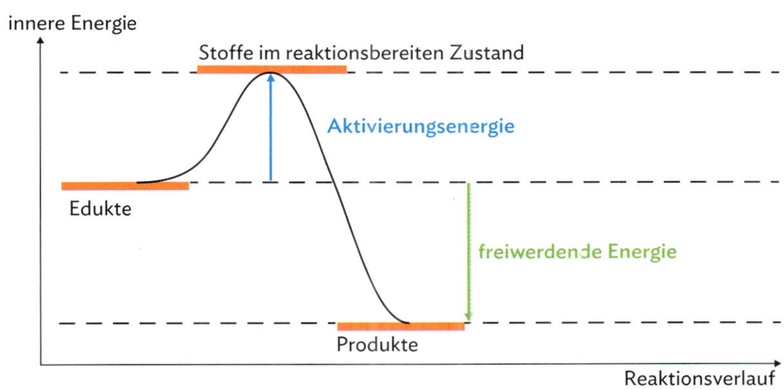

Umgang mit Operatoren

In diesem Buch gibt es eine Vielzahl an unterschiedlichen Arbeitsaufträgen. In den Aufgabenstellungen werden dabei sogenannte Operatoren verwendet. Operatoren sind immer wiederkehrende Begriffe, die beschreiben, auf welche Art und Weise die Aufgabe gelöst werden soll. So kannst du beispielsweise, je nach verwendetem Operator, einen Versuchsaufbau entweder mit Worten beschreiben oder eine Zeichnung davon anfertigen. Die folgende Liste soll dir zeigen, welche Operatoren in diesem Buch verwendet werden und was sie bedeuten.

Operator	Erklärung	Beispiel
Aufstellen von Hypothesen	Formuliere eine begründete Vermutung zu einem vorgegebenen Sachverhalt, die sich mit einem Experiment überprüfen lässt.	Stelle eine Hypothese/Vermutung auf, wie sich das Gewicht der Platinperle im Lauf des Versuchs verändert. *Platin ist ein Katalysator. Das Gewicht der Platinperle wird sich nicht verändern, da ein Katalysator nach einer Reaktion unverändert vorliegt.*
Begründen	Bestätige Aussagen mit (fach-)sprachlich folgerichtigen Argumenten oder bestätige die Aussagen rechnerisch.	Begründe, dass Methan zu den Kohlenwasserstoffen gehört. *Methan mit der Formel CH_4 besteht aus den Elementen Kohlenstoff und Wasserstoff und gehört somit zu den Kohlenwasserstoffen.*
Berechnen	Ermittle den Wert einer Größe mithilfe einer Rechnung.	Berechne die Masse von 1 mol Wasser. $m(H_2O) = 18\ \frac{g}{mol} \cdot 1\ mol = 18\ g$
Beschreiben	Gib einen Sachverhalt in eigenen Worten unter Berücksichtigung der Fachsprache strukturiert wieder.	Beschreibe den Verlauf der Temperaturkurve zum Sieden von Wasser. *Die Kurve steigt über einen Zeitraum von 5 Minuten an, die Temperatur ändert sich von 40 °C auf 100 °C. Bei 100 °C verläuft die Kurve waagerecht, die Temperatur bleibt konstant.*
Beurteilen / Bewerten / Stellung nehmen	Gib zu einer Aussage eine fachlich begründete, selbstständige Einschätzung ab.	Beurteile, ob Wasserstoff eine umweltfreundliche Antriebsart für Autos ist. *Wasserstoff kann durch Elektrolyse von Wasser gewonnen werden. Nur wenn der Strom mit erneuerbaren Energien erzeugt wird, ist die Wasserstoffgewinnung umweltfreundlich. Werden dazu fossile Brennstoffe genutzt, ist es keine umweltfreundliche Alternative mehr.*

Operator	Erklärung	Beispiel
Erklären / Erläutern	Mache Sachverhalte mithilfe von Fachkenntnissen und eventuell zusätzlichen Informationen auch für andere nachvollziehbar.	Erkläre die Wärmeleitfähigkeit von Metallen auf Teilchenebene. *Im Metallgitter befinden sich die Atome eng nebeneinander. Geraten die Atome an einem Ende des Blechs durch Wärmezufuhr in Schwingung, stoßen sie an ihre Nachbarn und versetzen diese ebenfalls in Schwingung. Ein geeignetes Modell ist das schwingende Kugelpendel.*
Nennen / Angeben	Gib Beispiele, Sachverhalte, Begriffe oder Daten ohne nähere Erläuterungen als Stichpunkte wieder.	Nenne Beispiele für chemische Reaktionen im Alltag. *Kochen, Akku laden, backen, Auto fahren*
Planen (Experimente)	Beschreibe zu einem vorgegebenen Sachverhalt eine geeignete Experimentieranordnung.	Plane ein Experiment, um herauszufinden ob Zucker zu den Salzen gehört. *Zucker wird in Wasser gelöst und die elektrische Leitfähigkeit getestet. Wenn Zucker zu den Salzen gehört, dann müsste die Lösung den elektrischen Strom leiten.*
Skizzieren / Beschriftete Skizze anfertigen	Reduziere Sachverhalte, Strukturen oder Ergebnisse auf das Wesentliche und stelle diese grafisch dar.	Skizziere den Aufbau des Versuchs. *Eine einfache Zeichnung des Versuchaufbaus erstellen vgl. S. 23. Nicht eindeutige Bestandteile der Skizze wie z. B. wässrige Lösungen müssen eindeutig beschriftet werden.*
Vergleichen	Die Gemeinsamkeiten und Unterschiede zwischen Sachverhalten / Größen usw. sollen herausgestellt, festgestellt oder herausgearbeitet werden.	Vergleiche das Reaktionsverhalten der Wasserstoffperoxid-Lösung in den verschiedenen Versuchsansätzen. *Sowohl Ansatz A im warmen Wasserbad, als auch Ansatz B mit der Platinperle zeigen eine starke Gasentwicklung. Der unveränderte Ansatz C zeigt eine geringe Gasentwicklung.*
Zeichnen	Erstelle eine möglichst exakte grafische Darstellung.	Zeichne das Kern-Hülle-Modell eines Kohlenstoff-Atoms. *Eine exakte Darstellung eines Kohlenstoff-Atoms im Kern-Hülle-Modell, vgl. S. 128 B4.*

Dazu gibt es noch eine ganze Reihe von Operatoren, deren Bedeutung du sicher auch ohne weitere Erklärung kennst, wie beispielsweise „erstellen“, „untersuchen“, „formulieren“, „ergänzen“, „prüfen“, „zuordnen“, „ablesen“ oder „zusammenfassen“.

Periodensystem der Atomsorten (teilchenbezogen)

Nukleonenzahl ≙ mittlere Atommasse in u

23	
Na	Elementsymbol
Natrium	Elementname
11 (Ordnungszahl ≙ Protonenanzahl ≙ Elektronenanzahl)	0,9 (Elektronegativität)

Hauptgruppen / Nebengruppen

Periode	I	II	III	IV	V	VI	VII		VI
1	1 **H** Wasserstoff **1** 2,1								
2	7 **Li** Lithium **3** 1,0	9 **Be** Beryllium **4** 1,5							
3	23 **Na** Natrium **11** 0,9	24 **Mg** Magnesium **12** 1,2							
4	39 **K** Kalium **19** 0,8	40 **Ca** Calcium **20** 1,0	45 **Sc** Scandium **21** 1,3	48 **Ti** Titan **22** 1,5	51 **V** Vanadium **23** 1,6	52 **Cr** Chrom **24** 1,6	55 **Mn** Mangan **25** 1,5	56 **Fe** Eisen **26** 1,8	59 **C** Cob **27**
5	85 **Rb** Rubidium **37** 0,8	88 **Sr** Strontium **38** 1,0	90 **Y** Yttrium **39** 1,3	90 **Zr** Zirconium **40** 1,4	93 **Nb** Niob **41** 1,6	98 **Mo** Molybdän **42** 1,8	[98] **Tc*** Technetium **43** 1,9	102 **Ru** Ruthenium **44** 2,2	103 **R** Rhoc **45**
6	133 **Cs** Caesium **55** 0,7	138 **Ba** Barium **56** 0,9		180 **Hf** Hafnium **72** 1,3	181 **Ta** Tantal **73** 1,5	184 **W** Wolfram **74** 1,7	187 **Re** Rhenium **75** 1,9	192 **Os** Osmium **76** 2,2	193 **I** Iridi **77**
7	[223] **Fr*** Francium **87** 0,7	226 **Ra*** Radium **88** 0,9		[267] **Rf*** Rutherfordium **104**	[268] **Db*** Dubnium **105**	[271] **Sg*** Seaborgium **106**	[272] **Bh*** Bohrium **107**	[270] **Hs*** Hassium **108**	[276] **M*** Meitne **109**

Lanthanoide 6. Periode

139 **La** Lanthan **57** 1,1	140 **Ce** Cer **58** 1,1	141 **Pr** Praseodym **59** 1,1	144 **Nd** Neodym **60** 1,2	[147] **Pm*** Promethium **61** 1,2	152 **Sr** Sama **62**
227 **Ac*** Actinium **89** 1,1	232 **Th*** Thorium **90** 1,1	231 **Pa*** Protactinium **91** 1,5	238 **U*** Uran **92** 1,7	[237] **Np*** Neptunium **93** 1,3	[244] **Pu** Plutor **94**

Actinoide 7. Periode

* radioaktives Element

[Atommasse eines wichtigen Isotops]